CAMBRIDGE LIBRARY COLLECTION

Books of enduring scholarly value

Mathematical Sciences

From its pre-historic roots in simple counting to the algorithms powering modern desktop computers, from the genius of Archimedes to the genius of Einstein, advances in mathematical understanding and numerical techniques have been directly responsible for creating the modern world as we know it. This series will provide a library of the most influential publications and writers on mathematics in its broadest sense. As such, it will show not only the deep roots from which modern science and technology have grown, but also the astonishing breadth of application of mathematical techniques in the humanities and social sciences, and in everyday life.

Oeuvres complètes

Augustin-Louis, Baron Cauchy (1789-1857) was the pre-eminent French mathematician of the nineteenth century. He began his career as a military engineer during the Napoleonic Wars, but even then was publishing significant mathematical papers, and was persuaded by Lagrange and Laplace to devote himself entirely to mathematics. His greatest contributions are considered to be the Cours d'analyse de l'École Royale Polytechnique (1821), Résumé des leçons sur le calcul infinitésimal (1823) and Leçons sur les applications du calcul infinitésimal à la géométrie (1826-8), and his pioneering work encompassed a huge range of topics, most significantly real analysis, the theory of functions of a complex variable, and theoretical mechanics. Twenty-six volumes of his collected papers were published between 1882 and 1958. The first series (volumes 1–12) consists of papers published by the Académie des Sciences de l'Institut de France; the second series (volumes 13–26) of papers published elsewhere.

Cambridge University Press has long been a pioneer in the reissuing of out-of-print titles from its own backlist, producing digital reprints of books that are still sought after by scholars and students but could not be reprinted economically using traditional technology. The Cambridge Library Collection extends this activity to a wider range of books which are still of importance to researchers and professionals, either for the source material they contain, or as landmarks in the history of their academic discipline.

Drawing from the world-renowned collections in the Cambridge University Library, and guided by the advice of experts in each subject area, Cambridge University Press is using state-of-the-art scanning machines in its own Printing House to capture the content of each book selected for inclusion. The files are processed to give a consistently clear, crisp image, and the books finished to the high quality standard for which the Press is recognised around the world. The latest print-on-demand technology ensures that the books will remain available indefinitely, and that orders for single or multiple copies can quickly be supplied.

The Cambridge Library Collection will bring back to life books of enduring scholarly value across a wide range of disciplines in the humanities and social sciences and in science and technology.

Oeuvres complètes

Series 2

VOLUME 3

AUGUSTIN LOUIS CAUCHY

CAMBRIDGE
UNIVERSITY PRESS

CAMBRIDGE UNIVERSITY PRESS

Cambridge New York Melbourne Madrid Cape Town Singapore São Paolo Delhi

Published in the United States of America by Cambridge University Press, New York

www.cambridge.org
Information on this title: www.cambridge.org/9781108002929

This edition first published 1897
This digitally printed version 2009

ISBN 978-1-108-00292-9

ŒUVRES

COMPLÈTES

D'AUGUSTIN CAUCHY

PARIS. — IMPRIMERIE GAUTHIER-VILLARS ET FILS,
21921 Quai des Augustins, 55.

ŒUVRES

COMPLÈTES

D'AUGUSTIN CAUCHY

PUBLIÉES SOUS LA DIRECTION SCIENTIFIQUE

DE L'ACADÉMIE DES SCIENCES

ET SOUS LES AUSPICES

DE M. LE MINISTRE DE L'INSTRUCTION PUBLIQUE.

IIe SÉRIE. — TOME III.

PARIS,

GAUTHIER-VILLARS ET FILS, IMPRIMEURS-LIBRAIRES

DU BUREAU DES LONGITUDES, DE L'ÉCOLE POLYTECHNIQUE,

Quai des Augustins, 55

MDCCCXCVII

SECONDE SÉRIE.

I. — MÉMOIRES PUBLIÉS DANS DIVERS RECUEILS

AUTRES QUE CEUX DE L'ACADÉMIE.

II. — OUVRAGES CLASSIQUES.

III. — MÉMOIRES PUBLIÉS EN CORPS D'OUVRAGE.

IV. — MÉMOIRES PUBLIÉS SÉPARÉMENT.

II.

OUVRAGES CLASSIQUES.

COURS D'ANALYSE

DE

L'ÉCOLE ROYALE POLYTECHNIQUE

(ANALYSE ALGÉBRIQUE).

Le *Cours d'Analyse* devait comprendre plusieurs Parties dont la première seule a été publiée par Cauchy. L'indication de « Première Partie » a cependant été conservée dans cette édition afin d'éviter toute confusion.

COURS D'ANALYSE

DE

L'ÉCOLE ROYALE POLYTECHNIQUE;

PAR M. AUGUSTIN-LOUIS CAUCHY,

Ingénieur des Ponts et Chaussées, Professeur d'Analyse à l'École polytechnique, Membre de l'Académie des sciences, Chevalier de la Légion d'honneur.

I.re PARTIE. *ANALYSE ALGÉBRIQUE.*

DE L'IMPRIMERIE ROYALE.

Chez DEBURE frères, Libraires du Roi et de la Bibliothèque du Roi, rue Serpente, n.° 7.

1821

INTRODUCTION.

QUELQUES personnes, qui ont bien voulu guider mes premiers pas dans la carrière des sciences, et parmi lesquelles je citerai avec reconnaissance MM. *Laplace* et *Poisson*, ayant témoigné le desir de me voir publier le Cours d'analyse de l'École royale polytechnique, je me suis décidé à mettre ce Cours par écrit pour la plus grande utilité des élèves. J'en offre ici la première partie connue sous le nom d'*Analyse algébrique*, et dans laquelle je traite successivement des diverses espèces de fonctions réelles ou imaginaires, des séries convergentes ou divergentes, de la résolution des équations, et de la décomposition des fractions rationnelles. En parlant de la continuité des fonctions, je n'ai pu me dispenser de faire connaître les propriétés principales des quantités infiniment petites, propriétés qui servent de base au calcul infinitésimal. Enfin, dans les préliminaires et dans quelques notes placées à la fin du volume, j'ai présenté des développemens qui peuvent être utiles soit aux Professeurs et aux Élèves des Colléges royaux, soit à ceux qui veulent faire une étude spéciale de l'analyse.

Quant aux méthodes, j'ai cherché à leur donner toute la rigueur qu'on exige en géométrie, de manière à ne jamais recourir aux raisons tirées de la généralité de l'algèbre. Les raisons de cette espèce, quoique assez communément admises, sur-tout dans le passage des séries convergentes aux séries divergentes, et des quantités réelles aux expressions imaginaires, ne peuvent être considérées, ce me semble, que comme des inductions propres à faire pressentir quelquefois la vérité, mais qui s'accordent peu avec l'exactitude si vantée des sciences mathématiques. On doit même observer qu'elles tendent à faire attribuer aux formules algébriques une étendue indéfinie, tandis que, dans la réalité, la plupart de ces formules subsistent uniquement sous certaines conditions, et pour certaines valeurs des quantités qu'elles renferment. En déterminant ces conditions et ces valeurs, et en fixant d'une manière précise le sens des notations dont je me sers, je fais disparaître toute incertitude; et alors les différentes formules ne présentent plus que des relations entre les quantités réelles, relations qu'il est toujours facile de vérifier par la substitution des nombres aux quantités elles-mêmes. Il est vrai que, pour rester constamment fidèle à ces principes, je me suis vu forcé d'admettre plusieurs propositions qui paraîtront peut-être un peu dures au premier abord. Par exemple, j'énonce dans le chapitre VI, qu'*une série divergente n'a pas de somme;* dans le chapitre VII, qu'*une équation imaginaire est seulement la représentation symbolique de deux équations entre quantités réelles;* dans le chapitre IX, que, *si des constantes ou des variables comprises dans une fonction, après avoir été supposées réelles, deviennent imaginaires, la notation à l'aide de laquelle la fonction se trouvait exprimée, ne peut être conservée dans le calcul qu'en vertu d'une convention nouvelle propre à fixer le sens de cette notation dans la dernière hypothèse;* &c. Mais ceux qui liront mon ouvrage reconnaîtront, je l'espère, que les propositions de cette nature, entraînant l'heureuse nécessité de mettre plus de précision dans les théories, et d'apporter des restrictions utiles à des assertions trop étendues, tournent au profit de l'analyse, et fournissent plusieurs sujets de recherches qui ne sont pas sans importance. Ainsi, avant d'effectuer la sommation d'aucune série, j'ai dû examiner dans quels cas les séries peuvent être sommées, ou, en d'autres termes, quelles sont les conditions de leur convergence ; et j'ai, à ce sujet, établi des règles générales qui me paraissent mériter quelque attention.

Au reste, si j'ai cherché, d'une part, à perfectionner l'analyse mathématique, de l'autre, je suis loin de prétendre que cette analyse doive suffire à toutes les sciences de raisonnement. Sans doute, dans les sciences qu'on nomme naturelles, la seule méthode qu'on puisse employer avec succès consiste à observer les faits et à soumettre ensuite les observations au calcul. Mais ce serait une erreur grave de penser qu'on ne trouve la certitude que dans les démonstrations géométriques, ou dans le témoignage des sens ; et quoique personne jusqu'à ce jour n'ait essayé de prouver par l'analyse l'existence d'Auguste ou celle de Louis XIV, tout homme sensé conviendra que cette existence est aussi certaine pour lui que le carré de l'hypothénuse ou le théorème de *Maclaurin*. Je dirai plus ; la démonstration de ce dernier théorème est à la portée d'un petit nombre d'esprits, et les savans eux-mêmes ne sont pas tous d'accord sur l'étendue qu'on doit lui attribuer ; tandis que tout le monde sait fort bien par qui la France a été gouvernée dans le dix-septième siècle, et qu'il ne peut s'élever à ce sujet aucune contestation raisonnable. Ce que je dis ici d'un fait historique peut s'appliquer également à une foule de questions, en religion, en morale, en politique. Soyons donc persuadés qu'il existe des vérités autres que les vérités de l'algèbre, des réalités autres que les objets sensibles. Cultivons avec ardeur les sciences mathématiques, sans vouloir les étendre au-delà de leur domaine; et n'allons pas nous imaginer qu'on puisse attaquer l'histoire avec des formules, ni donner pour sanction à la morale des théorèmes d'algèbre ou de calcul intégral.

En terminant cette Introduction, je ne puis me dispenser de reconnaître que les lumières et les conseils de plusieurs personnes m'ont été fort utiles, particulièrement ceux de MM. *Poisson*, *Ampère* et *Coriolis*. Je dois à ce dernier, entre autres choses, la règle sur la convergence des produits composés d'un nombre infini de facteurs, et j'ai profité plusieurs fois des observations de M. *Ampère*, ainsi que des méthodes qu'il développe dans ses Leçons d'analyse.

COURS D'ANALYSE

DE

L'ÉCOLE ROYALE POLYTECHNIQUE.

PRÉLIMINAIRES.

REVUE DES DIVERSES ESPÈCES DE QUANTITÉS RÉELLES QUE L'ON PEUT CONSIDÉRER, SOIT EN ALGÈBRE, SOIT EN TRIGONOMÉTRIE, ET DES NOTATIONS A L'AIDE DESQUELLES ON LES REPRÉSENTE. — DES MOYENNES ENTRE PLUSIEURS QUANTITÉS.

Pour éviter toute espèce de confusion dans le langage et l'écriture algébriques, nous allons fixer dans ces préliminaires la valeur de plusieurs termes et de plusieurs notations que nous emprunterons soit à l'Algèbre ordinaire, soit à la Trigonométrie. Les explications que nous donnerons à ce sujet sont nécessaires, pour que nous ayons la certitude d'être parfaitement compris de ceux qui liront cet Ouvrage. Nous allons indiquer d'abord quelle idée il nous paraît convenable d'attacher à ces deux mots, *nombre* et *quantité*.

Nous prendrons toujours la dénomination de *nombres* dans le sens où on l'emploie en Arithmétique, en faisant naître les nombres de la mesure absolue des grandeurs, et nous appliquerons uniquement la dénomination de *quantités* aux quantités *réelles positives* ou *négatives*, c'est-à-dire aux nombres précédés des signes $+$ ou $-$. De plus, nous regarderons les quantités comme destinées à exprimer des accroissements ou des diminutions; en sorte qu'une grandeur donnée sera simplement représentée par un nombre, si l'on se contente de la comparer à une autre grandeur de même espèce prise pour unité, et par ce nombre précédé du signe $+$ ou du signe $-$, si on la considère comme devant servir à l'accroissement ou à la diminution d'une grandeur fixe de la même espèce. Cela posé, le signe + ou — placé devant un nombre en modifiera la signification, à peu près comme un adjectif modifie celle du substantif. Nous appellerons *valeur numérique* d'une quantité le nombre qui en fait la base, quantités *égales* celles qui ont le même signe avec la même valeur numérique, et quantités *opposées* deux quantités égales quant à leurs valeurs numériques, mais affectées de signes contraires. En partant de ces principes, il est facile de rendre compte des diverses opérations que l'on peut faire subir aux quantités. Par exemple, deux quantités étant données, on pourra toujours en trouver une troisième qui, prise pour accroissement d'un nombre fixe, si elle est positive, et pour diminution dans le cas contraire, conduise au même résultat que les deux quantités données, employées l'une après l'autre à pareil usage. Cette troisième quantité, qui à elle seule produit le même effet que les deux autres, est ce qu'on appelle leur *somme*. Ainsi les deux quantités -10 et $+7$ ont pour somme -3, attendu qu'une diminution de 10 unités, jointe à une augmentation de 7 unités, équivaut à une diminution de 3 unités. *Ajouter* deux quantités, c'est former leur somme. La différence entre une première quantité et une seconde, c'est une troisième quantité qui, ajoutée à la seconde, reproduit la première. Enfin, on dit qu'une quantité est *plus grande* ou *plus petite* qu'une autre, suivant que la différence de la première à la seconde est positive ou négative. D'après cette définition, les quantités positives surpassent toujours les quantités négatives, et celles-ci doivent être considérées comme d'autant plus petites que leurs valeurs numériques sont plus grandes.

En Algèbre, on représente, non seulement les nombres, mais aussi les quantités, par des lettres. Comme on est convenu de ranger les nombres absolus dans la classe des quantités positives, on peut désigner la quantité positive qui a pour valeur numérique le nombre A, soit par $+A$, soit par A seulement, tandis que la quantité négative opposée se trouve représentée par $-A$. De même, dans le cas où la lettre a représente une quantité, on est convenu de regarder comme synonymes les deux expressions a et $+a$, et de représenter par $-a$ la quantité opposée à $+a$. Ces remarques suffisent pour établir ce qu'on appelle la *règle des signes* (*voir* la Note I).

On nomme quantité *variable* celle que l'on considère comme devant recevoir successivement plusieurs valeurs différentes les unes des autres. On désigne une semblable quantité par une lettre prise ordinairement parmi les dernières de l'alphabet. On appelle au contraire quantité *constante*, et l'on désigne ordinairement par une des premières lettres de l'alphabet toute quantité qui reçoit une valeur fixe et déterminée. Lorsque les valeurs successivement attribuées à une même variable s'approchent indéfiniment d'une valeur fixe, de manière à finir par en différer aussi peu que l'on voudra, cette dernière est appelée la *limite* de toutes les autres. Ainsi, par exemple, un nombre irrationnel est la limite des diverses fractions qui en fournissent des valeurs de plus en plus approchées. En Géométrie, la surface du cercle est la limite vers laquelle convergent les surfaces des polygones inscrits, tandis que le nombre de leurs côtés croît de plus en plus, etc.

Lorsque les valeurs numériques successives d'une même variable décroissent indéfiniment, de manière à s'abaisser au-dessous de tout nombre donné, cette variable devient ce qu'on nomme un *infiniment petit* ou une quantité *infiniment petite*. Une variable de cette espèce a zéro pour limite.

Lorsque les valeurs numériques successives d'une même variable croissent de plus en plus, de manière à s'élever au-dessus de tout nombre donné, on dit que cette variable a pour limite l'*infini positif*, indiqué par le signe ∞, s'il s'agit d'une variable positive, et l'*infini négatif*, indiqué par la notation $-\infty$, s'il s'agit d'une variable négative. Les infinis positif et négatif sont désignés conjointement sous le nom de *quantités infinies*.

Les quantités qui se présentent, dans le calcul, comme résultats d'opérations faites sur une ou plusieurs autres quantités constantes ou variables, peuvent être divisées en plusieurs espèces suivant la nature des opérations qui les produisent. C'est ainsi que l'on distingue, en Algèbre, les sommes et différences, les produits et quotients, les puissances et racines, les exponentielles et les logarithmes; en Trigonométrie, les sinus et cosinus, sécantes et cosécantes, tangentes et cotangentes, et les arcs de cercle dont une ligne trigonométrique est donnée. Pour bien comprendre ce qui est relatif à ces dernières espèces de quantités, il est nécessaire de se rappeler les principes suivants.

Une longueur, comptée sur une ligne droite ou courbe, peut être, comme toute espèce de grandeurs, représentée soit par un nombre, soit par une quantité, savoir : par un nombre, lorsqu'on a simplement égard à la mesure de cette longueur, et par une quantité, c'est-à-dire par un nombre précédé du signe + ou —, lorsque l'on considère la longueur dont il s'agit comme portée, à partir d'un point fixe, sur la ligne donnée dans un sens ou dans un autre, pour servir soit à l'augmentation, soit à la diminution d'une autre longueur constante aboutissant à ce point fixe. Le point fixe dont il est ici question, et à partir duquel on doit porter les longueurs variables désignées par des quantités, est ce qu'on appelle l'*origine* de ces mêmes longueurs. Deux longueurs comptées à partir d'une origine commune, mais en sens contraires, doivent être représentées par des quantités de signes différents. On peut choisir à volonté le sens dans lequel on doit compter les longueurs désignées par des quantités positives; mais, ce choix une fois fait, il faudra nécessairement compter dans le sens opposé les longueurs qui seront désignées par des quantités négatives.

Dans un cercle dont le plan est supposé vertical, on prend ordinairement pour origine des arcs l'extrémité du rayon tiré horizontalement de gauche à droite, et c'est en s'élevant au-dessus de ce point que l'on compte les arcs positifs, c'est-à-dire ceux que l'on désigne par des quantités positives. Dans le même cercle, lorsque le rayon se réduit à l'unité, le sinus d'un arc, c'est-à-dire la projection sur le diamètre vertical du rayon qui passe par l'extrémité de cet arc, se compte positivement de bas en haut et négativement en sens contraire, à partir du centre du cercle pris pour origine des sinus. La tangente se compte positivement dans le même sens que le sinus, mais à partir de l'origine des arcs et sur la verticale menée par cette origine. Enfin, la sécante se compte à partir du centre sur le rayon mené à l'extrémité de l'arc que l'on considère, et positivement dans le sens de ce rayon.

Souvent le résultat d'une opération effectuée sur une quantité peut avoir plusieurs valeurs différentes les unes des autres. Lorsque nous voudrons désigner indistinctement une quelconque de ces valeurs, nous nous servirons de notations dans lesquelles la quantité sera entourée de doubles traits ou de doubles parenthèses, et nous réserverons la notation ordinaire pour la valeur la plus simple ou celle qui paraîtra mériter davantage d'être remarquée. Ainsi, par exemple, a étant une quantité positive, la racine carrée de cette quantité aura deux valeurs numériquement égales, mais de signes contraires, dont l'une quelconque sera exprimée par la notation

$$((a))^{\frac{1}{2}} \quad \text{ou} \quad \sqrt{\!\!\sqrt{a}},$$

tandis que la valeur positive seule sera représentée par

$$a^{\frac{1}{2}} \quad \text{ou} \quad \sqrt{a};$$

en sorte qu'on aura

(1) $$\sqrt{\!\!\sqrt{a}} = \pm\sqrt{a}$$

ou, ce qui revient au même,

(2) $$((a))^{\frac{1}{2}} = \pm a^{\frac{1}{2}}.$$

De même encore, si l'on représente par a une quantité positive ou négative, la notation

$$\operatorname{arc\,sin}((a)) \quad \text{ou} \quad \operatorname{arc\,tang}((a))$$

désignera un quelconque des arcs qui ont la quantité a pour sinus ou pour tangente, tandis que la notation

$$\operatorname{arc\,sin}(a) \quad \text{ou} \quad \operatorname{arc\,tang}(a)$$

indiquera seulement celui de ces arcs qui a la plus petite valeur numérique. A l'aide de ces conventions, on évite la confusion que pourrait entraîner l'emploi de signes dont la valeur n'aurait pas été déterminée d'une manière assez précise. Afin de lever à cet égard toute difficulté, je vais présenter ici le Tableau des notations dont nous ferons usage pour exprimer les résultats des opérations algébriques ou trigonométriques.

La somme de deux quantités sera indiquée à l'ordinaire par la juxtaposition de ces deux quantités, chacune d'elles étant exprimée par une lettre précédée du signe + ou −, que l'on pourra supprimer (si c'est le signe +) devant la première lettre seulement. Ainsi

$$+a+b \quad \text{ou simplement} \quad a+b$$

désignera la somme des deux quantités $+a$, $+b$, et

$$+a-b \quad \text{ou simplement} \quad a-b$$

désignera la somme des deux quantités $+a$, $-b$, équivalente à la différence des deux quantités $+a$, $+b$.

On indiquera l'égalité des deux quantités a et b par le signe $=$ interposé entre elles, comme il suit,

$$a=b,$$

et l'on exprimera que la première surpasse la seconde, c'est-à-dire que la différence $a-b$ est positive, en écrivant

$$a>b \quad \text{ou} \quad b<a.$$

Nous représenterons encore à l'ordinaire par

$$+a\times+b, \quad \text{ou simplement} \quad a.b \quad \text{ou} \quad ab$$

le produit des deux quantités $+a$, $+b$, et par

$$\frac{a}{b} \quad \text{ou} \quad a:b$$

leur quotient.

Soient maintenant m et n deux nombres entiers, A un nombre quelconque, et a, b deux quantités quelconques positives ou négatives.

$$A^m,\quad A^{\frac{1}{n}} = \sqrt[n]{A},\quad A^{\pm\frac{m}{n}},\quad A^b$$

représenteront les quantités positives qu'on obtient en élevant le nombre A à des puissances respectivement marquées par les exposants

$$m,\quad \frac{1}{n},\quad \pm\frac{m}{n},\quad b,$$

et

$$a^{\pm m}$$

la quantité positive ou négative que produit l'élévation de la quantité a à la puissance $\pm m$. Quant aux notations

$$((a))^{\frac{1}{n}} = \sqrt[n]{\!\sqrt{a}},\qquad ((a))^{\pm\frac{m}{n}},$$

nous nous en servirons pour exprimer, non seulement les valeurs positives ou négatives, lorsqu'il en existe, des puissances de la quantité a marquées par les exposants

$$\frac{1}{n},\quad \pm\frac{m}{n},$$

mais encore les valeurs imaginaires de ces mêmes puissances (*voir* ci-après, Chap. VII, ce qu'on entend par *expressions imaginaires*). Il est bon d'observer que, si l'on désigne par A la valeur numérique de a, et si l'on suppose la fraction $\frac{m}{n}$ réduite à sa plus simple expression, la puissance

$$((a))^{\frac{m}{n}}$$

aura une seule valeur réelle positive ou négative, savoir

$$+A^{\frac{m}{n}} \quad \text{ou} \quad -A^{\frac{m}{n}},$$

lorsque $\frac{m}{n}$ sera une fraction de dénominateur impair; tandis qu'elle admettra les deux valeurs réelles dont on vient de parler, ou qu'elle n'en admettra aucune, si $\frac{m}{n}$ est une fraction de dénominateur pair. On peut faire une semblable remarque à l'égard de l'expression

$$((a))^{-\frac{m}{n}}.$$

Dans le cas particulier où, la quantité a étant positive, on suppose $\frac{m}{n} = \frac{1}{2}$, l'expression $((a))^{\frac{m}{n}}$ n'a que deux valeurs réelles l'une et l'autre, et données par la formule (2) ou, ce qui revient au même, par la formule (1).

Les notations

$$l(B),\quad L(B),\quad L'(B),\quad \ldots$$

indiqueront les logarithmes réels du nombre B dans différents systèmes, tandis que chacune des suivantes

$$l((b)),\quad L((b)),\quad L'((b)),\quad \ldots$$

pourra servir à désigner, outre le logarithme réel de la quantité b, lorsqu'il existe, un quelconque des logarithmes imaginaires de cette même quantité (*voir* ci-après, Chap. IX, ce qu'on entend par *logarithmes imaginaires*).

En Trigonométrie

$$\sin a,\quad \cos a,\quad \operatorname{tang} a,\quad \cot a,\quad \text{séc}\, a,\quad \text{coséc}\, a,\quad \text{siv}\, a,\quad \text{cosiv}\, a$$

exprimeront respectivement le *sinus*, le *cosinus*, la *tangente*, la *cotangente*, la *sécante*, la *cosecante*, le *sinus verse* ou le *cosinus verse* de l'arc a, et les notations

$$\text{arc}\sin((a)),\quad \text{arc}\cos((a)),\quad \text{arc}\operatorname{tang}((a)),$$
$$\text{arc}\cot((a)),\quad \text{arc}\,\text{séc}((a)),\quad \text{arc}\,\text{coséc}((a))$$

indiqueront un quelconque des arcs qui ont la quantité a pour sinus, ou cosinus, ou tangente, ou cotangente, ou sécante, ou cosécante. Nous nous servirons des notations simples

$$\text{arc}\sin(a),\quad \text{arc}\cos(a),\quad \text{arc}\operatorname{tang}(a),\quad \text{arc}\cot(a),\quad \text{arc}\,\text{séc}(a),\quad \text{arc}\,\text{coséc}(a),$$

ou même, en supprimant tout à fait les parenthèses, des notations suivantes

$$\operatorname{arc\,sin} a,\quad \operatorname{arc\,cos} a,\quad \operatorname{arc\,tang} a,\quad \operatorname{arc\,cot} a,\quad \operatorname{arc\,séc} a,\quad \operatorname{arc\,coséc} a,$$

lorsque, parmi les arcs dont une ligne trigonométrique est égale à a, nous voudrons désigner celui qui a la plus petite valeur numérique, ou, si ces arcs sont deux à deux égaux et de signes contraires, celui qui a la plus petite valeur positive. En conséquence,

$$\operatorname{arc\,sin} a,\quad \operatorname{arc\,tang} a,\quad \operatorname{arc\,cot} a,\quad \operatorname{arc\,coséc} a$$

indiqueront des arcs positifs ou négatifs, mais compris entre les limites

$$-\frac{\pi}{2},\quad +\frac{\pi}{2},$$

π désignant la demi-circonférence dans le cercle qui a pour rayon l'unité, tandis que

$$\operatorname{arc\,cos} a,\quad \operatorname{arc\,séc} a$$

indiqueront des arcs positifs compris entre les limites o et π.

En vertu des conventions que l'on vient d'établir, si l'on désigne par k un nombre entier arbitraire, on aura évidemment, pour des valeurs quelconques positives ou négatives de la quantité a,

$$(3)\quad \left\{\begin{aligned} &\operatorname{arc\,sin}((a)) = \frac{\pi}{2} \pm \left(\frac{\pi}{2} - \operatorname{arc\,sin} a\right) \pm 2k\pi,\\ &\operatorname{arc\,cos}((a)) = \pm \operatorname{arc\,cos} a \pm 2k\pi,\\ &\operatorname{arc\,tang}((a)) = \operatorname{arc\,tang} a \pm k\pi,\\ &\operatorname{arc\,cos} a + \operatorname{arc\,sin} a = \frac{\pi}{2},\\ &\operatorname{arc\,coséc} a + \operatorname{arc\,séc} a = \frac{\pi}{2}. \end{aligned}\right.$$

On trouvera de plus, pour des valeurs positives de a,

$$(4)\quad \operatorname{arc\,cot} a + \operatorname{arc\,tang} a = \frac{\pi}{2},$$

et, pour des valeurs négatives de a,

$$(5) \qquad \operatorname{arc}\cot a + \operatorname{arc}\operatorname{tang} a = -\frac{\pi}{2}.$$

Lorsqu'une quantité variable converge vers une limite fixe, il est souvent utile d'indiquer cette limite par une notation particulière; c'est ce que nous ferons, en plaçant l'abréviation

$$\lim$$

devant la quantité variable dont il s'agit. Quelquefois, tandis qu'une ou plusieurs variables convergent vers des limites fixes, une expression qui renferme ces variables converge à la fois vers plusieurs limites différentes les unes des autres. Nous indiquerons alors une quelconque de ces dernières limites à l'aide de doubles parenthèses placées à la suite de l'abréviation lim, de manière à entourer l'expression que l'on considère. Supposons, pour fixer les idées, qu'une variable positive ou négative représentée par x converge vers la limite o, et désignons par A un nombre constant : il sera facile de s'assurer que chacune des expressions

$$\lim A^x, \quad \lim \sin x$$

a une valeur unique déterminée par l'équation

$$\lim A^x = 1$$

ou

$$\lim \sin x = 0,$$

tandis que l'expression

$$\lim\left(\left(\frac{1}{x}\right)\right)$$

admet deux valeurs, savoir, $+\infty$, $-\infty$, et

$$\lim\left(\left(\sin\frac{1}{x}\right)\right)$$

une infinité de valeurs comprises entre les limites -1 et $+1$.

Nous allons terminer ces préliminaires en présentant, sur les quantités moyennes, plusieurs théorèmes dont la connaissance nous sera fort utile dans la suite de cet Ouvrage. On appelle *moyenne* entre plusieurs quantités données une nouvelle quantité comprise entre la plus petite et la plus grande de celles que l'on considère. D'après cette définition, il est clair qu'il existe une infinité de moyennes entre plusieurs quantités inégales, et que la moyenne entre plusieurs quantités égales se confond avec chacune d'elles. Cela posé, on établira facilement, ainsi qu'on peut le voir dans la Note II, les propositions suivantes :

Théorème I. — *Soient b, b', b'', ... plusieurs quantités de même signe en nombre n, et a, a', a'', ... des quantités quelconques en nombre égal à celui des premières. La fraction*

$$\frac{a + a' + a'' + \ldots}{b + b' + b'' + \ldots}$$

sera moyenne entre les suivantes

$$\frac{a}{b}, \quad \frac{a'}{b'}, \quad \frac{a''}{b''}, \quad \ldots.$$

Corollaire. — Si l'on suppose

$$b = b' = b'' = \ldots = 1,$$

on conclura du théorème précédent que la quantité

$$\frac{a + a' + a'' + \ldots}{n}$$

est moyenne entre les suivantes

$$a, \quad a', \quad a'', \quad \ldots.$$

Cette espèce particulière de moyenne est ce qu'on nomme une *moyenne arithmétique*.

Théorème II. — *Soient* A, A′, A″, ...; B, B′, B″, ... *deux suites de nombres pris à volonté, et formons avec ces deux suites, que nous supposons renfermer chacune un nombre n de termes, les racines*

$$\sqrt[B]{A}, \quad \sqrt[B']{A'}, \quad \sqrt[B'']{A''}, \quad \ldots;$$

$\sqrt[B+B'+B''\dots]{AA'A''\dots}$ *sera une nouvelle racine moyenne entre toutes les autres.*

Corollaire. — Si l'on prend

$$B = B' = B'' = \dots = 1,$$

on trouvera que la quantité positive

$$\sqrt[n]{AA'A''\dots}$$

est moyenne entre les suivantes

$$A, \quad A', \quad A'', \quad \dots.$$

Cette moyenne, d'une espèce particulière, est celle que l'on nomme *moyenne géométrique.*

Théorème III. — *Les mêmes choses étant posées que dans le théorème I, si* α, α', α'', ... *désignent encore des quantités de même signe, la fraction*

$$\frac{\alpha a + \alpha' a' + \alpha'' a'' + \dots}{\alpha b + \alpha' b' + \alpha'' b'' + \dots}$$

sera moyenne entre les suivantes

$$\frac{a}{b}, \quad \frac{a'}{b'}, \quad \frac{a''}{b''}, \quad \dots.$$

Corollaire. — Si l'on suppose

$$b = b' = b'' = \dots = 1,$$

on conclura du théorème précédent que la somme

$$a\alpha + a'\alpha' + a''\alpha'' + \dots$$

est équivalente au produit de

$$\alpha + \alpha' + \alpha'' + \dots$$

par une moyenne entre les quantités a, a', a'', ...

Pour abréger, lorsque nous voudrons désigner une moyenne entre plusieurs quantités $a, a', a'', \ldots$, nous nous servirons de la notation

$$M(a, a', a'', \ldots).$$

Cela posé, les théorèmes qui précèdent et leurs corollaires se trouveront compris dans les formules

$$(6) \qquad \frac{a + a' + a'' + \ldots}{b + b' + b'' + \ldots} = M\left(\frac{a}{b}, \frac{a'}{b'}, \frac{a''}{b''}, \ldots\right),$$

$$(7) \qquad \frac{a + a' + a'' + \ldots}{n} = M(a, a', a'', \ldots),$$

$$(8) \qquad \sqrt[B+B'+B''+\ldots]{AA'A''\ldots} = M(\sqrt[B]{A}, \sqrt[B']{A'}, \sqrt[B'']{A''}, \ldots),$$

$$(9) \qquad \sqrt[n]{AA'A''\ldots} = M(A, A', A'', \ldots),$$

$$(10) \qquad \frac{a\alpha + a'\alpha' + a''\alpha'' + \ldots}{b\alpha + b'\alpha' + b''\alpha'' + \ldots} = M\left(\frac{a}{b}, \frac{a'}{b'}, \frac{a''}{b''}, \ldots\right),$$

$$(11) \qquad a\alpha + a'\alpha' + a''\alpha'' + \ldots = (\alpha + \alpha' + \alpha'' + \ldots) M(a, a', a'', \ldots).$$

Dans ces formules,

$$a, \quad a', \quad a'', \quad \ldots; \quad b, \quad b', \quad b'', \quad \ldots; \quad \alpha, \quad \alpha', \quad \alpha'', \quad \ldots$$

représenteront trois suites de quantités, et

$$A, \quad A', \quad A'', \quad \ldots; \quad B, \quad B', \quad B'', \quad \ldots$$

deux suites de nombres formées chacune de n termes différents. La troisième suite est, ainsi que la seconde, uniquement composée de quantités de même signe.

La notation que nous venons d'adopter fournit le moyen d'exprimer qu'une quantité est comprise entre deux limites données. En effet, toute quantité comprise entre les limites a, b étant une moyenne entre ces mêmes limites, on pourra la désigner par

$$M(a, b).$$

Ainsi, par exemple, toute quantité positive pourra être représentée par $M(0, \infty)$, toute quantité négative par $M(-\infty, 0)$, et toute quantité réelle par $M(-\infty, +\infty)$. Lorsque nous voudrons indiquer indistinctement une quelconque des quantités renfermées entre les limites a et b, nous doublerons les parenthèses, et nous écrirons

$$\mathrm{M}((a, b)).$$

Par exemple, si l'on suppose que la variable x converge vers zéro, on aura

$$\lim\left(\left(\sin\frac{1}{x}\right)\right) = \mathrm{M}((-1, +1)),$$

attendu que l'expression $\lim\left(\left(\sin\frac{1}{x}\right)\right)$ admettra une infinité de valeurs comprises entre les valeurs extrêmes -1 et $+1$.

PREMIÈRE PARTIE.

ANALYSE ALGÉBRIQUE.

CHAPITRE I.

DES FONCTIONS RÉELLES.

§ I. — *Considérations générales sur les fonctions.*

Lorsque des quantités variables sont tellement liées entre elles que, la valeur de l'une d'elles étant donnée, on puisse en conclure les valeurs de toutes les autres, on conçoit d'ordinaire ces diverses quantités exprimées au moyen de l'une d'entre elles, qui prend alors le nom de *variable indépendante;* et les autres quantités exprimées au moyen de la variable indépendante sont ce qu'on appelle des *fonctions* de cette variable.

Lorsque des quantités variables sont tellement liées entre elles que, les valeurs de quelques-unes étant données, on puisse en conclure celles de toutes les autres, on conçoit ces diverses quantités exprimées au moyen de plusieurs d'entre elles, qui prennent alors le nom de *variables indépendantes;* et les quantités restantes, exprimées au moyen des variables indépendantes, sont ce qu'on appelle des *fonctions* de ces mêmes variables.

Les diverses expressions que fournissent l'Algèbre et la Trigonométrie, lorsqu'elles renferment des variables considérées comme indépendantes, sont autant de fonctions de ces mêmes variables. Ainsi, par exemple,

$$L(x), \quad \sin x, \quad \ldots$$

sont des fonctions de la variable x;

$$x+y,\quad x^y,\quad xyz,\quad \ldots$$

des fonctions des variables x et y ou x, y et $z, \ldots$.

Lorsque des fonctions d'une ou de plusieurs variables se trouvent, comme dans les exemples précédents, immédiatement exprimées au moyen de ces mêmes variables, elles sont nommées *fonctions explicites*. Mais, lorsqu'on donne seulement les relations entre les fonctions et les variables, c'est-à-dire les équations auxquelles ces quantités doivent satisfaire, tant que ces équations ne sont pas résolues algébriquement, les fonctions, n'étant pas exprimées immédiatement au moyen des variables, sont appelées *fonctions implicites*. Pour les rendre explicites, il suffit de résoudre, lorsque cela se peut, les équations qui les déterminent. Par exemple, y étant une fonction implicite de x déterminée par l'équation

$$\mathrm{L}(y)=x,$$

si l'on nomme A la base du système de logarithmes que l'on considère, la même fonction, devenue explicite par la résolution de l'équation donnée, sera

$$y=\mathrm{A}^x.$$

Lorsqu'on veut désigner une fonction explicite d'une seule variable x ou de plusieurs variables $x, y, z, \ldots$, sans déterminer la nature de cette fonction, on emploie l'une des notations

$$f(x),\quad \mathrm{F}(x),\quad \varphi(x),\quad \chi(x),\quad \psi(x),\quad \varpi(x),\quad \ldots,$$

$$f(x,y,z,\ldots),\quad \mathrm{F}(x,y,z,\ldots),\quad \varphi(x,y,z,\ldots),\quad \ldots.$$

Pour qu'une fonction d'une seule variable soit complètement déterminée, il est nécessaire et il suffit que de chaque valeur particulière attribuée à la variable on puisse déduire la valeur correspondante de la fonction. Quelquefois, pour chaque valeur de la variable, la fonction donnée en obtient plusieurs différentes les unes des autres. Conformément aux conventions adoptées dans les préliminaires, nous désignerons d'ordinaire ces valeurs multiples d'une fonction par des notations dans lesquelles la variable sera entourée de doubles traits ou de doubles parenthèses. Ainsi, par exemple,

$$\operatorname{arc}\sin((x))$$

indiquera un quelconque des arcs qui ont x pour sinus;

$$\sqrt{\!\sqrt{x}} = \pm\sqrt{x}$$

l'une quelconque des deux racines carrées de la variable x supposée positive, etc.

§ II. — *Des fonctions simples.*

Parmi les fonctions d'une variable x, on appelle *simples* celles qui résultent d'une seule opération effectuée sur cette variable. Les fonctions simples que l'on considère ordinairement en Analyse sont en très petit nombre, et se rapportent les unes à l'Algèbre, les autres à la Trigonométrie. L'addition et la soustraction, la multiplication et la division, l'élévation aux puissances et l'extraction des racines, enfin la formation des exponentielles et des logarithmes produisent les fonctions simples qui se rapportent à l'Algèbre. En conséquence, si l'on désigne par A un nombre constant, et par $a = \pm A$ une quantité constante, les fonctions algébriques simples de la variable x seront

$$a + x, \quad a - x, \quad ax, \quad \frac{a}{x}, \quad x^a, \quad A^x, \quad L(x).$$

Nous ne tenons pas ici compte des racines, parce qu'on peut toujours les ramener aux puissances. Quant aux fonctions simples qui se rapportent à la Trigonométrie, on pourrait en compter un grand nombre, si l'on rangeait parmi les fonctions simples toutes les lignes trigonométriques et les arcs qui correspondent à ces mêmes lignes; mais nous les réduirons aux quatre suivantes

$$\sin x, \quad \cos x,$$
$$\text{arc}\sin x, \quad \text{arc}\cos x,$$

et nous mettrons au nombre des fonctions composées les autres lignes trigonométriques $\text{tang}\,x$, $\text{séc}\,x$, ... avec les arcs correspondants $\text{arc}\,\text{tang}\,x$, $\text{arc}\,\text{séc}\,x$, ..., attendu que ces dernières lignes peuvent toujours être exprimées par le moyen du sinus et du cosinus. Nous pourrions même, à la rigueur, réduire les deux fonctions simples $\sin x$ et $\cos x$ à une seule, puisqu'elles sont liées entre elles par l'équation $\sin^2 x + \cos^2 x = 1$; mais l'emploi de ces deux fonctions est si fréquent, qu'il est utile de les conserver toutes deux à la fois dans le calcul comme fonctions simples.

§ III. — *Des fonctions composées.*

Les fonctions qui se déduisent d'une variable à l'aide de plusieurs opérations prennent le nom de *fonctions composées;* et l'on distingue parmi ces dernières les *fonctions de fonctions* qui résultent de plusieurs opérations successives, la première opération étant effectuée sur la variable, et chacune des autres sur le résultat de l'opération précédente. En vertu de ces définitions,

$$x^x, \quad \sqrt[x]{x}, \quad \frac{lx}{x}, \quad \ldots$$

sont des fonctions composées de la variable x; et

$$l(\sin x), \quad l(\cos x), \quad \ldots$$

des fonctions de fonctions, dont chacune résulte de deux opérations successives.

Les fonctions composées se distinguent les unes des autres par la nature des opérations qui les produisent. Il semble que l'on devrait nommer *fonctions algébriques* toutes celles que fournissent les opérations de l'Algèbre; mais on a réservé particulièrement ce nom à celles que l'on forme en n'employant que les premières opérations algébriques, savoir, l'addition et la soustraction, la multiplication et la division, enfin l'élévation à des puissances fixes; et, dès qu'une fonction renferme des exposants variables ou des logarithmes, elle prend le nom de *fonction exponentielle* ou *logarithmique*.

Les fonctions que l'on nomme algébriques se divisent en *fonctions rationnelles* et *fonctions irrationnelles*. Les fonctions rationnelles sont celles dans lesquelles la variable ne se trouve élevée qu'à des puissances entières. On appelle, en particulier, *fonction entière* tout polynôme qui ne renferme que des puissances entières de la variable, par exemple,

$$a+bx+cx^2+\ldots,$$

et *fonction fractionnaire* ou *fraction rationnelle* le quotient de deux semblables polynômes. Le *degré* d'une fonction entière de x est l'exposant de la plus haute puissance de x dans cette même fonction. La fonction entière du premier degré, savoir

$$a+bx$$

s'appelle aussi *fonction lineaire*, parce que, dans l'application à la Géométrie, on s'en sert pour représenter l'ordonnée d'une ligne droite. Toute fonction entière ou fractionnaire est par celà même rationnelle, et toute autre espèce de fonction algébrique est irrationnelle.

Les fonctions que produisent les opérations de la Trigonométrie sont désignées sous le nom de *fonctions trigonométriques* ou *circulaires*.

Les divers noms que l'on vient d'attribuer aux fonctions composées d'une seule variable s'appliquent également aux fonctions de plusieurs variables, lorsque ces dernières fonctions jouissent, par rapport à chacune des variables qu'elles renferment, des propriétés que supposent les noms dont il s'agit. Ainsi, par exemple, tout polynôme qui ne contiendra que des puissances entières des variables x, y, z, ... sera une fonction entière de ces variables. On appelle degré de cette fonction entière la somme des exposants des variables dans le terme où cette somme est la plus grande. Une fonction entière du premier degré, telle que

$$a + bx + cy + dz + \ldots,$$

prend le nom de fonction linéaire.

CHAPITRE II.

DES QUANTITÉS INFINIMENT PETITES OU INFINIMENT GRANDES, ET DE LA CONTINUITÉ DES FONCTIONS. VALEURS SINGULIÈRES DES FONCTIONS DANS QUELQUES CAS PARTICULIERS.

§ I. — *Des quantités infiniment petites et infiniment grandes.*

On dit qu'une quantité variable devient *infiniment petite,* lorsque sa valeur numérique décroît indéfiniment de manière à converger vers la limite zéro. Il est bon de remarquer à ce sujet qu'on ne doit pas confondre un décroissement constant avec un décroissement indéfini. La surface d'un polygone régulier circonscrit à un cercle donné décroît constamment à mesure que le nombre des côtés augmente, mais non pas indéfiniment, puisqu'elle a pour limite la surface du cercle. De même encore, une variable qui n'admettrait pour valeurs successives que les différents termes de la suite

$$\frac{2}{1},\quad \frac{3}{2},\quad \frac{4}{3},\quad \frac{5}{4},\quad \frac{6}{5},\quad \ldots,$$

prolongée à l'infini, décroîtrait constamment, mais non pas indéfiniment, puisque ses valeurs successives convergeraient vers la limite 1. Au contraire, une variable qui n'aurait pour valeurs successives que les différents termes de la suite

$$\frac{1}{4},\quad \frac{1}{3},\quad \frac{1}{6},\quad \frac{1}{5},\quad \frac{1}{8},\quad \frac{1}{7},\quad \ldots,$$

prolongée à l'infini, ne décroîtrait pas constamment, puisque la différence entre deux termes consécutifs de cette suite est alternativement positive et négative; et, néanmoins, elle décroîtrait indéfiniment, puisque sa valeur finirait par s'abaisser au-dessous de tout nombre donné.

On dit qu'une quantité variable devient *infiniment grande,* lorsque sa valeur numérique croît indéfiniment de manière à converger vers la limite ∞. Il est encore essentiel d'observer ici qu'on ne doit pas confondre une variable qui croît indéfiniment avec une variable qui croît constamment. La surface d'un polygone régulier inscrit à un cercle donné croît constamment, mais non pas indéfiniment, à mesure que le nombre des côtés augmente. Les termes de la suite naturelle des nombres entiers

$$1, \quad 2, \quad 3, \quad 4, \quad 5, \quad \ldots$$

croissent constamment et indéfiniment.

Les quantités infiniment petites et infiniment grandes jouissent de plusieurs propriétés, qui conduisent à la solution de questions importantes, et que je vais exposer en peu de mots.

Soit α une quantité infiniment petite, c'est-à-dire une variable dont la valeur numérique décroisse indéfiniment. Lorsque dans un même calcul on fait entrer les diverses puissances entières de α, savoir

$$\alpha, \quad \alpha^2, \quad \alpha^3, \quad \ldots,$$

ces diverses puissances sont respectivement désignées sous le nom d'infiniment petits du *premier,* du *second,* du *troisième ordre,* etc. En général, on appelle infiniment petit du premier ordre toute quantité variable dont le rapport avec α converge, tandis que la valeur numérique de α diminue, vers une limite finie différente de zéro; infiniment petit du second ordre toute quantité variable avec α, et dont le rapport avec α^2 converge vers une limite finie différente de zéro, etc. Cela posé, si l'on désigne par k une quantité finie différente de zéro, et par ε un nombre variable qui décroisse indéfiniment avec la valeur numérique de α, la forme générale des quantités infiniment petites du premier ordre sera

$$k\alpha \quad \text{ou du moins} \quad k\alpha(1 \pm \varepsilon);$$

la forme générale des quantités infiniment petites du second ordre

$$k\alpha^2 \quad \text{ou du moins} \quad k\alpha^2(1 \pm \varepsilon),$$

$$\ldots \quad \ldots\ldots\ldots\ldots \quad \ldots\ldots\ldots\ldots;$$

enfin la forme générale des infiniment petits de l'ordre n (n représentant un nombre entier) sera

$$k\alpha^n \quad \text{ou du moins} \quad k\alpha^n(1 \pm \varepsilon).$$

On peut facilement établir, à l'égard de ces divers ordres de quantités infiniment petites, les théorèmes suivants :

Théorème I. — *Si l'on compare l'un à l'autre deux infiniment petits d'ordres différents, pendant que tous les deux convergeront vers la limite zéro, celui qui est de l'ordre le plus élevé finira par obtenir constamment la plus petite valeur numérique.*

Démonstration. — Soient, en effet,

$$k\alpha^n(1 \pm \varepsilon), \quad k'\alpha^{n'}(1 \pm \varepsilon')$$

deux infiniment petits, l'un de l'ordre n, l'autre de l'ordre n', et supposons $n' > n$; le rapport entre le second de ces infiniment petits et le premier, savoir

$$\frac{k'}{k}\alpha^{n'-n}\frac{1 \pm \varepsilon'}{1 \pm \varepsilon},$$

convergera indéfiniment avec α vers la limite zéro, ce qui ne peut avoir lieu qu'autant que la valeur numérique du second finit par devenir constamment inférieure à celle du premier.

Théorème II. — *Un infiniment petit de l'ordre n, c'est-à-dire de la forme*

$$k\alpha^n(1 \pm \varepsilon),$$

change de signe avec α toutes les fois que n est un nombre impair, et conserve pour de très petites valeurs numériques de α le même signe que la quantité k, lorsque n est un nombre pair.

Démonstration. — En effet, dans la première hypothèse, α^n change de signe avec α, et, dans la seconde, α^n est toujours positif. De plus, le signe du produit $k(1 \pm \varepsilon)$ est le même que celui de k, lorsque ε est très petit.

Théorème III. — *La somme de plusieurs infiniment petits des ordres*

$$n, \quad n', \quad n'', \quad \ldots$$

(n', n'', ... *désignant des nombres supérieurs à* n) *est un nouvel infiniment petit de l'ordre* n.

Démonstration. — En effet,

$$\begin{aligned} & k\alpha^n(1 \pm \varepsilon) + k'\alpha^{n'}(1 \pm \varepsilon') + k''\alpha^{n''}(1 \pm \varepsilon'') + \ldots \\ & = k\alpha^n\left[1 \pm \varepsilon + \frac{k'}{k}\alpha^{n'-n}(1 \pm \varepsilon') + \frac{k''}{k}\alpha^{n''-n}(1 \pm \varepsilon'') + \ldots\right] \\ & = k\alpha^n(1 \pm \varepsilon_1), \end{aligned}$$

ε_1 étant un nombre qui converge avec α vers la limite zéro.

Des principes qu'on vient d'énoncer on déduit aisément, comme on va le voir, plusieurs propositions remarquables qui se rapportent à des polynômes ordonnés suivant les puissances ascendantes d'une quantité infiniment petite α.

Théorème IV. — *Tout polynôme ordonné suivant les puissances ascendantes de* α, *par exemple*

$$a + b\alpha + c\alpha^2 + \ldots$$

ou, plus généralement,

$$a\alpha^n + b\alpha^{n'} + c\alpha^{n''} + \ldots$$

(*les nombres* n, n', n'', ... *formant une suite croissante*), *finit par être, pour de très petites valeurs numériques de* α, *constamment de même signe que son premier terme*

$$a \quad \text{ou} \quad a\alpha^n.$$

Démonstration. — En effet, la somme faite du second terme et de ceux qui le suivent est, dans le premier cas, un infiniment petit du premier ordre, dont la valeur numérique finit par être inférieure à celle de la quantité finie a, et, dans le second cas, un infiniment petit de l'ordre n', qui finit par obtenir constamment une valeur numérique inférieure à celle d'un infiniment petit de l'ordre n.

Théorème V. — *Lorsque, dans le polynôme*

$$a\alpha^n + b\alpha^{n'} + c\alpha^{n''} + \ldots,$$

ordonné suivant les puissances ascendantes de α, le degré n' du second terme est un nombre impair, ce polynôme, pour de très petites valeurs numériques de α, est tantôt supérieur et tantôt inférieur à son premier terme $a\alpha^n$, suivant que la variable α et le coefficient b sont de même signe ou de signes contraires.

Démonstration. — En effet, dans l'hypothèse admise, la somme des termes qui suivent le premier, savoir

$$b\alpha^{n'} + c\alpha^{n''} + \ldots,$$

sera, pour de très petites valeurs numériques de α, de même signe que chacun des deux produits $b\alpha^{n'}$, $b\alpha$.

Théorème VI. — *Lorsque, dans le polynôme*

$$a\alpha^n + b\alpha^{n'} + c\alpha^{n''} + \ldots,$$

ordonné suivant les puissances ascendantes de α, le degré n' du second terme est un nombre pair, ce polynôme, pour de très petites valeurs numériques de α, finit par devenir constamment supérieur à son premier terme, toutes les fois que b est positif, et constamment inférieur, toutes les fois que b est négatif.

Démonstration. — En effet, dans l'hypothèse admise, la somme des termes qui suivent le premier aura, pour de très petites valeurs numériques de α, le signe du produit $b\alpha^{n'}$, et, par suite, le signe de b.

Corollaire. — En supposant, dans le théorème qui précède, $n = 0$, on obtiendra la proposition suivante :

Théorème VII. — *Si, dans le polynôme*

$$a + b\alpha^{n'} + c\alpha^{n} + \ldots,$$

ordonné suivant les puissances ascendantes de α, n' désigne un nombre *pair; parmi les valeurs de ce polynôme correspondantes à des valeurs infiniment petites de* α, *celle qui correspond à* $\alpha = 0$, *c'est-à-dire* a, *sera toujours la plus petite, lorsque* b *sera positif, et la plus grande, lorsque* b *sera négatif.*

Cette valeur particulière du polynôme, plus grande ou plus petite que toutes les valeurs voisines, est ce qu'on appelle un *maximum* ou un *minimum*.

Les propriétés des quantités infiniment petites étant établies, on en déduit les propriétés analogues des quantités infiniment grandes, en observant que toute quantité variable de cette dernière espèce peut être représentée par $\frac{1}{\alpha}$, α désignant une quantité infiniment petite. Ainsi, par exemple, lorsque, dans le polynôme

$$ax^m + bx^{m-1} + cx^{m-2} + \ldots + hx + k,$$

ordonné suivant les puissances descendantes de la variable x, cette variable devient infiniment grande; en la mettant sous la forme $\frac{1}{\alpha}$, on réduit le polynôme dont il s'agit à

$$\frac{a}{\alpha^m}\left(1 + \frac{b}{a}\alpha + \frac{c}{a}\alpha^2 + \ldots + \frac{h}{a}\alpha^{m-1} + \frac{k}{a}\alpha^m\right),$$

et l'on reconnaît alors immédiatement que, pour de très petites valeurs numériques de α, ou, ce qui revient au même, pour de très grandes valeurs numériques de x, ce polynôme est de même signe que son premier terme

$$\frac{a}{\alpha^m} = ax^m.$$

Comme cette remarque subsiste dans le cas même où quelques-unes des quantités $b, c, \ldots, h, k$ se réduisent à zéro, il en résulte qu'on peut énoncer le théorème suivant :

Théorème VIII. — *Lorsque, dans un polynôme ordonné suivant les puissances descendantes de la variable* x, *on fait croître indéfiniment la valeur numérique de cette variable, le polynôme finit par être constamment de même signe que son premier terme.*

§ II. — *De la continuité des fonctions.*

Parmi les objets qui se rattachent à la considération des infiniment petits, on doit placer les notions relatives à la continuité ou à la discontinuité des fonctions. Examinons d'abord sous ce point de vue les fonctions d'une seule variable.

Soit $f(x)$ une fonction de la variable x, et supposons que, pour chaque valeur de x intermédiaire entre deux limites données, cette fonction admette constamment une valeur unique et finie. Si, en partant d'une valeur de x comprise entre ces limites, on attribue à la variable x un accroissement infiniment petit α, la fonction elle-même recevra pour accroissement la différence

$$f(x+\alpha)-f(x),$$

qui dépendra en même temps de la nouvelle variable α et de la valeur de x. Cela posé, la fonction $f(x)$ sera, entre les deux limites assignées à la variable x, fonction *continue* de cette variable, si, pour chaque valeur de x intermédiaire entre ces limites, la valeur numérique de la différence

$$f(x+\alpha)-f(x)$$

décroît indéfiniment avec celle de α. En d'autres termes, *la fonction $f(x)$ restera continue par rapport à x entre les limites données, si, entre ces limites, un accroissement infiniment petit de la variable produit toujours un accroissement infiniment petit de la fonction elle-même.*

On dit encore que la fonction $f(x)$ est, dans le voisinage d'une valeur particulière attribuée à la variable x, fonction continue de cette variable, toutes les fois qu'elle est continue entre deux limites de x, même très rapprochées, qui renferment la valeur dont il s'agit.

Enfin, lorsqu'une fonction $f(x)$ cesse d'être continue dans le voisinage d'une valeur particulière de la variable x, on dit qu'elle devient alors *discontinue* et qu'il y a pour cette valeur particulière *solution de continuité*.

D'après ces explications, il sera facile de reconnaître entre quelles limites une fonction donnée de la variable x est continue par rapport à cette variable. Ainsi, par exemple, la fonction $\sin x$, admettant pour chaque valeur particulière de la variable x une valeur unique et finie, sera continue entre deux limites quelconques de cette variable, attendu que la valeur numérique de $\sin(\frac{1}{2}\alpha)$, et par suite celle de la différence

$$\sin(x+\alpha)-\sin x = 2\sin(\tfrac{1}{2}\alpha)\cos(x+\tfrac{1}{2}\alpha),$$

décroissent indéfiniment avec celle de α, quelle que soit d'ailleurs la valeur finie que l'on attribue à x. En général, si l'on envisage sous le rapport de la continuité les onze fonctions simples que nous avons considérées ci-dessus (Chap. I, § II), savoir

$$a+x,\quad a-x,\quad ax,\quad \frac{a}{x},\quad x^a,\quad A^x,\quad L(x),$$
$$\sin x,\quad \cos x,\quad \arcsin x,\quad \arccos x,$$

on trouvera que chacune de ces fonctions reste continue entre deux limites finies de la variable x, toutes les fois que, étant constamment réelle entre ces deux limites, elle ne devient pas infinie dans l'intervalle.

Par suite, chacune de ces fonctions sera continue dans le voisinage d'une valeur finie attribuée à la variable x, si cette valeur finie se trouve comprise :

Pour les fonctions $a+x$, $a-x$, ax, A^x, $\sin x$, $\cos x$ entre les limites $x=-\infty$, $x=+\infty$;

Pour la fonction $\frac{a}{x}$ { 1° entre les limites $x=-\infty$, $x=0$,
2° entre les limites $x=0$, $x=\infty$;

Pour les fonctions

$$\left.\begin{matrix} x^a \\ L(x) \end{matrix}\right\} \quad \text{entre les limites } x = 0, \qquad x = \infty;$$

enfin

Pour les fonctions

$$\left.\begin{matrix} \operatorname{arc}\sin x \\ \operatorname{arc}\cos x \end{matrix}\right\} \quad \text{entre les limites } x = -1, \qquad x = +1.$$

Il est bon d'observer que, dans le cas où l'on suppose $a = \pm m$ (m désignant un nombre entier), la fonction simple

$$x^a$$

est toujours continue dans le voisinage d'une valeur finie de la variable x, pourvu que cette valeur soit comprise :

$$\text{si } a = +m, \quad \text{entre les limites} \quad x = -\infty, \quad x = +\infty,$$

$$\text{si } a = -m, \quad \left\{\begin{matrix} \text{entre les limites} \quad x = -\infty, \quad x = 0 \\ \text{ou bien} \\ \text{entre les suivantes } x = 0, \quad x = \infty. \end{matrix}\right.$$

Parmi les onze fonctions que l'on vient de citer, deux seulement deviennent discontinues pour une valeur de x comprise dans l'intervalle des limites entre lesquelles ces mêmes fonctions restent réelles. Les deux fonctions dont il s'agit sont

$$\frac{a}{x} \quad \text{et} \quad x^a \text{ (lorsque } a = -m\text{)}.$$

L'une et l'autre deviennent infinies, et par conséquent discontinues, pour $x = 0$.

Soit maintenant

$$f(x, y, z, \ldots)$$

une fonction de plusieurs variables x, y, z, ..., et supposons que, dans le voisinage de valeurs particulières X, Y, Z, ... attribuées à ces variables, $f(x, y, z, \ldots)$ soit à la fois fonction continue de x, fonction continue de y, fonction continue de z, ... On prouvera aisément que, si l'on désigne par α, 6, γ, ... des quantités infiniment petites, et si l'on attribue à x, y, z, ... les valeurs X, Y, Z, ... ou des valeurs très voisines, la différence

$$f(x+\alpha, y+6, z+\gamma) - f(x, y, z, \ldots)$$

sera elle-même infiniment petite. En effet, il est clair que, dans l'hypothèse précédente, les valeurs numériques des différences

$$\begin{array}{l} f(x+\alpha, y, z, \ldots) - f(x, y, z, \ldots), \\ f(x+\alpha, y+6, z, \ldots) - f(x+\alpha, y, z, \ldots), \\ f(x+\alpha, y+6, z+\gamma, \ldots) - f(x+\alpha, y+6, z, \ldots), \\ \ldots\ldots\ldots\ldots\ldots\ldots\ldots\ldots\ldots\ldots \end{array}$$

décroîtront indéfiniment avec celles des quantités variables α, 6, γ, ..., savoir, la valeur numérique de la première différence avec la valeur numérique de α, celle de la seconde différence avec la valeur numérique de 6, celle de la troisième avec la valeur numérique de γ, et ainsi de suite. On doit en conclure que la somme de toutes ces différences, savoir

$$f(x+\alpha, y+6, z+\gamma, \ldots) - f(x, y, z, \ldots),$$

convergera vers la limite zéro, si α, 6, γ, ... convergent vers cette même limite. En d'autres termes,

$$f(x+\alpha, y+6, z+\gamma, \ldots)$$

aura pour limite

$$f(x, y, z, \ldots).$$

La proposition qu'on vient de démontrer subsiste évidemment dans le cas même où l'on établirait entre les nouvelles variables α, 6, γ, ... certaines relations. Il suffit que ces relations permettent aux nouvelles variables de converger toutes en même temps vers la limite zéro.

Lorsque, dans la même proposition, on remplace x, y, z, ... par

X, Y, Z, ..., et $x+\alpha$, $y+\beta$, $z+\gamma$, ... par x, y, z, ..., on obtient l'énoncé suivant :

Théorème I. — *Si les variables x, y, z, ... ont pour limites respectives les quantités fixes et déterminées* X, Y, Z, ..., *et que la fonction $f(x, y, z, \ldots)$ soit continue par rapport à chacune des variables x, y, z, ... dans le voisinage du système des valeurs particulières*

$$x = X, \quad y = Y, \quad z = Z, \quad \ldots,$$

$f(x, y, z, \ldots)$ aura pour limite $f(X, Y, Z, \ldots)$.

Comme, dans ce second énoncé, les variables α, β, γ, ... se trouvent remplacées par $x - X$, $y - Y$, $z - Z$, ..., les relations qu'on pouvait établir, dans le premier énoncé, entre α, β, γ, ..., pourront être établies, dans le second, entre les quantités $x - X$, $y - Y$, $z - Z$; et il en résulte que la fonction $f(x, y, z, \ldots)$ aura pour limite $f(X, Y, Z, \ldots)$, dans le cas même où les variables x, y, z, ... seraient assujetties à certaines relations, pourvu que ces relations leur permettent de s'approcher indéfiniment des limites X, Y, Z, ...

Supposons, pour fixer les idées, que x, y, z, ... soient fonctions d'une même variable t considérée comme indépendante, et continues par rapport à cette variable dans le voisinage de la valeur particulière

$$t = T.$$

Si l'on fait, pour plus de commodité,

$$f(x, y, z, \ldots) = u,$$

u sera ce qu'on appelle une fonction composée de la variable t; et, si

$$X, \quad Y, \quad Z, \quad \ldots, \quad U$$

désignent respectivement ce que deviennent

$$x, \quad y, \quad z, \quad \ldots, \quad u$$

dans le cas où l'on suppose $t = T$, il est clair, d'une part, qu'une valeur de t très voisine de T fournira pour u une valeur unique et finie; d'autre part, qu'il suffira de faire converger t vers la limite T, pour que les variables $x, y, z, \ldots$ convergent vers les limites X, Y, Z, ..., et, par suite, la fonction $u = f(x, y, z, \ldots)$ vers la limite $U = f(X, Y, Z, \ldots)$. On prouverait absolument de la même manière que, si l'on attribue à t une valeur très voisine de T, la valeur correspondante de la fonction u sera la limite de laquelle cette fonction s'approchera indéfiniment, tandis que t convergera vers la valeur donnée; et l'on doit conclure que u sera fonction continue de t dans le voisinage de $t = T$. On peut donc énoncer le théorème suivant :

Théorème II. — *Désignons par*

$$x, \quad y, \quad z, \quad \ldots$$

plusieurs fonctions de la variable t, qui soient continues par rapport à cette variable dans le voisinage de la valeur particulière $t = T$. Soient, de plus,

$$X, \quad Y, \quad Z, \quad \ldots$$

les valeurs particulières de $x, y, z, \ldots$ correspondantes à $t = T$; et supposons que, dans le voisinage de ces valeurs particulières, la fonction

$$u = f(x, y, z, \ldots)$$

soit en même temps continue par rapport à x, continue par rapport à y, continue par rapport à z, ...; u, considérée comme une fonction de t, sera encore continue par rapport à t dans le voisinage de la valeur particulière $t = T$.

Si, dans le théorème précédent, on réduit les quantités variables x, $y, z, \ldots$ à une seule, x, on obtiendra un nouveau théorème, qu'on peut énoncer comme il suit :

Théorème III. — *Supposons que, dans l'équation*

$$u = f(x),$$

la variable x soit fonction d'une autre variable t. Concevons de plus que *la variable x soit fonction continue de t dans le voisinage de la valeur particulière $t = \mathrm{T}$, et u fonction continue de x dans le voisinage de la valeur particulière $x = \mathrm{X}$ correspondante à $t = \mathrm{T}$. La quantité u, considérée comme fonction de t, sera encore continue par rapport à cette variable dans le voisinage de la valeur particulière $t = \mathrm{T}$.*

Supposons, par exemple,

$$u = ax \quad \text{et} \quad x = t^n,$$

a désignant une quantité constante, et n un nombre entier. On conclura du théorème III que

$$u = at^n$$

est, entre des limites quelconques de la variable t, fonction continue de cette variable.

De même, si l'on fait

$$u = \frac{x}{y}, \qquad x = \sin t, \qquad y = \cos t,$$

on conclura du théorème II que la fonction

$$u = \operatorname{tang} t$$

est continue par rapport à t dans le voisinage d'une valeur finie quelconque de cette variable, toutes les fois que la valeur dont il s'agit n'est pas comprise dans la formule

$$t = \pm 2k\pi \pm \frac{\pi}{2},$$

k désignant un nombre entier; c'est-à-dire toutes les fois qu'à cette valeur de t correspond une valeur finie de $\operatorname{tang} t$. Au contraire, la fonction $\operatorname{tang} t$ admettra une solution de continuité, en devenant infinie, pour chacune des valeurs de t comprises dans la formule précédente.

Supposons encore

$$u = a + x + y + z + \ldots,$$

$$x = bt, \qquad y = ct^2, \qquad \ldots,$$

$a, b, c, \ldots$ désignant des quantités constantes. Alors, u étant fonction continue de $x, y, z, \ldots$ entre des limites quelconques de ces variables, et $x, y, z, \ldots$ fonctions continues de la variable t entre des limites quelconques de cette dernière, on conclura du théorème III que la fonction

$$u = a + bt + ct^2 + \ldots$$

est elle-même continue par rapport à t entre des limites quelconques. Par suite, comme $t = 0$ donne $u = a$, si l'on fait converger t vers la limite zéro, la fonction u convergera vers la limite a et finira par obtenir le même signe que cette limite, ce qui s'accorde avec le théorème IV du § I.

Une propriété remarquable des fonctions continues d'une seule variable, c'est de pouvoir servir à représenter en Géométrie les ordonnées de lignes continues droites ou courbes. De cette remarque on déduit facilement la proposition suivante :

Théorème IV. — *Si la fonction $f(x)$ est continue par rapport à la variable x entre les limites $x = x_0$, $x = X$, et que l'on désigne par b une quantité intermédiaire entre $f(x_0)$ et $f(X)$, on pourra toujours satisfaire à l'équation*

$$f(x) = b$$

par une ou plusieurs valeurs réelles de x comprises entre x_0 et X.

Démonstration. — Pour établir la proposition précédente, il suffit de faire voir que la courbe qui a pour équation

$$y = f(x)$$

rencontrera une ou plusieurs fois la droite qui a pour équation

$$y = b$$

dans l'intervalle compris entre les ordonnées qui correspondent aux abscisses x_0 et X; or c'est évidemment ce qui aura lieu dans l'hypothèse admise. En effet, la fonction $f(x)$ étant continue entre les limites $x = x_0$, $x = X$, la courbe qui a pour équation $y = f(x)$ et qui passe

1° par le point correspondant aux coordonnées x_0, $f(x_0)$, 2° par le point correspondant aux coordonnées X et $f(X)$, sera continue entre ces deux points; et, comme l'ordonnée constante b de la droite qui a pour équation $y = b$ se trouve comprise entre les ordonnées $f(x_0)$, $f(X)$ des deux points que l'on considère, la droite passera nécessairement entre ces deux points, ce qu'elle ne peut faire sans rencontrer dans l'intervalle la courbe ci-dessus mentionnée.

On peut, au reste, comme on le fera dans la Note III, démontrer le théorème IV par une méthode directe et purement analytique, qui a même l'avantage de fournir la résolution numérique de l'équation

$$f(x) = b.$$

§ III. — *Valeurs singulières des fonctions dans quelques cas particuliers.*

Lorsque, pour un système de valeurs attribuées aux variables qu'elle renferme, une fonction d'une ou de plusieurs variables n'admet qu'une seule valeur, cette valeur unique se déduit ordinairement de la définition même de la fonction. S'il se présente un cas particulier dans lequel la définition donnée ne puisse plus fournir immédiatement la valeur de la fonction que l'on considère, on cherche la limite ou les limites vers lesquelles cette fonction converge, tandis que les variables s'approchent indéfiniment des valeurs particulières qui leur sont assignées; et, s'il existe une ou plusieurs limites de cette espèce, elles sont regardées comme autant de valeurs de la fonction dans l'hypothèse admise. Nous nommerons *valeurs singulières* de la fonction proposée celles qui se trouvent déterminées comme on vient de le dire. Telles sont, par exemple, celles qu'on obtient en attribuant aux variables des valeurs infinies, et souvent aussi celles qui correspondent à des solutions de continuité. La recherche des valeurs singulières des fonctions est une des questions les plus importantes et les plus délicates de l'Analyse : elle offre plus ou moins de difficultés, suivant la nature des fonctions et le nombre des variables qu'elles renferment.

Si d'abord on considère les fonctions simples d'une seule variable, on trouvera qu'il est facile de fixer leurs valeurs singulières. Ces valeurs correspondent toujours à l'une des trois hypothèses

$$x=-\infty,\qquad x=0,\qquad x=\infty,$$

et sont respectivement

Pour les fonctions				
$a+x$	a quelconque....	$a+(-\infty)=-\infty$	....	$a+\infty=\infty$
$a-x$	a quelconque....	$a-(-\infty)=\infty$	....	$a-\infty=-\infty$
ax	a positif.........	$a\times(-\infty)=-\infty$	....	$a\times\infty=\infty$
	a négatif.........	$a\times(-\infty)=\infty$	....	$a\times\infty=-\infty$
$\frac{a}{x}$	a positif.........	$\frac{a}{-\infty}=0$	$\frac{a}{0}=\pm\infty$	$\frac{a}{\infty}=0$
	a négatif........	$\frac{a}{-\infty}=0$	$\frac{a}{0}=\mp\infty$	$\frac{a}{\infty}=0$
x^a	a positif.........	....	$0^a=0$	$\infty^a=\infty$
	a négatif........	....	$0^a=\infty$	$\infty^a=0$
A^x	A sup. à l'unité..	$A^{-\infty}=0$	$A^0=1$	$A^\infty=\infty$
	A inf. à l'unité...	$A^{-\infty}=\infty$	$A^0=1$	$A^\infty=0$
$L(x)$	Base des log. sup. à l'unité.......	....	$L(0)=-\infty$	$L(\infty)=\infty$
	Base des log. inf. à l'unité.......	....	$L(0)=\infty$	$L(\infty)=-\infty$
$\sin x$	....	$\sin(-\infty)=M((-1,+1))$	....	$\sin(\infty)=M((-1,+1))$
$\cos x$	....	$\cos(-\infty)=M((-1,+1))$	....	$\cos(\infty)=M((-1,+1))$

La notation $M((-1,\ +1))$ désigne ici, comme dans les préliminaires, une quelconque des quantités moyennes entre les deux limites

$$-1 \quad \text{et} \quad +1.$$

Il est bon d'observer que, dans le cas où l'on suppose $a=\pm m$,

m désignant un nombre entier, la fonction simple

$$x^a$$

admet constamment trois valeurs singulières, savoir :

lorsque $a = +m$	m étant un nombre pair.	$(-\infty)^m = \infty$,	$0^m = 0$,	$\infty^m = \infty$,
	m étant impair.........	$(-\infty)^m = -\infty$,	$0^m = 0$,	$\infty^m = \infty$,
lorsque $a = -m$	m étant pair...........	$(-\infty)^{-m} = 0$,	$0^{-m} = \infty$,	$\infty^{-m} = 0$,
	m étant impair.........	$(-\infty)^{-m} = 0$,	$((0))^{-m} = \pm\infty$,	$\infty^{-m} = 0$.

Considérons maintenant les fonctions composées d'une seule variable x. Quelquefois il est aisé de trouver leurs valeurs singulières. Ainsi, par exemple, si l'on désigne par k un nombre entier quelconque, on reconnaîtra sans peine que la fonction composée

$$\operatorname{tang} x = \frac{\sin x}{\cos x}$$

a ses valeurs singulières comprises dans les trois formules

$$\operatorname{tang}((\infty)) = \mathbf{M}((-\infty, +\infty)),$$

$$\operatorname{tang}\left(\left(2k\pi \pm \frac{\pi}{2}\right)\right) = \pm\infty,$$

$$\operatorname{tang}((-\infty)) = \mathbf{M}((-\infty, +\infty)),$$

tandis que les valeurs singulières de la fonction inverse

$$\operatorname{arc\,tang} x = \operatorname{arc\,sin} \frac{x}{\sqrt{1+x^2}}$$

sont respectivement

$$\operatorname{arc\,tang}(-\infty) = -\frac{\pi}{2}, \qquad \operatorname{arc\,tang}(\infty) = \frac{\pi}{2}.$$

Mais souvent aussi de semblables questions présentent de véritables difficultés. Par exemple, on n'aperçoit pas immédiatement comment on peut déterminer la valeur singulière de la fonction

$$x^x,$$

lorsqu'on y suppose $x = 0$, ou celle de la fonction

$$x^{\frac{1}{x}},$$

lorsqu'on prend $x = \infty$. Pour donner une idée des méthodes qui conduisent à la solution des questions de cette espèce, je vais établir ici deux théorèmes à l'aide desquels on peut, dans un grand nombre de cas, déterminer les valeurs singulières que reçoivent les deux fonctions

$$\frac{f(x)}{x}, \quad [f(x)]^{\frac{1}{x}},$$

lorsqu'on y suppose $x = \infty$.

Théorème I. — *Si, pour des valeurs croissantes de x, la différence*

$$f(x+1) - f(x)$$

converge vers une certaine limite k, la fraction

$$\frac{f(x)}{x}$$

convergera en même temps vers la même limite.

Démonstration. — Supposons d'abord que la quantité k ait une valeur finie, et désignons par ε un nombre aussi petit que l'on voudra. Puisque des valeurs croissantes de x font converger la différence

$$f(x+1) - f(x)$$

vers la limite k, on pourra donner au nombre h une valeur assez considérable pour que, x étant égal ou supérieur à h, la différence dont il s'agit soit constamment comprise entre les limites

$$k - \varepsilon, \quad k + \varepsilon.$$

Cela posé, si l'on désigne par n un nombre entier quelconque, chacune des quantités

$$f(h+1)-f(h),$$
$$f(h+2)-f(h+1),$$
$$\ldots\ldots\ldots\ldots\ldots\ldots,$$
$$f(h+n)-f(h+n-1),$$

et, par suite, leur moyenne arithmétique, savoir

$$\frac{f(h+n)-f(h)}{n},$$

se trouvera comprise entre les limites $k-\varepsilon$, $k+\varepsilon$. On aura donc

$$\frac{f(h+n)-f(h)}{n}=k+\alpha,$$

α étant une quantité comprise entre les limites $-\varepsilon$, $+\varepsilon$. Soit maintenant

$$h+n=x.$$

L'équation précédente deviendra

$$(1)\qquad \frac{f(x)-f(h)}{x-h}=k+\alpha,$$

et l'on en conclura

$$f(x)=f(h)+(x-h)(k+\alpha),$$
$$(2)\qquad \frac{f(x)}{x}=\frac{f(h)}{x}+\left(1-\frac{h}{x}\right)(k+\alpha).$$

De plus, pour faire croître indéfiniment la valeur de x, il suffira de faire croître indéfiniment le nombre entier n sans changer la valeur de h. Supposons, en conséquence, que dans l'équation (2) on considère h comme une quantité constante, et x comme une quantité variable qui converge vers la limite ∞. Les quantités

$$\frac{f(h)}{x},\quad \frac{h}{x},$$

renfermées dans le second membre, convergeront vers la limite zéro, et le second membre lui-même vers une limite de la forme

$$k + \alpha,$$

α étant toujours compris entre $-\varepsilon$ et $+\varepsilon$. Par suite, le rapport

$$\frac{f(x)}{x}$$

aura pour limite une quantité comprise entre $k-\varepsilon$ et $k+\varepsilon$. Cette conclusion devant subsister, quelle que soit la petitesse du nombre ε, il en résulte que la limite en question sera précisément la quantité k. En d'autres termes, on aura

$$(3) \qquad \lim \frac{f(x)}{x} = k = \lim [f(x+1) - f(x)].$$

Supposons, en second lieu, $k = \infty$. En désignant alors par H un nombre aussi grand que l'on voudra, on pourra toujours attribuer au nombre h une valeur assez considérable, pour que, x étant égal ou supérieur à h, la différence

$$f(x+1) - f(x),$$

qui converge vers la limite ∞, devienne constamment supérieure à H; et, en raisonnant comme ci-dessus, on établira la formule

$$\frac{f(h+n) - f(h)}{n} > \mathrm{H}.$$

Si maintenant on pose $h + n = x$, on trouvera, au lieu de l'équation (2), la formule suivante

$$\frac{f(x)}{x} > \frac{f(h)}{x} + \mathrm{H}\left(1 - \frac{h}{x}\right),$$

de laquelle on conclura, en faisant converger x vers la limite ∞,

$$\lim \frac{f(x)}{x} > \mathrm{H}.$$

La limite du rapport

$$\frac{f(x)}{x}$$

sera donc supérieure au nombre H, quelque grand qu'il soit. Cette limite supérieure à tout nombre assignable ne peut être que l'infini positif.

Supposons enfin $k = -\infty$. Pour ramener ce dernier cas au précédent, il suffira d'observer que, la différence

$$f(x+1) - f(x)$$

ayant pour limite $-\infty$, la suivante

$$[-f(x+1)] - [-f(x)]$$

aura pour limite $+\infty$. On en conclura que la limite de $\frac{-f(x)}{x}$ est égale à $+\infty$, et par suite celle de $\frac{f(x)}{x}$ à $-\infty$.

Corollaire I. — Pour montrer une application du théorème précédent, supposons

$$f(x) = \mathrm{L}(x),$$

L étant la caractéristique des logarithmes dans un système dont la base surpasse l'unité. On trouvera

$$f(x+1) - f(x) = \mathrm{L}(x+1) - \mathrm{L}(x) = \mathrm{L}\left(1 + \frac{1}{x}\right)$$

et, par suite,

$$k = \mathrm{L}\left(1 + \frac{1}{\infty}\right) = \mathrm{L}(1) = 0.$$

On peut donc affirmer que, x venant à croître indéfiniment, le rapport

$$\frac{\mathrm{L}(x)}{x}$$

convergera vers la limite zéro; et il en résulte que, *dans un système dont la base est supérieure à l'unité, les logarithmes des nombres croissent beaucoup moins rapidement que les nombres eux-mêmes.*

Corollaire II. — Supposons, en second lieu,

$$f(x) = \mathrm{A}^x,$$

A désignant un nombre supérieur à l'unité. On trouvera

$$f(x+1)-f(x)=A^{x+1}-A^x=A^x(A-1)$$

et, par suite,

$$k=A^\infty(A-1)=\infty.$$

On peut donc affirmer que, x venant à croître indéfiniment, le rapport

$$\frac{A^x}{x}$$

converge vers la limite ∞, et il en résulte que *l'exponentielle* A^x, *lorsque le nombre* A *surpasse l'unité, finit par croître beaucoup plus rapidement que la variable* x.

Corollaire III. — On doit observer, au reste, qu'il n'y a lieu à chercher par le théorème I la valeur du rapport

$$\frac{f(x)}{x},$$

correspondante à $x=\infty$, que dans le cas où la fonction $f(x)$ devient infinie avec la variable x. Si cette fonction restait finie pour $x=\infty$, le rapport $\frac{f(x)}{x}$ aurait évidemment zéro pour limite.

Je passe au théorème qui sert à déterminer dans plusieurs cas la valeur de

$$[f(x)]^{\frac{1}{x}}$$

pour $x=\infty$. Voici en quoi il consiste :

Théorème II. — *Si, la fonction* $f(x)$ *étant positive pour de très grandes valeurs de* x, *le rapport*

$$\frac{f(x+1)}{f(x)}$$

converge, tandis que x *croît indéfiniment, vers la limite* k, *l'expression*

$$[f(x)]^{\frac{1}{x}}$$

convergera en même temps vers la même limite.

Démonstration. — Supposons d'abord que la quantité k, nécessairement positive, ait une valeur finie, et désignons par ε un nombre aussi petit que l'on voudra. Puisque des valeurs croissantes de x font converger le rapport

$$\frac{f(x+1)}{f(x)}$$

vers la limite k, on pourra donner au nombre h une valeur assez considérable pour que, x étant égal ou supérieur à h, le rapport dont il s'agit soit constamment compris entre les limites

$$k-\varepsilon, \quad k+\varepsilon.$$

Cela posé, si l'on désigne par n un nombre entier quelconque, chacune des quantités

$$\frac{f(h+1)}{f(h)}, \quad \frac{f(h+2)}{f(h+1)}, \quad \ldots, \quad \frac{f(h+n)}{f(h+n-1)},$$

et, par suite, leur moyenne géométrique, savoir

$$\left[\frac{f(h+n)}{f(h)}\right]^{\frac{1}{n}},$$

se trouvera comprise entre les limites $k-\varepsilon$, $k+\varepsilon$. On aura donc

$$\left[\frac{f(h+n)}{f(h)}\right]^{\frac{1}{n}} = k+\alpha,$$

α étant une quantité comprise entre les limites $-\varepsilon$, $+\varepsilon$. Soit maintenant

$$h+n=x.$$

L'équation précédente deviendra

(4) $$\left[\frac{f(x)}{f(h)}\right]^{\frac{1}{x-h}} = k+\alpha,$$

et l'on en conclura

$$f(x)=f(h)\,(k+\alpha)^{x-h},$$

(5) $$[f(x)]^{\frac{1}{x}} = [f(h)]^{\frac{1}{x}}(k+\alpha)^{1-\frac{h}{x}}.$$

De plus, pour faire croître indéfiniment la valeur de x, il suffira de faire croître indéfiniment le nombre entier n, sans changer la valeur de h. Supposons, en conséquence, que dans l'équation (5) on considère h comme une quantité constante, et x comme une quantité variable qui converge vers la limite ∞. Les quantités

$$[f(h)]^{\frac{1}{x}}, \quad 1-\frac{h}{x},$$

renfermées dans le second membre, convergeront vers la limite 1, et le second membre lui-même vers une limite de la forme

$$k+\alpha,$$

α étant toujours compris entre $-\varepsilon$ et $+\varepsilon$. Par suite, l'expression

$$[f(x)]^{\frac{1}{x}}$$

aura pour limite une quantité comprise entre $k-\varepsilon$ et $k+\varepsilon$. Cette conclusion devant subsister, quelle que soit la petitesse du nombre ε, il en résulte que la limite en question sera précisément la quantité k. En d'autres termes, on aura

$$\lim[f(x)]^{\frac{1}{x}}=k=\lim\frac{f(x+1)}{f(x)}. \tag{6}$$

Supposons, en second lieu, la quantité k infinie, c'est-à-dire, puisque cette quantité est positive, $k=\infty$. En désignant alors par H un nombre aussi grand que l'on voudra, on pourra toujours attribuer au nombre h une valeur assez considérable pour que, x étant égal ou supérieur à h, le rapport

$$\frac{f(x+1)}{f(x)},$$

qui converge vers la limite ∞, devienne constamment supérieur à H; et, en raisonnant comme ci-dessus, on établira la formule

$$\left[\frac{f(h+n)}{f(h)}\right]^{\frac{1}{n}}>\mathrm{H}.$$

Si maintenant on pose $h+n=x$, on trouvera, au lieu de l'équation (5), la formule suivante

$$[f(x)]^{\frac{1}{x}} > [f(h)]^{\frac{1}{x}} H^{1-\frac{h}{x}},$$

de laquelle on conclura, en faisant converger x vers la limite ∞,

$$\lim [f(x)]^{\frac{1}{x}} > H.$$

La limite de l'expression

$$[f(x)]^{\frac{1}{x}}$$

sera donc supérieure au nombre H, quelque grand qu'il soit. Cette limite, supérieure à tout nombre assignable, ne peut être que l'infini positif.

Nota. — On pourrait facilement démontrer l'équation (6), en cherchant par le théorème I la limite vers laquelle converge le logarithme

$$L[f(x)]^{\frac{1}{x}} = \frac{L[f(x)]}{x},$$

et repassant ensuite des logarithmes aux nombres.

Corollaire I. — Pour donner une application du théorème II, supposons

$$f(x) = x;$$

on aura

$$\frac{f(x+1)}{f(x)} = \frac{x+1}{x} = 1 + \frac{1}{x},$$

et, par suite, en passant aux limites,

$$k = 1.$$

Donc, si l'on fait croître indéfiniment la variable x, la fonction

$$x^{\frac{1}{x}}$$

convergera vers la limite 1.

Corollaire II. — Soit, en second lieu,

$$f(x) = ax^n + bx^{n-1} + cx^{n-2} + \ldots = \mathrm{P},$$

en sorte que P désigne un polynôme en x du degré n. On trouvera

$$\frac{f(x+1)}{f(x)} = \frac{a\left(1+\frac{1}{x}\right)^n + \frac{b}{x}\left(1+\frac{1}{x}\right)^{n-1} + \frac{c}{x^2}\left(1+\frac{1}{x}\right)^{n-2} + \ldots}{a + \frac{b}{x} + \frac{c}{x^2} + \ldots}$$

et, en passant aux limites,

$$k = \frac{a}{a} = 1.$$

Si donc P représente un polynôme entier quelconque, $\mathrm{P}^{\frac{1}{x}}$ aura pour limite 1.

Corollaire III. — Soit enfin

$$f(x) = \mathrm{L}(x).$$

On trouvera

$$\frac{f(x+1)}{f(x)} = \frac{\mathrm{L}(x+1)}{\mathrm{L}(x)} = \frac{\mathrm{L}(x) + \mathrm{L}\left(1+\frac{1}{x}\right)}{\mathrm{L}(x)} = 1 + \frac{\mathrm{L}\left(1+\frac{1}{x}\right)}{\mathrm{L}(x)}$$

et, en passant aux limites,

$$k = 1.$$

Par suite, $[\mathrm{L}(x)]^{\frac{1}{x}}$ a encore pour limite l'unité.

Les théorèmes I et II subsistent évidemment dans le cas même où la variable x est considérée comme ne pouvant admettre que des valeurs entières. En effet, pour rendre applicables à ce cas particulier les démonstrations que nous avons données des deux théorèmes, il suffit de concevoir que la quantité désignée par h dans chacune de ces démonstrations devienne un nombre entier très considérable. Si, dans le même cas, on représente les valeurs successives de la fonction $f(x)$ correspondantes aux diverses valeurs entières de x, savoir

$$f(1),\quad f(2),\quad f(3),\quad \ldots,\quad f(n),$$

par

$$\mathrm{A}_1,\quad \mathrm{A}_2,\quad \mathrm{A}_3,\quad \ldots,\quad \mathrm{A}_n,$$

on obtiendra à la place des théorèmes I et II les propositions suivantes :

Théorème III. — *Si la suite des quantités*

$$A_1, \quad A_2, \quad A_3, \quad \ldots, \quad A_n, \quad \ldots$$

est telle que la différence entre deux termes consécutifs de cette suite, savoir

$$A_{n+1} - A_n,$$

converge constamment, pour des valeurs croissantes de n, vers une limite fixe A, *le rapport*

$$\frac{A_n}{n}$$

convergera en même temps vers la même limite.

Théorème IV. — *Si la suite des nombres*

$$A_1, \quad A_2, \quad A_3, \quad \ldots, \quad A_n, \quad \ldots$$

est telle que le rapport entre deux termes consécutifs, savoir

$$\frac{A_{n+1}}{A_n},$$

converge constamment, pour des valeurs croissantes de n, vers une limite fixe A, *l'expression*

$$(A_n)^{\frac{1}{n}}$$

convergera en même temps vers la même limite.

Pour montrer une application du dernier théorème, supposons

$$A_n = 1.2.3\ldots n.$$

La suite A_1, A_2, ... deviendra

$$1, \quad 1.2, \quad 1.2.3, \quad \ldots, \quad 1.2.3\ldots(n-1)n, \quad \ldots,$$

et le rapport entre deux termes consécutifs de la même suite, savoir

$$\frac{A_{n+1}}{A_n} = \frac{1.2.3\ldots n(n+1)}{1.2.3\ldots n} = n+1,$$

convergera évidemment, pour des valeurs croissantes de n, vers la limite ∞. Par suite, l'expression

$$(A_n)^{\frac{1}{n}} = (1.2.3\ldots n)^{\frac{1}{n}}$$

converge vers la même limite.

On trouverait, au contraire, que l'expression

$$\left(\frac{1}{1.2.3\ldots n}\right)^{\frac{1}{n}}$$

converge, pour des valeurs croissantes de n, vers la limite zéro.

Souvent, à l'aide des théorèmes I et II, on peut déterminer la valeur singulière que reçoit une fonction composée de la variable x, tandis que cette variable s'évanouit. Ainsi, par exemple, si l'on veut obtenir la valeur singulière de x^x correspondante à $x = 0$, il suffira de chercher la limite vers laquelle converge, pour des valeurs croissantes de x, l'expression $\left(\frac{1}{x}\right)^{\frac{1}{x}} = \frac{1}{x^{\frac{1}{x}}}$. Cette limite, en vertu du théorème II (corollaire I), est égale à l'unité.

De même, on conclurait du théorème I (corollaire I) que la fonction

$$x\,L(x)$$

s'évanouit avec la variable x.

Lorsque les deux termes d'une fraction sont des quantités infiniment petites, dont les valeurs numériques décroissent indéfiniment avec celle de la variable α, la valeur singulière que reçoit cette fraction, pour $\alpha = 0$, est tantôt finie, tantôt nulle ou infinie. En effet, désignons par k, k' deux constantes finies qui ne soient pas nulles, et par ε, ε' deux nombres variables qui convergent avec α vers la limite zéro. Deux infiniment petits, l'un de l'ordre n, l'autre de l'ordre n', pourront être représentés respectivement par

$$k\alpha^n(1 \pm \varepsilon), \qquad k'\alpha^{n'}(1 \pm \varepsilon'),$$

et leur rapport, savoir

$$\frac{k'\alpha^{n'}(1\pm\varepsilon')}{k\alpha^n(1\pm\varepsilon)}=\frac{k'}{k}\,\frac{1\pm\varepsilon'}{1\pm\varepsilon}\,\alpha^{n'-n}=\frac{k'}{k}\,\frac{1\pm\varepsilon'}{1\pm\varepsilon}\,\frac{1}{\alpha^{n-n'}},$$

aura évidemment pour limite

$$\frac{k'}{k},\quad \text{si l'on suppose}\quad n'=n,$$

$$0,\quad \text{si l'on suppose}\quad n'>n,$$

$$\pm\infty,\quad \text{si l'on suppose}\quad n'<n.$$

On prouverait de même que *la limite vers laquelle converge le rapport de deux quantités infiniment grandes, tandis que leurs valeurs numériques croissent indéfiniment avec celle d'une même variable x, peut être nulle, finie ou infinie.* Seulement, cette limite a un signe déterminé, constamment égal au produit des signes des deux quantités que l'on considère.

Parmi les fractions dont les deux termes convergent avec la variable α vers la limite zéro, on doit placer la suivante

$$\frac{f(x+\alpha)-f(x)}{\alpha},$$

toutes les fois qu'on attribue à la variable x une valeur dans le voisinage de laquelle la fonction $f(x)$ reste continue. En effet, dans cette hypothèse, la différence

$$f(x+\alpha)-f(x)$$

est une quantité infiniment petite. On peut meme remarquer qu'elle est en général un infiniment petit du premier ordre, en sorte que le rapport

$$\frac{f(x+\alpha)-f(x)}{\alpha}$$

converge ordinairement, tandis que la valeur numérique de α diminue, vers une limite finie différente de zéro. Cette limite sera, par exemple,

$$2x,\quad \text{si l'on prend}\quad f(x)=x^2$$

et

$$-\frac{a}{x^2},\quad \text{si l'on prend}\quad f(x)=\frac{a}{x}.$$

Dans le cas particulier où l'on suppose $x = 0$, le rapport

$$\frac{f(x+\alpha) - f(x)}{\alpha}$$

se réduit à cet autre

$$\frac{f(\alpha) - f(0)}{\alpha}.$$

Parmi les rapports de cette dernière espèce, nous nous bornerons ici à considérer le suivant

$$\frac{\sin\alpha}{\alpha}.$$

Comme il peut être mis sous la forme

$$\frac{\sin(-\alpha)}{-\alpha},$$

sa limite restera la même, quel que soit le signe de α. Cela posé, concevons que l'arc α reçoive une valeur positive très petite. La corde de l'arc double 2α étant représentée par $2\sin\alpha$, on aura évidemment $2\alpha > 2\sin\alpha$ et, par suite,

$$\alpha > \sin\alpha.$$

De plus, la somme des tangentes menées aux extrémités de l'arc 2α étant représentée par $2\,\mathrm{tang}\,\alpha$, et formant une portion de polygone qui enveloppe cet arc, on aura encore $2\,\mathrm{tang}\,\alpha > 2\alpha$ et, par conséquent,

$$\mathrm{tang}\,\alpha > \alpha.$$

En réunissant les deux formules qu'on vient d'établir, on trouvera

$$\sin a < \alpha < \mathrm{tang}\,\alpha;$$

puis, en remettant pour $\mathrm{tang}\,\alpha$ sa valeur,

$$\sin\alpha < \alpha < \frac{\sin\alpha}{\cos\alpha}$$

et, par suite,

$$1 < \frac{\alpha}{\sin\alpha} < \frac{1}{\cos\alpha},$$

$$1 > \frac{\sin\alpha}{\alpha} > \cos\alpha.$$

Or, tandis que α diminue, $\cos\alpha$ converge vers la limite 1 : il en sera donc de même *a fortiori* du rapport $\frac{\sin\alpha}{\alpha}$ toujours compris entre 1 et $\cos\alpha$, en sorte qu'on aura

$$\lim\frac{\sin\alpha}{\alpha}=1. \tag{7}$$

La recherche des limites vers lesquelles convergent les rapports $\frac{f(x+\alpha)-f(x)}{\alpha}$, $\frac{f(\alpha)-f(0)}{\alpha}$ étant un des principaux objets du Calcul infinitésimal, nous ne nous y arrêterons pas davantage.

Il nous reste à examiner les valeurs singulières des fonctions de plusieurs variables. Quelquefois ces valeurs sont complètement déterminées et indépendantes des relations que l'on pourrait établir entre les variables. Ainsi, par exemple, si l'on désigne par

$$\alpha,\quad \beta,\quad x,\quad y$$

quatre variables positives, dont les deux premières convergent vers la limite zéro et les deux dernières vers la limite ∞, on reconnaîtra sans peine que les expressions

$$\alpha\beta,\quad xy,\quad \frac{\alpha}{x},\quad \frac{y}{\beta},\quad \alpha^y,\quad x^y$$

ont pour limites respectives

$$0,\quad \infty,\quad 0,\quad \infty,\quad 0,\quad \infty.$$

Mais le plus souvent la valeur singulière d'une fonction de plusieurs variables ne peut être entièrement déterminée que dans le cas particulier où, en faisant converger ces variables vers leurs limites respectives, on établit entre elles certaines relations; et, tant que ces relations ne sont pas fixées, la valeur singulière dont il s'agit est une quantité ou totalement indéterminée, ou seulement assujettie à rester comprise entre des limites connues. Ainsi, comme on l'a remarqué plus haut, la valeur singulière à laquelle se réduit le rapport de deux variables infiniment petites, dans le cas où chacune de ces variables s'évanouit, peut être une quantité quelconque finie, nulle ou infinie.

En d'autres termes, cette valeur singulière sera complètement indéterminée. Si, au lieu de deux variables infiniment petites, on considère deux variables infiniment grandes, on trouvera que le rapport de ces dernières, tandis que leurs valeurs numériques croissent indéfiniment, converge encore vers une limite arbitraire, mais positive ou négative, suivant que les deux variables sont de même signe ou de signes contraires. Il est également facile de s'assurer que le produit d'une variable infiniment petite par une variable infiniment grande a pour limite une quantité complètement indéterminée.

Afin de présenter une dernière application des principes qu'on vient d'établir, cherchons quelles valeurs il faut attribuer aux variables x et y pour que la valeur de la fonction

$$y^{\frac{1}{x}}$$

devienne indéterminée. Si l'on désigne par A un nombre supérieur à l'unité, et par L la caractéristique des logarithmes dans le système dont la base est A, on aura évidemment

$$y = \mathrm{A}^{\mathrm{L}(y)},$$

et, par suite,

$$y^{\frac{1}{x}} = \mathrm{A}^{\frac{\mathrm{L}(y)}{x}}.$$

Or il est clair que l'expression

$$\mathrm{A}^{\frac{\mathrm{L}(y)}{x}}$$

convergera vers une limite indéterminée, lorsque le rapport

$$\frac{\mathrm{L}(y)}{x}$$

convergera lui-même vers une semblable limite, ce qui arrivera dans deux cas différents, savoir : 1° lorsque $\mathrm{L}(y)$ et x seront deux quantités infiniment petites, c'est-à-dire lorsque x et y auront pour limites respectives 0 et 1; 2° lorsque $\mathrm{L}(y)$ et x seront deux quantités infiniment grandes, c'est-à-dire lorsque, x ayant une limite infinie, y aura pour limite o ou ∞. Il est bon d'observer que, dans l'un et l'autre cas, la limite indéterminée de l'expression

$$A^{\frac{L(y)}{x}} = y^{\frac{1}{x}}$$

sera nécessairement positive. Il peut même arriver que cette limite soit assujettie à demeurer comprise entre les valeurs extrêmes o et 1, ou bien entre les suivantes 1 et ∞. Concevons, par exemple, que chacune des variables x et y converge vers la limite ∞. Dans ce cas, la limite du rapport

$$\frac{L(y)}{x}$$

étant une quantité positive quelconque, celle de $y^{\frac{1}{x}} = A^{\frac{L(y)}{x}}$ ne pourra être qu'une quantité moyenne entre 1 et ∞. Cette moyenne sera d'ailleurs indéterminée, tant que l'on n'établira pas entre les variables infiniment grandes x et y de relation particulière. Mais, si l'on suppose

$$y = f(x),$$

$f(y)$ désignant une fonction qui croisse indéfiniment avec la variable x, alors la moyenne dont il s'agit, n'étant autre chose que la limite de

$$[f(x)]^{\frac{1}{x}},$$

obtiendra une valeur déterminée, que l'on pourra souvent calculer à l'aide du théorème II.

Si, au lieu de la fonction $y^{\frac{1}{x}}$, on eût considéré la suivante

$$y^x,$$

on aurait trouvé que cette dernière devient indéterminée : 1° lorsque la variable y converge vers la limite 1 et la variable x vers l'une des suivantes $-\infty$, $+\infty$; 2° lorsque, la variable x ayant zéro pour limite, y converge vers zéro ou vers l'infini positif.

Quelquefois on rencontre dans le calcul des expressions singulières qui ne peuvent être considérées que comme des limites vers lesquelles convergent des fonctions de plusieurs variables, tandis que ces mêmes variables deviennent infiniment petites ou infiniment grandes, ou même, plus généralement, convergent vers des limites fixes. Telles sont, par exemple, les expressions

$$0 \times 0,\quad \frac{0}{0},\quad \infty \times \infty,\quad \frac{\infty}{\infty},\quad 0 \times \infty,\quad 0^0,\quad 1^\infty,\quad \ldots,$$

parmi lesquelles on doit regarder les deux premières comme les limites vers lesquelles convergent le produit et le rapport de deux variables infiniment petites, les deux suivantes comme les limites du produit et du rapport de deux variables positives infiniment grandes, etc. Si l'on considère en particulier les expressions singulières que produisent les fonctions

$$x+y,\quad xy,\quad \frac{x}{y},\quad y^x,\quad y^{\frac{1}{x}},$$

on trouvera que les valeurs de ces mêmes expressions, lorsque les variables restent indépendantes, peuvent être aisément fixées par ce qui précède. Les équations qui serviront à déterminer ces valeurs seront respectivement

Pour les fonctions		
$x+y$	$\infty + \infty = \infty,$	$\infty - \infty = \mathbf{M}((-\infty, +\infty));$
xy	$0 \times 0 = 0,$	$0 \times \infty = 0 \times -\infty = \mathbf{M}((-\infty, +\infty)),$
	$\infty \times \infty = -\infty \times -\infty = \infty,$	$\infty \times -\infty = -\infty;$
$\frac{x}{y}$	$\frac{0}{0} = \mathbf{M}((-\infty, +\infty)),$	$\frac{0}{\infty} = \frac{0}{-\infty} = 0,\quad \frac{\infty}{0} = \frac{-\infty}{0} = \pm\infty,$
	$\frac{\infty}{\infty} = \frac{-\infty}{-\infty} = \mathbf{M}((0, \infty)),$	$\frac{\infty}{-\infty} = \frac{-\infty}{\infty} = \mathbf{M}((-\infty, 0));$
y^x	$0^0 = \infty^0 = \mathbf{M}((0, \infty)),$	$0^\infty = \infty^{-\infty} = 0,$
	$0^{-\infty} = \infty^\infty = \infty,$	$1^\infty = 1^{-\infty} = \mathbf{M}((0, \infty));$
$y^{\frac{1}{x}}$	$0^{\frac{1}{0}} = \infty^{\frac{1}{0}} = 0$ ou $\infty,$	$0^{\frac{1}{\infty}} = \infty^{\frac{1}{-\infty}} = \mathbf{M}((0, 1)),$
	$0^{\frac{1}{-\infty}} = \infty^{\frac{1}{\infty}} = \mathbf{M}((1, \infty)),$	$1^{\frac{1}{0}} = \mathbf{M}((0, \infty)).$

CHAPITRE III.

DES FONCTIONS SYMÉTRIQUES ET DES FONCTIONS ALTERNÉES. USAGE DE CES FONCTIONS POUR LA RÉSOLUTION DES ÉQUATIONS DU PREMIER DEGRÉ A UN NOMBRE QUELCONQUE D'INCONNUES. DES FONCTIONS HOMOGÈNES.

§ I. — *Des fonctions symétriques.*

Une fonction *symétrique* de plusieurs quantités est celle qui conserve la même valeur et le même signe après un échange quelconque opéré entre ces quantités. Ainsi, par exemple, chacune des fonctions

$$x+y, \quad x^y+y^x, \quad xyz, \quad \sin x+\sin y+\sin z, \quad \ldots$$

est symétrique par rapport aux variables qu'elle renferme, tandis que

$$x-y, \quad x^y, \quad \ldots$$

sont des fonctions non symétriques des variables x et y. De même encore

$$b+c, \quad b^2+c^2, \quad bc, \quad \ldots$$

sont des fonctions symétriques des deux quantités b, c;

$$b+c+d, \quad b^2+c^2+d^2, \quad bc+bd+cd, \quad bcd$$

sont des fonctions symétriques des trois quantités b, c, d; ....

Parmi les fonctions symétriques de plusieurs quantités b, c, ..., g, h, on doit distinguer celles qui servent de coefficients aux diverses puissances de a dans le développement du produit

$$(a-b)(a-c)\ldots(a-g)(a-h),$$

et dont les propriétés conduisent à une solution très élégante de plusieurs équations du premier degré entre n variables $x, y, z, \ldots, u, v$, lorsque ces équations sont de la forme

$$(1)\quad \begin{cases} x + y + z + \ldots + u + v = k_0, \\ a\,x + b\,y + c\,z + \ldots + g\,u + h\,v = k_1, \\ a^2x + b^2y + c^2z + \ldots + g^2u + h^2v = k_2, \\ \ldots\ldots\ldots\ldots\ldots\ldots\ldots\ldots, \\ a^{n-1}x + b^{n-1}y + c^{n-1}z + \ldots + g^{n-1}u + h^{n-1}v = k_{n-1}. \end{cases}$$

En effet, soient

$$\begin{aligned} A_{n-2} &= -(b + c + \ldots + g + h), \\ A_{n-3} &= bc + \ldots + bg + bh + \ldots + cg + ch + \ldots + gh, \\ &\ldots\ldots\ldots\ldots\ldots\ldots\ldots\ldots, \\ A_0 &= \pm bc\ldots gh \end{aligned}$$

les fonctions symétriques dont il s'agit, en sorte qu'on ait

$$a^{n-1} + A_{n-2}a^{n-2} + \ldots + A_1 a + A_0 = (a-b)(a-c)(a-d)\ldots.$$

Si, dans cette dernière formule, on remplace successivement a par b, par c, ..., par g, par h, on trouvera

$$\begin{aligned} b^{n-1} + A_{n-2}\,b^{n-2} + \ldots + A_1 b + A_0 &= 0, \\ c^{n-1} + A_{n-2}\,c^{n-2} + \ldots + A_1 c + A_0 &= 0, \\ \ldots\ldots\ldots\ldots\ldots\ldots\ldots\ldots&, \\ g^{n-1} + A_{n-2}\,g^{n-2} + \ldots + A_1 g + A_0 &= 0, \\ h^{n-1} + A_{n-2}\,h^{n-2} + \ldots + A_1 h + A_0 &= 0. \end{aligned}$$

Si l'on ajoute ensuite membre à membre les équations (1), après avoir multiplié la première par A_0, la seconde par A_1, ..., l'avant-dernière par A_{n-2}, et la dernière par l'unité, on obtiendra la suivante

$$(a^{n-1} + A_{n-2}a^{n-2} + \ldots + A_1 a + A_0)x = k_{n-1} + A_{n-2}k_{n-2} + \ldots + A_1 k_1 + A_0 k_0,$$

et l'on en conclura

$$(2)\quad x = \frac{k_{n-1} - (b + c + \ldots + g + h)k_{n-2} + (bc + \ldots + bg + bh + \ldots + cg + ch + \ldots + gh)k_{n-3} - \ldots \pm bc\ldots gh.k_0}{(a-b)(a-c)\ldots(a-g)(a-h)}.$$

On déterminerait par un procédé analogue les valeurs des autres inconnues $y, z, \ldots, u, v$.

Lorsque, dans les équations (1), on substitue aux constantes

$$k_0, \quad k_1, \quad k_2, \quad \ldots, \quad k_{n-1}$$

les puissances entières successives d'une même quantité k, savoir

$$k^0 = 1, \quad k, \quad k^2, \quad \ldots, \quad k^{n-1},$$

la valeur trouvée pour x se réduit à

$$(3) \qquad x = \frac{(k-b)(k-c)\ldots(k-g)(k-h)}{(a-b)(a-c)\ldots(a-g)(a-h)}.$$

§ II. — *Des fonctions alternées.*

Une fonction *alternée* de plusieurs quantités est celle qui change de signe, mais en conservant au signe près la même valeur, lorsqu'on échange deux de ces quantités entre elles; en sorte que, par une suite de semblables échanges, la fonction devienne alternativement positive et négative. D'après cette définition,

$$x - y, \quad xy^2 - x^2y, \quad \mathrm{L}\left(\frac{x}{y}\right), \quad \sin x - \sin y, \quad \ldots$$

sont des fonctions alternées des deux variables x et y;

$$(x-y)(x-z)(y-z)$$

est une fonction alternée des trois variables x, y, z, et ainsi de suite.

Parmi les fonctions alternées de plusieurs variables

$$x, \quad y, \quad z, \quad \ldots, \quad u, \quad v,$$

on doit distinguer celles qui sont rationnelles et entières par rapport à chacune de ces mêmes variables. Supposons une semblable fonction développée et mise sous la forme d'un polynôme. Un de ses termes, pris au hasard, sera de la forme

$$k x^p y^q z^r \ldots u^s v^t,$$

p, q, r, ..., s, t désignant des nombres entiers, et k un coefficient quelconque. De plus, la fonction devant changer de signe, mais conserver au signe près la même valeur, après l'échange mutuel des deux variables x et y, il faudra de toute nécessité qu'au terme dont il s'agit corresponde un autre terme de signe contraire

$$-k x^q y^p z^r \ldots u^s v^t,$$

déduit du premier en vertu de cet échange. La fonction se composera donc de termes alternativement positifs et négatifs, qui, réunis deux à deux, produiront des binômes de la forme

$$k x^p y^q z^r \ldots u^s v^t - k x^q y^p z^r \ldots u^s v^t = k(x^p y^q - x^q y^p) z^r \ldots u^s v^t.$$

Dans chaque binôme de cette espèce, p, q seront nécessairement deux nombres entiers distincts l'un de l'autre, et, comme la différence

$$x^p y^q - x^q y^p$$

est évidemment divisible par $y - x$ ou, ce qui revient au même, par $x - y$, il en résulte que chaque binôme, et par suite la somme des binômes ou la fonction proposée, sera divisible par

$$\pm (y - x).$$

Comme on peut d'ailleurs, dans les raisonnements qui précèdent, substituer aux variables x, y deux autres variables quelconques x et z ou y et z, ..., on obtiendra définitivement les conclusions suivantes :

1° Une fonction alternée, mais entière, de plusieurs variables x, y, z, ..., u, v, est composée de termes alternativement positifs et négatifs, dans chacun desquels les diverses variables ont toutes des exposants différents;

2° Une semblable fonction est divisible par le produit des différences

$$(1)\quad \left\{\begin{array}{rrrrr} \pm(y-x), & \pm(z-x), & \ldots, & \pm(u-x), & \pm(v-x), \\ & \pm(z-y), & \ldots, & \pm(u-y), & \pm(v-y), \\ & & \ldots, & \pm(u-z), & \pm(v-z), \\ & & & \ldots\ldots\ldots, & \ldots\ldots\ldots, \\ & & & & \pm(v-u), \end{array}\right.$$

prises chacune avec tel signe que l'on voudra.

Le produit dont il est ici question, ainsi qu'on peut aisément le reconnaître, est lui-même une fonction alternée des variables que l'on considère. Pour le prouver, il suffit de faire voir que ce produit change de signe, en conservant au signe près la même valeur, après l'échange mutuel de deux variables, x et y par exemple. Or, en effet, suivant que l'on adopte pour chaque différence le signe $+$ ou le signe $-$, ce produit se trouve égal soit à $+\varphi$, soit à $-\varphi$, la valeur de φ étant déterminée par l'équation

$$(2)\quad \varphi=(y-x)(z-x)\ldots(u-x)(v-x)\times(z-y)\ldots(u-y)(v-y)\times\ldots\times(v-u)$$

et, comme il est évident que cette valeur de φ change seulement de signe en vertu de l'échange mutuel des variables x et y, on peut conclure qu'il en sera de même d'une fonction équivalente soit à $+\varphi$, soit à $-\varphi$.

Concevons, pour fixer les idées, que l'on prenne chacune des différences (1) avec le signe $+$. Le produit de toutes ces différences sera la fonction φ déterminée par l'équation (2) ou, ce qui revient au même, par la suivante

$$(3)\quad \varphi=(y-x)\times(z-x)(z-y)\times\ldots\times(v-x)(v-y)(v-z)\ldots(v-u).$$

Si, de plus, on appelle n le nombre des variables $x, y, z, \ldots, u, v$, $n-1$ sera évidemment le nombre des différences qui renferment une même variable : et par suite, dans chaque terme de la fonction φ développée et mise sous la forme d'un polynôme, l'exposant d'une variable quelconque ne pourra surpasser $n-1$. Enfin, comme dans un même terme les différentes variables devront être affectées d'exposants différents, il est clair que ces exposants seront respectivement égaux aux nombres

$$0,\quad 1,\quad 2,\quad 3,\quad \ldots,\quad n-1.$$

Chaque terme, abstraction faite du signe et du coefficient numérique, sera donc équivalent au produit des diverses variables rangées dans un ordre quelconque, et respectivement élevées aux puissances marquées par les nombres $0, 1, 2, 3, \ldots, n-1$. On doit ajouter que chaque produit de cette espèce se trouvera compris une seule fois, tantôt avec le signe $+$, tantôt avec le signe $-$, dans le développement de la fonction φ. Par exemple, le produit

$$x^0 y^1 z^2 \ldots u^{n-2} v^{n-1}$$

ne pourra être formé que par la multiplication des premières lettres des facteurs binômes qui composent le second membre de l'équation (3).

A l'aide des principes que nous venons d'établir, il est facile de construire en entier le développement de la fonction φ, et de démontrer ses diverses propriétés (*voir* à ce sujet la Note IV). Nous allons maintenant faire voir comment on se trouve conduit, par la considération d'un semblable développement, à la résolution des équations générales du premier degré à plusieurs variables.

Soient

$$(4)\quad \left\{\begin{array}{l} a_0 x + b_0 y + c_0 z + \ldots + g_0 u + h_0 v = k_0,\\ a_1 x + b_1 y + c_1 z + \ldots + g_1 u + h_1 v = k_1,\\ a_2 x + b_2 y + c_2 z + \ldots + g_2 u + h_2 v = k_2,\\ \ldots\ldots\ldots\ldots\ldots\ldots\ldots\ldots\ldots\ldots,\\ a_{n-1} x + b_{n-1} y + c_{n-1} z + \ldots + g_{n-1} u + h_{n-1} v = k_{n-1} \end{array}\right.$$

n équations linéaires entre les n variables ou inconnues

$$x,\quad y,\quad z,\quad \ldots,\quad u,\quad v,$$

et les constantes

$$\begin{array}{ccccccc} a_0, & b_0, & c_0, & \ldots, & g_0, & h_0, & k_0, \\ a_1, & b_1, & c_1, & \ldots, & g_1, & h_1, & k_1, \\ a_2, & b_2, & c_2, & \ldots, & g_2, & h_2, & k_2, \\ \ldots, & \ldots, & \ldots, & \ldots, & \ldots, & \ldots, & \ldots, \\ a_{n-1}, & b_{n-1}, & c_{n-1}, & \ldots, & g_{n-1}, & h_{n-1}, & k_{n-1}, \end{array}$$

choisies arbitrairement. Représentons, en outre, par P ce que devient la fonction φ lorsqu'on y remplace les variables

$$x,\ y,\ z,\ \ldots,\ u,\ v$$

par les lettres

$$a,\ b,\ c,\ \ldots,\ g,\ h$$

considérées comme autant de nouvelles quantités, en sorte qu'on ait

$$(5)\quad \text{P} = (b-a)\times(c-a)(c-b)\times\ldots\times(h-a)(h-b)(h-c)\ldots(h-g).$$

Le produit P sera la fonction alternée la plus simple des quantités $a, b, c, \ldots, g, h$; et, si l'on développe cette fonction par la multiplication algébrique de ses facteurs binômes, chaque terme du développement sera équivalent, au signe près, au produit de ces mêmes quantités rangées dans un certain ordre, et respectivement élevées à des puissances marquées par les exposants $0, 1, 2, 3, \ldots, n-1$. Cela posé, concevons que dans chaque terme on remplace les exposants des lettres par des indices, en écrivant, par exemple,

$$a_0 b_1 c_2 \ldots g_{n-2} h_{n-1},$$

au lieu du terme

$$a^0 b^1 c^2 \ldots g^{n-2} h^{n-1},$$

et désignons par D ce que devient alors le développement du produit P. La quantité D aura évidemment, tout comme le produit P, la propriété de changer de signe lorsqu'on échangera entre elles deux des lettres données, par exemple les deux lettres a et b. Il est aisé d'en conclure que la valeur de D sera réduite à zéro, si l'on écrit dans tous ses termes la lettre b à la place de la lettre a, sans écrire en même temps a à la place de b. Il en serait de même si l'on écrivait partout à la place de la lettre a l'une des lettres $c, \ldots, g, h$. Par suite, si, dans le polynôme D, on désigne la somme des termes qui ont a_0 pour facteur commun par $A_0 a_0$, la somme des termes qui renferment le facteur a_1 par $A_1 a_1, \ldots$; enfin la somme des termes qui ont pour facteur a_{n-1} par $A_{n-1} a_{n-1}$, en sorte que la valeur de D soit donnée par l'équation

$$D = A_0 a_0 + A_1 a_1 + A_2 a_2 + \ldots + A_{n-1} a_{n-1}, \tag{6}$$

on trouvera, en écrivant successivement dans le second membre de cette équation les lettres $b, c, \ldots, g, h$ à la place de la lettre a,

$$(7) \quad \left\{ \begin{array}{l} 0 = A_0 b_0 + A_1 b_1 + A_2 b_2 + \ldots + A_{n-1} b_{n-1}, \\ 0 = A_0 c_0 + A_1 c_1 + A_2 c_2 + \ldots + A_{n-1} c_{n-1}, \\ \ldots\ldots\ldots\ldots\ldots\ldots\ldots\ldots\ldots\ldots, \\ 0 = A_0 g_0 + A_1 g_1 + A_2 g_2 + \ldots + A_{n-1} g_{n-1}, \\ 0 = A_0 h_0 + A_1 h_1 + A_2 h_2 + \ldots + A_{n-1} h_{n-1}. \end{array} \right.$$

Supposons maintenant qu'on ajoute membre à membre les équations (4), après avoir multiplié la première par A_0, la seconde par A_1, la troisième par $A_2, \ldots$, la dernière par A_{n-1}. On verra, dans cette addition, les coefficients des inconnues $y, z, \ldots, u, v$ disparaître d'eux-mêmes en vertu des formules (7), et l'on obtiendra définitivement l'équation

$$Dx = A_0 k_0 + A_1 k_1 + A_2 k_2 + \ldots + A_{n-1} k_{n-1},$$

de laquelle on conclura

$$x = \frac{A_0 k_0 + A_1 k_1 + A_2 k_2 + \ldots + A_{n-1} k_{n-1}}{D}. \tag{8}$$

Comme d'ailleurs des deux quantités

$$D \quad \text{et} \quad A_0 k_0 + A_1 k_1 + A_2 k_2 + \ldots + A_{n-1} k_{n-1}$$

la première est ce que devient le développement du produit

$$(b-a)\times(c-a)(c-b)\times\ldots\times(h-a)(h-b)(h-c)\ldots(h-g),$$

lorsque dans ce développement on remplace les exposants des lettres par des indices, et la seconde, ce que devient la quantité D, équivalente au second membre de la formule (6), lorsqu'on y substitue la lettre k à la lettre a, il en résulte que la valeur de x peut être censée déterminée par l'équation

$$(9)\qquad x=\frac{(b-k)\times(c-k)(c-b)\times\ldots\times(h-k)(h-b)(h-c)\ldots(h-g)}{(b-a)\times(c-a)(c-b)\times\ldots\times(h-a)(h-b)(h-c)\ldots(h-g)},$$

pourvu que l'on convienne de développer les deux termes de la fraction qui forme le second membre, et de remplacer dans chaque développement les exposants des lettres par des indices. La valeur que l'équation (9) prise à la lettre semble fournir pour l'inconnue x, n'étant pas exacte et ne pouvant le devenir que par suite des modifications énoncées, est ce que nous nommerons une *valeur symbolique* de cette inconnue.

La méthode qui nous a conduits à la valeur symbolique de x fournirait également celles des autres inconnues. Pour montrer une application de cette méthode, supposons qu'il s'agisse de résoudre les équations linéaires

$$(10)\qquad \begin{cases} a_0x+b_0y+c_0z=k_0,\\ a_1x+b_1y+c_1z=k_1,\\ a_2x+b_2y+c_2z=k_2.\end{cases}$$

On trouvera dans cette hypothèse, pour la valeur symbolique de l'inconnue x,

$$(11)\qquad \begin{cases} x=\dfrac{(b-k)(c-k)(c-b)}{(b-a)(c-a)(c-b)}\\[2ex] \quad=\dfrac{k^0b^1c^2-k^0b^2c^1+k^1b^2c^0-k^1b^0c^2+k^2b^0c^1-k^2b^1c_0}{a^0b^1c^2-a^0b^2c^1+a^1b^2c^0-a^1b^0c^2+a^2b^0c^1-a^2b^1c_0};\end{cases}$$

et par suite, la valeur véritable de la même inconnue sera

$$(12) \qquad x = \frac{k_0 b_1 c_2 - k_0 b_2 c_1 + k_1 b_2 c_0 - k_1 b_0 c_2 + k_2 b_0 c_1 - k_2 b_1 c_0}{a_0 b_1 c_2 - a_0 b_2 c_1 + a_1 b_2 c_0 - a_1 b_0 c_2 + a_2 b_0 c_1 - a_2 b_1 c_0}.$$

Nota. — Lorsque, dans les équations (4), on remplace les indices des lettres a, b, c, ..., g, h, k par des exposants, la valeur symbolique de x donnée par l'équation (9) devient évidemment la valeur véritable, et coïncide, comme on devait s'y attendre, avec celle que fournit la formule (3) du § I.

§ III. — *Des fonctions homogènes.*

Une fonction de plusieurs variables x, y, z, ... est *homogène* lorsque, t désignant une nouvelle variable indépendante des premières, le changement de x en tx, de y en ty, de z en tz, ... fait varier cette fonction dans le rapport de l'unité à une puissance déterminée de t, et l'exposant de cette puissance est ce qu'on nomme le *degré* de la fonction homogène. En d'autres termes,

$$f(x, y, z, \ldots)$$

sera une fonction homogène du degré a par rapport aux variables x, y, z, ..., si l'on a, quel que soit t,

$$(1) \qquad f(tx, ty, tz, \ldots) = t^a f(x, y, z, \ldots).$$

Ainsi, par exemple,

$$x^2 + xy + y^2, \quad \sqrt{xy}, \quad ly - lx$$

sont trois fonctions homogènes des variables x et y, la première du second degré, la deuxième du premier degré, et la troisième d'un degré nul. Une fonction entière des variables x, y, z, ..., composée de termes tellement choisis, que la somme des exposants des diverses variables soit la même dans tous les termes, est évidemment homogène.

Si, dans la formule (1), on fait $t = \frac{1}{x}$, on en conclura

$$(2) \qquad f(x, y, z, \ldots) = x^a f\left(1, \frac{y}{x}, \frac{z}{x}, \ldots\right).$$

Cette dernière équation établit une propriété des fonctions homogènes qu'on peut énoncer de la manière suivante :

Lorsqu'une fonction de plusieurs variables x, y, z, ... est homogène, elle équivaut au produit de l'une quelconque des variables élevée à une certaine puissance par une fonction des rapports entre ces mêmes variables combinées deux à deux.

On peut ajouter que cette propriété appartient exclusivement aux fonctions homogènes. Et, en effet, supposons $f(x, y, z, \ldots)$ équivalente au produit de x^a par une fonction des rapports entre les variables x, y, z, ... combinées deux à deux. Comme on pourra exprimer tous ces rapports au moyen de ceux qui ont x pour dénominateur, en écrivant, par exemple, au lieu de $\frac{z}{y}$,

$$\frac{\left(\frac{z}{x}\right)}{\left(\frac{y}{x}\right)},$$

il en résulte que la valeur de $f(x, y, z, \ldots)$ sera donnée par une équation de la forme

$$f(x, y, z, \ldots) = x^a \varphi\left(\frac{y}{x}, \frac{z}{x}, \ldots\right).$$

Cette équation devra subsister, quelles que soient les valeurs de x, y, z, ...; et, si l'on y remplace

$$x \text{ par } tx, \quad y \text{ par } ty, \quad z \text{ par } tz, \quad \ldots,$$

elle deviendra

$$f(tx, ty, tz, \ldots) = t^a x^a \varphi\left(\frac{y}{x}, \frac{z}{x}, \ldots\right).$$

Par suite, on aura, quel que soit t, dans l'hypothèse admise,

$$f(tx, ty, tz, \ldots) = t^a f(x, y, z, \ldots),$$

ou, en d'autres termes,

$$f(x, y, z, \ldots)$$

sera une fonction homogène du degré a par rapport aux variables x, y, z, ...

CHAPITRE IV.

DÉTERMINATION DES FONCTIONS ENTIÈRES, D'APRÈS UN CERTAIN NOMBRE DE VALEURS PARTICULIÈRES SUPPOSÉES CONNUES. APPLICATIONS.

§ I. — *Recherche des fonctions entières d'une seule variable, pour lesquelles on connaît un certain nombre de valeurs particulières.*

Déterminer une fonction d'après un certain nombre de valeurs particulières supposées connues, c'est ce qu'on appelle *interpoler*. Lorsqu'il s'agit d'une fonction d'une ou de deux variables, cette fonction peut être considérée comme l'ordonnée d'une courbe ou d'une surface, et le problème de l'*interpolation* consiste à fixer la valeur générale de cette ordonnée d'après un certain nombre de valeurs particulières, c'est-à-dire à faire passer la courbe ou la surface par un certain nombre de points. Cette question peut être résolue d'une infinité de manières, et en général le problème de l'interpolation est indéterminé. Toutefois, l'indétermination cessera si, à la connaissance des valeurs particulières de la fonction cherchée, on ajoute la condition expresse que cette fonction soit entière, et d'un degré tel que le nombre de ses termes devienne précisément égal au nombre des valeurs particulières données.

Supposons, pour fixer les idées, que l'on considère d'abord les fonctions entières d'une seule variable x. On établira facilement à leur égard les propositions suivantes :

THÉORÈME I. — *Si une fonction entière de la variable x s'évanouit pour* *une valeur particulière de cette variable, par exemple pour* $x = x_0$, *elle sera divisible algébriquement par* $x - x_0$.

THÉORÈME II. — *Si une fonction entière de la variable* x *s'évanouit pour chacune des valeurs de* x *comprises dans la suite*

$$x_0, \quad x_1, \quad x_2, \quad \ldots, \quad x_{n-1},$$

n *désignant un nombre entier quelconque, elle sera nécessairement divisible par le produit*

$$(x - x_0)(x - x_1)(x - x_2)\ldots(x - x_{n-1}).$$

Soient maintenant $\varphi(x)$ et $\psi(x)$ deux fonctions entières de la variable x, l'une et l'autre du degré $n - 1$, et qui deviennent égales entre elles pour chacune des n valeurs particulières de x comprises dans la suite x_0, x_1, x_2, ..., x_{n-1}. Je dis que ces deux fonctions seront identiquement égales, c'est-à-dire qu'on aura, quel que soit x,

$$\varphi(x) = \psi(x);$$

et, en effet, si cette égalité n'avait pas lieu, on trouverait dans la différence

$$\psi(x) - \varphi(x)$$

un polynôme entier dont le degré ne surpasserait pas $n - 1$, mais qui, s'évanouissant pour chacune des valeurs de x ci-dessus mentionnées, serait pourtant divisible par le produit

$$(x - x_0)(x - x_1)(x - x_2)\ldots(x - x_{n-1}),$$

c'est-à-dire par un polynôme du degré n, ce qui est absurde. On serait assuré *a fortiori* de l'égalité absolue des deux fonctions $\varphi(x)$ et $\psi(x)$, si l'on savait qu'elles deviennent égales entre elles pour un nombre de valeurs de x supérieur à n. On peut donc énoncer le théorème suivant :

THÉORÈME III. — *Si deux fonctions entières de la variable* x *deviennent* *égales pour un nombre de valeurs de cette variable supérieur au degré de chacune des deux fonctions, elles seront identiquement égales, quel que soit x.*

On en déduit comme corollaire cet autre théorème :

Théorème IV. — *Deux fonctions entières de la variable x sont identiquement égales toutes les fois qu'elles deviennent égales pour des valeurs entières quelconques de cette variable, ou même pour toutes les valeurs entières qui surpassent une limite donnée.*

Dans ce cas, en effet, le nombre des valeurs de x, pour lesquelles les deux fonctions deviennent égales, est indéfini.

Il suit du théorème III qu'une fonction entière u du degré $n-1$ sera complètement déterminée, si l'on connaît ses valeurs particulières

$$u_0,\quad u_1,\quad u_2,\quad \ldots,\quad u_{n-1}$$

correspondantes aux valeurs

$$x_0,\quad x_1,\quad x_2,\quad \ldots,\quad x_{n-1}$$

de la variable x. Cherchons dans cette hypothèse la valeur générale de la fonction u. Si l'on suppose d'abord que les valeurs particulières u_0, $u_1, \ldots, u_{n-1}$ se réduisent toutes à zéro, à l'exception de la première u_0, la fonction u, devant alors s'évanouir pour $x=x_1$, pour $x=x_2, \ldots$, enfin pour $x=x_{n-1}$, sera divisible par le produit

$$(x-x_1)(x-x_2)\ldots(x-x_{n-1}),$$

et sera par conséquent de la forme

$$u=k(x-x_1)(x-x_2)\ldots(x-x_{n-1}),$$

k ne pouvant être qu'une quantité constante. De plus, u devant se réduire à u_0 pour $x=x_0$, on en conclura

$$u_0=k(x_0-x_1)(x_0-x_2)\ldots(x_0-x_{n-1})$$

et, par suite,

$$u = u_0 \frac{(x - x_1)(x - x_2)\ldots(x - x_{n-1})}{(x_0 - x_1)(x_0 - x_2)\ldots(x_0 - x_{n-1})}.$$

De même, si les valeurs particulières u_0, u_1, u_2, ..., u_{n-1} se réduisent toutes à zéro, à l'exception de la seconde u_1, on trouvera

$$u = u_1 \frac{(x - x_0)(x - x_2)\ldots(x - x_{n-1})}{(x_1 - x_0)(x_1 - x_2)\ldots(x_1 - x_{n-2})},$$

. . . .

Enfin, si elles se réduisent toutes à zéro, à l'exception de la dernière u_{n-1}, on trouvera

$$u = u_{n-1} \frac{(x - x_0)(x - x_1)\ldots(x - x_{n-2})}{(x_{n-1} - x_0)(x_{n-1} - x_1)\ldots(x_{n-1} - x_{n-2})}.$$

En réunissant les diverses valeurs de u correspondantes aux diverses hypothèses qu'on vient de faire, on obtiendra pour somme un polynôme en x du degré $n - 1$, qui aura évidemment la propriété de se réduire à u_0 pour $x = x_0$, à u_1 pour $x = x_1$, ..., à u_{n-1} pour $x = x_{n-1}$. Ce polynôme sera donc la valeur générale de u qui résout la question proposée, en sorte que cette valeur générale se trouvera déterminée par la formule

$$(1) \quad \left\{ \begin{aligned} u = {} & u_0 \frac{(x - x_1)(x - x_2)\ldots(x - x_{n-1})}{(x_0 - x_1)(x_0 - x_2)\ldots(x_0 - x_{n-1})} \\ & + u_1 \frac{(x - x_0)(x - x_2)\ldots(x - x_{n-1})}{(x_1 - x_0)(x_1 - x_2)\ldots(x_1 - x_{n-1})} \\ & + \ldots\ldots\ldots\ldots\ldots\ldots\ldots\ldots \\ & + u_{n-1} \frac{(x - x_0)(x - x_1)\ldots(x - x_{n-2})}{(x_{n-1} - x_0)(x_{n-1} - x_1)\ldots(x_{n-1} - x_{n-2})}. \end{aligned} \right.$$

On pourrait déduire directement la même formule de la méthode que nous avons employée ci-dessus (Chap. III, § I) pour résoudre dans un cas particulier des équations linéaires à plusieurs variables (*voir* à ce sujet la Note V).

Si, en désignant par a une quantité constante, on remplace dans la formule (1) la fonction u par la fonction $u - a$, qui sera évidemment de même degré, et les valeurs particulières de u par les valeurs particulières de $u - a$, on obtiendra l'équation

$$(2)\quad \left\{\begin{aligned} u - a = {} & (u_0 - a)\frac{(x-x_1)(x-x_2)\ldots(x-x_{n-1})}{(x_0-x_1)(x_0-x_2)\ldots(x_0-x_{n-1})} \\ & + (u_1 - a)\frac{(x-x_0)(x-x_2)\ldots(x-x_{n-1})}{(x_1-x_0)(x_1-x_2)\ldots(x_1-x_{n-1})} \\ & + \ldots\ldots\ldots\ldots\ldots\ldots\ldots\ldots \\ & + (u_{n-1} - a)\frac{(x-x_0)(x-x_1)\ldots(x-x_{n-2})}{(x_{n-1}-x_0)(x_{n-1}-x_2)\ldots(x_{n-1}-x_{n-2})}; \end{aligned}\right.$$

et, en comparant cette équation à la formule (1), on trouvera la suivante

$$(3)\quad \left\{\begin{aligned} 1 = {} & \frac{(x-x_1)(x-x_2)\ldots(x-x_{n-1})}{(x_0-x_1)(x_0-x_2)\ldots(x_0-x_{n-1})} \\ & + \frac{(x-x_0)(x-x_2)\ldots(x-x_{n-1})}{(x_1-x_0)(x_1-x_2)\ldots(x_1-x_{n-1})} \\ & + \ldots\ldots\ldots\ldots\ldots\ldots\ldots\ldots \\ & + \frac{(x-x_0)(x-x_1)\ldots(x-x_{n-2})}{(x_{n-1}-x_0)(x_{n-1}-x_1)\ldots(x_{n-1}-x_{n-2})}. \end{aligned}\right.$$

Cette dernière équation est identique et subsiste quel que soit x.

Les équations (1) et (2) peuvent servir l'une et l'autre à résoudre, pour les fonctions entières, le problème de l'interpolation; mais il convient, en général, de préférer pour cet objet l'équation (2), attendu qu'on peut y faire disparaître l'un des termes du second membre, en prenant la constante a équivalente à l'une des quantités

$$u_0,\quad u_1,\quad u_2,\quad \ldots,\quad u_{n-1}.$$

Supposons, par exemple, qu'il s'agisse de faire passer une droite par deux points donnés. Désignons par x_0, y_0 les coordonnées rectangulaires du premier point, par x_1, y_1 celles du second, et par y l'ordonnée variable de la droite. En remplaçant dans la formule (2) la lettre u par la lettre y, puis faisant $n = 1$ et $a = y_0$, on trouvera pour l'équation de la droite

$$(4)\qquad y - y_0 = (y_1 - y_0)\frac{x - x_0}{x_1 - x_0}.$$

Supposons, en second lieu, qu'il s'agisse de faire passer par trois points donnés une parabole dont l'axe soit parallèle à l'axe des y. Nommons

$$x_1 \text{ et } y_1, \quad x_2 \text{ et } y_2, \quad x_3 \text{ et } y_3$$

les coordonnées rectangulaires des trois points. Soit de plus y l'ordonnée variable de la parabole. En remplaçant toujours, dans la formule (2), la lettre u par la lettre y, puis faisant $n=2$ et $a=y_1$, on trouvera pour l'équation de la parabole

$$(5)\qquad \left\{\begin{aligned} y-y_1 = {} & (y_0-y_1)\frac{(x-x_1)(x-x_2)}{(x_0-x_1)(x_0-x_2)} \\ & +(y_2-y_1)\frac{(x-x_0)(x-x_1)}{(x_2-x_0)(x_2-x_1)} \end{aligned}\right.$$

ou, ce qui revient au même,

$$(6)\qquad y-y_1=\frac{x-x_1}{x_2-x_0}\left[(y_0-y_1)\frac{x-x_2}{x_1-x_0}+(y_2-y_1)\frac{x-x_0}{x_2-x_1}\right].$$

Lorsque dans l'équation (1) on prend $u=x^m$ (m désignant un nombre entier inférieur à n), les valeurs particulières de u représentées par

$$u_0, \quad u_1, \quad u_2, \quad \ldots, \quad u_{n-1}$$

se réduisent évidemment à

$$x_0^m, \quad x_1^m, \quad x_2^m, \quad \ldots, \quad x_{n-1}^m.$$

On aura donc, pour les valeurs entières de m qui ne surpassent pas $n-1$,

$$(7)\qquad \left\{\begin{aligned} x^m = {} & x_0^m\frac{(x-x_1)(x-x_2)\ldots(x-x_{n-1})}{(x_0-x_1)(x_0-x_2)\ldots(x_0-x_{n-1})} \\ & +x_1^m\frac{(x-x_0)(x-x_2)\ldots(x-x_{n-1})}{(x_1-x_0)(x_1-x_2)\ldots(x_1-x_{n-1})} \\ & +\ldots\ldots\ldots\ldots\ldots\ldots\ldots\ldots \\ & +x_{n-1}^m\frac{(x-x_0)(x-x_1)\ldots(x-x_{n-2})}{(x_{n-1}-x_0(x_{n-1}-x_1)\ldots(x_{n-1}-x_{n-2})}. \end{aligned}\right.$$

Cette dernière formule comprend comme cas particulier l'équation (3). De plus, si l'on observe que chaque puissance de x, et en particulier la puissance x^{n-1}, doit nécessairement avoir le même coefficient dans les deux membres de la formule (7), on trouvera :

1° En supposant $m < n - 1$,

$$(8)\quad \left\{\begin{aligned} 0 = {} & \frac{x_0^m}{(x_0 - x_1)(x_0 - x_2)\ldots(x_0 - x_{n-1})} \\ & + \frac{x_1^m}{(x_1 - x_0)(x_1 - x_2)\ldots(x_1 - x_{n-1})} \\ & + \ldots\ldots\ldots\ldots\ldots\ldots\ldots\ldots \\ & + \frac{x_{n-1}^m}{(x_{n-1} - x_0)(x_{n-1} - x_1)\ldots(x_{n-1} - x_{n-2})}; \end{aligned}\right.$$

2° En supposant $m = n - 1$,

$$(9)\quad \left\{\begin{aligned} 1 = {} & \frac{x_0^{n-1}}{(x_0 - x_1)(x_0 - x_2)\ldots(x_0 - x_{n-1})} \\ & + \frac{x_1^{n-1}}{(x_1 - x_0)(x_1 - x_2)\ldots(x_1 - x_{n-1})} \\ & + \ldots\ldots\ldots\ldots\ldots\ldots\ldots\ldots \\ & + \frac{(x_{n-1})^{n-1}}{(x_{n-1} - x_0)(x_{n-1} - x_1)\ldots(x_{n-1} - x_{n-2})} \end{aligned}\right.$$

Il est bon de remarquer que la formule (8) subsiste dans le cas même où l'on suppose $m = 0$, et devient alors

$$(10)\quad \left\{\begin{aligned} 0 = {} & \frac{1}{(x_0 - x_1)(x_0 - x_2)\ldots(x_0 - x_{n-1})} \\ & + \frac{1}{(x_1 - x_0)(x_1 - x_2)\ldots(x_1 - x_{n-1})} \\ & + \ldots\ldots\ldots\ldots\ldots\ldots\ldots\ldots \\ & + \frac{1}{(x_{n-1} - x_0)(x_{n-1} - x_1)\ldots(x_{n-1} - x_{n-2})}. \end{aligned}\right.$$

§ II. — *Détermination des fonctions entières de plusieurs variables, d'après un certain nombre de valeurs particulières supposées connues.*

Les méthodes par lesquelles on détermine les fonctions d'une seule variable, d'après un certain nombre de valeurs particulières supposées connues, peuvent être facilement étendues, comme on va le voir, aux fonctions de plusieurs variables.

Considérons d'abord, pour fixer les idées, des fonctions de deux variables x et y. Soient $\varphi(x, y)$, $\psi(x, y)$ deux semblables fonctions, l'une et l'autre du degré $n-1$ par rapport à chacune des variables, et qui deviennent égales entre elles toutes les fois que, en attribuant à la variable x une des valeurs particulières

$$x_0, \quad x_1, \quad x_2, \quad \ldots, \quad x_{n-1},$$

on attribue en même temps à la variable y l'une des suivantes

$$y_0, \quad y_1, \quad y_2, \quad \ldots, \quad y_{n-1}.$$

$\varphi(x_0, y)$, $\psi(x_0, y)$ seront deux fonctions de la seule variable y, qui deviendront égales entre elles pour n valeurs particulières de cette variable. Par suite (en vertu du théorème III, § I), ces deux fonctions seront constamment égales, quel que soit y. On aura donc identiquement

$$\varphi(x_0, y) = \psi(x_0, y).$$

On trouvera de même

$$\varphi(x_1, y) = \psi(x_1, y),$$
$$\varphi(x_2, y) = \psi(x_2, y),$$
$$\ldots\ldots\ldots\ldots\ldots\ldots,$$
$$\varphi(x_{n-1}, y) = \psi(x_{n-1}, y).$$

D'ailleurs, les premiers membres des n équations précédentes sont autant de valeurs particulières de la fonction $\varphi(x, y)$ dans le cas où l'on y considère x seul comme variable, et les seconds membres représentent les valeurs particulières correspondantes de la fonction $\psi(x, y)$. Les deux fonctions

$$\varphi(x, y), \quad \psi(x, y),$$

lorsqu'on y attribue à y une valeur constante choisie arbitrairement, deviennent donc égales pour n valeurs particulières de x; et, comme elles sont toutes deux du degré $n-1$ par rapport à x, il en résulte qu'elles resteront égales, non seulement pour une valeur quelconque attribuée à la variable y, mais encore pour une valeur quelconque de x. On serait assuré, *a fortiori*, de l'égalité absolue des deux fonctions $\varphi(x, y)$, $\psi(x, y)$, si l'on savait qu'elles deviennent égales toutes les fois que les valeurs des variables x et y sont respectivement prises dans deux suites composées chacune de plus de n termes différents. On peut donc énoncer la proposition suivante :

Théorème I. — *Si deux fonctions entières des variables x et y deviennent égales toutes les fois que les valeurs de ces deux variables sont respectivement prises dans deux suites qui renferment l'une et l'autre un nombre de termes supérieur aux exposants les plus élevés de x et de y dans ces mêmes fonctions, elles seront identiquement égales.*

On en déduit, comme corollaire, cet autre théorème :

Théorème II. — *Deux fonctions entières des variables x et y sont identiquement égales, toutes les fois qu'elles deviennent égales pour des valeurs entières quelconques de ces variables, ou même pour toutes les valeurs entières qui surpassent une limite donnée.*

Dans ce cas, en effet, le nombre des valeurs de x et de y pour lesquelles les deux fonctions deviennent égales est indéfini.

Il suit du théorème I que, si la fonction $\varphi(x, y)$ est supposée entière et du degré $n - 1$ par rapport à chacune des variables x et y, cette fonction sera complètement déterminée dès que l'on connaîtra les valeurs particulières qu'elle reçoit, lorsque, en prenant pour valeur de x l'une des quantités

$$x_0, \quad x_1, \quad x_2, \quad \ldots, \quad x_{n-1},$$

on prend en même temps pour valeur de y l'une des suivantes

$$y_0, \quad y_1, \quad y_2, \quad \ldots, \quad y_{n-1}.$$

Dans la même hypothèse, la valeur générale de la fonction pourra être facilement déduite de la formule (1) du paragraphe précédent. En effet, si l'on remplace dans cette formule u par $\varphi(x, y)$, on en tirera

$$(1)\quad \left\{\begin{aligned} \varphi(x, y) = {} & \frac{(x - x_1)(x - x_2)\ldots(x - x_{n-1})}{(x_0 - x_1)(x_0 - x_2)\ldots(x_0 - x_{n-1})}\varphi(x_0, y) \\ & + \frac{(x - x_0)(x - x_2)\ldots(x - x_{n-1})}{(x_1 - x_0)(x_1 - x_2)\ldots(x_1 - x_{n-1})}\varphi(x_1, y) \\ & + \ldots\ldots\ldots\ldots\ldots\ldots\ldots\ldots\ldots \\ & + \frac{(x - x_0)(x - x_1)\ldots(x - x_{n-2})}{(x_{n-1} - x_0)(x_{n-1} - x_1)\ldots(x_{n-1} - x_{n-2})}\varphi(x_{n-1}, y), \end{aligned}\right.$$

et l'on aura, de plus, en désignant par m un des nombres entiers $1, 2, 3, \ldots, n-1$,

$$(2)\quad \left\{\begin{aligned} \varphi(x_m, y) = {} & \frac{(y - y_1)(y - y_2)\ldots(y - y_{n-1})}{(y_0 - y_1)(y_0 - y_2)\ldots(y_0 - y_{n-1})}\varphi(x_m, y_0) \\ & + \frac{(y - y_0)(y - y_2)\ldots(y - y_{n-1})}{(y_1 - y_0)(y_1 - y_2)\ldots(y_1 - y_{n-1})}\varphi(x_m, y_1) \\ & + \ldots\ldots\ldots\ldots\ldots\ldots\ldots\ldots\ldots \\ & + \frac{(y - y_0)(y - y_1)\ldots(y - y_{n-2})}{(y_{n-1} - y_0)(y_{n-1} - y_1)\ldots(y_{n-1} - y_{n-2})}\varphi(x_m, y_{n-1}). \end{aligned}\right.$$

On conclura immédiatement des deux équations qui précèdent la valeur générale de $\varphi(x, y)$. On trouvera, par exemple, en supposant $n = 2$,

$$(3)\quad \left\{\begin{aligned} \varphi(x, y) = {} & \frac{x - x_1}{x_0 - x_1}\,\frac{y - y_1}{y_0 - y_1}\varphi(x_0, y_0) \\ & + \frac{x - x_0}{x_1 - x_0}\,\frac{y - y_1}{y_0 - y_1}\varphi(x_1, y_0) \\ & + \frac{x - x_1}{x_0 - x_1}\,\frac{y - y_0}{y_1 - y_0}\varphi(x_0, y_1) \\ & + \frac{x - x_0}{x_1 - x_0}\,\frac{y - y_0}{y_1 - y_0}\varphi(x_1, y_1). \end{aligned}\right.$$

Si l'on considérait des fonctions de trois ou d'un plus grand nombre de variables, on obtiendrait des résultats entièrement semblables à ceux auxquels on vient de parvenir pour des fonctions de deux variables seulement. On trouverait, par exemple, à la place du théorème II, la proposition suivante :

THÉORÈME III. — *Deux fonctions entières de plusieurs variables x, y, z, ... sont identiquement égales toutes les fois qu'elles deviennent égales pour des valeurs entières quelconques de ces variables, ou même pour toutes les valeurs entières qui surpassent une limite donnée.*

§ III. — *Applications.*

Pour appliquer les principes établis dans les paragraphes précédents, considérons en particulier des produits formés par la multiplication de facteurs successifs dont chacun surpasse le suivant d'une unité, le premier facteur étant l'une des variables x, y, z, ..., et cherchons à exprimer, au moyen de ces sortes de produits, le produit tout semblable qu'on obtiendrait en prenant pour premier facteur la somme des variables données, savoir

$$x+y+z+\ldots.$$

Si l'on réduit toutes les variables à deux, le problème qu'il s'agit de résoudre pourra s'énoncer comme il suit :

PROBLÈME I. — *Exprimer le produit*

$$(1)\qquad (x+y)(x+y-1)(x+y-2)\ldots(x+y-n+1),$$

dans lequel n désigne un nombre entier quelconque, par le moyen des produits suivants

$$x(x-1)(x-2)\ldots(x-n+1),$$
$$y(y-1)(y-2)\ldots(y-n+1)$$

et de tous ceux qu'on peut en déduire, en changeant seulement la valeur de n.

Solution. — Pour résoudre plus facilement la question précédente, supposons d'abord que x et y soient des nombres entiers égaux ou supérieurs à n. Alors le produit (1) ne sera autre chose que le numérateur de la fraction qui exprime le nombre des combinaisons possibles de $x+y$ lettres prises n à n, puisque ce nombre est précisément

$$\frac{(x+y)(x+y-1)(x+y-2)\ldots(x+y-n+1)}{1.2.3\ldots n}.$$

Cela posé, concevons que les lettres

$$a,\quad b,\quad c,\quad \ldots,\quad p,\quad q,\quad r,\quad \ldots$$

étant en nombre égal à $x+y$, on les divise en deux groupes, de telle manière que les lettres $a, b, c, \ldots$ du premier groupe soient en nombre égal à x, et les lettres $p, q, r, \ldots$ du second groupe en nombre égal à y. Parmi les combinaisons formées avec ces différentes lettres, les unes renfermeront seulement des lettres prises dans le premier groupe. Le nombre des combinaisons de cette espèce sera

$$\frac{x(x-1)(x-2)\ldots(x-n+1)}{1.2.3\ldots n}.$$

D'autres renfermeront $n-1$ lettres prises dans le premier groupe, et une lettre prise dans le second. On déterminera facilement le nombre des combinaisons de cette seconde espèce, et l'on verra qu'il est égal à

$$\frac{x(x-1)(x-2)\ldots(x-n+2)}{1.2.3\ldots(n-1)}\,\frac{y}{1}.$$

On trouvera de même pour le nombre des combinaisons qui renferment $n-2$ lettres prises dans le premier groupe, et deux lettres prises dans le second,

$$\frac{x(x-1)(x-2)\ldots(x-n+3)}{1.2.3\ldots(n-2)}\,\frac{y(y-1)}{1.2},$$

etc.; enfin, pour le nombre des combinaisons qui renferment seulement des lettres prises dans le dernier groupe,

$$\frac{y(y-1)(y-2)\ldots(y-n+1)}{1.2.3\ldots n}.$$

La somme des nombres des combinaisons de chaque espèce devant reproduire le nombre total des combinaisons des $x+y$ lettres données prises n à n, on en conclura

$$(2)\quad \left\{\begin{aligned} &\frac{(x+y)(x+y-1)\ldots(x+y-n+1)}{1.2.3\ldots n}\\ &\quad=\frac{x(x-1)\ldots(x-n+1)}{1.2.3\ldots n}+\frac{x(x-1)\ldots(x-n+2)}{1.2.3\ldots(n-1)}\frac{y}{1}\\ &\quad+\frac{x(x-1)\ldots(x-n+3)}{1.2\ldots(n-2)}\frac{y(y-1)}{1.2}+\ldots\\ &\quad+\frac{x}{1}\frac{y(y-1)\ldots(y-n+2)}{1.2.3\ldots(n-1)}+\frac{y(y-1)\ldots(y-n+1)}{1.2.3\ldots n}.\end{aligned}\right.$$

L'équation précédente, étant ainsi démontrée pour le cas où les variables x et y obtiennent des valeurs entières supérieures à n, subsistera, en vertu du théorème II (§ II), pour des valeurs quelconques de ces variables, et la valeur du produit (1) tirée de la même équation sera

$$(3)\quad \left\{\begin{aligned} &(x+y)(x+y-1)\ldots(x+y-n+1)\\ &\quad=x(x-1)\ldots(x-n+1)+\frac{n}{1}x(x-1)\ldots(x-n+2)y\\ &\quad+\frac{n(n-1)}{1.2}x(x-1)\ldots(x-n+3)y(y-1)+\ldots\\ &\quad+\frac{n}{1}xy(y-1)\ldots(y-n+2)+y(y-1)\ldots(y-n+1).\end{aligned}\right.$$

Corollaire I. — Si dans l'équation (2) on remplace x par $-x$ et y par $-y$, on obtiendra la suivante :

$$(4)\quad \left\{\begin{aligned} &\frac{(x+y)(x+y+1)\ldots(x+y+n-1)}{1.2.3\ldots n}\\ &\quad=\frac{x(x+1)\ldots(x+n-1)}{1.2.3\ldots n}+\frac{x(x+1)\ldots(x+n-2)}{1.2.3\ldots n-1}\frac{y}{1}\\ &\quad+\frac{x(x+1)\ldots(x+n-3)}{1.2.3\ldots(n-2)}\frac{y(y+1)}{1.2}+\ldots\\ &\quad+\frac{x}{1}\frac{y(y+1)\ldots(y+n-2)}{1.2.3\ldots(n-1)}+\frac{y(y+1)\ldots(y+n-1)}{1.2.3\ldots n}.\end{aligned}\right.$$

Corollaire II. — Si dans l'équation (2) on remplace x par $\frac{x}{2}$ et y

par $\frac{y}{2}$, on trouvera

$$(5)\quad \left\{\begin{aligned} &\frac{(x+y)(x+y-2)\dots(x+y-2n+2)}{2.4.6\dots(2n)} \\ &\quad = \frac{x(x-2)\dots(x-2n+2)}{2.4.6\dots(2n)} + \frac{x(x-2)\dots(x-2n+4)}{2.4.6\dots(2n-2)}\frac{y}{2} \\ &\quad + \dots\dots\dots\dots\dots\dots \\ &\quad + \frac{x}{2}\frac{y(y-2)\dots(y-2n+4)}{2.4.6\dots(2n-2)} + \frac{y(y-2)\dots(y-2n+2)}{2.4.6\dots(2n)}. \end{aligned}\right.$$

Corollaire III. — En développant les deux membres de l'équation (2), et ne conservant, de part et d'autre, que les termes dans lesquels la somme des exposants des variables est égale à n, on obtiendra la formule

$$(6)\quad \left\{\begin{aligned} \frac{(x+y)^n}{1.2.3\dots n} = {} & \frac{x^n}{1.2.3\dots n} + \frac{x^{n-1}}{1.2.3\dots(n-1)}\frac{y}{1} \\ & + \frac{x^{n-2}}{1.2.3\dots(n-2)}\frac{y^2}{1.2} + \dots \\ & + \frac{x}{1}\frac{y^{n-1}}{1.2.3\dots(n-1)} + \frac{y^n}{1.2.3\dots n}. \end{aligned}\right.$$

La valeur de $(x+y)^n$ tirée de cette dernière formule est précisément celle que fournit le *binôme de Newton*.

Les formules qu'on vient d'obtenir peuvent être facilement étendues au cas où l'on considère plus de deux variables; et la méthode qui nous a conduits à la solution du problème I se trouve également applicable à la question suivante :

Problème II. — *$x, y, z, \dots$ désignant des variables en nombres quelconques, exprimer le produit*

$$(x+y+z+\dots)(x+y+z+\dots-1)(x+y+z+\dots-2)\dots(x+y+z+\dots-n+1)$$

en fonction des suivants

$$\begin{gathered} x(x-1)(x-2)\dots(x-n+1), \\ y(y-1)(y-2)\dots(y-n+1), \\ z(z-1)(z-2)\dots(z-n+1), \\ \dots\dots\dots\dots\dots\dots, \end{gathered}$$

et de tous ceux qu'on peut en déduire en changeant la valeur de n.

On commencera par résoudre le problème dans le cas où $x, y, z, \ldots$ désignent des nombres entiers supérieurs à n, en partant de ce principe que la fraction

$$\frac{(x+y+z+\ldots)(x+y+z+\ldots-1)(z+y+z+\ldots-2)\ldots(x+y+z+\ldots-n+1)}{1.2.3\ldots n}$$

est égale au nombre des combinaisons que l'on peut former avec $x+y+z+\ldots$ lettres prises n à n; puis on passera au cas où les variables $x, y, z, \ldots$ deviennent des quantités quelconques, en s'appuyant sur le théorème III du § II. Lorsque l'on aura ainsi démontré la formule qui résout la question proposée, on en déduira sans peine la valeur de la puissance

$$(x+y+z+\ldots)^n.$$

On y parviendra, en effet, en développant les deux membres de la formule trouvée, et ne conservant de part et d'autre que les termes dans lesquels les exposants réunis des variables $x, y, z, \ldots$ forment une somme égale à n.

CHAPITRE V.

DÉTERMINATION DES FONCTIONS CONTINUES D'UNE SEULE VARIABLE PROPRES A VÉRIFIER CERTAINES CONDITIONS.

---

§ I. — *Recherche d'une fonction continue formée de telle manière que deux semblables fonctions de quantités variables, étant ajoutées ou multipliées entre elles, donnent pour somme ou pour produit une fonction semblable de la somme ou du produit de ces variables.*

Lorsque, au lieu de fonctions entières, on conçoit des fonctions quelconques, dont on laisse la forme entièrement arbitraire, on ne peut plus réussir à les déterminer d'après un certain nombre de valeurs particulières, quelque grand que soit ce même nombre; mais on y parvient quelquefois dans le cas où l'on suppose connues certaines propriétés générales de ces fonctions. Par exemple, une fonction continue de x, représentée par $\varphi(x)$, peut être complètement déterminée lorsqu'elle est assujettie à vérifier, pour toutes les valeurs possibles des variables x et y, l'une des équations

$$(1) \qquad \varphi(x+y)=\varphi(x)+\varphi(y),$$

$$(2) \qquad \varphi(x+y)=\varphi(x)\times\varphi(y),$$

ou bien, pour toutes les valeurs réelles et positives des mêmes variables, l'une des équations suivantes :

$$(3) \qquad \varphi(xy)=\varphi(x)+\varphi(y),$$

$$(4) \qquad \varphi(xy)=\varphi(x)\times\varphi(y).$$

La résolution de ces quatre équations présente quatre problèmes différents que nous allons traiter l'un après l'autre.

PROBLÈME I. — *Déterminer la fonction $\varphi(x)$ de manière qu'elle reste continue entre deux limites réelles quelconques de la variable x, et que l'on ait pour toutes les valeurs réelles des variables x et y*

$$\varphi(x+y)=\varphi(x)+\varphi(y). \tag{1}$$

Solution. — Si dans l'équation (1) on remplace successivement y par $y+z$, z par $z+u$, ..., on en tirera

$$\varphi(x+y+z+u+\ldots)=\varphi(x)+\varphi(y)+\varphi(z)+\varphi(u)+\ldots,$$

quel que soit le nombre des variables x, y, z, u, ...; si, de plus, on désigne par m ce même nombre, par α une constante positive, et que l'on fasse

$$x=y=z=u=\ldots=\alpha,$$

la formule que l'on vient de trouver deviendra

$$\varphi(m\alpha)=m\,\varphi(\alpha).$$

Pour étendre cette dernière équation au cas où le nombre entier m se trouve remplacé par un nombre fractionnaire $\frac{m}{n}$, ou même par un nombre quelconque μ, on fera, en premier lieu,

$$6=\frac{m}{n}\alpha,$$

m et n désignant deux nombres entiers, et l'on en conclura

$$n6=m\alpha,$$

$$n\,\varphi(6)=m\,\varphi(\alpha),$$

$$\varphi(6)=\varphi\left(\frac{m}{n}\alpha\right)=\frac{m}{n}\varphi(\alpha);$$

puis, en supposant que la fraction $\frac{m}{n}$ varie de manière à converger vers un nombre quelconque μ, et passant aux limites, on trouvera

$$\varphi(\mu\alpha)=\mu\,\varphi(\alpha).$$

Si maintenant on prend $\alpha = 1$, on aura, pour toutes les valeurs positives de μ,

$$\varphi(\mu) = \mu\,\varphi(1) \tag{5}$$

et, par suite, en faisant converger μ vers la limite zéro,

$$\varphi(0) = 0.$$

D'ailleurs, si dans l'équation (1) on pose $x = \mu$, $y = -\mu$, on en tirera

$$\varphi(-\mu) = \varphi(0) - \varphi(\mu) = -\mu\,\varphi(1).$$

L'équation (5) subsistera donc lorsqu'on y changera μ en $-\mu$. En d'autres termes, on aura, pour des valeurs quelconques positives ou négatives de la variable x,

$$\varphi(x) = x\,\varphi(1). \tag{6}$$

Il suit de la formule (6) que toute fonction $\varphi(x)$ qui, demeurant continue entre des limites quelconques de la variable, vérifie l'équation (1), est nécessairement de la forme

$$\varphi(x) = ax, \tag{7}$$

a désignant une quantité constante. J'ajoute que la fonction ax jouira des propriétés énoncées, quelle que soit la valeur de la constante a. En effet, le produit ax est, entre des limites quelconques de la variable x, fonction continue de la variable, et, de plus, la supposition $\varphi(x) = ax$ change l'équation (1) en cette autre

$$a(x+y) = ax + ay,$$

laquelle est évidemment toujours identique. La formule (7) fournit donc une solution de la question proposée, quelle que soit la valeur attribuée à la constante a. La faculté que l'on a de choisir arbitrairement cette constante lui a fait donner le nom de *constante arbitraire*.

PROBLÈME II. — *Déterminer la fonction $\varphi(x)$ de manière qu'elle reste continue entre deux limites réelles quelconques de la variable x, et que* *l'on ait pour toutes les valeurs réelles des variables x et y*

$$\varphi(x+y) = \varphi(x)\varphi(y). \tag{2}$$

Solution. — Il est d'abord facile de s'assurer que la fonction $\varphi(x)$, assujettie à vérifier l'équation (2), n'admet que des valeurs positives; et, en effet, si dans l'équation (2) on fait $y = x$, on trouvera

$$\varphi(2x) = [\varphi(x)]^2;$$

puis on en conclura, en écrivant $\frac{1}{2}x$ au lieu de x,

$$\varphi(x) = [\varphi(\tfrac{1}{2}x)]^2.$$

La fonction $\varphi(x)$ est donc toujours équivalente à un carré, par conséquent toujours positive. Cela posé, concevons que dans l'équation (2) on remplace successivement y par $y+z$, z par $z+u$, ..., on en tirera

$$\varphi(x+y+z+u\ldots) = \varphi(x)\varphi(y)\varphi(z)\varphi(u)\ldots,$$

quel que soit le nombre des variables x, y, z, u, ... Si, de plus, on désigne par m ce même nombre, par α une constante positive, et que l'on fasse

$$x = y = z = u = \ldots = \alpha,$$

la formule que l'on vient de trouver deviendra

$$\varphi(m\alpha) = [\varphi(\alpha)]^m.$$

Pour étendre cette dernière formule au cas où le nombre entier m se trouve remplacé par un nombre fractionnaire $\frac{m}{n}$, ou même par un nombre quelconque μ, on fera, en premier lieu,

$$6 = \frac{m}{n}\alpha,$$

m et n désignant deux nombres entiers, et l'on en conclura

$$n6 = m\alpha,$$

$$[\varphi(6)]^n = [\varphi(\alpha)]^m,$$

$$\varphi(6) = \varphi\left(\frac{m}{n}\alpha\right) = [\varphi(\alpha)]^{\frac{m}{n}};$$

puis, en supposant que la fraction $\frac{m}{n}$ varie de manière à converger vers un nombre quelconque μ, et passant aux limites, on trouvera

$$\varphi(\mu\alpha)=[\varphi(\alpha)]^{\mu}.$$

Si maintenant on prend $\alpha=1$, on aura pour toutes les valeurs positives de μ

(8) $$\varphi(\mu)=[\varphi(1)]^{\mu}$$

et, par suite, en faisant converger μ vers la limite zéro,

$$\varphi(0)=1.$$

D'ailleurs, si dans l'équation (2) on pose $x=\mu$, $y=-\mu$, on en conclura

$$\varphi(-\mu)=\frac{\varphi(0)}{\varphi(\mu)}=[\varphi(1)]^{-\mu}.$$

L'équation (8) subsistera donc lorsqu'on y changera μ en $-\mu$. En d'autres termes, on aura pour des valeurs quelconques positives ou négatives de la variable x

(9) $$\varphi(x)=[\varphi(1)]^{x}.$$

Il suit de l'équation (9) que toute fonction $\varphi(x)$ propre à résoudre le second problème est nécessairement de la forme

(10) $$\varphi(x)=A^{x},$$

A désignant une constante positive. J'ajoute qu'on peut attribuer à cette constante une valeur quelconque entre les limites 0 et ∞. En effet, pour toute valeur positive de A, la fonction A^x reste continue depuis $x=-\infty$ jusqu'à $x=+\infty$, et l'équation

$$A^{x+y}=A^x A^y$$

est identique. La quantité A est donc une constante arbitraire qui n'admet que des valeurs positives.

Nota. — On pourrait arriver très simplement à l'équation (9) de la manière suivante.

Si l'on prend les logarithmes des deux membres de l'équation (2) dans un système quelconque, on trouvera

$$L\varphi(x+y) = L\varphi(x) + L\varphi(y);$$

et l'on en conclura (*voir* le problème I)

$$L\varphi(x) = x\,L\varphi(1),$$

puis, en repassant des logarithmes aux nombres

$$\varphi(x) = [\varphi(1)]^x.$$

Problème III. — *Déterminer la fonction* $\varphi(x)$ *de manière qu'elle reste continue entre deux limites positives quelconques de la variable* x, *et que l'on ait pour toutes les valeurs positives des variables* x *et* y

$$\varphi(xy) = \varphi(x) + \varphi(y). \tag{3}$$

Solution. — Il serait facile d'appliquer à la solution du problème III une méthode semblable à celle que nous avons employée pour résoudre le premier; mais on arrive plus promptement à la solution cherchée en mettant l'équation (3), ainsi qu'on va le faire, sous une forme analogue à celle de l'équation (1).

Si l'on désigne par A un nombre quelconque et par L la caractéristique des logarithmes dans le système dont la base est A, on aura, pour toutes les valeurs positives des variables x et y,

$$x = A^{Lx}, \qquad y = A^{Ly},$$

en sorte que l'équation (3) deviendra

$$\varphi(A^{Lx+Ly}) = \varphi(A^{Lx}) + \varphi(A^{Ly}).$$

Comme, dans cette dernière formule, les quantités variables Lx, Ly admettent des valeurs quelconques positives ou négatives, il en résulte qu'on aura, pour toutes les valeurs réelles possibles des variables x et y,

$$\varphi(A^{x+y}) = \varphi(A^x) + \varphi(A^y).$$

On en conclura [*voir* le problème I, équat. (6)]

$$\varphi(A^x) = x\,\varphi(A^1) = x\,\varphi(A)$$

et, par suite,

$$\varphi(A^{Lx}) = \varphi(A)\,Lx,$$

ou, ce qui revient au même,

$$\varphi(x) = \varphi(A)\,Lx. \tag{11}$$

Il suit de la formule (11) que toute fonction $\varphi(x)$, propre à résoudre le problème III, est nécessairement de la forme

$$\varphi(x) = a\,L(x), \tag{12}$$

a désignant une constante. Il est d'ailleurs aisé de s'assurer: 1° que la constante a demeure entièrement arbitraire, 2° que, en choisissant convenablement le nombre A, qui est lui-même arbitraire, on peut la réduire à l'unité.

Problème IV. — *Déterminer la fonction $\varphi(x)$ de manière qu'elle reste continue entre deux limites positives quelconques de la variable x et que l'on ait, pour toutes les valeurs positives des variables x et y,*

$$\varphi(xy) = \varphi(x)\,\varphi(y). \tag{4}$$

Solution. — Il serait facile d'appliquer à la solution du problème IV une méthode semblable à celle que nous avons employée pour résoudre le second. Mais on arrivera plus promptement à la solution cherchée, si l'on observe que, en désignant par L la caractéristique des logarithmes dans le système dont la base est A, on peut mettre l'équation (4) sous la forme

$$\varphi(A^{Lx+Ly}) = \varphi(A^{Lx})\,\varphi(A^{Ly}).$$

Comme, dans cette dernière équation, les quantités variables $L(x)$,

$L(y)$ admettront des valeurs quelconques positives ou négatives, il en résulte qu'on aura, pour toutes les valeurs réelles possibles des variables x et y,

$$\varphi(A^{x+y}) = \varphi(A^x)\,\varphi(A^y).$$

On en conclura [*voir* le problème II, équat. (9)]

$$\varphi(A^x) = [\varphi(A)]^x$$

et, par suite,

$$\varphi(A^{Lx}) = [\varphi(A)]^{Lx} = x^{L\varphi(A)},$$

ou, ce qui revient au même,

$$(13) \qquad \varphi(x) = x^{L\varphi(A)}.$$

Il résulte de l'équation (13) que toute fonction $\varphi(x)$, propre à résoudre le problème IV, est nécessairement de la forme

$$(14) \qquad \varphi(x) = x^a,$$

a désignant une constante. Il est d'ailleurs aisé de s'assurer que cette constante doit demeurer entièrement arbitraire.

Les quatre valeurs de $\varphi(x)$ qui satisfont respectivement aux équations (1), (2), (3), (4), savoir

$$ax, \quad A^x, \quad aLx, \quad x^a,$$

ont cela de commun, que chacune d'elles renferme une constante arbitraire a ou A. On doit en conclure qu'il y a une grande différence entre les questions où il s'agit de calculer les valeurs inconnues de certaines quantités et les questions dans lesquelles on se propose de découvrir la nature inconnue de certaines fonctions d'après des propriétés données. En effet, dans le premier cas, les valeurs des quantités inconnues se trouvent finalement exprimées par le moyen d'autres quantités connues et déterminées, tandis que dans le second cas les fonctions inconnues peuvent, comme on le voit ici, admettre dans leur expression des constantes arbitraires.

§ II. — *Recherche d'une fonction continue formée de telle manière que, en multipliant deux semblables fonctions de quantités variables et doublant le produit, on trouve un résultat égal à celui qu'on obtiendrait en ajoutant les fonctions semblables de la somme et de la différence de ces variables.*

Dans chacun des problèmes du paragraphe précédent, l'équation à résoudre renfermait, avec la fonction inconnue $\varphi(x)$, deux autres fonctions semblables, savoir, $\varphi(y)$ et $\varphi(x+y)$ ou $\varphi(xy)$. Nous allons maintenant nous proposer un nouveau problème du même genre, mais dans lequel l'équation de condition, que la fonction $\varphi(x)$ doit vérifier, renferme quatre fonctions semblables au lieu de trois. Voici en quoi il consiste :

Problème. — *Déterminer la fonction $\varphi(x)$ de manière qu'elle reste continue entre deux limites réelles quelconques de la variable x, et que l'on ait, pour toutes les valeurs réelles des variables x et y,*

$$\varphi(y+x)+\varphi(y-x)=2\,\varphi(x)\,\varphi(y). \tag{1}$$

Solution. — Si dans l'équation (1) on fait $x=0$, on en tirera

$$\varphi(0)=1.$$

La fonction $\varphi(x)$ se réduit donc à l'unité, pour la valeur particulière $x=0$, et, puisqu'on la suppose continue entre des limites quelconques, il est clair qu'elle sera, dans le voisinage de cette valeur particulière, très peu différente de l'unité, par conséquent positive. On pourra donc, en désignant par α un nombre très petit, choisir ce nombre de telle manière que la fonction $\varphi(x)$ reste constamment positive entre les limites

$$x=0, \qquad x=\alpha.$$

Cela posé, il arrivera de deux choses l'une : ou la valeur positive de $\varphi(\alpha)$ sera comprise entre les limites 0 et 1, ou cette valeur sera supérieure à l'unité. Nous allons examiner successivement ces deux hypothèses.

Concevons d'abord que $\varphi(\alpha)$ ait une valeur comprise entre les limites o et 1. On pourra représenter cette valeur par le cosinus d'un certain arc θ renfermé entre les limites o, $\frac{\pi}{2}$, et poser en conséquence

$$\varphi(\alpha) = \cos\theta.$$

De plus, si, dans l'équation (1) mise sous la forme

$$\varphi(y + x) = 2\varphi(x)\varphi(y) - \varphi(y - x),$$

on fait successivement

$$\begin{array}{ll} x = \alpha, & y = \alpha, \\ x = \alpha, & y = 2\alpha, \\ x = \alpha, & y = 3\alpha, \\ \ldots\ldots, & \ldots\ldots, \end{array}$$

on en déduira l'une après l'autre les formules

$$\begin{aligned} \varphi(2\alpha) &= 2\cos^2\theta - 1 = \cos 2\theta, \\ \varphi(3\alpha) &= 2\cos\theta\cos 2\theta - \cos\theta = \cos 3\theta, \\ \varphi(4\alpha) &= 2\cos\theta\cos 3\theta - \cos 2\theta = \cos 4\theta, \end{aligned}$$

et en général, m désignant un nombre entier quelconque,

$$\varphi(m\alpha) = 2\cos\theta\cos(m-1)\theta - \cos(m-2)\theta = \cos m\theta.$$

J'ajoute que la formule

$$\varphi(m\alpha) = \cos m\theta$$

subsistera encore, si l'on y remplace le nombre entier m par une fraction ou même par un nombre quelconque μ. C'est ce que l'on prouvera facilement, ainsi qu'il suit.

Si dans l'équation (1) on fait $x = \frac{1}{2}\alpha$, $y = \frac{1}{2}\alpha$, on en tirera

$$\left[\varphi\left(\frac{1}{2}\alpha\right)\right]^2 = \frac{\varphi(0) + \varphi(\alpha)}{2} = \frac{1 + \cos\theta}{2} = \left(\cos\frac{1}{2}\theta\right)^2;$$

puis, en extrayant les racines positives des deux membres et observant que les deux fonctions $\varphi(x)$, $\cos x$ restent positives, la première entre les limites $x = 0$, $x = \alpha$, la seconde entre les limites $x = 0$, $x = \theta$, on trouvera

$$\varphi\left(\frac{1}{2}\alpha\right) = \cos\frac{1}{2}\theta.$$

De même, si dans l'équation (1) on fait

$$x = \frac{1}{4}\alpha, \qquad y = \frac{1}{4}\theta,$$

on en tirera

$$\left[\varphi\left(\frac{1}{4}\alpha\right)\right]^2 = \frac{\varphi(0) + \varphi\left(\frac{1}{2}\right)\alpha}{2} = \frac{1 + \cos\frac{1}{2}\theta}{2} = \left(\cos\frac{1}{4}\theta\right)^2;$$

puis, en extrayant de part et d'autre les racines positives,

$$\varphi\left(\frac{1}{4}\alpha\right) = \cos\frac{1}{4}\theta.$$

Par des raisonnements semblables, on obtiendra successivement les formules

$$\varphi\left(\frac{1}{8}\alpha\right) = \cos\frac{1}{8}\theta,$$

$$\varphi\left(\frac{1}{16}\alpha\right) = \cos\frac{1}{16}\theta,$$

$$\ldots\ldots\ldots\ldots\ldots\ldots,$$

et en général, n désignant un nombre entier quelconque,

$$\varphi\left(\frac{1}{2^n}\alpha\right) = \cos\frac{1}{2^n}\theta.$$

Si l'on opere sur la valeur précédente de $\varphi\left(\frac{1}{2^n}\alpha\right)$ pour en déduire celle de $\varphi\left(\frac{m}{2^n}\alpha\right)$, comme on a opéré sur la valeur de $\varphi(\alpha)$ pour en déduire celle de $\varphi(m\alpha)$, on trouvera

$$\varphi\left(\frac{m}{2^n}\alpha\right) = \cos\frac{m}{2^n}\theta;$$

puis, en supposant que la fraction $\frac{m}{2^n}$ varie de manière à s'approcher indéfiniment du nombre μ, et passant aux limites, on obtiendra l'équation

$$(2)\qquad \varphi(\mu\alpha) = \cos\mu\theta.$$

De plus, si dans la formule (1) on fait

$$x = \mu a, \qquad y = 0,$$

on en conclura

$$\varphi(-\mu\alpha) = [2\varphi(0) - 1]\,\varphi(\mu\alpha) = \cos\mu\theta = \cos(-\mu\theta).$$

L'équation (2) subsistera donc lorsqu'on y remplacera μ par $-\mu$. En d'autres termes, on aura, pour des valeurs quelconques positives ou négatives de la variable x,

$$(3)\qquad \varphi(\alpha x) = \cos\theta x.$$

Si dans cette dernière formule on change x en $\frac{x}{\alpha}$, elle donnera

$$(4)\qquad \varphi(x) = \cos\frac{\theta}{\alpha}\,x = \cos\left(-\frac{\theta}{\alpha}\,x\right).$$

La valeur précédente de $\varphi(x)$ est relative au cas où la quantité positive $\varphi(\alpha)$ reste comprise entre les limites 0 et 1. Supposons maintenant cette même quantité supérieure à l'unité. Il est facile de voir que, dans cette seconde hypothèse, on pourra satisfaire par une valeur positive de r à l'équation

$$\varphi(\alpha) = \frac{1}{2}\left(r + \frac{1}{r}\right).$$

Il suffira, en effet, de prendre

$$r = \varphi(\alpha) + \{[\varphi(\alpha)]^2 - 1\}^{\frac{1}{2}}.$$

Cela posé, si dans l'équation (1) on fait successivement

$$\begin{aligned} x &= \alpha, & y &= \alpha,\\ x &= \alpha, & y &= 2\alpha,\\ x &= \alpha, & y &= 3\alpha,\\ &\ldots\ldots, & &\ldots\ldots\ldots, \end{aligned}$$

on en déduira l'une après l'autre les formules

$$\varphi(2\alpha) = \frac{1}{2}\left(r + \frac{1}{r}\right)^2 - 1 = \frac{1}{2}\left(r^2 + \frac{1}{r^2}\right),$$

$$\varphi(3\alpha) = \frac{1}{2}\left(r + \frac{1}{r}\right)\left(r^2 + \frac{1}{r^2}\right) - \frac{1}{2}\left(r + \frac{1}{r}\right) = \frac{1}{2}\left(r^3 + \frac{1}{r^3}\right),$$

$$\varphi(4\alpha) = \frac{1}{2}\left(r + \frac{1}{r}\right)\left(r^3 + \frac{1}{r^3}\right) - \frac{1}{2}\left(r^2 + \frac{1}{r^2}\right) = \frac{1}{2}\left(r^4 + \frac{1}{r^4}\right),$$

. . . . ,

et en général, m désignant un nombre entier quelconque,

$$\varphi(m\alpha) = \frac{1}{2}\left(r + \frac{1}{r}\right)\left(r^{m-1} + \frac{1}{r^{m-1}}\right) - \frac{1}{2}\left(r^{m-2} + \frac{1}{r^{m-2}}\right) = \frac{1}{2}\left(r^m + \frac{1}{r^m}\right).$$

J'ajoute que la formule

$$\varphi(m\alpha) = \frac{1}{2}\left(r^m + \frac{1}{r^m}\right)$$

subsistera encore, si l'on y remplace le nombre entier m par une fraction, ou même par un nombre quelconque μ. C'est ce que l'on prouvera facilement, ainsi qu'il suit.

Si dans l'équation (1) on fait $x = \frac{1}{2}\alpha$, $y = \frac{1}{2}\alpha$, on en tirera

$$\left[\varphi\left(\frac{1}{2}\alpha\right)\right]^2 = \frac{\varphi(0) + \varphi(\alpha)}{2} = \frac{1 + \frac{1}{2}\left(r + \frac{1}{r}\right)}{2} = \frac{1}{4}\left(r^{\frac{1}{2}} + r^{-\frac{1}{2}}\right)^2;$$

puis, en extrayant les racines positives des deux membres, et en observant que la fonction $\varphi(x)$ reste positive entre les limites $x = 0$, $x = \alpha$, on trouvera

$$\varphi\left(\frac{1}{2}\alpha\right) = \frac{1}{2}\left(r^{\frac{1}{2}} + r^{-\frac{1}{2}}\right).$$

De même, si dans l'équation (1) on fait

$$x = \frac{1}{4}\alpha, \qquad y = \frac{1}{4}\alpha,$$

on en tirera

$$\left[\varphi\left(\frac{1}{4}\alpha\right)\right]^2 = \frac{\varphi(0) + \varphi\left(\frac{1}{2}\alpha\right)}{2} = \frac{1 + \frac{1}{2}\left(r^{\frac{1}{2}} + r^{-\frac{1}{2}}\right)}{2} = \frac{1}{4}\left(r^{\frac{1}{4}} + r^{-\frac{1}{4}}\right)^2;$$

puis, en extrayant de part et d'autre les racines positives,

$$\varphi\left(\frac{1}{4}\alpha\right)=\frac{1}{2}\left(r^{\frac{1}{4}}+r^{-\frac{1}{4}}\right).$$

Par des raisonnements semblables, on obtiendra successivement les formules

$$\varphi\left(\frac{1}{8}\alpha\right)=\frac{1}{2}\left(r^{\frac{1}{8}}+r^{-\frac{1}{8}}\right),$$

$$\varphi\left(\frac{1}{16}\alpha\right)=\frac{1}{2}\left(r^{\frac{1}{16}}+r^{-\frac{1}{16}}\right),$$

$$\cdots\cdots\cdots\cdots\cdots\cdots,$$

et en général, n désignant un nombre entier quelconque,

$$\varphi\left(\frac{1}{2^n}\alpha\right)=\frac{1}{2}\left(r^{\frac{1}{2^n}}+r^{-\frac{1}{2^n}}\right).$$

Si l'on opère sur la valeur précédente de $\varphi\left(\frac{1}{2^n}\alpha\right)$, pour en déduire celle de $\varphi\left(\frac{m}{2^n}\alpha\right)$, comme on a opéré sur la valeur de $\varphi(\alpha)$, pour en déduire celle $\varphi(m\alpha)$, on trouvera

$$\varphi\left(\frac{m}{2^n}\alpha\right)=\frac{1}{2}\left(r^{\frac{m}{2^n}}+r^{-\frac{m}{2^n}}\right);$$

puis, en supposant que la fraction $\frac{m}{2^n}$ varie de manière à s'approcher indéfiniment du nombre μ, et passant aux limites, on obtiendra l'équation

$$(5) \qquad \varphi(\mu\alpha)=\frac{1}{2}(r^{\mu}+r^{-\mu}).$$

De plus, si dans la formule (1) on fait

$$x=\mu\alpha, \qquad y=0,$$

on en conclura

$$\varphi(-\mu\alpha)=[2\varphi(0)-1]\,\varphi(\mu\alpha)=\frac{1}{2}(r^{-\mu}+r^{\mu}).$$

L'équation (5) subsistera donc, lorsqu'on y remplacera μ par $-\mu$. En d'autres termes, on aura, pour des valeurs quelconques positives ou négatives de la variable x,

$$\varphi(\alpha x) = \frac{1}{2}(r^x + r^{-x}). \tag{6}$$

Si dans cette dernière formule on change x en $\frac{x}{\alpha}$, elle donnera

$$\varphi(x) = \frac{1}{2}\left(r^{\frac{x}{\alpha}} + r^{-\frac{x}{\alpha}}\right). \tag{7}$$

Lorsqu'on fait, dans l'équation (4), $\pm\frac{\theta}{\alpha} = a$, et, dans l'équation (7), $r^{\pm\frac{1}{\alpha}} = \mathrm{A}$, ces équations prennent respectivement les formes suivantes :

$$\varphi(x) = \cos ax, \tag{8}$$

$$\varphi(x) = \frac{1}{2}(\mathrm{A}^x + \mathrm{A}^{-x}). \tag{9}$$

Si donc l'on désigne par a une quantité constante, et par A un nombre constant, toute fonction $\varphi(x)$ qui, demeurant continue entre des limites quelconques de la variable, vérifiera l'équation (1), sera nécessairement comprise sous l'une des deux formes qu'on vient de rapporter. Il est d'ailleurs facile de s'assurer que les valeurs de $\varphi(x)$ fournies par les équations (8) et (9) résolvent la question proposée, quelles que soient les valeurs attribuées à la quantité a et au nombre A. Ce nombre et cette quantité sont donc deux constantes arbitraires, dont l'une ne peut admettre que des valeurs positives.

D'après ce qu'on vient de dire, les deux fonctions

$$\cos ax, \quad \frac{1}{2}(\mathrm{A}^x + \mathrm{A}^{-x})$$

ont la propriété commune de satisfaire à l'équation (1), ce qui établit entre elles une analogie remarquable. L'une et l'autre de ces deux fonctions se réduisent encore à l'unité pour $x = 0$. Mais une différence essentielle entre la première et la seconde, c'est que la valeur numérique de la première est constamment au-dessous de la limite 1, lorsqu'elle n'atteint pas cette limite; tandis que, dans la même hypothèse, la valeur numérique de la seconde est constamment au-dessus.

CHAPITRE VI.

DES SÉRIES CONVERGENTES ET DIVERGENTES. RÈGLES SUR LA CONVERGENCE DES SÉRIES. SOMMATION DE QUELQUES SÉRIES CONVERGENTES.

§ I. — *Considérations générales sur les séries.*

On appelle *série* une suite indéfinie de quantités

$$u_0, \quad u_1, \quad u_2, \quad u_3, \quad \ldots$$

qui dérivent les unes des autres suivant une loi déterminée. Ces quantités elles-mêmes sont les différents termes de la série que l'on considère. Soit

$$s_n = u_0 + u_1 + u_2 + \ldots + u_{n-1}$$

la somme des n premiers termes, n désignant un nombre entier quelconque. Si, pour des valeurs de n toujours croissantes, la somme s_n s'approche indéfiniment d'une certaine limite s, la série sera dite *convergente*, et la limite en question s'appellera la *somme* de la série. Au contraire, si, tandis que n croît indéfiniment, la somme s_n ne s'approche d'aucune limite fixe, la série sera *divergente* et n'aura plus de somme. Dans l'un et l'autre cas, le terme qui correspond à l'indice n, savoir u_n, sera ce qu'on nomme le *terme général*. Il suffit que l'on donne ce terme général en fonction de l'indice n, pour que la série soit complètement déterminée.

L'une des séries les plus simples est la progression géométrique

$$1, \quad x, \quad x^2, \quad x^3, \quad \ldots,$$

qui a pour terme général x^n, c'est-à-dire la puissance $n^{\text{ième}}$ de la quantité x. Si dans cette série on fait la somme des n premiers termes, on trouvera

$$1 + x + x^2 + \ldots + x^{n-1} = \frac{1}{1-x} - \frac{x^n}{1-x};$$

et, comme pour des valeurs croissantes de n, la valeur numérique de la fraction $\frac{x^n}{1-x}$ converge vers la limite zéro, ou croît au delà de toute limite, suivant qu'on suppose la valeur numérique de x inférieure ou supérieure à l'unité, on doit conclure que, dans la première hypothèse, la progression

$$1, \quad x, \quad x^2, \quad x^3, \quad \ldots$$

est une série convergente qui a pour somme $\frac{1}{1-x}$, tandis que, dans la seconde hypothèse, la même progression est une série divergente qui n'a plus de somme.

D'après les principes ci-dessus établis, pour que la série

$$(1) \qquad u_0, \quad u_1, \quad u_2, \quad \ldots, \quad u_n, \quad u_{n+1}, \quad \ldots$$

soit convergente, il est nécessaire et il suffit que des valeurs croissantes de n fassent converger indéfiniment la somme

$$s_n = u_0 + u_1 + u_2 + \ldots + u_{n-1}$$

vers une limite fixe s; en d'autres termes, il est nécessaire et il suffit que, pour des valeurs infiniment grandes du nombre n, les sommes

$$s_n, \quad s_{n+1}, \quad s_{n+2}, \quad \ldots$$

diffèrent de la limite s, et par conséquent entre elles, de quantités infiniment petites. D'ailleurs, les différences successives entre la première somme s_n et chacune des suivantes sont respectivement déterminées par les équations

$$s_{n+1} - s_n = u_n,$$
$$s_{n+2} - s_n = u_n + u_{n+1},$$
$$s_{n+3} - s_n = u_n + u_{n+1} + u_{n+2},$$
$$\ldots\ldots\ldots\ldots\ldots\ldots\ldots\ldots$$

Donc, pour que la série (1) soit convergente, il est d'abord nécessaire que le terme général u_n décroisse indéfiniment, tandis que n augmente; mais cette condition ne suffit pas, et il faut encore que, pour des valeurs croissantes de n, les différentes sommes

$$u_n + u_{n+1},$$
$$u_n + u_{n+1} + u_{n+2},$$
$$\ldots\ldots\ldots\ldots\ldots,$$

c'est-à-dire les sommes des quantités

$$u_n, \quad u_{n+1}, \quad u_{n+2}, \quad \ldots,$$

prises, à partir de la première, en tel nombre que l'on voudra, finissent par obtenir constamment des valeurs numériques inférieures à toute limite assignable. Réciproquement, lorsque ces diverses conditions sont remplies, la convergence de la série est assurée.

Prenons pour exemple la progression géométrique

$$(2) \qquad 1, \quad x, \quad x^2, \quad x^3, \quad \ldots.$$

Si la valeur numérique de x est supérieure à l'unité, celle du terme général x^n croîtra indéfiniment avec n, et cette seule remarque suffira pour constater la divergence de la série. La série sera encore divergente si l'on suppose $x = \pm 1$, parce qu'alors la valeur numérique du terme général x^n, se réduisant à l'unité, ne décroîtra pas indéfiniment pour des valeurs croissantes de n. Mais, si la valeur numérique de x est inférieure à l'unité, les sommes des termes de la série pris à partir de x^n en tel nombre que l'on voudra, savoir :

$$x^n,$$
$$x^n + x^{n+1} = x^n \frac{1 - x^2}{1 - x},$$
$$x^n + x^{n+1} + x^{n+2} = x^n \frac{1 - x^3}{1 - x},$$
$$\ldots\ldots\ldots\ldots\ldots\ldots\ldots\ldots\ldots,$$

se trouvant toutes comprises entre les limites

$$x^n, \quad \frac{x^n}{1 - x},$$

chacune d'elles deviendra infiniment petite pour des valeurs de n infiniment grandes; et par suite la série sera convergente, ce que l'on savait déjà.

Prenons pour second exemple la série numérique

$$(3) \qquad 1, \quad \frac{1}{2}, \quad \frac{1}{3}, \quad \frac{1}{4}, \quad \ldots, \quad \frac{1}{n}, \quad \frac{1}{n+1}, \quad \ldots.$$

Le terme général de cette série, savoir $\frac{1}{n+1}$, décroît indéfiniment à mesure que n augmente, et cependant la série n'est pas convergente; car la somme faite du terme $\frac{1}{n+1}$ et de ceux qui le suivent jusqu'au terme $\frac{1}{2n}$ inclusivement, savoir

$$\frac{1}{n+1} + \frac{1}{n+2} + \ldots + \frac{1}{2n-1} + \frac{1}{2n},$$

reste constamment supérieure, quel que soit n, au produit

$$n\frac{1}{2n} = \frac{1}{2};$$

et par suite cette somme ne décroît pas indéfiniment pour des valeurs croissantes de n, ainsi que cela aurait lieu si la série était convergente. Ajoutons que, si l'on désigne par s_n la somme des n premiers termes de la série (3), et par 2^m la plus haute puissance de 2 renfermée dans $n+1$, on trouvera

$$s_n = 1 + \frac{1}{2} + \frac{1}{3} + \ldots + \frac{1}{n+1} > 1 + \frac{1}{2} + \left(\frac{1}{3} + \frac{1}{4}\right)$$
$$+ \left(\frac{1}{5} + \frac{1}{6} + \frac{1}{7} + \frac{1}{8}\right) + \ldots + \left(\frac{1}{2^{m-1}+1} + \frac{1}{2^{m-1}+2} + \ldots + \frac{1}{2^m}\right),$$

et, *a fortiori*,

$$s_n > 1 + \frac{1}{2} + \frac{1}{2} + \frac{1}{2} + \ldots + \frac{1}{2} = 1 + \frac{m}{2}.$$

On en conclura que la somme s_n croît indéfiniment avec le nombre entier m, et par conséquent avec n, ce qui est une nouvelle preuve de la divergence de la série.

Considérons encore la série numérique

$$(4)\qquad 1,\ \frac{1}{1},\ \frac{1}{1.2},\ \frac{1}{1.2.3},\ \ldots,\ \frac{1}{1.2.3\ldots n},\ \ldots.$$

Les termes de cette série, qui occupent un rang supérieur à n, savoir

$$\frac{1}{1.2.3\ldots n},\ \frac{1}{1.2.3\ldots n(n+1)},\ \frac{1}{1.2.3\ldots n(n+1)(n+2)},\ \ldots,$$

seront respectivement inférieurs aux termes correspondants de la progression géométrique

$$\frac{1}{1.2.3\ldots n},\ \frac{1}{1.2.3\ldots n}\,\frac{1}{n},\ \frac{1}{1.2.3\ldots n}\,\frac{1}{n^2},\ \ldots.$$

Par suite, la somme des premiers termes pris en tel nombre que l'on voudra sera toujours inférieure à la somme des termes correspondants de la progression géométrique, qui est une série convergente, et à plus forte raison, à la somme de cette progression, c'est-à-dire à

$$\frac{1}{1.2.3\ldots n}\,\frac{1}{1-\frac{1}{n}} = \frac{1}{1.2.3\ldots(n-1)}\,\frac{1}{n-1}.$$

Comme cette dernière somme décroît indéfiniment à mesure que n augmente, il en résulte que la série (4) est elle-même convergente. On est convenu de désigner par la lettre e la somme de cette série. En ajoutant les n premiers termes, on obtiendra, pour valeur approchée du nombre e,

$$1+\frac{1}{1}+\frac{1}{1.2}+\frac{1}{1.2.3}+\ldots+\frac{1}{1.2.3\ldots(n-1)};$$

et, d'après ce qu'on vient de dire, l'erreur commise sera inférieure au produit du $n^{\text{ième}}$ terme par $\frac{1}{n-1}$. Ainsi, par exemple, si l'on suppose $n=11$, on trouvera pour la valeur approchée de e

$$(5)\qquad e = 2,7182818\ldots;$$

et l'erreur commise dans cette hypothèse sera inférieure au produit de la fraction $\frac{1}{1.2.3.4.5.6.7.8.9.10}$ par $\frac{1}{10}$, c'est-à-dire à $\frac{1}{36288000}$, en sorte qu'elle n'altérera pas la septième décimale.

Le nombre e, déterminé comme on vient de le dire, sera souvent employé dans la sommation des suites et dans le Calcul infinitésimal. Les logarithmes pris dans le système qui a ce nombre pour base s'appellent *népériens,* du nom de *Néper,* inventeur des logarithmes, ou *hyperboliques,* parce qu'ils servent à mesurer les diverses parties de l'aire comprise entre l'hyperbole équilatère et ses asymptotes.

On indique généralement la somme d'une série convergente par la somme de ses premiers termes suivie de points. Ainsi, lorsque la série

$$u_0, \quad u_1, \quad u_2, \quad u_3, \quad \ldots$$

est convergente, la somme de cette série est représentée par

$$u_0 + u_1 + u_2 + u_3 + \ldots.$$

En vertu de cette convention, la valeur du nombre e se trouvera déterminée par l'équation

$$(6) \qquad e = 1 + \frac{1}{1} + \frac{1}{1.2} + \frac{1}{1.2.3} + \frac{1}{1.2.3.4} + \ldots;$$

et, si l'on considère la progression géométrique

$$1, \quad x, \quad x^2, \quad x^3, \quad \ldots,$$

on aura, pour des valeurs numériques de x inférieures à l'unité,

$$(7) \qquad 1 + x + x^2 + x^3 + \ldots = \frac{1}{1-x}.$$

La série

$$u_0, \quad u_1, \quad u_2, \quad u_3, \quad \ldots$$

étant supposée convergente, si l'on désigne sa somme par s, et par s_n la somme de ses n premiers termes, on trouvera

$$s = u_0 + u_1 + u_2 + \ldots + u_{n-1} + u_n + u_{n+1} + \ldots = s_n + u_n + u_{n+1} + \ldots$$

et, par suite,

$$s - s_n = u_n + u_{n+1} + \ldots.$$

De cette dernière équation, il résulte que les quantités

$$u_n,\quad u_{n+1},\quad u_{n+2},\quad \ldots$$

formeront une nouvelle série convergente dont la somme sera équivalente à $s - s_n$. Si l'on représente cette même somme par r_n, on aura

$$s = s_n + r_n;$$

et r_n sera ce qu'on appelle le *reste* de la série (1) à partir du $n^{\text{ième}}$ terme.

Lorsque, les termes de la série (1) renfermant une même variable x, cette série est convergente, et ses différents termes fonctions continues de x, dans le voisinage d'une valeur particulière attribuée à cette variable,

$$s_n,\quad r_n\quad \text{et}\quad s$$

sont encore trois fonctions de la variable x, dont la première est évidemment continue par rapport à x dans le voisinage de la valeur particulière dont il s'agit. Cela posé, considérons les accroissements que reçoivent ces trois fonctions, lorsqu'on fait croître x d'une quantité infiniment petite α. L'accroissement de s_n sera, pour toutes les valeurs possibles de n, une quantité infiniment petite; et celui de r_n deviendra insensible en même temps que r_n, si l'on attribue à n une valeur très considérable. Par suite, l'accroissement de la fonction s ne pourra être qu'une quantité infiniment petite. De cette remarque on déduit immédiatement la proposition suivante :

Théorème I. — *Lorsque les différents termes de la série* (1) *sont des fonctions d'une même variable x, continues par rapport à cette variable dans le voisinage d'une valeur particulière pour laquelle la série est convergente, la somme s de la série est aussi, dans le voisinage de cette valeur particulière, fonction continue de x.*

En vertu de ce théorème, la somme de la série (2) devra rester fonction continue de la variable x, entre les limites $x = -1$, $x = 1$;

ce qu'on peut vérifier à l'inspection de la valeur de s donnée par l'équation

$$s = \frac{1}{1-x}.$$

§ II. — *Des séries dont tous les termes sont positifs.*

Lorsque la série

$$(1) \qquad u_0, \quad u_1, \quad u_2, \quad \ldots, \quad u_n, \quad \ldots$$

a tous ses termes positifs, on peut ordinairement décider si elle est convergente ou divergente, à l'aide du théorème suivant :

THÉORÈME I. — *Cherchez la limite ou les limites vers lesquelles converge, tandis que n croît indéfiniment, l'expression $(u_n)^{\frac{1}{n}}$, et désignez par k la plus grande de ces limites, ou, en d'autres termes, la limite des plus grandes valeurs de l'expression dont il s'agit. La série* (1) *sera convergente si l'on a $k < 1$, et divergente si l'on a $k > 1$.*

Démonstration. — Supposons d'abord $k < 1$, et choisissons à volonté entre les deux nombres 1 et k un troisième nombre U, en sorte qu'on ait

$$k < U < 1.$$

n venant à croître au delà de toute limite assignable, les plus grandes valeurs de $(u_n)^{\frac{1}{n}}$ ne pourront s'approcher indéfiniment de la limite k, sans finir par être constamment inférieures à U. Par suite, il sera possible d'attribuer au nombre entier n une valeur assez considérable pour que, n obtenant cette même valeur ou une valeur plus grande encore, on ait constamment

$$(u)^{\frac{1}{n}} < U, \qquad u_n < U^n.$$

Il en résulte que les termes de la série

$$u_0, \quad u_1, \quad u_2, \quad \ldots, \quad u_{n+1}, \quad u_{n+2}, \quad \ldots$$

finiront par être toujours inférieurs aux termes correspondants de la progression géométrique

$$1,\quad U,\quad U^2,\quad \ldots,\quad U^n,\quad U^{n+1},\quad U^{n+2},\quad \ldots;$$

et, comme cette progression est convergente (à cause de $U < 1$), on peut, de la remarque précédente, conclure *a fortiori* la convergence de la série (1).

Supposons, en second lieu, $k > 1$, et plaçons encore entre les deux nombres 1 et k un troisième nombre U, en sorte qu'on ait

$$k > U > 1.$$

Si n vient à croître au delà de toute limite, les plus grandes valeurs de $(u_n)^{\frac{1}{n}}$, en s'approchant indéfiniment de k, finiront par devenir supérieures à U. On pourra donc satisfaire à la condition

$$(u_n)^{\frac{1}{n}} > U$$

ou, ce qui revient au même, à la suivante

$$u_n > U^n,$$

par des valeurs de n aussi considérables que l'on voudra; et par suite, on trouvera dans la série

$$u_0,\quad u_1,\quad u_2,\quad \ldots,\quad u_n,\quad u_{n+1},\quad u_{n+2},\quad \ldots$$

un nombre indéfini de termes supérieurs aux termes correspondants de la progression géométrique

$$1,\quad U,\quad U^2,\quad \ldots,\quad U^n,\quad U^{n+1},\quad U^{n+2},\quad \ldots.$$

Comme cette progression est divergente (à cause de $U > 1$), et qu'en conséquence ses différents termes croissent à l'infini, la remarque que l'on vient de faire suffira pour établir la divergence de la série (1).

Dans un grand nombre de circonstances, on peut déterminer la valeur de la quantité k à l'aide du théorème IV (Chap. II, § III). En effet, en vertu de ce théorème, toutes les fois que le rapport $\frac{u_{n+1}}{u_n}$ convergera vers une limite fixe, cette limite sera précisément la valeur de k. On peut donc énoncer la proposition suivante :

THÉORÈME II. — *Si, pour des valeurs croissantes de n, le rapport*

$$\frac{u_{n+1}}{u_n}$$

converge vers une limite fixe k, la série (1) *sera convergente toutes les fois que l'on aura $k < 1$, et divergente toutes les fois que l'on aura $k > 1$.*

Concevons, par exemple, que l'on considère la série

$$1, \quad \frac{1}{1}, \quad \frac{1}{1.2}, \quad \frac{1}{1.2.3}, \quad \ldots, \quad \frac{1}{1.2.3\ldots n}, \quad \ldots :$$

on trouvera

$$\frac{u_{n+1}}{u_n} = \frac{1.2.3\ldots n}{1.2.3\ldots n(n+1)} = \frac{1}{n+1}, \qquad k = \frac{1}{\infty} = 0,$$

et par conséquent la série sera convergente, ce que l'on savait déjà.

Le premier des deux théorèmes qu'on vient d'établir ne laisse d'incertitude sur la convergence ou la divergence d'une série dont tous les termes sont positifs, que dans le cas particulier où la quantité représentée par k devient égale à l'unité. Dans ce cas particulier, il n'est pas toujours facile de décider la question. Toutefois, nous allons démontrer ici deux nouvelles propositions à l'aide desquelles on peut souvent y parvenir.

THÉORÈME III. — *Lorsque, dans la série* (1), *chaque terme est inférieur à celui qui le précède, cette série et la suivante*

$$(2) \qquad u_0, \quad 2u_1, \quad 4u_3, \quad 8u_7, \quad 16u_{15}, \quad \ldots$$

sont en même temps convergentes ou divergentes.

Démonstration. — Supposons d'abord la série (1) convergente, et désignons sa somme par s. On aura

$$\begin{aligned} u_0 &= u_0, \\ 2u_1 &= 2u_1, \\ 4u_3 &< 2u_2 + 2u_3, \\ 8u_7 &< 2u_4 + 2u_5 + 2u_6 + 2u_7, \\ &\ldots\ldots\ldots\ldots, \end{aligned}$$

et par suite la somme des termes de la série (2), pris en tel nombre que l'on voudra, sera inférieure à

$$u_0 + 2u_1 + 2u_2 + 2u_3 + 2u_4 + \ldots = 2s - u_0.$$

Il en résulte que la série (2) sera convergente.

Supposons, en second lieu, la série (1) divergente. La somme de ses termes, pris en très grand nombre, finira par surpasser toute limite assignable; et, comme on aura

$$\begin{aligned} u_0 &= u_0, \\ 2u_1 &> u_1 + u_2, \\ 4u_3 &> u_3 + u_4 + u_5 + u_6, \\ 8u_7 &> u_7 + u_8 + u_9 + u_{10} + u_{11} + u_{12} + u_{13} + u_{14}, \\ &\ldots\ldots\ldots\ldots, \end{aligned}$$

on devra conclure que la somme des quantités

$$u_0, \quad 2u_1, \quad 4u_3, \quad 8u_7, \quad \ldots,$$

prises en très grand nombre, finit elle-même par devenir supérieure à toute quantité donnée. La série (2) sera donc alors divergente, conformément au théorème énoncé.

Corollaire. — Si pour la série (1) on prend la suivante

$$(3) \qquad 1, \quad \frac{1}{2^\mu}, \quad \frac{1}{3^\mu}, \quad \frac{1}{4^\mu}, \quad \ldots,$$

μ désignant une quantité quelconque, la série (2) deviendra

$$1, \quad 2^{1-\mu}, \quad 4^{1-\mu}, \quad 8^{1-\mu}, \quad \ldots.$$

Cette dernière est une progression géométrique, convergente lorsqu'on suppose $\mu > 1$, et divergente dans le cas contraire. Par suite, la série (3) sera elle-même convergente si μ est un nombre supérieur à l'unité, et divergente si l'on a $\mu = 1$ ou $\mu < 1$. Par exemple, des trois séries

$$(4)\qquad 1,\ \frac{1}{2^2},\ \frac{1}{3^2},\ \frac{1}{4^2},\ \ldots,$$

$$(5)\qquad 1,\ \frac{1}{2},\ \frac{1}{3},\ \frac{1}{4},\ \ldots,$$

$$(6)\qquad 1,\ \frac{1}{2^{\frac{1}{2}}},\ \frac{1}{3^{\frac{1}{2}}},\ \frac{1}{4^{\frac{1}{2}}},\ \ldots,$$

la première sera convergente et les deux autres divergentes.

Théorème IV. — *Supposons que l'on désigne par* L *la caractéristique des logarithmes dans un système quelconque, et que, pour des valeurs croissantes de n, le rapport*

$$\frac{L(u_n)}{L\left(\frac{1}{n}\right)}$$

converge vers une limite finie h. La série (1) *sera convergente si l'on a $h > 1$, et divergente si l'on a $h < 1$.*

Démonstration. — Supposons d'abord $h > 1$, et choisissons à volonté entre les deux quantités 1 et h une troisième quantité a, en sorte qu'on ait

$$h > a > 1.$$

Le rapport $\frac{L(u_n)}{L\left(\frac{1}{n}\right)}$, ou son égal

$$\frac{L\left(\frac{1}{u_n}\right)}{L(n)},$$

finira par être, pour de très grandes valeurs de n, constamment supérieur à la quantité a. En d'autres termes, n venant à croître au delà d'une certaine limite, on aura toujours

$$\frac{L\left(\frac{1}{u_n}\right)}{L(n)} > a$$

ou, ce qui revient au même,

$$L\left(\frac{1}{u_n}\right) > a\,L(n),$$

et, par suite,

$$\frac{1}{u_n} > n^a, \qquad u_n < \frac{1}{n^a}.$$

Il en résulte que les termes de la série (1) finiront par être constamment inférieurs aux termes correspondants de la suivante

$$1, \quad \frac{1}{2^a}, \quad \frac{1}{3^a}, \quad \frac{1}{4^a}, \quad \ldots, \quad \frac{1}{n^a}, \quad \frac{1}{(n+1)^a}, \quad \ldots;$$

et, comme cette dernière sera convergente (à cause de $a > 1$), on pourra de la remarque précédente conclure *a fortiori* la convergence de la série (1).

Supposons, en second lieu, $h < 1$, et plaçons encore entre les quantités 1 et h une troisième quantité a, en sorte qu'on ait

$$h < a < 1.$$

On finira par avoir constamment, pour de très grandes valeurs de n,

$$\frac{L\left(\frac{1}{u_n}\right)}{L(n)} < a$$

ou, ce qui revient au même,

$$L\left(\frac{1}{u_n}\right) < a\,L(n),$$

et, par suite,

$$\frac{1}{u_n} < n^a, \qquad u_n > \frac{1}{n^a}.$$

Il en résulte que les termes de la série (1) finiront par être constamment supérieurs aux termes correspondants de la suivante

$$1,\quad \frac{1}{2^a},\quad \frac{1}{3^a},\quad \frac{1}{4^a},\quad \ldots,\quad \frac{1}{n^a},\quad \frac{1}{(n+1)^a},\quad \ldots;$$

et, comme cette dernière sera divergente (à cause de $a < 1$), on pourra de la remarque qu'on vient de faire conclure *a fortiori* la divergence de la série (1).

Étant données deux séries convergentes dont tous les termes sont positifs, on peut, en ajoutant ou multipliant ces mêmes termes, former une nouvelle série dont la somme résulte de l'addition ou de la multiplication des sommes des deux premières. Nous établirons à ce sujet les deux théorèmes suivants :

Théorème V. — *Soient*

$$(7)\qquad \begin{cases} u_0, & u_1, & u_2, & \ldots, & u_n, & \ldots, \\ v_0, & v_1, & v_2, & \ldots, & v_n, & \ldots \end{cases}$$

deux séries convergentes, qui, uniquement composées de termes positifs, aient respectivement pour sommes s et s' :

$$(8)\qquad u_0+v_0,\quad u_1+v_1,\quad u_2+v_2,\quad \ldots,\quad u_n+v_n,\quad \ldots$$

sera une nouvelle série convergente, qui aura pour somme $s+s'$.

Démonstration. — Si l'on fait

$$s_n = u_0+u_1+u_2+\ldots+u_{n-1},$$
$$s'_n = v_0+v_1+v_2+\ldots+v_{n-1},$$

s_n et s'_n convergeront respectivement, pour des valeurs croissantes de n, vers les limites s et s'. Par suite, $s_n+s'_n$, c'est-à-dire la somme des n premiers termes de la série (8), convergera vers la limite $s+s'$, ce qui suffit pour établir le théorème énoncé.

Théorème VI. — *Les mêmes choses étant posées que dans le théorème précédent,*

$$(9)\qquad \begin{cases} u_0v_0,\quad u_0v_1+u_1v_0,\quad u_0v_2+u_1v_1+u_2v_0,\quad \ldots \\ \ldots,\quad u_0v_n+u_1v_{n-1}+\ldots+u_{n-1}v_1+u_nv_0,\quad \ldots \end{cases}$$

sera une nouvelle série convergente, qui aura pour somme ss'.

Démonstration. — Soient toujours s_n, s'_n les sommes des n premiers termes des deux séries (7), et désignons en outre par s''_n la somme des n premiers termes de la série (9). Si l'on représente par m le plus grand nombre entier compris dans $\frac{n-1}{2}$, c'est-à-dire $\frac{n-1}{2}$ lorsque n est impair, et $\frac{n-2}{2}$ dans le cas contraire, on aura évidemment

$$u_0v_0 + (u_0v_1 + u_1v_0) + \ldots + (u_0v_{n-1} + u_1v_{n-2} + \ldots + u_{n-2}v_1 + u_{n-1}v_0)$$
$$< (u_0 + u_1 + \ldots + u_{n-1})(v_0 + v_1 + \ldots + v_{n-1})$$

et

$$> (u_0 + u_1 + \ldots + u_m)\ (v_0 + v_1 + \ldots + v_m),$$

ou, en d'autres termes,

$$s''_n < s_n s'_n \quad \text{et} \quad > s_{m+1} s'_{m+1}.$$

Concevons maintenant que l'on fasse croître n au delà de toute limite. Le nombre

$$m = \frac{n - \frac{3}{2} \pm \frac{1}{2}}{2}$$

croîtra lui-même indéfiniment, et les deux sommes s_n, s_{m+1} convergeront vers la limite s, tandis que s'_n et s'_{m+1} convergeront vers la limite s'. Par suite, les deux produits $s_n s'_n$, $s_{m+1} s'_{m+1}$ et la somme s''_n comprise entre ces deux produits convergeront vers la limite ss', ce qui suffit pour établir le théorème VI.

§ III. — *Des séries qui renferment des termes positifs et des termes négatifs.*

Supposons que la série

(1) $$u_0,\ u_1,\ u_2,\ \ldots,\ u_n,\ \ldots$$

se compose de termes, tantôt positifs, tantôt négatifs, et soient respectivement

(2) $$\rho_0,\ \rho_1,\ \rho_2,\ \ldots,\ \rho_n,\ \ldots$$

les valeurs numériques de ces mêmes termes, en sorte qu'on ait

$$u_0 = \pm \rho_0, \quad u_1 = \pm \rho_1, \quad u_2 = \pm \rho_2, \quad \ldots, \quad u_n = \pm \rho_n, \quad \ldots.$$

La valeur numérique de la somme

$$u_0 + u_1 + u_2 + \ldots + u_{n-1}$$

ne pouvant jamais surpasser

$$\rho_0 + \rho_1 + \rho_2 + \ldots + \rho_{n-1},$$

il en résulte que la convergence de la série (2) entraînera toujours celle de la série (1). On doit ajouter que la série (1) sera divergente, si quelques termes de la série (2) finissent par croître au delà de toute limite assignable. Ce dernier cas se présente lorsque les plus grandes valeurs de $(\rho_n)^{\frac{1}{n}}$ convergent, pour des valeurs croissantes de n, vers une limite supérieure à l'unité. Au contraire, lorsque cette limite devient inférieure à l'unité, la série (2) est toujours convergente. On peut, en conséquence, énoncer le théorème suivant :

Théorème I. — *Soit ρ_n la valeur numérique du terme général u_n de la série* (1), *et désignons par k la limite vers laquelle convergent, tandis que n croît indéfiniment, les plus grandes valeurs de l'expression $(\rho_n)^{\frac{1}{n}}$. La série* (1) *sera convergente si l'on a $k < 1$, et divergente si l'on a $k > 1$.*

Lorsque la fraction $\frac{\rho_{n+1}}{\rho_n}$, c'est-à-dire la valeur numérique du rapport $\frac{u_{n+1}}{u_n}$, convergera vers une limite fixe, cette limite sera, en vertu du théorème IV (Chap. II, § III), la valeur cherchée de k. Cette remarque conduit à la proposition que je vais écrire :

Théorème II. — *Si, pour des valeurs croissantes de n, la valeur numérique du rapport*

$$\frac{u_{n+1}}{u_n}$$

converge vers une limite fixe k, la série (1) *sera convergente toutes les fois que l'on aura $k < 1$, et divergente toutes les fois que l'on aura $k > 1$.*

Par exemple, si l'on considère la série

$$1, \quad -\frac{1}{1}, \quad +\frac{1}{1.2}, \quad -\frac{1}{1.2.3}, \quad +\ldots,$$

on trouvera

$$\frac{u_{n+1}}{u_n} = -\frac{1}{n+1}, \qquad k = \frac{1}{\infty} = 0;$$

d'où il résulte que la série sera convergente.

Le premier des deux théorèmes qu'on vient d'établir ne laisse d'incertitude sur la convergence ou la divergence d'une série que dans le cas particulier où la quantité représentée par k devient égale à l'unité. Dans ce cas particulier, on peut quelquefois constater la convergence de la série proposée, soit en s'assurant que les valeurs numériques de ses différents termes forment une série convergente, soit en ayant égard au théorème suivant :

Théorème III. — *Si dans la série* (1) *la valeur numérique du terme général* u_n *décroît constamment et indéfiniment, pour des valeurs croissantes de* n, *si de plus les différents termes sont alternativement positifs et négatifs, la série sera convergente.*

Considérons, par exemple, la série

$$(3) \qquad 1, \quad -\frac{1}{2}, \quad +\frac{1}{3}, \quad -\frac{1}{4}, \quad +\ldots\pm\frac{1}{n}, \quad \mp\frac{1}{n+1}, \quad \ldots.$$

La somme des termes dont le rang surpasse n, si on les suppose pris en nombre égal à m, sera

$$\pm\left(\frac{1}{n+1} - \frac{1}{n+2} + \frac{1}{n+3} - \frac{1}{n+4} + \ldots \pm \frac{1}{n+m}\right).$$

Or la valeur numérique de cette somme, savoir

$$\frac{1}{n+1} - \frac{1}{n+2} + \frac{1}{n+3} - \frac{1}{n+4} + \ldots \pm \frac{1}{n+m}$$
$$= \frac{1}{n+1} - \left(\frac{1}{n+2} - \frac{1}{n+3}\right) - \left(\frac{1}{n+4} - \frac{1}{n+5}\right) - \ldots$$
$$= \left(\frac{1}{n+1} - \frac{1}{n+2}\right) + \left(\frac{1}{n+3} - \frac{1}{n+4}\right) + \left(\frac{1}{n+5} - \frac{1}{n+6}\right) + \ldots,$$

étant évidemment comprise entre

$$\frac{1}{n+1} \quad \text{et} \quad \frac{1}{n+1} - \frac{1}{n+2},$$

décroîtra indéfiniment pour des valeurs croissantes de n, quel que soit m, ce qui suffit pour établir la convergence de la série proposée. Les mêmes raisonnements peuvent évidemment s'appliquer à toutes les séries de ce genre. Je citerai, entre autres, la suivante

$$(4) \qquad 1, \quad -\frac{1}{2^\mu}, \quad +\frac{1}{3^\mu}, \quad -\frac{1}{4^\mu}, \quad \ldots,$$

laquelle, en vertu du théorème III, restera convergente pour toutes les valeurs positives de μ.

Si dans la série (4) on supprime le signe — devant chacun des termes de rang pair, on obtiendra la série (3) du § II, qui est divergente toutes les fois que l'on suppose $\mu = 1$ ou $\mu < 1$. Par suite, pour transformer une série convergente en série divergente, ou réciproquement, il suffit quelquefois de changer les signes de certains termes. Au reste, cette remarque est uniquement applicable aux séries pour lesquelles la quantité désignée par k dans le théorème II se réduit à l'unité.

Étant donnée une série convergente dont tous les termes sont positifs, on ne peut qu'augmenter la convergence en diminuant les valeurs numériques de ces mêmes termes, et changeant les signes de quelques-uns. Il est bon d'observer qu'on produira ce double effet si l'on multiplie chaque terme par un sinus ou par un cosinus, et cette observation suffit pour établir la proposition suivante :

Théorème IV. — *Lorsque la série*

$$(2) \qquad \rho_0, \quad \rho_1, \quad \rho_2, \quad \ldots, \quad \rho_n, \quad \ldots,$$

uniquement formée de termes positifs, est convergente, chacune des suivantes

$$(5) \qquad \begin{cases} \rho_0 \cos\theta_0, & \rho_1 \cos\theta_1, & \rho_2 \cos\theta_2, & \ldots, & \rho_n \cos\theta_n, & \ldots, \\ \rho_0 \sin\theta_0, & \rho_1 \sin\theta_1, & \rho_2 \sin\theta_2, & \ldots, & \rho_n \sin\theta_n, & \ldots \end{cases}$$

l'est pareillement, quelles que soient les valeurs des arcs θ_0, θ_1, θ_2, ..., θ_n, ...

Corollaire. — Si l'on suppose généralement

$$\theta_n = n\theta,$$

θ désignant un arc quelconque, les séries (5) deviendront respectivement

$$(6)\qquad \begin{cases} \rho_0, & \rho_1\cos\theta, & \rho_2\cos2\theta, & \ldots, & \rho_n\cos n\theta, & \ldots, \\ & \rho_1\sin\theta, & \rho_2\sin2\theta, & \ldots, & \rho_n\sin n\theta, & \ldots. \end{cases}$$

Ces deux dernières seront donc toujours convergentes en même temps que la série (2).

Si l'on considère à la fois deux séries dont chacune renferme des termes positifs et des termes négatifs, on démontrera facilement à leur égard les théorèmes V et VI du § II, ainsi qu'on va le voir.

THÉORÈME V. — *Soient*

$$(7)\qquad \begin{cases} u_0, & u_1, & u_2, & \ldots, & u_n, & \ldots, \\ v_0, & v_1, & v_2, & \ldots, & v_n, & \ldots \end{cases}$$

deux séries convergentes qui aient respectivement pour sommes s *et* s';

$$(8)\qquad u_0+v_0,\quad u_1+v_1,\quad u_2+v_2,\quad \ldots,\quad u_n+v_n,\quad \ldots$$

sera une nouvelle série convergente, qui aura pour somme $s+s'$.

Démonstration. — Si l'on fait

$$s_n = u_0 + u_1 + u_2 + \ldots + u_{n-1},$$
$$s'_n = v_0 + v_1 + v_2 + \ldots + v_{n-1},$$

s_n et s'_n convergeront respectivement, pour des valeurs croissantes de n, vers les limites s et s'. Par suite, $s_n + s'_n$, c'est-à-dire la somme des n premiers termes de la série (8), convergera vers la limite $s+s'$, ce qui suffit pour établir le théorème énoncé.

THÉORÈME VI. — *Les mêmes choses étant posées que dans le théorème précédent, si chacune des séries* (7) *reste convergente, lorsqu'on réduit ses différents termes à leurs valeurs numériques,*

$$(9)\quad \begin{cases} u_0 v_0, \\ u_0 v_1 + u_1 v_0, \\ u_0 v_2 + u_1 v_1 + u_2 v_0, \\ \dots\dots\dots\dots\dots, \\ u_0 v_n + u_1 v_{n-1} + \dots + u_{n-1} v_1 + u_n v_0, \\ \dots\dots\dots\dots\dots\dots\dots\dots\dots\dots \end{cases}$$

sera une nouvelle série convergente, qui aura pour somme ss'.

Démonstration. — Soient toujours s_n, s'_n les sommes des n premiers termes des deux séries (7), et désignons en outre par s''_n la somme des n premiers termes de la série (9). On trouvera

$$\begin{aligned} s_n s'_n - s''_n = u_{n-1} v_{n-1} &+ (u_{n-1} v_{n-2} + u_{n-2} v_{n-1}) + \dots \\ &+ (u_{n-1} v_1 \quad + u_{n-2} v_2 \quad + \dots + u_2 v_{n-2} + u_1 v_{n-1}). \end{aligned}$$

De plus, le théorème VI ayant été démontré dans le second paragraphe pour le cas où les séries (7) ne renferment que des termes positifs, il en résulte que, dans cette hypothèse, chacune des quantités $s_n s'_n$, s''_n converge, pour des valeurs croissantes de n, vers la limite ss', et par suite la différence $s_n s'_n - s''_n$ ou, ce qui revient au même, la somme

$$\begin{aligned} u_{n-1} v_{n-1} &+ (u_{n-1} v_{n-2} + u_{n-2} v_{n-1}) + \dots \\ &+ (u_{n-1} v_1 \quad + u_{n-2} v_2 \quad + \dots + u_2 v_{n-2} + u_1 v_{n-1}), \end{aligned}$$

vers la limite zéro.

Concevons maintenant que, les termes des séries (7) étant les uns positifs et les autres négatifs, on désigne respectivement par

$$(10)\quad \begin{cases} \rho_0, & \rho_1, & \rho_2, & \dots, & \rho_n, & \dots, \\ \rho'_0, & \rho'_1, & \rho'_2, & \dots, & \rho'_n, & \dots \end{cases}$$

les valeurs numériques de ces différents termes. Supposons de plus, conformément à l'énoncé du théorème, que les séries (10), composées de ces mêmes valeurs numériques, soient toutes deux convergentes. En vertu de la remarque qu'on vient de faire, la somme

$$\begin{aligned}\rho_{n-1}\rho'_{n-1} &+ (\rho_{n-1}\rho'_{n-2} + \rho_{n-2}\rho'_{n-1}) + \ldots \\ &+ (\rho_{n-1}\rho'_1 \quad + \rho_{n-2}\rho'_2 \quad + \ldots + \rho_2\rho'_{n-2} + \rho_1\rho'_{n-1})\end{aligned}$$

convergera, pour des valeurs croissantes de n, vers la limite zéro; et, comme la valeur numérique de cette somme sera évidemment supérieure à celle de la suivante

$$\begin{aligned}u_{n-1}v_{n-1} &+ (u_{n-1}v_{n-2} + u_{n-2}v_{n-1}) + \ldots \\ &+ (u_{n-1}v_1 + u_{n-2}v_2 + \ldots + u_2v_{n-2} + u_1v_{n-1}),\end{aligned}$$

il en résulte que cette dernière ou, ce qui revient au même, la différence $s_n s'_n - s''_n$ convergera elle-même vers la limite zéro. Par suite, ss', qui est la limite du produit $s_n s'_n$, sera encore celle de s''_n. En d'autres termes, la série (9) sera convergente et aura pour somme le produit ss'.

Scolie. — Le théorème précédent pourrait ne plus subsister si les séries (7), supposées convergentes, cessaient de l'être après la réduction de chaque terme à sa valeur numérique. Concevons, par exemple, que pour chacune des séries (7) on prenne la suivante

$$(11)\qquad 1,\quad -\frac{1}{2^{\frac{1}{2}}},\quad +\frac{1}{3^{\frac{1}{2}}},\quad -\frac{1}{4^{\frac{1}{2}}},\quad +\frac{1}{5^{\frac{1}{2}}},\quad -\ldots.$$

La série (9) deviendra

$$(12)\qquad \left\{\begin{array}{l}1,\\ -\left(\frac{1}{\sqrt{2}}+\frac{1}{\sqrt{2}}\right),\\ +\left(\frac{1}{\sqrt{3}}+\frac{1}{\sqrt{2.2}}+\frac{1}{\sqrt{3}}\right),\\ -\left(\frac{1}{\sqrt{4}}+\frac{1}{\sqrt{3.2}}+\frac{1}{\sqrt{2.3}}+\frac{1}{\sqrt{4}}\right),\\ +\ldots\ldots\ldots\ldots\ldots\ldots\ldots\ldots\end{array}\right.$$

Cette dernière est divergente, car son terme général, savoir

$$\pm\left(\frac{1}{\sqrt{n}}+\frac{1}{\sqrt{(n-1)2}}+\frac{1}{\sqrt{(n-2)3}}+\ldots+\frac{1}{\sqrt{2(n-1)}}+\frac{1}{\sqrt{n}}\right),$$

a une valeur numérique évidemment supérieure à

$$\frac{n}{\left[\frac{n}{2}\left(\frac{n}{2}+1\right)\right]^{\frac{1}{2}}}=\left(\frac{4n}{n+2}\right)^{\frac{1}{2}}$$

lorsque n est pair, et à

$$\frac{n}{\left[\left(\frac{n+1}{2}\right)^2\right]^{\frac{1}{2}}}=\frac{2n}{n+1}$$

lorsque n est impair, c'est-à-dire, dans tous les cas possibles, une valeur numérique supérieure à l'unité. Cependant la série (11) est convergente. Mais on doit observer qu'elle cesse de l'être lorsqu'on réduit chaque terme à sa valeur numérique, puisqu'elle se change alors en la série (6) du § II.

§ IV. — *Des séries ordonnées suivant les puissances ascendantes et entières d'une variable.*

Soit

(1) $$a_0,\quad a_1x,\quad a_2x^2,\quad \ldots,\quad a_nx^n,\quad \ldots$$

une série ordonnée suivant les puissances entières et ascendantes de la variable x,

(2) $$a_0,\quad a_1,\quad a_2,\quad \ldots,\quad a_n,\quad \ldots$$

désignant des coefficients constants positifs ou négatifs. Soit de plus A ce que devient pour la série (2) la quantité k du paragraphe précédent (*voir* le § III, théorème II). La même quantité, calculée pour la série (1), sera équivalente à la valeur numérique du produit

$$\mathrm{A}x.$$

Par suite, la série (1) sera convergente si cette valeur numérique est inférieure à l'unité, c'est-à-dire, en d'autres termes, si la valeur numérique de la variable x est inférieure à $\frac{1}{A}$. Au contraire, la série (1) sera divergente si la valeur numérique de x surpasse $\frac{1}{A}$. On peut donc énoncer la proposition suivante :

Théorème I. — *Soit* A *la limite vers laquelle converge, pour des valeurs croissantes de* n, *la racine* $n^{ième}$ *des plus grandes valeurs numériques de* a_n. *La série* (1) *sera convergente pour toutes les valeurs de* x *comprises entre les limites*

$$x = -\frac{1}{A}, \qquad x = +\frac{1}{A},$$

et divergente pour toutes les valeurs de x *situées hors des mêmes limites.*

Lorsque la valeur numérique du rapport $\frac{a_{n+1}}{a_n}$ converge vers une limite fixe, cette limite est (en vertu du théorème IV, Chap. II, § III) la valeur cherchée de A. Cette remarque conduit à une nouvelle proposition que je vais écrire :

Théorème II. — *Si, pour des valeurs croissantes de* n, *la valeur numérique du rapport*

$$\frac{a_{n+1}}{a_n}$$

converge vers la limite A, *la série* (1) *sera convergente pour toutes les valeurs de* x *comprises entre les limites*

$$-\frac{1}{A}, \quad +\frac{1}{A},$$

et divergente pour toutes les valeurs de x *situées hors des mêmes limites.*

Corollaire I. — Prenons pour exemple la série

$$(3) \qquad 1, \quad 2x, \quad 3x^2, \quad 4x^3, \quad \ldots, \quad (n+1)x^n, \quad \ldots.$$

Comme on trouvera dans cette hypothèse

$$\frac{a_{n+1}}{a_n} = \frac{n+2}{n+1} = 1 + \frac{1}{n+1}$$

et, par suite,

$$A = 1,$$

on en conclura que la série (3) est convergente pour toutes les valeurs de x renfermées entre les limites

$$x = -1, \qquad x = +1,$$

et divergente pour les valeurs de x situées hors de ces limites.

Corollaire II. — Prenons pour second exemple la série

$$(4) \qquad \frac{x}{1}, \quad \frac{x^2}{2}, \quad \frac{x^3}{3}, \quad \ldots, \quad \frac{x^n}{n}, \quad \ldots,$$

dans laquelle le terme constant est censé réduit à zéro. On trouvera dans cette hypothèse

$$\frac{a_{n+1}}{a_n} = \frac{n}{n+1} = \frac{1}{1+\frac{1}{n}}$$

et, par suite, $A = 1$. La série (4) sera donc encore convergente ou divergente, suivant que la valeur numérique de x sera inférieure ou supérieure à l'unité.

Corollaire III. — Si pour la série (1) on prend la suivante

$$(5) \quad 1, \quad \frac{\mu}{1}x, \quad \frac{\mu(\mu-1)}{1.2}x^2, \quad \ldots, \quad \frac{\mu(\mu-1)(\mu-2)\ldots(\mu-n+1)}{1.2.3\ldots n}x^n, \quad \ldots,$$

μ désignant une quantité quelconque, on trouvera

$$\frac{a_{n+1}}{a_n} = \frac{\mu-n}{n+1} = -\frac{1-\frac{\mu}{n}}{1+\frac{1}{n}}$$

et, par suite,

$$A = \lim \frac{1-\frac{\mu}{n}}{1+\frac{1}{n}} = \frac{1-\frac{1}{\infty}}{1+\frac{1}{\infty}} = 1.$$

On en conclura que la série (5) est, comme les séries (3) et (4), convergente ou divergente, suivant que l'on attribue à la variable x une valeur numérique inférieure ou supérieure à l'unité.

Corollaire IV. — Considérons encore la série

$$(6) \qquad 1, \quad \frac{x}{1}, \quad \frac{x^2}{1.2}, \quad \frac{x^3}{1.2.3}, \quad \ldots, \quad \frac{x^n}{1.2.3\ldots n}, \quad \ldots.$$

Comme on aura dans ce cas

$$\frac{a_{n+1}}{a_n} = \frac{1}{n+1}$$

et, par suite,

$$A = \frac{1}{\infty} = 0,$$

on en conclura que la série est convergente entre les limites

$$x = -\frac{1}{0} = -\infty, \qquad x = +\frac{1}{0} = +\infty,$$

c'est-à-dire pour toutes les valeurs réelles possibles de la variable x.

Corollaire V. — Considérons enfin la série

$$(7) \qquad 1, \quad 1.x, \quad 1.2.x^2, \quad 1.2.3.x^3, \quad \ldots, \quad 1.2.3\ldots n.x^n, \quad \ldots.$$

En lui appliquant le théorème II, on trouvera

$$\frac{a_{n+1}}{a_n} = n+1, \qquad A = \infty,$$

et l'on aura par suite

$$\frac{1}{A} = 0.$$

On en conclura que la série (7) est toujours divergente, excepté lorsqu'on suppose $x = 0$, auquel cas elle se réduit à son premier terme 1.

En examinant les résultats qu'on vient d'obtenir, on reconnaît immédiatement que, parmi les séries ordonnées suivant les puissances ascendantes et entières de la variable x, les unes sont tantôt convergentes, tantôt divergentes, selon la valeur attribuée à cette variable, tandis que d'autres restent toujours convergentes, quel que soit x, et d'autres toujours divergentes, excepté pour $x = 0$. On peut ajouter que le théorème I ne laisse d'incertitude sur la convergence d'une semblable série que dans le cas où la valeur numérique de x devient égale à la constante positive représentée par $\frac{1}{A}$, c'est-à-dire lorsqu'on suppose

$$x = \pm \frac{1}{A}.$$

Dans ce cas particulier, la série est tantôt convergente, tantôt divergente, et la convergence dépend quelquefois du signe de la variable x. Par exemple, si dans la série (4), pour laquelle $A = 1$, on fait successivement

$$x = 1, \qquad x = -1,$$

on obtiendra les deux suivantes

$$(8) \qquad 1, \quad \frac{1}{2}, \quad \frac{1}{3}, \quad \frac{1}{4}, \quad \ldots, \quad \frac{1}{n}, \quad \ldots,$$

$$(9) \qquad -1, \quad +\frac{1}{2}, \quad -\frac{1}{3}, \quad +\frac{1}{4}, \quad \ldots, \quad \pm\frac{1}{n}, \quad \ldots,$$

dont la première est divergente (*voir* dans le § II le corollaire du théorème III) et la seconde convergente, ainsi que cela résulte du théorème III (§ III).

Il est encore essentiel de remarquer que, par suite du théorème I, lorsqu'une série ordonnée suivant les puissances ascendantes et entières d'une variable x sera convergente pour une valeur numérique de x différente de zéro, elle restera convergente, si l'on vient à diminuer cette valeur numérique ou même à la faire décroître indéfiniment.

Lorsque deux séries ordonnées suivant les puissances ascendantes et entières de la variable x sont convergentes pour une même valeur de la variable, on peut leur appliquer les théorèmes V et VI du § III.

Cette remarque suffit pour établir les deux propositions que je vais énoncer :

Théorème III. — *Supposons que les deux séries*

$$(10)\qquad \begin{cases} a_0, & a_1 x, & a_2 x^2, & \ldots, & a_n x^n, & \ldots, \\ b_0, & b_1 x, & b_2 x^2, & \ldots, & b_n x^n, & \ldots, \end{cases}$$

étant à la fois convergentes, lorsqu'on attribue à la variable x une certaine valeur, aient alors pour sommes respectives s et s',

$$(11)\qquad a_0 + b_0,\quad (a_1 + b_1)x,\quad (a_2 + b_2)x^2,\quad \ldots,\quad (a_n + b_n)x^n,\quad \ldots$$

sera, dans le même cas, une nouvelle série convergente, qui aura pour somme $s + s'$.

Corollaire. — On étendra facilement ce théorème à tant de séries que l'on voudra. Par exemple, si les trois séries

$$\begin{array}{llll} a_0, & a_1 x, & a_2 x^2, & \ldots, \\ b_0, & b_1 x, & b_2 x^2, & \ldots, \\ c_0, & c_1 x, & c_2 x^2, & \ldots \end{array}$$

sont convergentes pour une même valeur attribuée à la variable x, et que l'on désigne par s, s', s'' leurs sommes respectives,

$$a_0 + b_0 + c_0,\quad (a_1 + b_1 + c_1)x,\quad (a_2 + b_2 + c_2)x^2,\quad \ldots$$

sera une nouvelle série convergente, qui aura pour somme $s + s' + s''$.

Théorème IV. — *Les mêmes choses étant posées que dans le théorème précédent, si de plus chacune des séries* (10) *reste convergente, lorsqu'on réduit ses différents termes à leurs valeurs numériques,*

$$(12)\qquad \begin{cases} a_0 b_0,\quad (a_0 b_1 + a_1 b_0)x,\quad (a_0 b_2 + a_1 b_1 + a_2 b_0)x^2,\quad \ldots, \\ \ldots,\quad (a_0 b_n + a_1 b_{n-1} + \ldots + a_{n-1} b_1 + a_n b_0)x^n,\quad \ldots \end{cases}$$

sera une nouvelle série convergente, qui aura pour somme ss'.

Corollaire I. — Le théorème précédent se trouve compris dans la formule

$$(13)\quad \begin{cases} (a_0 + a_1 x + a_2 x^2 + \ldots)(b_0 + b_1 x + b_2 x^2 + \ldots) \\ \quad = a_0 b_0 + (a_0 b_1 + a_1 b_0) x + (a_0 b_2 + a_1 b_1 + a_2 b_0) x^2 + \ldots, \end{cases}$$

qui subsiste dans le cas où chacune des séries (10) reste convergente lors même qu'on réduit ses différents termes à leurs valeurs numériques, et qui sert à développer dans cette hypothèse le produit des sommes des deux séries en une nouvelle série de même forme.

Corollaire II. — En répétant plusieurs fois de suite l'opération indiquée par l'équation (13), on pourrait multiplier entre elles les sommes de trois ou d'un plus grand nombre de séries semblables aux séries (10), et dont chacune resterait convergente après la réduction de ses différents termes à leurs valeurs numériques. Le produit obtenu serait la somme d'une nouvelle série convergente ordonnée suivant les puissances ascendantes et entières de la variable x.

Corollaire III. — Si dans les deux corollaires précédents on suppose que toutes les séries dont on multiplie les sommes deviennent égales, on obtiendra pour produit une puissance entière de la somme de chacune d'elles, et cette puissance se trouvera encore représentée par la somme d'une série du même genre. Par exemple, si dans l'équation (13) on fait $a_0 = b_0$, $a_1 = b_1$, $a_2 = b_2$, ..., on en tirera

$$(14)\quad (a_0 + a_1 x + a_2 x^2 + \ldots)^2 = a_0^2 + 2 a_0 a_1 x + (2 a_0 a_2 + a_1^2) x^2 + \ldots.$$

Corollaire IV. — Si l'on prend pour termes généraux des séries (10)

$$\frac{\mu(\mu-1)(\mu-2)\ldots(\mu-n+1)}{1.2.3\ldots n} x^n$$

et

$$\frac{\mu'(\mu'-1)(\mu'-2)\ldots(\mu'-n+1)}{1.2.3\ldots n} x^n,$$

μ, μ' désignant deux quantités quelconques, et la variable x étant renfermée entre les limites $x = -1$, $x = +1$, chacune des séries (10) restera convergente, même lorsqu'on réduira ses différents termes à leurs valeurs numériques, et le terme général de la série (12) deviendra

$$\left[\frac{\mu(\mu-1)\ldots(\mu-n+1)}{1.2.3\ldots n}+\frac{\mu(\mu-1)\ldots(\mu-n+2)}{1.2.3\ldots(n-1)}\frac{\mu'}{1}+\ldots\right.$$
$$\left.+\frac{\mu}{1}\frac{\mu'(\mu'-1)\ldots(\mu'-n+2)}{1.2.3\ldots(n-1)}+\frac{\mu'(\mu'-1)\ldots(\mu'-n+1)}{1.2.3\ldots n}\right]x^n$$
$$=\frac{(\mu+\mu')(\mu+\mu'-1)(\mu+\mu'-2)\ldots(\mu+\mu'-n+1)}{1.2.3\ldots n}x^n.$$

Cela posé, si l'on appelle $\varphi(\mu)$ la somme de la première des séries (10) dans l'hypothèse que l'on vient de faire, c'est-à-dire, si l'on pose

$$\varphi(\mu)=1+\frac{\mu}{1}x+\frac{\mu(\mu-1)}{1.2}x^2+\ldots, \tag{15}$$

les sommes des séries (10) et (12) seront respectivement désignées, dans la même hypothèse, par $\varphi(\mu)$, $\varphi(\mu')$ et $\varphi(\mu+\mu')$; en sorte que l'équation (13) deviendra

$$\varphi(\mu)\varphi(\mu')=\varphi(\mu+\mu'). \tag{16}$$

Lorsque dans l'équation (13) on remplace la somme de la série

$$b_0,\quad b_1x,\quad b_2x^2,\quad \ldots$$

par un polynôme composé d'un nombre fini de termes, on obtient une formule qui ne cesse jamais d'être exacte, tant que la série

$$a_0,\quad a_1x,\quad a_2x^2,\quad \ldots$$

demeure convergente. C'est ce que nous allons prouver directement, en établissant le théorème qui suit :

Théorème V. — *Si, la série* (1) *étant convergente, on multiplie la somme de cette série par le polynôme*

$$kx^m+lx^{m-1}+\ldots+px+q, \tag{17}$$

dans lequel m désigne un nombre entier, on obtiendra pour produit la somme d'une nouvelle série convergente de même forme, dont le terme général sera

$$(qa_n + pa_{n-1} + \ldots + la_{n-m+1} + ka_{n-m})x^m,$$

pourvu que l'on considère comme nulles dans les premiers termes celles des quantités

$$a_{n-1}, \quad a_{n-2}, \quad \ldots, \quad a_{n-m+1}, \quad a_{n-m}$$

qui se trouveront affectées d'indices négatifs : en d'autres termes, on aura

$$(18) \left\{ \begin{array}{l} (kx^m + lx^{m-1} + \ldots + px + q)(a_0 + a_1 x + a_2 x^2 + \ldots) \\ \quad = qa_0 + (qa_1 + pa_0)x + \ldots + (qa_m + pa_{m-1} + \ldots + la_1 + ka_0)x^m \\ \quad + \ldots\ldots\ldots\ldots\ldots\ldots\ldots\ldots\ldots\ldots \\ \quad + (qa_n + pa_{n-1} + \ldots + la_{n-m+1} + ka_{n-m})x_n + \ldots . \end{array} \right.$$

Démonstration. — Pour multiplier la somme de la série (1) par le polynôme (17), il suffira de la multiplier successivement par les différents termes de ce polynôme. On aura donc

$$\begin{array}{l} (kx^m + lx^{m-1} + \ldots + px + q)(a_0 + a_1 x + a_2 x^2 + \ldots) \\ \quad = q(a_0 + a_1 x + a_2 x^2 + \ldots) + px(a_0 + a_1 x + a_2 x^2 + \ldots) \\ \quad + \ldots\ldots\ldots\ldots\ldots\ldots\ldots\ldots\ldots\ldots \\ \quad + lx^{m-1}(a_0 + a_1 x + a_2 x^2 + \ldots) + kx^m(a_0 + a_1 x + a_2 x^2 + \ldots). \end{array}$$

Comme on a de plus, pour des valeurs entières quelconques de n,

$$\begin{array}{l} q(a_0 + a_1 x + a_2 x^2 + \ldots + a_{n-1}x^{n-1}) \\ \quad = qa_0 + qa_1 x + qa_2 x^2 + \ldots + qa_{n-1}x^{n-1}, \end{array}$$

on en conclura, en faisant croître n indéfiniment, et passant aux limites,

$$q(a_0 + a_1 x + a_2 x^2 + \ldots) = qa_0 + qa_1 x + qa_2 x^2 + \ldots .$$

On trouvera de même

$$\begin{array}{l} px(a_0 + a_1 x + a_2 x^2 + \ldots) = pa_0 x + pa_1 x^2 + pa_2 x^3 + \ldots, \\ \ldots\ldots\ldots\ldots\ldots\ldots\ldots\ldots\ldots\ldots, \\ lx^{m-1}(a_0 + a_1 x + a_2 x^2 + \ldots) = la_0 x^{m-1} + la_1 x^m + la_2 x^{m+1} + \ldots, \\ kx^m(a_0 + a_1 x + a_2 x^2 + \ldots) = ka_0 x^m + ka_1 x^{m+1} + ka_2 x^{m+2} + \ldots . \end{array}$$

Si l'on ajoute ces dernières équations, et qu'en formant la somme des seconds membres on réunisse les coefficients des puissances semblables de la variable x, on obtiendra précisément la formule (18).

Concevons maintenant que dans la série (1) on fasse varier la valeur de x par degrés insensibles. Tant que la série restera convergente, c'est-à-dire tant que la valeur de x demeurera comprise entre les limites

$$-\frac{1}{A}, \quad +\frac{1}{A},$$

la somme de la série sera (en vertu du théorème I, § I) une fonction continue de la variable x. Soit $\varphi(x)$ cette fonction continue. L'équation

$$\varphi(x) = a_0 + a_1 x + a_2 x^2 + \ldots$$

subsistera pour toutes les valeurs de x renfermées entre les limites $-\frac{1}{A}$, $+\frac{1}{A}$, ce que nous indiquerons en écrivant ces limites à côté de la série, comme on le voit ici :

$$(19) \qquad \varphi(x) = a_0 + a_1 x + a_2 x^2 + \ldots \qquad \left(x = -\frac{1}{A}, \; x = +\frac{1}{A}\right).$$

Lorsque la série est supposée connue, on peut quelquefois en déduire la valeur de la fonction $\varphi(x)$ sous forme finie, et c'est là ce qu'on appelle *sommer* la série. Mais le plus souvent la fonction $\varphi(x)$ est donnée, et l'on se propose de revenir de cette fonction à la série, ou, en d'autres termes, de *développer* la fonction en série convergente ordonnée suivant les puissances ascendantes et entières de la variable x. Il est facile d'établir à ce sujet la proposition que je vais énoncer :

Théorème VI. — *Une fonction continue de la variable x ne peut être développée que d'une seule manière en série convergente ordonnée suivant les puissances ascendantes et entières de cette variable.*

Démonstration. — En effet, supposons qu'on ait développé par deux méthodes différentes la fonction $\varphi(x)$, et soient

$$a_0,\quad a_1x,\quad a_2x^2,\quad \ldots,\quad a_nx^n,\quad \ldots,$$
$$b_0,\quad b_1x,\quad b_2x^2,\quad \ldots,\quad b_nx^n,\quad \ldots$$

les deux développements, c'est-à-dire deux séries dont chacune, étant convergente pour des valeurs de x différentes de zéro, ait pour somme, tant qu'elle demeure convergente, la fonction $\varphi(x)$. Ces deux séries étant constamment convergentes pour de très petites valeurs numériques de x, on aura, pour de semblables valeurs,

$$a_0 + a_1x + a_2x^2 + \ldots = b_0 + b_1x + b_2x^2 + \ldots.$$

Comme, en faisant évanouir x, on tire de l'équation précédente

$$a_0 = b_0,$$

il en résulte qu'on peut la réduire généralement à

$$a_1x + a_2x^2 + \ldots = b_1x + b_2x^2 + \ldots$$

ou, ce qui revient au même, à

$$x(a_1 + a_2x + \ldots) = x(b_1 + b_2x + \ldots).$$

Si l'on multiplie par $\frac{1}{x}$ les deux membres de cette dernière équation, on obtiendra la suivante

$$a_1 + a_2x + \ldots = b_1 + b_2x + \ldots,$$

qui devra encore subsister pour de très petites valeurs numériques de la variable x, et de laquelle on conclura, en posant $x = 0$,

$$a_1 = b_1.$$

En continuant de même, on ferait voir que les constantes a_0, a_1, a_2, ... sont respectivement égales aux constantes b_0, b_1, b_2, ..., d'où il suit que les deux développements de la fonction $\varphi(x)$ sont identiques.

Le Calcul différentiel fournit des méthodes très expéditives pour développer les fonctions en séries. Nous exposerons plus tard ces méthodes, et nous nous bornerons pour l'instant à faire connaître, avec le développement de la fonction $(1+x)^\mu$, dans laquelle μ désigne une quantité quelconque, deux autres développements que l'on ramène facilement au premier, savoir, ceux des fonctions

$$A^x \quad \text{et} \quad L(1+x),$$

A désignant une constante positive, et L la caractéristique des logarithmes dans un système choisi à volonté. En conséquence, nous allons résoudre l'un après l'autre les trois problèmes qui suivent :

Problème I. — *Développer, lorsque cela se peut, la fonction*

$$(1+x)^\mu$$

en série convergente ordonnée suivant les puissances ascendantes et entières de la variable x.

Solution. — Si d'abord on suppose $\mu = m$, m désignant un nombre entier quelconque, on aura, par la formule de Newton,

$$(1+x)^m = 1 + \frac{m}{1}x + \frac{m(m-1)}{1.2}x^2 + \ldots.$$

La série dont la somme constitue le second membre de cette formule est toujours composée d'un nombre fini de termes; mais, si l'on y remplace le nombre entier m par une quantité quelconque μ, la nouvelle série que l'on obtiendra, savoir

$$(5) \qquad 1, \quad \frac{\mu}{1}x, \quad \frac{\mu(\mu-1)}{1.2}x^2, \quad \ldots,$$

se trouvera composée en général d'un nombre indéfini de termes, et sera convergente seulement pour des valeurs numériques de x inférieures à l'unité. Soit, dans cette hypothèse, $\varphi(\mu)$ la somme de la nouvelle série, en sorte qu'on ait

$$(15) \qquad \varphi(\mu) = 1 + \frac{\mu}{1}x + \frac{\mu(\mu-1)}{1.2}x^2 + \ldots \qquad (x = -1,\ x = +1).$$

En vertu du théorème I (§ I), $\varphi(\mu)$ sera fonction continue de la variable μ entre des limites quelconques de cette variable, et l'on aura (*voir* le théorème III, corollaire IV)

$$(16) \qquad \varphi(\mu)\varphi(\mu') = \varphi(\mu + \mu').$$

Cette dernière équation étant entièrement semblable à l'équation (2) du Chapitre V (§ I) se résoudra de la même manière, et l'on en conclura

$$\varphi(\mu) = [\varphi(1)]^{\mu} = (1 + x)^{\mu}.$$

La valeur de $\varphi(\mu)$ étant ainsi déterminée, si on la substitue dans la formule (15), on trouvera, pour toutes les valeurs de x comprises entre les limites $x = -1$, $x = +1$,

$$(20) \qquad (1 + x)^{\mu} = 1 + \frac{\mu}{1}x + \frac{\mu(\mu - 1)}{1.2}x^2 + \ldots \qquad (x = -1, \ x = +1).$$

Lorsque la valeur numérique de x devient supérieure à l'unité, la série (5), n'étant plus convergente, cesse d'avoir une somme, en sorte que l'équation (20) ne subsiste plus. Dans la même hypothèse, il devient impossible, ainsi qu'on le prouvera plus tard à l'aide du Calcul infinitésimal, de développer la fonction $(1 + x)^{\mu}$ en série convergente ordonnée suivant les puissances ascendantes et entières de la variable x.

Corollaire I. — Si dans l'équation (20) on remplace μ par $\frac{1}{\alpha}$ et x par αx, α désignant une quantité infiniment petite, on aura, pour toutes les valeurs de αx renfermées entre les limites -1, $+1$, ou, ce qui revient au même, pour toutes les valeurs de x renfermées entre les limites $-\frac{1}{\alpha}$, $+\frac{1}{\alpha}$,

$$(1 + \alpha x)^{\frac{1}{\alpha}} = 1 + \frac{x}{1} + \frac{x^2}{1.2}(1 - \alpha) + \frac{x^3}{1.2.3}(1 - \alpha)(1 - 2\alpha) + \ldots$$
$$\left(x = -\frac{1}{\alpha}, \ x = +\frac{1}{\alpha}\right).$$

Cette dernière équation devant subsister, quelque petite que soit la valeur numérique de α, si l'on désigne à l'ordinaire, par l'abréviation lim placée devant une expression qui renferme la variable α, la limite vers laquelle converge cette expression, tandis que la valeur numérique de α décroît indéfiniment, on trouvera, en passant aux limites,

$$(21)\qquad \lim(1+\alpha x)^{\frac{1}{\alpha}} = 1 + \frac{x}{1} + \frac{x^2}{1.2} + \frac{x^3}{1.2.3} + \ldots \qquad (x = -\infty,\ x = +\infty).$$

Il reste à chercher la limite de $(1+\alpha x)^{\frac{1}{\alpha}}$. Or, en premier lieu, on tirera de la formule précédente

$$\lim(1+\alpha)^{\frac{1}{\alpha}} = 1 + \frac{1}{1} + \frac{1}{1.2} + \frac{1}{1.2.3} + \ldots,$$

ou, en d'autres termes,

$$(22)\qquad \lim(1+\alpha)^{\frac{1}{\alpha}} = e,$$

e désignant la base des logarithmes népériens [*voir* le § I, équat. (6)]. On en conclura immédiatement

$$\lim(1+\alpha x)^{\frac{1}{\alpha x}} = e,$$

et, par suite,

$$\lim(1+\alpha x)^{\frac{1}{\alpha}} = \lim\left[(1+\alpha x)^{\frac{1}{\alpha x}}\right]^x = e^x.$$

Si maintenant on remet la valeur de $\lim(1+\alpha x)^{\frac{1}{\alpha}}$ dans l'équation (21), on obtiendra la suivante :

$$(23)\qquad e^x = 1 + \frac{x}{1} + \frac{x^2}{1.2} + \frac{x^3}{1.2.3} + \ldots \qquad (x = -\infty,\ x = +\infty).$$

On pourrait arriver directement à l'équation (23) en observant que la série

$$(6)\qquad 1,\quad \frac{x}{1},\quad \frac{x^2}{1.2},\quad \frac{x^3}{1.2.3},\quad \ldots$$

est convergente pour toutes les valeurs possibles de la variable x, et cherchant la fonction de x qui représente la somme de cette même série. En effet, soit $\varphi(x)$ la somme de la série (6) qui a pour terme général

$$\frac{x^n}{1.2.3\ldots n},$$

$\varphi(y)$ sera la somme de la série qui a pour terme général

$$\frac{y^n}{1.2.3\ldots n};$$

et (en vertu du théorème VI, § III) le produit de ces deux sommes sera la somme d'une nouvelle série qui aura pour terme général

$$\frac{x^n}{1.2.3\ldots n} + \frac{x^{n-1}}{1.2.3\ldots(n-1)}\frac{y}{1} + \ldots$$
$$+ \frac{x}{1}\frac{y^{n-1}}{1.2.3\ldots(n-1)} + \frac{y^n}{1.2.3\ldots n} = \frac{(x+y)^n}{1.2.3\ldots n}.$$

Ce produit sera donc égal à $\varphi(x+y)$, et par suite, si l'on fait

$$\varphi(x) = 1 + \frac{x}{1} + \frac{x^2}{1.2} + \frac{x^3}{1.2.3} + \ldots,$$

la fonction $\varphi(x)$ vérifiera l'équation

$$\varphi(x)\,\varphi(y) = \varphi(x+y).$$

En résolvant cette équation, on en tirera

$$\varphi(x) = [\varphi(1)]^x = \left(1 + \frac{1}{1} + \frac{1}{1.2} + \frac{1}{1.2.3} + \ldots\right)^x,$$

c'est-à-dire

$$\varphi(x) = e^x.$$

Corollaire II. — Si, après avoir retranché l'unité de chaque membre de l'équation (20), on divise les deux membres par μ, l'équation que l'on obtiendra pourra s'écrire ainsi qu'il suit :

$$\frac{(1+x)^\mu - 1}{\mu} = x - \frac{x^2}{2}(1-\mu) + \frac{x^3}{3}(1-\mu)\left(1-\frac{1}{2}\mu\right) - \ldots$$
$$(x = -1,\ x = +1);$$

et, si dans cette dernière on fait converger μ vers la limite zéro, on trouvera, en passant aux limites,

$$(24)\qquad \lim\frac{(1+x)^{\mu}-1}{\mu}=x-\frac{x^2}{2}+\frac{x^3}{3}+\ldots.$$

De plus, comme en désignant par l la caractéristique des logarithmes népériens pris dans le système dont la base est e, on a évidemment

$$1+x=e^{\mathrm{l}(1+x)},$$

$$(1+x)^{\mu}=e^{\mu\,\mathrm{l}(1+x)}=1+\frac{\mu\,\mathrm{l}(1+x)}{1}+\frac{\mu^2[\mathrm{l}(1+x)]^2}{1.2}+\ldots,$$

on en conclura

$$\frac{(1+x)^{\mu}-1}{\mu}=\mathrm{l}(1+x)+\frac{\mu}{2}[\mathrm{l}(1+x)]^2+\ldots$$

et, par suite,

$$(25)\qquad \lim\frac{(1+x)^{\mu}-1}{\mu}=\mathrm{l}(1+x).$$

Cela posé, la formule (24) deviendra

$$(26)\qquad \mathrm{l}(1+x)=x-\frac{x^2}{2}+\frac{x^3}{3}-\ldots\qquad (x=-1,\ x=+1).$$

L'équation précédente subsiste tant que la valeur numérique de x reste inférieure à l'unité; et, dans ce cas, la série

$$(27)\qquad x,\quad -\frac{x^2}{2},\quad +\frac{x^3}{3},\quad \ldots,\quad \pm\frac{x^n}{n},\quad \ldots$$

est convergente, aussi bien que la série (4), qui en diffère seulement par les signes des termes de rang impair. Les mêmes séries devenant divergentes, dès qu'on suppose la valeur numérique de x supérieure à l'unité, l'équation (26) cesse d'avoir lieu dans cette hypothèse.

Dans le cas particulier où l'on prend $x=1$, la série (27) se réduit à la série (3) du troisième paragraphe, laquelle est convergente, comme on l'a fait voir. L'équation (26) doit donc alors subsister, en sorte qu'on a

$$(28)\qquad l(2) = 1 - \frac{1}{2} + \frac{1}{3} - \frac{1}{4} + \ldots.$$

Si l'on prenait au contraire $x = -1$, la série (27) deviendrait divergente et n'aurait plus de somme.

On peut remarquer encore que, si après avoir écrit $-x$ au lieu de x dans la formule (26), on change à la fois les signes des deux membres, on obtiendra la suivante

$$(29)\qquad l\left(\frac{1}{1-x}\right) = x + \frac{x^2}{2} + \frac{x^3}{3} + \ldots \qquad (x = -1,\ x = +1).$$

Problème II. — *Développer la fonction*

$$A^x,$$

dans laquelle A *désigne un nombre quelconque, en série convergente ordonnée suivant les puissances ascendantes et entières de la variable* x.

Solution. — Désignons toujours par la caractéristique l les logarithmes népériens pris dans le système dont la base est e. On aura, d'après la définition même des logarithmes,

$$A = e^{l(A)},$$

et l'on en conclura

$$(30)\qquad A^x = e^{x\, l(A)}.$$

Par suite, en ayant égard à l'équation (23), on trouvera

$$(31)\qquad \left\{\begin{array}{l} A^x = 1 + \dfrac{x\, l(A)}{1} + \dfrac{x^2[l(A)]^2}{1.2} + \dfrac{x^3[l(A)]^3}{1.2.3} + \ldots \\ \qquad (x = -\infty,\ x = +\infty). \end{array}\right.$$

Cette dernière formule subsiste pour toutes les valeurs réelles possibles de la variable x.

Problème III. — *La caractéristique* L *désignant les logarithmes pris dans le système dont la base est* A, *développer, lorsque cela se peut, la fonction*

$$\mathrm{L}(1+x)$$

en série convergente ordonnée suivant les puissances ascendantes et entières de la variable x.

Solution. — Désignons toujours par l la caractéristique des logarithmes népériens. On aura, en vertu des propriétés connues des logarithmes,

$$\mathrm{L}(1+x) = \frac{\mathrm{L}(1+x)}{\mathrm{L}(\mathrm{A})} = \frac{\mathrm{l}(1+x)}{\mathrm{l}(\mathrm{A})},$$

et par suite, en ayant égard à l'équation (26), on trouvera, pour toutes les valeurs de x comprises entre les limites -1, $+1$,

$$(32)\qquad \mathrm{L}(1+x) = \frac{1}{\mathrm{l}(\mathrm{A})}\left(x - \frac{x^2}{2} + \frac{x^3}{3} - \ldots\right) \qquad (x = -1,\ x = +1).$$

Cette dernière formule subsiste dans le cas même où l'on prend $x = 1$; mais elle cesse d'avoir lieu lorsqu'on suppose $x = -1$ ou $x^2 > 1$.

CHAPITRE VII.

DES EXPRESSIONS IMAGINAIRES ET DE LEURS MODULES.

§ I. — *Considérations générales sur les expressions imaginaires.*

En Analyse, on appelle *expression symbolique* ou *symbole* toute combinaison de signes algébriques qui ne signifie rien par elle-même ou à laquelle on attribue une valeur différente de celle qu'elle doit naturellement avoir. On nomme de même *équations symboliques* toutes celles qui, prises à la lettre et interprétées d'après les conventions généralement établies, sont inexactes ou n'ont pas de sens, mais desquelles on peut déduire des résultats exacts, en modifiant et altérant selon des règles fixes, ou ces équations elles-mêmes, ou les symboles qu'elles renferment. L'emploi des expressions ou équations symboliques est souvent un moyen de simplifier les calculs et d'écrire sous une forme abrégée des résultats assez compliqués en apparence. C'est ce qu'on a déjà vu dans le second paragraphe du troisième Chapitre, où la formule (9) fournit une valeur symbolique très simple de l'inconnue x assujettie à vérifier les équations (4). Parmi les expressions ou équations symboliques dont la considération est de quelque importance en Analyse, on doit surtout distinguer celles que l'on a nommées *imaginaires*. Nous allons montrer comment on peut être conduit à en faire usage.

On sait que les sinus et cosinus de l'arc $a+b$ sont donnés en fonction des sinus et cosinus des arcs a et b par les formules

$$(1)\quad \begin{cases} \cos(a+b) = \cos a \cos b - \sin a \sin b, \\ \sin(a+b) = \sin a \cos b + \sin b \cos a. \end{cases}$$

Or, sans prendre la peine de retenir ces formules, on a un moyen fort simple de les retrouver à volonté. Il suffit, en effet, d'avoir égard à la remarque suivante.

Supposons que l'on multiplie l'une par l'autre les deux expressions symboliques

$$\cos a + \sqrt{-1}\sin a,$$

$$\cos b + \sqrt{-1}\sin b,$$

en opérant d'après les règles connues de la multiplication algébrique, comme si $\sqrt{-1}$ était une quantité réelle dont le carré fût égal à -1. Le produit obtenu se composera de deux parties : l'une toute réelle, l'autre ayant pour facteur $\sqrt{-1}$; et la partie réelle fournira la valeur de $\cos(a+b)$, tandis que le coefficient $\sqrt{-1}$ fournira celle de $\sin(a+b)$. Pour constater cette remarque, on écrit la formule

$$(2)\quad \left\{\begin{aligned} &\cos(a+b) + \sqrt{-1}\sin(a+b) \\ &\quad = (\cos a + \sqrt{-1}\sin a)(\cos b + \sqrt{-1}\sin b). \end{aligned}\right.$$

Les trois expressions que renferme l'équation précédente, savoir

$$\cos a + \sqrt{-1}\sin a,$$

$$\cos b + \sqrt{-1}\sin b,$$

$$\cos(a+b) + \sqrt{-1}\sin(a+b),$$

sont trois expressions symboliques qui ne peuvent s'interpréter d'après les conventions généralement établies, et ne représentent rien de réel. On les a nommées pour cette raison *expressions imaginaires*. L'équation (2) elle-même, prise à la lettre, se trouve inexacte et n'a pas de sens. Pour en tirer des résultats exacts, il faut, en premier lieu, développer son second membre par la multiplication algébrique, ce qui réduit cette équation à

$$(3)\quad \left\{\begin{aligned} &\cos(a+b) + \sqrt{-1}\sin(a+b) \\ &\quad = \cos a\cos b - \sin a\sin b + \sqrt{-1}(\sin a\cos b + \sin b\cos a). \end{aligned}\right.$$

Il faut, en second lieu, dans l'équation (3), égaler la partie réelle du premier membre à la partie réelle du second, puis le coefficient de $\sqrt{-1}$ dans le premier membre au coefficient de $\sqrt{-1}$ dans le second. On est ainsi ramené aux équations (1) que l'on doit considérer comme implicitement renfermées l'une et l'autre dans la formule (2).

En général, on appelle *expression imaginaire* toute expression symbolique de la forme

$$\alpha + \beta\sqrt{-1},$$

α, β désignant deux quantités réelles; et l'on dit que deux expressions imaginaires

$$\alpha + \beta\sqrt{-1}, \qquad \gamma + \delta\sqrt{-1}$$

sont *égales* entre elles, lorsqu'il y a égalité de part et d'autre : 1° entre les parties réelles α et β; 2° entre les coefficients de $\sqrt{-1}$, savoir β et δ. L'égalité de deux expressions imaginaires s'indique, comme celle de deux quantités réelles, par le signe $=$, et il en résulte ce qu'on appelle une *équation imaginaire*. Cela posé, toute équation imaginaire n'est que la représentation symbolique de deux équations entre quantités réelles. Par exemple, l'équation symbolique

$$\alpha + \beta\sqrt{-1} = \gamma + \delta\sqrt{-1}$$

équivaut seule aux deux équations réelles

$$\alpha = \gamma, \qquad \beta = \delta.$$

Lorsque, dans l'expression imaginaire

$$\alpha + \beta\sqrt{-1},$$

le coefficient β de $\sqrt{-1}$ s'évanouit, le terme $\beta\sqrt{-1}$ est censé réduit à zéro, et l'expression elle-même à la quantité réelle α. En vertu de cette convention, les expressions imaginaires comprennent, comme cas particuliers, les quantités réelles.

Les expressions imaginaires peuvent être soumises, aussi bien que les quantités réelles, aux diverses opérations de l'Algèbre. Si l'on effectue en particulier l'addition, la soustraction ou la multiplication de deux ou de plusieurs expressions imaginaires, en opérant d'après les règles établies pour les quantités réelles, on obtiendra pour résultat une nouvelle expression imaginaire qui sera ce qu'on appelle la *somme*, la *différence* ou le *produit* des expressions données; et l'on se servira des notations ordinaires pour indiquer cette somme, cette différence ou ce produit. Par exemple, si l'on donne seulement deux expressions imaginaires

$$\alpha + \beta\sqrt{-1}, \quad \gamma + \delta\sqrt{-1},$$

on trouvera

$$(4) \qquad (\alpha + \beta\sqrt{-1}) + (\gamma + \delta\sqrt{-1}) = \alpha + \gamma + (\beta + \delta)\sqrt{-1},$$

$$(5) \qquad (\alpha + \beta\sqrt{-1}) - (\gamma + \delta\sqrt{-1}) = \alpha - \gamma + (\beta - \delta)\sqrt{-1},$$

$$(6) \qquad (\alpha + \beta\sqrt{-1}) \times (\gamma + \delta\sqrt{-1}) = \alpha\gamma - \beta\delta + (\alpha\delta + \beta\gamma)\sqrt{-1}.$$

Il est bon de remarquer que le produit de deux ou plusieurs expressions imaginaires, comme celui de deux ou plusieurs binômes réels, restera le même, dans quelque ordre qu'on multiplie ses différents facteurs.

Diviser une première expression imaginaire par une seconde, c'est trouver une troisième expression imaginaire qui, multipliée par la seconde, reproduise la première. Le résultat de cette opération est le *quotient* des deux expressions données. On se sert pour l'indiquer du signe ordinaire de la division. Ainsi, par exemple,

$$\frac{\alpha + \beta\sqrt{-1}}{\gamma + \delta\sqrt{-1}}$$

représente le quotient des deux expressions imaginaires

$$\alpha + \beta\sqrt{-1}, \quad \gamma + \delta\sqrt{-1}.$$

Élever une expression imaginaire à la puissance du degré m (m désignant un nombre entier), c'est former le produit de m facteurs égaux à cette expression. On indique la *puissance $m^{\text{ième}}$* de $\alpha + \beta\sqrt{-1}$ par la notation

$$(\alpha + \beta\sqrt{-1})^m.$$

Extraire la racine $n^{\text{ième}}$ de l'expression imaginaire $\alpha + 6\sqrt{-1}$, ou, en d'autres termes, élever cette expression à la puissance du degré $\frac{1}{n}$ (n désignant un nombre entier quelconque), c'est former une nouvelle expression imaginaire dont la puissance $n^{\text{ième}}$ reproduise $\alpha + 6\sqrt{-1}$. Ce problème admettant plusieurs solutions (*voir* le § IV), il en résulte que l'expression imaginaire $\alpha + 6\sqrt{-1}$ a plusieurs *racines* du degré n. Lorsque nous voudrons désigner indistinctement l'une quelconque d'entre elles, nous emploierons la notation

$$\sqrt[n]{\alpha + 6\sqrt{-1}}$$

ou la suivante

$$((\alpha + 6\sqrt{-1}))^{\frac{1}{n}}.$$

Dans le cas particulier où 6 s'évanouit, $\alpha + 6\sqrt{-1}$ se réduit à une quantité réelle α, et parmi les valeurs de l'expression

$$\sqrt[n]{\alpha} = ((\alpha))^{\frac{1}{n}}$$

il peut s'en trouver une ou deux de réelles, comme on le verra ci-après.

Outre les puissances entières et les racines correspondantes des expressions imaginaires, on a souvent à considérer ce qu'on appelle leurs puissances fractionnaires ou négatives. On doit faire à ce sujet les remarques suivantes.

Pour élever l'expression imaginaire $\alpha + 6\sqrt{-1}$ à la puissance fractionnaire du degré $\frac{m}{n}$, il faut, en supposant la fraction $\frac{m}{n}$ réduite à sa plus simple expression : 1° extraire la racine $n^{\text{ième}}$ de l'expression donnée; 2° élever cette racine à la puissance entière du degré m. Le problème pouvant être résolu de plusieurs manières (*voir* ci-après le § IV), nous désignerons indistinctement l'une quelconque des *puissances* du degré $\frac{m}{n}$ par la notation

$$((\alpha + 6\sqrt{-1}))^{\frac{m}{n}}.$$

Dans le cas particulier où β se réduit à zéro, une ou deux de ces puissances peuvent devenir réelles.

Élever l'expression imaginaire $\alpha+\beta\sqrt{-1}$ à la puissance négative du degré $-m$, ou $-\frac{1}{n}$, ou $-\frac{m}{n}$, c'est diviser l'unité par la puissance du degré m, ou $\frac{1}{n}$, ou $\frac{m}{n}$ de la même expression. Le problème admettant une solution seulement, dans le premier cas, et plusieurs solutions dans chacun des deux autres, on indique la puissance du degré $-m$ par la notation simple

$$(\alpha+\beta\sqrt{-1})^{-m},$$

tandis que les deux notations

$$((\alpha+\beta\sqrt{-1}))^{-\frac{1}{n}},$$

$$((\alpha+\beta\sqrt{-1}))^{-\frac{m}{n}}$$

représentent, la première, une quelconque des puissances du degré $-\frac{1}{n}$, et la seconde une quelconque des puissances du degré $-\frac{m}{n}$.

On dit que deux expressions imaginaires sont *conjuguées* l'une à l'autre, lorsque ces deux expressions ne diffèrent entre elles que par le signe du coefficient de $\sqrt{-1}$. La somme de deux semblables expressions est toujours réelle, ainsi que leur produit. En effet les deux expressions imaginaires conjuguées

$$\alpha+\beta\sqrt{-1},\quad \alpha-\beta\sqrt{-1}$$

donnent pour somme 2α et pour produit $\alpha^2+\beta^2$. La dernière partie de cette observation conduit à un théorème relatif aux nombres, et dont voici l'énoncé :

Théorème I. — *Si l'on multiplie l'un par l'autre deux nombres entiers dont chacun soit la somme de deux carrés, le produit sera encore une somme de deux carrés.*

Démonstration. — Soient

$$\alpha^2+\beta^2,\quad \alpha'^2+\beta'^2$$

les deux nombres entiers dont il s'agit, α^2, β^2, α'^2, β'^2 désignant des carrés parfaits. On aura évidemment les deux équations

$$\left(\alpha + \beta\sqrt{-1}\right)\left(\alpha' + \beta'\sqrt{-1}\right) = \alpha\alpha' - \beta\beta' + (\alpha\beta' + \alpha'\beta)\sqrt{-1},$$
$$\left(\alpha - \beta\sqrt{-1}\right)\left(\alpha' - \beta'\sqrt{-1}\right) = \alpha\alpha' - \beta\beta' - (\alpha\beta' + \alpha'\beta)\sqrt{-1},$$

et, en multipliant celles-ci membre à membre, on obtiendra la suivante

$$(7) \qquad (\alpha^2 + \beta^2)(\alpha'^2 + \beta'^2) = (\alpha\alpha' - \beta\beta')^2 + (\alpha\beta' + \alpha'\beta)^2.$$

Si l'on échange entre elles dans cette dernière les lettres α' et β', on trouvera

$$(8) \qquad (\alpha^2 + \beta^2)(\alpha'^2 + \beta'^2) = (\alpha\beta' - \alpha'\beta)^2 + (\alpha\alpha' + \beta\beta')^2.$$

Il y a donc en général deux manières de décomposer en deux carrés le produit de deux nombres entiers dont chacun est la somme de deux carrés. Ainsi, par exemple, on tire des équations (7) et (8)

$$(2^2 + 1)(3^2 + 2^2) = 4^2 + 7^2 = 1^2 + 8^2.$$

On voit par ces considérations que l'emploi des expressions imaginaires peut être d'une grande utilité, non seulement dans l'Algèbre ordinaire, mais encore dans la Théorie des nombres.

Quelquefois on représente une expression imaginaire par une seule lettre. C'est un artifice qui augmente les ressources de l'Analyse, et dont nous ferons usage dans ce qui va suivre.

§ II. — *Sur les modules des expressions imaginaires et sur les expressions réduites.*

Une propriété remarquable de toute expression imaginaire

$$\alpha + \beta\sqrt{-1},$$

c'est de pouvoir se mettre sous la forme

$$\rho\left(\cos\theta + \sqrt{-1}\,\sin\theta\right),$$

ρ désignant une quantité positive et θ un arc réel. En effet, si l'on pose l'équation symbolique

$$(1)\qquad \alpha + 6\sqrt{-1} = \rho(\cos\theta + \sqrt{-1}\sin\theta)$$

ou, ce qui revient au même, les deux équations réelles

$$(2)\qquad \begin{cases} \alpha = \rho\cos\theta, \\ 6 = \rho\sin\theta, \end{cases}$$

on en tirera

$$\alpha^2 + 6^2 = \rho^2(\cos^2\theta + \sin^2\theta) = \rho^2,$$

$$(3)\qquad \rho = \sqrt{\alpha^2 + 6^2};$$

et, après avoir ainsi déterminé la valeur du nombre ρ, il ne restera, pour vérifier complètement les équations (2), qu'à trouver un arc θ dont le cosinus et le sinus soient respectivement

$$(4)\qquad \begin{cases} \cos\theta = \dfrac{\alpha}{\sqrt{\alpha^2 + 6^2}}, \\ \sin\theta = \dfrac{6}{\sqrt{\alpha^2 + 6^2}}. \end{cases}$$

Ce dernier problème est toujours soluble, attendu que chacune des quantités $\frac{\alpha}{\sqrt{\alpha^2+6^2}}$, $\frac{6}{\sqrt{\alpha^2+6^2}}$ a une valeur numérique inférieure à l'unité, et que la somme de leurs carrés est égale à 1. De plus, il admet une infinité de solutions différentes, puisque, après avoir calculé une valeur convenable de l'arc θ, on pourra, sans changer ni le sinus ni le cosinus, augmenter ou diminuer cet arc d'un nombre quelconque de circonférences.

Lorsque l'expression imaginaire $\alpha + 6\sqrt{-1}$ se trouve ramenée à la forme

$$\rho(\cos\theta + \sqrt{-1}\sin\theta),$$

la quantité positive ρ est ce qu'on appelle le *module* de cette expression imaginaire; et ce qui reste après la suppression du module, c'est-à-dire le facteur

$$\cos\theta + \sqrt{-1}\sin\theta,$$

est ce que nous nommerons l'*expression réduite*. Comme des quantités α et 6 supposées connues on ne déduit pour le module ρ qu'une valeur unique déterminée par l'équation (3), il en résulte que le module reste le même pour deux expressions imaginaires égales. On peut donc énoncer le théorème suivant :

Théorème I. — *L'égalité de deux expressions imaginaires entraine toujours l'égalité des modules et, par conséquent, celle des expressions réduites.*

Si l'on compare entre elles deux expressions imaginaires conjuguées, on trouvera encore que leurs modules sont égaux. Le carré du module commun à ces deux expressions ne sera autre chose que leur produit.

Lorsque dans l'expression imaginaire $\alpha + 6\sqrt{-1}$ le second terme 6 s'évanouit, cette expression se réduit à une quantité réelle α. Dans la même hypothèse, on tire des équations (3) et (4) : 1° quand α est positif,

$$\rho = \sqrt{\alpha^2},$$

$$\cos\theta = 1, \qquad \sin\theta = 0$$

et, par suite,

$$\theta = \pm 2k\pi,$$

k désignant un nombre entier quelconque; 2° quand α est négatif,

$$\rho = \sqrt{\alpha^2},$$

$$\cos\theta = -1, \qquad \sin\theta = 0$$

et, par suite,

$$\theta = \pm(2k+1)\pi.$$

Ainsi le module d'une quantité réelle α n'est autre chose que sa valeur numérique $\sqrt{\alpha^2}$, et l'expression réduite qui correspond à une semblable quantité est toujours $+1$ ou -1, savoir

$$+1 = \cos(\pm 2k\pi) + \sqrt{-1}\sin(\pm 2k\pi),$$

lorsqu'il s'agit d'une quantité positive, et

$$-1 = \cos(\pm \overline{2k+1}\pi) + \sqrt{-1}\sin(\pm \overline{2k+1}\pi),$$

lorsqu'il s'agit d'une quantité négative.

Toute expression imaginaire qui a zéro pour module se réduit elle-même à zéro, puisque ses deux termes s'évanouissent. Réciproquement, comme le cosinus et le sinus d'un arc ne deviennent jamais nuls en même temps, il en résulte qu'une expression imaginaire ne peut se réduire à zéro qu'autant que son module s'évanouit.

Toute expression imaginaire qui a l'unité pour module est nécessairement une expression réduite. Ainsi, par exemple,

$$\cos a + \sqrt{-1}\sin a, \qquad \cos a - \sqrt{-1}\sin a,$$
$$-\cos a - \sqrt{-1}\sin a, \qquad -\cos a + \sqrt{-1}\sin a$$

sont quatre expressions réduites conjuguées deux à deux. Effectivement, pour tirer ces quatre expressions de la formule

$$\cos\theta + \sqrt{-1}\sin\theta,$$

il suffira de poser successivement

$$\theta = \pm 2k\pi + a, \qquad \theta = \pm 2k\pi - a,$$
$$\theta = \pm(2k+1)\pi + a, \qquad \theta = \pm(2k+1)\pi - a,$$

k désignant un nombre entier quelconque.

Les calculs relatifs aux expressions imaginaires pouvant être simplifiés par la considération des expressions réduites, il importe de faire connaître les principales propriétés de ces dernières. Ces propriétés sont comprises dans les théorèmes que je vais énoncer.

Théorème II. — *Pour multiplier l'une par l'autre deux expressions réduites*

$$\cos\theta + \sqrt{-1}\sin\theta, \quad \cos\theta' + \sqrt{-1}\sin\theta',$$

il suffit d'ajouter les arcs θ *et* θ' *qui leur correspondent.*

Démonstration. — On a, en effet,

$$(5)\qquad \left\{\begin{aligned}&(\cos\theta+\sqrt{-1}\sin\theta)(\cos\theta'+\sqrt{-1}\sin\theta')\\&\quad=\cos(\theta+\theta')+\sqrt{-1}\sin(\theta+\theta').\end{aligned}\right.$$

Corollaire. — Si dans la formule précédente on fait $\theta = -\theta$, on trouvera, comme on devait s'y attendre,

$$(6)\qquad (\cos\theta+\sqrt{-1}\sin\theta)(\cos\theta-\sqrt{-1}\sin\theta)=1.$$

THÉORÈME III. — *Pour multiplier les unes par les autres plusieurs expressions réduites*

$$\cos\theta+\sqrt{-1}\sin\theta,\quad \cos\theta'+\sqrt{-1}\sin\theta',\quad \cos\theta''+\sqrt{-1}\sin\theta'',\quad \ldots,$$

il suffit d'ajouter les arcs θ, θ', θ'', ... *qui leur correspondent.*

Démonstration. — En effet, on aura successivement

$$\begin{aligned}&(\cos\theta+\sqrt{-1}\sin\theta)(\cos\theta'+\sqrt{-1}\sin\theta')\\&\quad=\cos(\theta+\theta')+\sqrt{-1}\sin(\theta+\theta'),\\&(\cos\theta+\sqrt{-1}\sin\theta)(\cos\theta'+\sqrt{-1}\sin\theta')(\cos\theta''+\sqrt{-1}\sin\theta'')\\&\quad=[\cos(\theta+\theta'+\sqrt{-1}\sin(\theta+\theta')](\cos\theta''+\sqrt{-1}\sin\theta'')\\&\quad=\cos(\theta+\theta'+\theta'')+\sqrt{-1}\sin(\theta+\theta'+\theta''),\\&\ldots\ldots\ldots\ldots\ldots\ldots\ldots\ldots\ldots\ldots\ldots\ldots,\end{aligned}$$

et, en continuant de même, on trouvera généralement, quel que soit le nombre des arcs θ, θ', θ'', ...,

$$(7)\qquad \left\{\begin{aligned}&(\cos\theta+\sqrt{-1}\sin\theta)(\cos\theta'+\sqrt{-1}\sin\theta')(\cos\theta''+\sqrt{-1}\sin\theta'')\ldots\\&\quad=\cos(\theta+\theta'+\theta''+\ldots)+\sqrt{-1}\sin(\theta+\theta'+\theta''+\ldots).\end{aligned}\right.$$

Corollaire. — Si l'on développe par la multiplication immédiate le premier membre de l'équation (7), le développement se composera de deux parties, l'une toute réelle, l'autre ayant pour facteur $\sqrt{-1}$. Cela posé, la partie réelle fournira la valeur de

$$\cos(\theta+\theta'+\theta''+\ldots),$$

et le coefficient de $\sqrt{-1}$ dans la seconde partie la valeur de

$$\sin(\theta+\theta'+\theta''+\ldots).$$

Supposons, par exemple, que l'on considère seulement trois arcs θ, θ', θ''. L'équation (7) deviendra

$$\begin{aligned}(\cos\theta+\sqrt{-1}\sin\theta)(\cos\theta'+\sqrt{-1}\sin\theta')(\cos\theta''+\sqrt{-1}\sin\theta'')\\ =\cos(\theta+\theta'+\theta'')+\sqrt{-1}\sin(\theta+\theta'+\theta''),\end{aligned}$$

et, après avoir développé le premier membre de cette dernière par la multiplication algébrique, on en conclura

$$\begin{aligned}\cos(\theta+\theta'+\theta'')= &\ \cos\theta\cos\theta'\cos\theta''-\cos\theta\sin\theta'\sin\theta''\\ &-\sin\theta\cos\theta'\sin\theta''-\sin\theta\sin\theta'\cos\theta'',\\ \sin(\theta+\theta'+\theta'')= &\ \sin\theta\cos\theta'\cos\theta''+\cos\theta\sin\theta'\cos\theta''\\ &+\cos\theta\cos\theta'\sin\theta''+\sin\theta\sin\theta'\sin\theta''.\end{aligned}$$

Théorème IV. — *Pour diviser l'expression réduite*

$$\cos\theta+\sqrt{-1}\sin\theta$$

par la suivante

$$\cos\theta'+\sqrt{-1}\sin\theta',$$

il suffit de retrancher l'arc θ', *qui correspond à la seconde, de l'arc* θ *correspondant à la première.*

Démonstration. — Soit x le quotient cherché, en sorte qu'on ait

$$x=\frac{\cos\theta+\sqrt{-1}\sin\theta}{\cos\theta'+\sqrt{-1}\sin\theta'}.$$

Ce quotient devra être une nouvelle expression imaginaire tellement choisie, que, en la multipliant par $\cos\theta'+\sqrt{-1}\sin\theta'$, on reproduise $\cos\theta+\sqrt{-1}\sin\theta$. En d'autres termes, x devra satisfaire à l'équation

$$(\cos\theta'+\sqrt{-1}\sin\theta')x=\cos\theta+\sqrt{-1}\sin\theta.$$

Pour tirer de cette équation la valeur de x, il suffira de multiplier les deux membres par

$$\cos\theta'-\sqrt{-1}\sin\theta'.$$

On réduira de cette manière le coefficient de x à l'unité (*voir* le théorème II, corollaire I), et l'on trouvera

$$\begin{aligned} x &= (\cos\theta + \sqrt{-1}\sin\theta)(\cos\theta' - \sqrt{-1}\sin\theta') \\ &= (\cos\theta + \sqrt{-1}\sin\theta)[\cos(-\theta') + \sqrt{-1}\sin(-\theta')] \\ &= \cos(\theta - \theta') + \sqrt{-1}\sin(\theta - \theta'). \end{aligned}$$

On aura donc en définitive

$$\frac{\cos\theta + \sqrt{-1}\sin\theta}{\cos\theta' + \sqrt{-1}\sin\theta'} = \cos(\theta - \theta') + \sqrt{-1}\sin(\theta - \theta'). \tag{8}$$

Corollaire. — Si dans l'équation (8) on fait $\theta = 0$, elle donnera

$$\frac{1}{\cos\theta' + \sqrt{-1}\sin\theta'} = \cos\theta' - \sqrt{-1}\sin\theta'. \tag{9}$$

THÉORÈME V. — *Pour élever l'expression imaginaire*

$$\cos\theta + \sqrt{-1}\sin\theta$$

à la puissance du degré m (m désignant un nombre entier quelconque), il suffit de multiplier dans cette expression l'arc θ *par le nombre m.*

Démonstration. — En effet, les arcs $\theta, \theta', \theta'', \ldots$ pouvant être quelconques dans la formule (7), si on les suppose tous égaux à l'arc θ et en nombre m, on trouvera

$$(\cos\theta + \sqrt{-1}\sin\theta)^m = \cos m\theta + \sqrt{-1}\sin m\theta. \tag{10}$$

Corollaire. — Si dans l'équation (10) on fait successivement $\theta = z$, $\theta = -z$, on obtiendra les deux suivantes :

$$\left\{\begin{aligned} (\cos z + \sqrt{-1}\sin z)^m &= \cos mz + \sqrt{-1}\sin mz, \\ (\cos z - \sqrt{-1}\sin z)^m &= \cos mz - \sqrt{-1}\sin mz. \end{aligned}\right. \tag{11}$$

Le premier membre de chacune de ces dernières, étant toujours un produit de m facteurs égaux, pourra être développé par la multiplication immédiate de ces facteurs ou, ce qui revient au même, par la formule de Newton. Si, après avoir effectué le développement dont il s'agit, on égale de part et d'autre dans chaque équation : 1° les parties réelles; 2° les coefficients de $\sqrt{-1}$, on en conclura

$$(12)\quad \begin{cases} \cos mz = \cos^m z - \dfrac{m(m-1)}{1.2}\cos^{m-2}z\sin^2 z \\ \qquad + \dfrac{m(m-1)(m-2)(m-3)}{1.2.3.4}\cos^{m-4}z\sin^4 z - \ldots, \\ \sin mz = \dfrac{m}{1}\cos^{m-1}z\sin z \\ \qquad - \dfrac{m(m-1)(m-2)}{1.2.3}\cos^{m-3}z\sin^3 z + \ldots. \end{cases}$$

On trouvera, par exemple, en supposant $m = 2$,

$$\cos 2z = \cos^2 z - \sin^2 z,$$
$$\sin 2z = 2\sin z\cos z;$$

en supposant $m = 3$,

$$\cos 3z = \cos^3 z - 3\cos z\sin^2 z,$$
$$\sin 3z = 3\cos^2 z\sin z - \sin^3 z,$$
$$\ldots\ldots\ldots\ldots\ldots\ldots\ldots\ldots$$

Théorème VI. — *Pour élever l'expression imaginaire*

$$\cos\theta + \sqrt{-1}\sin\theta$$

à la puissance du degré $-m$ (*m désignant un nombre entier quelconque*), *il suffit de multiplier dans cette expression l'arc* θ *par le degré* $-m$.

Démonstration. — En effet, d'après la définition que nous avons donnée des puissances négatives (*voir* le § I), on aura

$$(\cos\theta + \sqrt{-1}\sin\theta)^{-m} = \frac{1}{(\cos\theta + \sqrt{-1}\sin\theta)^m} = \frac{1}{\cos m\theta + \sqrt{-1}\sin m\theta}.$$

Par suite, en ayant égard à la formule (9), on trouvera

$$(13)\qquad (\cos\theta + \sqrt{-1}\sin\theta)^{-m} = \cos m\theta - \sqrt{-1}\sin m\theta$$

ou, ce qui revient au même,

$$(14)\qquad (\cos\theta + \sqrt{-1}\sin\theta)^{-m} = \cos(-m\theta) + \sqrt{-1}\sin(-m\theta).$$

Après avoir établi, comme nous venons de le faire, les principales propriétés des expressions réduites, il devient facile de multiplier ou de diviser l'une par l'autre deux ou plusieurs expressions imaginaires, quels que soient leurs modules, aussi bien que d'élever une expression imaginaire quelconque à la puissance du degré m ou $-m$ (m désignant un nombre entier). On peut, en effet, exécuter simplement ces diverses opérations à l'aide des théorèmes suivants :

Théorème VII. — *Pour obtenir le produit de deux ou de plusieurs expressions imaginaires, il suffit de multiplier le produit des expressions réduites qui leur correspondent par le produit des modules.*

Démonstration. — Le théorème énoncé se déduit immédiatement de ce principe, que le produit de plusieurs facteurs réels ou imaginaires reste le même dans quelque ordre qu'on les multiplie. Soient effectivement

$$\rho(\cos\theta + \sqrt{-1}\sin\theta),\quad \rho'(\cos\theta' + \sqrt{-1}\sin\theta'),\quad \rho''(\cos\theta'' + \sqrt{-1}\sin\theta''),\quad \ldots$$

plusieurs expressions imaginaires, dont ρ, ρ', ρ'', ... désignent les modules. Lorsqu'on voudra multiplier entre elles ces expressions dont chacune est le produit d'un module par une expression réduite, on pourra, en vertu du principe qu'on vient de rappeler, former, d'une part, le produit de tous les modules, de l'autre, celui de toutes les expressions réduites, puis multiplier ces deux derniers produits l'un par l'autre. On trouvera de cette manière pour résultat définitif

$$(15)\qquad \rho\rho'\rho''\ldots\left[\cos(\theta + \theta' + \theta'' + \ldots) + \sqrt{-1}\sin(\theta + \theta' + \theta'' + \ldots)\right].$$

Corollaire I. — Le produit de plusieurs expressions imaginaires est une nouvelle expression imaginaire qui a pour module le produit des modules de toutes les autres.

Corollaire II. — Comme une expression imaginaire ne s'évanouit jamais qu'avec son module, et que, pour faire évanouir le produit de plusieurs modules, il faut nécessairement supposer l'un d'eux réduit à zéro, il est clair qu'on peut tirer du théorème VII la conclusion suivante :

Le produit de deux ou de plusieurs expressions imaginaires ne peut s'évanouir qu'autant que l'une d'elles se réduit à zéro.

THÉORÈME VIII. — *Pour obtenir le quotient de deux expressions imaginaires, il suffit de multiplier le quotient des expressions réduites qui leur correspondent par le quotient des modules.*

Démonstration. — Supposons qu'il s'agisse de diviser l'expression imaginaire

$$\rho(\cos\theta + \sqrt{-1}\sin\theta),$$

dont le module est ρ, par la suivante

$$\rho'(\cos\theta' + \sqrt{-1}\sin\theta'),$$

dont le module est ρ'. Si l'on désigne par x le quotient demandé, x devra être une nouvelle expression imaginaire propre à vérifier l'équation

$$\rho'(\cos\theta' + \sqrt{-1}\sin\theta')x = \rho(\cos\theta + \sqrt{-1}\sin\theta).$$

Pour tirer de cette équation la valeur de x, on multipliera les deux membres par le produit des deux facteurs

$$\frac{1}{\rho'}, \quad \cos\theta' - \sqrt{-1}\sin\theta',$$

et l'on trouvera de cette manière, en écrivant $\frac{\rho}{\rho'}$ au lieu de $\rho\frac{1}{\rho'}$,

$$x = \frac{\rho}{\rho'}[\cos(\theta - \theta') + \sqrt{-1}\sin(\theta - \theta')].$$

On aura donc en dernière analyse

$$(16) \qquad \frac{\rho(\cos\theta + \sqrt{-1}\sin\theta)}{\rho'(\cos\theta' + \sqrt{-1}\sin\theta')} = \frac{\rho}{\rho'}[\cos(\theta - \theta') + \sqrt{-1}\sin(\theta - \theta')];$$

et, puisque, en vertu du théorème IV,

$$\cos(\theta-\theta')+\sqrt{-1}\sin(\theta-\theta')$$

est précisément le quotient des deux expressions réduites

$$\cos\theta+\sqrt{-1}\sin\theta,\quad \cos\theta'+\sqrt{-1}\sin\theta',$$

il est clair que, après avoir établi la formule (16), nous devons considérer le théorème VIII comme démontré.

Corollaire. — Si dans l'équation (16) on fait $\theta=0$, elle donnera

$$(17)\qquad \frac{1}{\rho'(\cos\theta'+\sqrt{-1}\sin\theta')}=\frac{1}{\rho'}(\cos\theta'-\sqrt{-1}\sin\theta').$$

Théorème IX. — *Pour obtenir la $m^{\text{ième}}$ puissance d'une expression imaginaire (m désignant un nombre entier quelconque), il suffit de multiplier la $m^{\text{ième}}$ puissance de l'expression réduite correspondante par la $m^{\text{ième}}$ puissance du module.*

Démonstration. — En effet, si dans le théorème VII on suppose les expressions imaginaires

$$\begin{array}{l}\rho\ (\cos\theta+\sqrt{-1}\sin\theta\ ),\\ \rho'(\cos\theta'+\sqrt{-1}\sin\theta'),\\ \rho''(\cos\theta''+\sqrt{-1}\sin\theta''),\\ \dots\dots\dots\dots\dots\end{array}$$

toutes égales entre elles et en nombre m, leur produit sera équivalent à la puissance $m^{\text{ième}}$ de la première, c'est-à-dire à

$$[\rho(\cos\theta+\sqrt{-1}\sin\theta)]^m;$$

et, comme dans cette hypothèse l'expression (15) deviendra

$$\rho^m(\cos m\theta+\sqrt{-1}\sin m\theta),$$

on aura définitivement

$$(18)\qquad [\rho(\cos\theta+\sqrt{-1}\sin\theta)]^m=\rho^m(\cos m\theta+\sqrt{-1}\sin m\theta).$$

L'expression réduite

$$\cos m\theta + \sqrt{-1}\sin m\theta$$

étant égale (en vertu du théorème V) à

$$(\cos\theta + \sqrt{-1}\sin\theta)^m,$$

il en résulte que, après avoir établi la formule (18), on doit considérer le théorème IX comme démontré.

Théorème X. — *Pour élever une expression imaginaire à la puissance du degré — m (m désignant un nombre entier), il suffit de former les puissances semblables du module et de l'expression réduite, puis de multiplier ces deux dernières l'une par l'autre.*

Démonstration. — Supposons qu'il s'agisse d'élever à la puissance du degré $-m$ l'expression imaginaire

$$\rho(\cos\theta + \sqrt{-1}\sin\theta),$$

dont le module est ρ. On aura, en vertu de la définition des puissances négatives,

$$\begin{aligned}[\rho(\cos\theta + \sqrt{-1}\sin\theta)]^{-m} &= \frac{1}{[\rho(\cos\theta + \sqrt{-1}\sin\theta)]^m} \\ &= \frac{1}{\rho^m(\cos m\theta + \sqrt{-1}\sin m\theta)}.\end{aligned}$$

Par suite, en ayant égard à la formule (17), on trouvera

$$[\rho(\cos\theta + \sqrt{-1}\sin\theta)]^{-m} = \frac{1}{\rho^m}(\cos m\theta - \sqrt{-1}\sin m\theta)$$

ou, ce qui revient au même,

$$(19) \qquad [\rho(\cos\theta + \sqrt{-1}\sin\theta)]^{-m} = \rho^{-m}(\cos m\theta - \sqrt{-1}\sin m\theta).$$

Cette dernière formule réunie à l'équation (13) fournit la démonstration complète du théorème X.

§ III. — *Sur les racines réelles ou imaginaires des deux quantités* $+1$, -1, *et sur leurs puissances fractionnaires.*

Supposons que l'on désigne par m et n deux nombres entiers premiers entre eux. Si l'on fait usage des notations adoptées dans le § I, les racines $n^{\text{ièmes}}$ de l'unité, ou, ce qui revient au même, ses puissances du degré $\frac{1}{n}$ seront les diverses valeurs de l'expression

$$\sqrt[n]{1} = ((1))^{\frac{1}{n}};$$

et, de même, les puissances fractionnaires de l'unité, positives ou négatives, du degré $\frac{m}{n}$ ou $-\frac{m}{n}$, seront les diverses valeurs de

$$((1))^{\frac{m}{n}} \quad \text{ou} \quad ((1))^{-\frac{m}{n}}.$$

On en conclura que, pour déterminer ces racines et ces puissances, il suffit de résoudre, l'un après l'autre, les trois problèmes suivants.

Problème I. — *Trouver les diverses valeurs réelles ou imaginaires de l'expression*

$$((1))^{\frac{1}{n}}.$$

Solution. — Soit x l'une de ces valeurs; et, afin de la présenter sous la forme générale qui comprend à la fois toutes les quantités réelles et toutes les expressions imaginaires, supposons

$$x = r(\cos t + \sqrt{-1}\sin t),$$

r désignant une quantité positive, et t un arc réel. On aura, d'après la définition même de l'expression $((1))^{\frac{1}{n}}$,

$$x^n = 1 \tag{1}$$

ou, ce qui revient au même,

$$r^n(\cos nt + \sqrt{-1}\sin nt) = 1.$$

On tirera de cette dernière équation (à l'aide du théorème I, § II)

$$r^n = 1,$$

$$\cos nt + \sqrt{-1}\sin nt = 1,$$

et, par suite,

$$r = 1,$$

$$\cos nt = 1, \qquad \sin nt = 0, \qquad nt = \pm 2k\pi,$$

$$t = \pm \frac{2k\pi}{n},$$

k représentant un nombre entier quelconque. Les quantités r et t étant ainsi déterminées, les diverses valeurs propres à vérifier l'équation (1) seront évidemment comprises dans la formule

$$(2) \qquad x = \cos\frac{2k\pi}{n} \pm \sqrt{-1}\sin\frac{2k\pi}{n}.$$

En d'autres termes, les diverses valeurs de $((1))^{\frac{1}{n}}$ seront données par l'équation

$$(3) \qquad ((1))^{\frac{1}{n}} = \cos\frac{2k\pi}{n} \pm \sqrt{-1}\sin\frac{2k\pi}{n}.$$

Soit maintenant h le nombre entier le plus rapproché du rapport $\frac{k}{n}$. La différence entre les deux nombres h, $\frac{k}{n}$ sera tout au plus égale à $\frac{1}{2}$, en sorte qu'on aura

$$\frac{k}{n} = h \pm \frac{k'}{n},$$

$\frac{k'}{n}$ désignant une fraction égale ou inférieure à $\frac{1}{2}$, et, par suite, k' un nombre entier inférieur ou tout au plus égal à $\frac{n}{2}$. On en conclura

$$\frac{2k\pi}{n} = 2h\pi \pm \frac{2k'\pi}{n},$$

$$\cos\frac{2k\pi}{n} \pm \sqrt{-1}\sin\frac{2k\pi}{n} = \cos\frac{2k'\pi}{n} \pm \sqrt{-1}\sin\frac{2k'\pi}{n}.$$

Par conséquent, toutes les valeurs de $((1))^{\frac{1}{n}}$ seront comprises dans la formule

$$\cos\frac{2k'\pi}{n} \pm \sqrt{-1}\sin\frac{2k'\pi}{n},$$

si l'on y suppose k' renfermé entre les limites o, $\frac{n}{2}$, ou, ce qui revient au même, dans la formule (3), si l'on y suppose k renfermé entre les mêmes limites.

Corollaire I. — Lorsque n est pair, les diverses valeurs que le nombre entier k peut recevoir, sans sortir des limites o, $\frac{n}{2}$, sont respectivement

$$0, \quad 1, \quad 2, \quad \ldots, \quad \frac{n-2}{2}, \quad \frac{n}{2}.$$

Pour chacune de ces valeurs de k, la formule (3) fournit en général deux valeurs imaginaires conjuguées de l'expression $((1))^{\frac{1}{n}}$, c'est-à-dire deux racines imaginaires de l'unité conjuguées et du degré n. Seulement, on trouve, pour $k = 0$, une racine réelle $+1$, et, pour $k = \frac{n}{2}$, une autre racine réelle -1. En résumé, lorsque n est pair, l'expression

$$((1))^{\frac{1}{n}}$$

admet deux valeurs réelles, savoir

$$+1, \quad -1,$$

avec $n - 2$ valeurs imaginaires conjuguées deux à deux, savoir

$$(4)\quad \begin{cases} \cos\frac{2\pi}{n} + \sqrt{-1}\sin\frac{2\pi}{n}, & \cos\frac{2\pi}{n} - \sqrt{-1}\sin\frac{2\pi}{n}, \\ \cos\frac{4\pi}{n} + \sqrt{-1}\sin\frac{4n}{n}, & \cos\frac{4\pi}{n} - \sqrt{-1}\sin\frac{4\pi}{n}, \\ \ldots\ldots\ldots\ldots\ldots\ldots, & \ldots\ldots\ldots\ldots\ldots\ldots, \\ \cos\frac{(n-2)\pi}{n} + \sqrt{-1}\sin\frac{(n-2)\pi}{n}, & \cos\frac{(n-2)\pi}{n} - \sqrt{-1}\sin\frac{(n-2)\pi}{n}. \end{cases}$$

Le nombre total de ces valeurs réelles ou imaginaires est égal à n.

Supposons, par exemple, $n = 2$. On trouvera qu'il existe deux valeurs de l'expression

$$((1))^{\frac{1}{2}},$$

ou, ce qui revient au même, deux valeurs de x propres à vérifier l'équation

$$x^2 = 1,$$

et que ces valeurs, toutes deux réelles, sont respectivement

$$+1, \quad -1.$$

Supposons encore $n = 4$. On trouvera qu'il existe quatre valeurs de l'expression

$$((1))^{\frac{1}{4}},$$

ou, ce qui revient au même, quatre valeurs de x propres à vérifier l'équation

$$x^4 = 1.$$

Parmi ces quatre valeurs, deux sont réelles, savoir

$$+1, \quad -1.$$

Les deux autres sont imaginaires et respectivement égales, la première à

$$\cos\frac{\pi}{2} + \sqrt{-1}\sin\frac{\pi}{2} = +\sqrt{-1},$$

la seconde à

$$\cos\frac{\pi}{2} - \sqrt{-1}\sin\frac{\pi}{2} = -\sqrt{-1}.$$

Corollaire II. — Lorsque n est impair, les diverses valeurs que le nombre entier k peut recevoir, sans sortir des limites 0, $\frac{n}{2}$, sont respectivement

$$0, \quad 1, \quad 2, \quad \ldots, \quad \frac{n-1}{2}.$$

Pour chacune de ces valeurs de k, la formule (3) fournit en général deux valeurs imaginaires conjuguées de l'expression $((1))^{\frac{1}{n}}$, c'est-à-dire deux racines imaginaires conjuguées et du degré n. Seulement, on trouve, pour $k = 0$, une racine unique et réelle, savoir $+1$. En résumé, lorsque n est impair, l'expression

$$((1))^{\frac{1}{n}}$$

admet, avec la seule valeur réelle

$$+1,$$

$n-1$ valeurs imaginaires conjuguées deux à deux, savoir

$$(5)\quad\left\{\begin{array}{ll}
\cos\frac{2\pi}{n}+\sqrt{-1}\sin\frac{2\pi}{n}, & \cos\frac{2\pi}{n}-\sqrt{-1}\sin\frac{2\pi}{n},\\
\cos\frac{4n}{n}+\sqrt{-1}\sin\frac{4\pi}{n}, & \cos\frac{4\pi}{n}-\sqrt{-1}\sin\frac{4\pi}{n},\\
\ldots\ldots\ldots\ldots, & \ldots\ldots\ldots\ldots,\\
\cos\frac{(n-1)\pi}{n}+\sqrt{-1}\sin\frac{(n-1)\pi}{n}, & \cos\frac{(n-1)\pi}{n}-\sqrt{-1}\sin\frac{(n-1)\pi}{n}.
\end{array}\right.$$

Le nombre total de ces valeurs réelles ou imaginaires est égal à n.

Supposons, par exemple, $n=3$. On trouvera qu'il existe trois valeurs de l'expression

$$((1))^{\frac{1}{3}},$$

ou, ce qui revient au même, trois valeurs de x propres à vérifier l'équation

$$x^3=1,$$

et que ces valeurs, dont une est réelle, sont respectivement

$$+1,$$

$$\cos\frac{2\pi}{3}+\sqrt{-1}\sin\frac{2\pi}{3},\qquad \cos\frac{2\pi}{3}-\sqrt{-1}\sin\frac{2\pi}{3}.$$

De plus, le côté de l'hexagone étant, comme on sait, égal au rayon, et le supplément de l'arc sous-tendu par ce côté ayant pour mesure $\frac{2\pi}{3}$, on obtiendra facilement les équations

$$\cos\frac{2\pi}{3}=-\frac{1}{2},\qquad \sin\frac{2\pi}{3}=+\frac{3^{\frac{1}{2}}}{2},$$

en vertu desquelles les valeurs imaginaires de l'expression $((1))^{\frac{1}{3}}$ se réduisent à

$$-\frac{1}{2}+\frac{3^{\frac{1}{2}}}{2}\sqrt{-1},\qquad -\frac{1}{2}-\frac{3^{\frac{1}{2}}}{2}\sqrt{-1}.$$

Corollaire III. — n désignant un nombre entier quelconque, le nombre des valeurs, soit réelles, soit imaginaires, de l'expression $((1))^{\frac{1}{n}}$, ou, ce qui revient au même, le nombre des valeurs de x propres à vérifier l'équation $x^n = 1$ restera toujours égal à n.

Problème II. — *Trouver les diverses valeurs réelles ou imaginaires de l'expression*

$$((1))^{\frac{m}{n}}.$$

Solution. — Les nombres m et n étant supposés premiers entre eux, on aura, d'après la définition même de l'expression $((1))^{\frac{m}{n}}$,

$$((1))^{\frac{m}{n}} = \left[((1))^{\frac{1}{n}}\right]^m;$$

puis, en remettant pour $((1))^{\frac{1}{n}}$ sa valeur générale tirée de l'équation (3), on trouvera

$$((1))^{\frac{m}{n}} = \left[\cos\frac{2k\pi}{n} \pm \sqrt{-1}\sin\frac{2k\pi}{n}\right]^m$$

et, par suite,

$$(6)\qquad ((1))^{\frac{m}{n}} = \cos\frac{m.2k\pi}{n} \pm \sqrt{-1}\sin\frac{m.2k\pi}{n}.$$

Pour déduire de cette dernière formule toutes les valeurs de $((1))^{\frac{m}{n}}$, il ne reste qu'à donner successivement à k toutes les valeurs entières comprises entre 0 et $\frac{n}{2}$. Soient k', k'' deux de ces valeurs supposées inégales. Je dis que les cosinus

$$\cos\frac{m.2k'\pi}{n}, \quad \cos\frac{m.2k''\pi}{n}$$

seront nécessairement différents l'un de l'autre. En effet, ces cosinus ne pourraient devenir égaux que dans le cas où les arcs qui leur correspondent seraient liés entre eux par une équation de la forme

$$\frac{m.2k'\pi}{n} = \pm 2h\pi \pm \frac{m.2k''\pi}{n},$$

h désignant un nombre entier. Or on tire de cette équation

$$h = \frac{m(\pm k' \pm k'')}{n}.$$

Il faudrait donc, puisque m est premier à n, que $\pm k' \pm k''$ fût divisible par n, ce qu'on ne saurait admettre, attendu que, les nombres k', k'' étant inégaux, et chacun d'eux ne pouvant surpasser $\frac{1}{2}n$, leur somme ou leur différence est nécessairement inférieure à n. Ainsi, deux valeurs différentes de k comprises entre les limites o et $\frac{1}{2}n$ fournissent deux valeurs différentes de

$$\cos\frac{m.2k\pi}{n}.$$

On conclut aisément de cette remarque, que les valeurs réelles ou imaginaires de l'expression $((1))^{\frac{m}{n}}$ données par l'équation (6) sont en même nombre que les valeurs réelles ou imaginaires de $((1))^{\frac{1}{n}}$ déterminées par l'équation (3). De plus, comme on a évidemment

$$\left(\cos\frac{m.2k\pi}{n} \pm \sqrt{-1}\sin\frac{m.2k\pi}{n}\right)^n = \cos(m.2k\pi) \pm \sqrt{-1}\sin(m.2k\pi) = 1,$$

il en résulte que toute valeur de $((1))^{\frac{m}{n}}$ est une expression réelle ou imaginaire dont la puissance n équivaut à l'unité, par conséquent une valeur de $((1))^{\frac{1}{n}}$. Ces observations conduisent à la formule

$$(7) \qquad ((1))^{\frac{m}{n}} = ((1))^{\frac{1}{n}},$$

dans laquelle le signe $=$ indique seulement que l'une des valeurs du premier membre est toujours égale à l'une des valeurs du second.

Problème III. — *Trouver les diverses valeurs réelles ou imaginaires de l'expression*

$$((1))^{-\frac{m}{n}}.$$

Solution. — On aura, d'après la définition des puissances négatives,

$$((1))^{-\frac{m}{n}} = \frac{1}{((1))^{\frac{m}{n}}},$$

puis, en remettant pour $((1))^{\frac{m}{n}}$ sa valeur générale tirée de l'équation (6), et ayant égard à la formule (9) du paragraphe précédent,

$$(8) \qquad ((1))^{-\frac{m}{n}} = \cos\frac{m.2k\pi}{n} \mp \sqrt{-1}\sin\frac{m.2k\pi}{n}.$$

Il suit de cette dernière équation que les diverses valeurs de $((1))^{-\frac{m}{n}}$ sont les mêmes que celles de $((1))^{\frac{m}{n}}$, et par conséquent égales à celles de $((1))^{\frac{1}{n}}$. On a donc

$$(9) \qquad ((1))^{-\frac{m}{n}} = ((1))^{\frac{1}{n}},$$

le signe $=$ devant être interprété comme dans l'équation (7).

Corollaire. — Si l'on fait $m = 1$, la formule (9) donnera

$$(10) \qquad ((1))^{-\frac{1}{n}} = ((1))^{\frac{1}{n}}.$$

Supposons maintenant que l'on cherche les racines et puissances fractionnaires, non plus de l'unité, mais de la quantité -1. Les racines $n^{\text{ièmes}}$ de cette quantité, ou, ce qui revient au même, ses puissances du degré $\frac{1}{n}$, seront les diverses valeurs de l'expression

$$\sqrt[n]{-1} = ((-1))^{\frac{1}{n}};$$

et de même, les puissances fractionnaires de -1, positives ou négatives, du degré $\frac{m}{n}$ ou $-\frac{m}{n}$, seront les diverses valeurs de

$$((-1))^{\frac{m}{n}} \quad \text{ou} \quad ((-1))^{-\frac{m}{n}}.$$

En conséquence, pour déterminer ces racines et ces puissances, il suffira de résoudre l'un après l'autre les trois nouveaux problèmes que je vais énoncer.

Problème IV. — *Trouver les diverses valeurs réelles ou imaginaires de l'expression*

$$((-1))^{\frac{1}{n}}.$$

Solution. — Soit

$$x = r(\cos t + \sqrt{-1}\sin t)$$

l'une de ces valeurs, r désignant une quantité positive, et t un arc réel. On aura, d'après la définition même de l'expression $((-1))^{\frac{1}{n}}$,

$$x^n = -1 \tag{11}$$

ou, ce qui revient au même,

$$r^n(\cos nt + \sqrt{-1}\sin nt) = -1.$$

On tirera de cette dernière équation (à l'aide du théorème I, § II),

$$r^n = 1,$$

$$\cos nt + \sqrt{-1}\sin nt = -1,$$

et, par suite,

$$r = 1,$$

$$\cos nt = -1, \qquad \sin nt = 0, \qquad nt = \pm(2k+1)\pi,$$

$$t = \pm\frac{(2k+1)\pi}{n},$$

k représentant un nombre entier quelconque. Les quantités r et t étant ainsi déterminées, les diverses valeurs de x propres à vérifier l'équation (11) se trouveront évidemment comprises dans la formule

$$x = \cos\frac{(2k+1)\pi}{n} \pm \sqrt{-1}\sin\frac{(2k+1)\pi}{n}. \tag{12}$$

En d'autres termes, les diverses valeurs de $((-1))^{\frac{1}{n}}$ seront données par l'équation

$$((-1))^{\frac{1}{n}} = \cos\frac{(2k+1)\pi}{n} \pm \sqrt{-1}\sin\frac{(2k+1)\pi}{n}. \tag{13}$$

Soit maintenant h le nombre entier le plus rapproché du rapport $\frac{2k+1}{2n}$. La différence entre les deux nombres h, $\frac{2k+1}{n}$ sera évidemment une fraction de numérateur impair, inférieure ou tout au plus égale à $\frac{1}{2}$; en sorte qu'on aura

$$\frac{2k+1}{2n} = h \pm \frac{2k'+1}{2n},$$

$2k'+1$ désignant un nombre impair égal ou inférieur à n. On en conclura

$$\frac{(2k+1)\pi}{n} = 2h\pi \pm \frac{(2k'+1)\pi}{n},$$

$$\cos\frac{(2k+1)\pi}{n} \pm \sqrt{-1}\sin\frac{(2k+1)\pi}{n} = \cos\frac{(2k'+1)\pi}{n} \pm \sqrt{-1}\sin\frac{(2k'+1)\pi}{n}.$$

Par conséquent toutes les valeurs de $((-1))^{\frac{1}{n}}$ seront comprises dans la formule

$$\cos\frac{(2k'+1)\pi}{n} \pm \sqrt{-1}\sin\frac{(2k'+1)\pi}{n},$$

si l'on y suppose $2k'+1$ renfermé entre les limites 0, n, ou, ce qui revient au même, dans la formule (13), si l'on y suppose $2k+1$ renfermé entre les mêmes limites.

Corollaire I. — Lorsque n est pair, les diverses valeurs que $2k+1$ peut recevoir, sans sortir des limites 0, n, sont respectivement

$$1,\quad 3,\quad 5,\quad \ldots,\quad \overline{n-1}.$$

Pour chacune de ces valeurs de $2k+1$, la formule (13) fournit toujours deux valeurs imaginaires conjuguées de l'expression $((-1))^{\frac{1}{n}}$. Par suite, cette expression, dans le cas que nous considérons ici, n'admet point de valeurs réelles, mais seulement n valeurs imaginaires conjuguées deux à deux, savoir :

$$(14)\quad \left\{\begin{array}{ll} \cos\frac{\pi}{n} + \sqrt{-1}\sin\frac{\pi}{n}, & \cos\frac{\pi}{n} - \sqrt{-1}\sin\frac{\pi}{n}, \\ \cos\frac{3\pi}{n} + \sqrt{-1}\sin\frac{3\pi}{n}, & \cos\frac{3\pi}{n} - \sqrt{-1}\sin\frac{3\pi}{n}, \\ \ldots\ldots\ldots\ldots, & \ldots\ldots\ldots\ldots, \\ \cos\frac{(n-1)\pi}{n} + \sqrt{-1}\sin\frac{(n-1)\pi}{n}, & \cos\frac{(n-1)\pi}{n} - \sqrt{-1}\sin\frac{(n-1)\pi}{n}. \end{array}\right.$$

Supposons, par exemple, $n = 2$. On trouvera qu'il existe deux valeurs de l'expression $((-1))^{\frac{1}{2}}$, ou, ce qui revient au même, deux valeurs de x propres à vérifier l'équation

$$x^2 = -1,$$

et que ces valeurs, toutes deux imaginaires, sont respectivement

$$\cos\frac{\pi}{2} + \sqrt{-1}\sin\frac{\pi}{2} = +\sqrt{-1},$$

$$\cos\frac{\pi}{2} - \sqrt{-1}\sin\frac{\pi}{2} = -\sqrt{-1}.$$

Supposons encore $n = 4$. On verra qu'il existe quatre valeurs de l'expression $((-1))^{\frac{1}{4}}$, ou, en d'autres termes, quatre valeurs de x propres à vérifier l'équation

$$x^4 = -1;$$

et que ces quatre valeurs sont comprises dans les deux formules

$$\cos\frac{\pi}{4} \pm \sqrt{-1}\sin\frac{\pi}{4},$$

$$\cos\frac{3\pi}{4} \pm \sqrt{-1}\sin\frac{3\pi}{4},$$

ou, ce qui revient au même, dans la seule formule

$$\pm\cos\frac{\pi}{4} \pm \sqrt{-1}\sin\frac{\pi}{4}.$$

Comme on a d'ailleurs

$$\cos\frac{\pi}{4} = \sin\frac{\pi}{4} = \frac{1}{\sqrt{2}},$$

on trouvera définitivement

$$((-1))^{\frac{1}{4}} = \pm\frac{1}{2^{\frac{1}{2}}} \pm \frac{1}{2^{\frac{1}{2}}}\sqrt{-1}.$$

Corollaire II. — Lorsque n est impair, les diverses valeurs que $2k+1$ peut recevoir sans sortir des limites 0 et n sont respectivement

$$1,\quad 3,\quad 5,\quad \ldots,\quad n-2,\quad n.$$

Pour chacune de ces valeurs de $2k+1$, la formule (13) fournit en général deux valeurs imaginaires conjuguées de l'expression $((-1))^{\frac{1}{n}}$, c'est-à-dire deux racines imaginaires de -1 conjuguées et du degré n. Seulement on trouve, pour $2k+1=n$, une racine unique et réelle, savoir -1. En résumé, lorsque n est impair, l'expression $((-1))^{\frac{1}{n}}$ admet, avec la seule valeur réelle

$$-1,$$

$n-1$ valeurs imaginaires conjuguées deux à deux, savoir

$$(15)\quad\left\{\begin{array}{ll}\cos\frac{\pi}{n}+\sqrt{-1}\sin\frac{\pi}{n}, & \cos\frac{\pi}{n}-\sqrt{-1}\sin\frac{\pi}{n},\\ \cos\frac{3\pi}{n}+\sqrt{-1}\sin\frac{3\pi}{n}, & \cos\frac{3\pi}{n}-\sqrt{-1}\sin\frac{3\pi}{n},\\ \dots\dots\dots\dots, & \dots\dots\dots\dots,\\ \cos\frac{(n-2)\pi}{n}+\sqrt{-1}\sin\frac{(n-2)\pi}{n}, & \cos\frac{(n-2)\pi}{n}-\sqrt{-1}\sin\frac{(n-2)\pi}{n}.\end{array}\right.$$

Le nombre total de ces valeurs réelles ou imaginaires est égal à n.

Supposons, par exemple, $n=3$. On trouvera qu'il existe trois valeurs de l'expression $((-1))^{\frac{1}{3}}$, ou, ce qui revient au même, trois valeurs de x propres à vérifier l'équation

$$x^3=-1,$$

et que ces valeurs, dont une est réelle, sont respectivement

$$-1,$$

$$\cos\frac{\pi}{3}+\sqrt{-1}\sin\frac{\pi}{3}=\frac{1}{2}+\frac{3^{\frac{1}{2}}}{2}\sqrt{-1},$$

$$\cos\frac{\pi}{3}-\sqrt{-1}\sin\frac{\pi}{3}=\frac{1}{2}-\frac{3^{\frac{1}{2}}}{2}\sqrt{-1}.$$

Corollaire III. — n désignant un nombre entier quelconque, le nombre des valeurs, soit réelles, soit imaginaires, de l'expression $((-1))^{\frac{1}{n}}$, ou, ce qui revient au même, le nombre des valeurs de x propres à vérifier l'équation $x^n=-1$, restera toujours égal à n.

PROBLÈME V. — *Trouver les diverses valeurs réelles ou imaginaires de l'expression*

$$((-1))^{\frac{m}{n}}.$$

Solution. — Les nombres m et n étant supposés premiers entre eux, on aura, d'après la définition même de l'expression $((-1))^{\frac{m}{n}}$,

$$((-1))^{\frac{m}{n}} = \left[((-1))^{\frac{1}{n}}\right]^m;$$

puis, en remettant pour $((-1))^{\frac{1}{n}}$ sa valeur générale tirée de l'équation (13), on trouvera

$$(16) \qquad ((-1))^{\frac{m}{n}} = \cos\frac{m(2k+1)\pi}{n} \pm \sqrt{-1}\sin\frac{m(2k+1)\pi}{n}.$$

Pour déduire de cette dernière formule toutes les valeurs de $((-1))^{\frac{m}{n}}$, il ne reste qu'à donner successivement à $2k+1$ toutes les valeurs entières et impaires comprises entre 0 et n. Soient $2k'+1$, $2k''+1$ deux de ces valeurs supposées inégales. Je dis que les cosinus

$$\cos\frac{m(2k'+1)\pi}{n}, \quad \cos\frac{m(2k''+1)\pi}{n}$$

seront nécessairement différents l'un de l'autre. En effet, ces cosinus ne pourraient devenir égaux que dans le cas où les arcs qui leur correspondent seraient liés entre eux par une équation de la forme

$$\frac{m(2k'+1)\pi}{n} = \pm 2h\pi \pm \frac{m(2k''+1)\pi}{n},$$

h désignant un nombre entier. Or on tire de cette équation

$$h = \frac{m\left[\dfrac{\pm(2k'+1)\pm(2k''+1)}{2}\right]}{n}.$$

Il faudrait donc, puisque m est premier à n, que le nombre entier

$$\frac{\pm(2k'+1)\pm(2k''+1)}{2}$$

fût divisible par n, ce qu'on ne saurait admettre, attendu que, les nombres $2k'+1$, $2k''+1$ étant inégaux, et chacun d'eux ne pouvant surpasser n, leur demi-somme, et, à plus forte raison, leur demi-différence, est nécessairement inférieure à n. Ainsi deux valeurs différentes de $2k+1$ comprises entre les limites o et n fournissent deux valeurs différentes de

$$\cos\frac{m(2k+1)\pi}{n}.$$

On conclut aisément de cette remarque que les valeurs réelles ou imaginaires de l'expression $((-1))^{\frac{m}{n}}$ données par l'équation (16) sont au nombre de n, comme celles de $((1))^{\frac{1}{n}}$ et de $((-1))^{\frac{1}{n}}$. De plus, comme on a évidemment

$$\left[\cos\frac{m(2k+1)\pi}{n}\pm\sqrt{-1}\sin\frac{m(2k+1)\pi}{n}\right]^n$$
$$=\cos m(2k+1)\pi\pm\sqrt{-1}\sin m(2k+1)\pi=(-1)^m=\pm 1,$$

il en résulte que toute valeur de $((-1))^{\frac{m}{n}}$ est une expression réelle ou imaginaire dont la puissance $n^{\text{ième}}$ équivaut à ± 1, par conséquent, une valeur de $((1))^{\frac{1}{n}}$ ou de $((-1))^{\frac{1}{n}}$. Cette remarque conduit à l'équation

$$(17)\qquad ((-1))^{\frac{m}{n}}=((1))^{\frac{1}{n}},$$

toutes les fois que $(-1)^m=1$, c'est-à-dire toutes les fois que m est un nombre pair, et à la suivante

$$(18)\qquad ((-1))^{\frac{m}{n}}=((-1))^{\frac{1}{n}},$$

lorsque $(-1)^m=-1$, c'est-à-dire lorsque m est un nombre impair. Ajoutons que l'on peut comprendre les équations (17) et (18) dans une seule formule, en écrivant

$$(19)\qquad ((-1))^{\frac{m}{n}}=(((-1)^m))^{\frac{1}{n}}.$$

Problème VI. — *Trouver les diverses valeurs réelles ou imaginaires de l'expression*

$$((-1))^{-\frac{m}{n}}.$$

Solution. — On aura, d'après la définition des puissances négatives,

$$((-1))^{-\frac{m}{n}} = \frac{1}{((-1))^{\frac{m}{n}}};$$

puis, en remettant pour $((-1))^{\frac{m}{n}}$ sa valeur générale tirée de l'équation (16), et ayant égard à la formule (9) du paragraphe précédent,

$$(20) \qquad ((-1))^{-\frac{m}{n}} = \cos\frac{m(2k+1)\pi}{n} \mp \sqrt{-1}\sin\frac{m(2k+1)\pi}{n}.$$

Il suit de cette dernière équation que les diverses valeurs de $((-1))^{-\frac{m}{n}}$ sont les mêmes que celles de $((1))^{\frac{m}{n}}$; on aura en conséquence

$$(21) \qquad ((-1))^{-\frac{m}{n}} = ((1))^{\frac{1}{n}} \quad \text{si } m \text{ est pair}$$

et

$$(22) \qquad ((-1))^{-\frac{m}{n}} = ((-1))^{\frac{1}{n}} \quad \text{si } m \text{ est impair.}$$

A la place des deux formules qui précèdent, on peut se contenter d'écrire la suivante :

$$(23) \qquad ((-1))^{-\frac{m}{n}} = (((-1)^m))^{\frac{1}{n}}.$$

Corollaire. — Si l'on fait $m = 1$, la formule (23) donnera

$$(24) \qquad ((-1))^{-\frac{1}{n}} = ((-1))^{\frac{1}{n}}.$$

En terminant ce paragraphe, nous ferons remarquer que les équations (3), (6), (8), (13), (16) et (20), à l'aide desquelles on détermine les valeurs des expressions

$$((1))^{\frac{1}{n}}, \quad ((1))^{\frac{m}{n}}, \quad ((1))^{-\frac{m}{n}};$$
$$((-1))^{\frac{1}{n}}, \quad ((-1))^{\frac{m}{n}}, \quad ((-1))^{-\frac{m}{n}},$$

peuvent être remplacées par deux formules. En effet, si l'on désigne par a une quantité positive ou négative dont la valeur numérique soit fractionnaire, la valeur de $((1))^a$ déterminée par l'équation (3), (6) ou (8) sera évidemment

$$(25) \qquad ((1))^a = \cos 2ka\pi \pm \sqrt{-1} \sin 2ka\pi,$$

tandis que la valeur de $((-1))^a$ déterminée par l'équation (13), (16) ou (20) sera

$$(26) \qquad ((-1))^a = \cos(2k+1)a\pi \pm \sqrt{-1} \sin(2k+1)a\pi.$$

Dans les deux formules précédentes, on peut prendre pour k un nombre entier quelconque.

§ IV. — *Sur les racines des expressions imaginaires et sur leurs puissances fractionnaires et irrationnelles.*

Soit

$$\alpha + 6\sqrt{-1}$$

une expression imaginaire quelconque. On pourra toujours trouver (*voir* le § II) une valeur positive de ρ et une infinité de valeurs réelles de θ propres à vérifier l'équation

$$(1) \qquad \alpha + 6\sqrt{-1} = \rho(\cos\theta + \sqrt{-1}\sin\theta).$$

Cela posé, concevons que l'on désigne par m et n deux nombres entiers premiers entre eux. Si l'on fait usage des notations adoptées dans le § I, les racines $n^{\text{ièmes}}$ de l'expression $\alpha + 6\sqrt{-1}$, ou, ce qui revient au même, ses puissances du degré $\frac{1}{n}$, seront les diverses valeurs de

$$\sqrt[n]{\!\sqrt{\alpha + 6\sqrt{-1}}} = ((\alpha + 6\sqrt{-1}))^{\frac{1}{n}};$$

et, de même, les puissances fractionnaires de $\alpha + 6\sqrt{-1}$ positives ou négatives, du degré $\frac{m}{n}$ ou $-\frac{m}{n}$, seront les diverses valeurs de

$$((\alpha + 6\sqrt{-1}))^{\frac{m}{n}} \quad \text{ou} \quad ((\alpha + 6\sqrt{-1}))^{-\frac{m}{n}}.$$

En conséquence, pour déterminer ces racines et ces puissances, il suffira de résoudre l'un après l'autre les trois problèmes suivants :

PROBLÈME I. — *Trouver les diverses valeurs de l'expression*

$$((\alpha + 6\sqrt{-1}))^{\frac{1}{n}}.$$

Solution. — Soit

$$x = r(\cos t + \sqrt{-1}\sin t)$$

l'une de ces valeurs, r désignant une quantité positive et t un arc réel. On aura, d'après la définition même de l'expression $((\alpha + 6\sqrt{-1}))^{\frac{1}{n}}$,

$$x^n = \alpha + 6\sqrt{-1} = \rho(\cos\theta + \sqrt{-1}\sin\theta), \tag{2}$$

ou, ce qui revient au même,

$$r^n(\cos nt + \sqrt{-1}\sin nt) = \rho(\cos\theta + \sqrt{-1}\sin\theta).$$

On tirera de cette dernière équation, à l'aide du théorème I, § II,

$$r^n = \rho,$$
$$\cos nt + \sqrt{-1}\sin nt = \cos\theta + \sqrt{-1}\sin\theta$$

et, par suite,

$$r = \rho^{\frac{1}{n}},$$
$$\cos nt = \cos\theta, \qquad \sin nt = \sin\theta, \qquad nt = \theta \pm 2k\pi,$$
$$t = \frac{\theta \pm 2k\pi}{n},$$

k représentant un nombre entier quelconque. Les quantités r et t étant ainsi déterminées, les diverses valeurs de x propres à vérifier l'équation (1) seront évidemment comprises dans la formule

$$\begin{aligned} x &= \rho^{\frac{1}{n}}\left(\cos\frac{\theta \pm 2k\pi}{n} + \sqrt{-1}\sin\frac{\theta \pm 2k\pi}{n}\right) \\ &= \rho^{\frac{1}{n}}\left(\cos\frac{\theta}{n} + \sqrt{-1}\sin\frac{\theta}{n}\right)\left(\cos\frac{2k\pi}{n} \pm \sqrt{-1}\sin\frac{2k\pi}{n}\right) \end{aligned}$$

ou, ce qui revient au même, dans la suivante :

$$x = \rho^{\frac{1}{n}}\left(\cos\frac{\theta}{n} + \sqrt{-1}\sin\frac{\theta}{n}\right)((1))^{\frac{1}{n}}. \tag{3}$$

En d'autres termes, l'expression $((\alpha+6\sqrt{-1}))^{\frac{1}{n}}$, aussi bien que $((1))^{\frac{1}{n}}$, admettra n valeurs différentes déterminées par l'équation

$$(4)\qquad ((\alpha+6\sqrt{-1}))^{\frac{1}{n}}=\rho^{\frac{1}{n}}\left(\cos\frac{\theta}{n}+\sqrt{-1}\sin\frac{\theta}{n}\right)((1))^{\frac{1}{n}}.$$

Corollaire I. — Supposons $n=2$; on trouvera qu'il existe deux valeurs de l'expression

$$((\alpha+6\sqrt{-1}))^{\frac{1}{2}},$$

ou, ce qui revient au même, deux valeurs de x propres à vérifier l'équation

$$x^2=\alpha+6\sqrt{-1}=\rho(\cos\theta+\sqrt{-1}\sin\theta),$$

et que ces deux valeurs sont comprises dans la formule

$$\pm\rho^{\frac{1}{2}}\left(\cos\frac{\theta}{2}+\sqrt{-1}\sin\frac{\theta}{2}\right).$$

Corollaire II. — Supposons encore $n=3$; on trouvera qu'il existe trois valeurs de l'expression

$$((\alpha+6\sqrt{-1}))^{\frac{1}{3}},$$

ou, ce qui revient au même, trois valeurs de x propres à vérifier l'équation

$$x^3=\alpha+6\sqrt{-1}=\rho(\cos\theta+\sqrt{-1}\sin\theta),$$

et que ces deux valeurs sont respectivement

$$\rho^{\frac{1}{3}}\left(\cos\frac{\theta}{3}+\sqrt{-1}\sin\frac{3}{\theta}\right),$$

$$\rho^{\frac{1}{3}}\left(\cos\frac{\theta}{3}+\sqrt{-1}\sin\frac{\theta}{3}\right)\left(\cos\frac{2\pi}{3}+\sqrt{-1}\sin\frac{2\pi}{3}\right)$$
$$=\rho^{\frac{1}{3}}\left(\cos\frac{\theta+2\pi}{3}+\sqrt{-1}\sin\frac{\theta+2\pi}{3}\right),$$

$$\rho^{\frac{1}{3}}\left(\cos\frac{\theta}{3}+\sqrt{-1}\sin\frac{\theta}{3}\right)\left(\cos\frac{2\pi}{3}-\sqrt{-1}\sin\frac{2\pi}{3}\right)$$
$$=\rho^{\frac{1}{3}}\left(\cos\frac{\theta-2\pi}{3}+\sqrt{-1}\sin\frac{\theta-2\pi}{3}\right).$$

Corollaire III. — Supposons enfin $n = 4$; on trouvera qu'il existe quatre valeurs de l'expression

$$((\alpha + \text{ϐ}\sqrt{-1}))^{\frac{1}{4}},$$

ou, ce qui revient au même, quatre valeurs de x propres à vérifier l'équation

$$x^4 = \alpha + \text{ϐ}\sqrt{-1} = \rho(\cos\theta + \sqrt{-1}\sin\theta),$$

et que ces quatre valeurs sont comprises dans les deux formules

$$\pm \rho^{\frac{1}{4}}\left(\cos\frac{\theta}{4} + \sqrt{-1}\sin\frac{\theta}{4}\right),$$
$$\pm \rho^{\frac{1}{4}}\left(\sin\frac{\theta}{4} - \sqrt{-1}\cos\frac{\theta}{4}\right).$$

Problème II. — *Trouver les diverses valeurs de l'expression*

$$((\alpha + \text{ϐ}\sqrt{-1}))^{\frac{m}{n}}.$$

Solution. — Les nombres m et n étant supposés premiers entre eux, on aura, d'après la définition même de l'expression $((\alpha + \text{ϐ}\sqrt{-1}))^{\frac{m}{n}}$,

$$((\alpha + \text{ϐ}\sqrt{-1}))^{\frac{m}{n}} = \left[((\alpha + \text{ϐ}\sqrt{-1}))^{\frac{1}{n}}\right]^m;$$

puis, en remettant pour $((\alpha + \text{ϐ}\sqrt{-1}))^{\frac{1}{n}}$ sa valeur générale tirée de l'équation (4), on trouvera

$$(5)\qquad ((\alpha + \text{ϐ}\sqrt{-1}))^{\frac{m}{n}} = \rho^{\frac{m}{n}}\left(\cos\frac{m\theta}{n} + \sqrt{-1}\sin\frac{m\theta}{n}\right)((1))^{\frac{m}{n}}.$$

Corollaire I. — Si dans l'équation (5) on remet pour $((1))^{\frac{m}{n}}$ sa valeur tirée de la formule (6) (§ III), on obtiendra la suivante :

$$(6)\qquad ((\alpha + \text{ϐ}\sqrt{-1}))^{\frac{m}{n}} = \rho^{\frac{m}{n}}\left[\cos\frac{m(\theta \pm 2k\pi)}{n} + \sqrt{-1}\sin\frac{m(\theta \pm 2k\pi)}{n}\right].$$

Problème III. — *Trouver les diverses valeurs de l'expression*

$$((\alpha + \text{ϐ}\sqrt{-1}))^{-\frac{m}{n}}.$$

Solution. — On aura, d'après la définition même des puissances négatives,

$$((\alpha+6\sqrt{-1}))^{-\frac{m}{n}}=\frac{1}{((\alpha+6\sqrt{-1}))^{\frac{m}{n}}};$$

puis, en remettant pour $((\alpha+6\sqrt{-1}))^{\frac{m}{n}}$ sa valeur tirée de l'équation (6), et ayant égard à la formule (17) du § II, on trouvera

$$\begin{aligned}
&((\alpha+6\sqrt{-1}))^{-\frac{m}{n}}\\
&=\rho^{-\frac{m}{n}}\left[\cos\frac{m(\theta\pm 2k\pi)}{n}-\sqrt{-1}\sin\frac{m(\theta\pm 2k\pi)}{n}\right]\\
&=\rho^{-\frac{m}{n}}\left(\cos\frac{m\theta}{n}-\sqrt{-1}\sin\frac{m\theta}{n}\right)\left(\cos\frac{m.2k\pi}{n}\mp\sqrt{-1}\sin\frac{m.2k\pi}{n}\right)
\end{aligned}$$

ou, en d'autres termes,

$$(7)\qquad ((\alpha+6\sqrt{-1}))^{-\frac{m}{n}}=\rho^{-\frac{m}{n}}\left(\cos\frac{m\theta}{n}-\sqrt{-1}\sin\frac{m\theta}{n}\right)((1))^{-\frac{m}{n}}.$$

Corollaire I. — Si l'on fait $m=1$, l'équation (7) donnera

$$(8)\qquad ((\alpha+6\sqrt{-1}))^{-\frac{1}{n}}=\rho^{-\frac{1}{n}}\left(\cos\frac{\theta}{n}-\sqrt{-1}\sin\frac{\theta}{n}\right)((1))^{-\frac{1}{n}}.$$

Après avoir fixé, comme on vient de le faire, les diverses valeurs des quatre expressions

$$((\alpha+6\sqrt{-1}))^{\frac{1}{n}},\qquad ((\alpha+6\sqrt{-1}))^{\frac{m}{n}},$$
$$((\alpha+6\sqrt{-1}))^{-\frac{1}{n}},\qquad ((\alpha+6\sqrt{-1}))^{-\frac{m}{n}},$$

on reconnaîtra sans peine que les équations (4), (5), (8) et (7), à l'aide desquelles on détermine ces valeurs, peuvent être remplacées par une seule formule. Si l'on représente par a une quantité positive ou négative dont la valeur numérique soit fractionnaire, la formule dont il s'agit sera

$$(9)\qquad ((\alpha+6\sqrt{-1}))^{a}=\rho^{a}(\cos a\theta+\sqrt{-1}\sin a\theta)((1))^{a}.$$

Dans les calculs qui précèdent, ρ désigne toujours le module de l'expression imaginaire $\alpha + 6\sqrt{-1}$, c'est-à-dire la quantité positive $\sqrt{\alpha^2 + 6^2}$, et θ l'un quelconque des arcs propres à vérifier l'équation (1) ou, ce qui revient au même, les équations (4) du § II, savoir

$$(10)\qquad \left\{ \begin{aligned} \cos\theta &= \frac{\alpha}{\sqrt{\alpha^2 + 6^2}}, \\ \sin\theta &= \frac{6}{\sqrt{\alpha^2 + 6^2}}. \end{aligned} \right.$$

En divisant ces deux dernières l'une par l'autre, on en conclura

$$(11)\qquad \operatorname{tang}\theta = \frac{6}{\alpha}.$$

Par suite, si l'on nomme ζ le plus petit arc, abstraction faite du signe, qui ait pour tangente $\frac{6}{\alpha}$, ou, en d'autres termes, si l'on fait

$$(12)\qquad \zeta = \operatorname{arc\,tang}\frac{6}{\alpha},$$

on trouvera

$$(13)\qquad \operatorname{tang}\theta = \operatorname{tang}\zeta.$$

Cela posé, il deviendra facile d'introduire au lieu de l'arc θ, dans les diverses formules rapportées plus haut, l'arc ζ, dont la valeur est complètement déterminée. On y parviendra, en effet, par les considérations suivantes.

Les arcs θ et ζ, ayant la même tangente, auront aussi, abstraction faite du signe, le même sinus et le même cosinus; et, comme d'ailleurs l'équation (13) peut se mettre sous la forme

$$\frac{\sin\theta}{\cos\theta} = \frac{\sin\zeta}{\cos\zeta},$$

il est clair que, pour y satisfaire, on devra poser en même temps ou

$$(14)\qquad \cos\theta = \cos\zeta, \qquad \sin\theta = \sin\zeta$$

ou bien

$$(15)\qquad \cos\theta = -\cos\zeta, \qquad \sin\theta = -\sin\zeta.$$

De plus, la valeur de $\cos\theta$ déterminée par la première des équations (10) étant évidemment de même signe que α, tandis que l'arc ζ compris entre les limites $-\frac{\pi}{2}$, $+\frac{\pi}{2}$ a toujours un cosinus positif, il en résulte que, des équations (14) et (15), les deux premières subsisteront, si α est positif, et les deux dernières, si α est négatif. Voyons maintenant à quoi se réduisent, dans ces deux hypothèses, les formules (1) et (9).

Si d'abord on suppose α positif, les équations (10) pourront être remplacées par les équations (14), et l'on déduira de celles-ci une infinité de valeurs de θ, parmi lesquelles on doit remarquer la suivante :

$$\theta = \zeta. \tag{16}$$

Lorsqu'on fait usage de cette valeur, les formules (1) et (9) deviennent respectivement

$$\alpha + 6\sqrt{-1} = \rho(\cos\zeta + \sqrt{-1}\sin\zeta), \tag{17}$$

$$((a + 6\sqrt{-1}))^a = \rho^a(\cos a\zeta + \sqrt{-1}\sin a\zeta)\,((1))^a. \tag{18}$$

Si l'on suppose en second lieu α négatif, les équations (10) pourront être remplacées par les équations (15), desquelles on déduira, entre autres valeurs de θ,

$$\theta = \zeta + \pi. \tag{19}$$

Par suite, on pourra, dans cette hypothèse, aux formules (1) et (9) substituer celles qui suivent :

$$\alpha + 6\sqrt{-1} = -\rho(\cos\zeta + \sqrt{-1}\sin\zeta), \tag{20}$$

$$\left\{\begin{aligned} &((\alpha + 6\sqrt{-1}))^a \\ &\quad = \rho^a[\cos(a\zeta + a\pi) + \sqrt{-1}\sin(a\zeta + a\pi)]\,((1))^a \\ &\quad = \rho^a(\cos a\zeta + \sqrt{-1}\sin a\zeta)(\cos a\pi + \sqrt{-1}\sin a\pi)\,((1))^a. \end{aligned}\right. \tag{21}$$

Si l'on fait en particulier $\alpha + 6\sqrt{-1} = -1$, c'est-à-dire $\alpha = -1$,

$6 = 0$, on trouvera

$$\zeta = \arctan \frac{0}{-1} = 0,$$

et la formule (21) deviendra

(22) $$((-1))^a = (\cos a\pi + \sqrt{-1}\sin a\pi)((1))^a.$$

Il en résulte qu'on aura généralement dans l'hypothèse admise

(23) $$((\alpha + 6\sqrt{-1}))^a = \rho^a(\cos a\zeta + \sqrt{-1}\sin a\zeta)((-1))^a.$$

En réunissant aux formules (17), (18), (20) et (23) les équations (25) et (26) du § III, on obtiendra définitivement les conclusions suivantes.

Soient $\alpha + 6\sqrt{-1}$ une expression imaginaire quelconque, a une quantité positive ou négative dont la valeur numérique soit fractionnaire, et k un nombre entier choisi arbitrairement. Si l'on fait, de plus,

(24) $$\rho = \sqrt{\alpha^2 + 6^2}, \qquad \zeta = \arctan \frac{6}{\alpha},$$

on aura, pour des valeurs positives de α,

(25) $$\begin{cases} \alpha + 6\sqrt{-1} = \rho(\cos\zeta + \sqrt{-1}\sin\zeta), \\ ((\alpha + 6\sqrt{-1}))^a = \rho^a(\cos a\zeta + \sqrt{-1}\sin a\zeta)((1))^a, \\ ((1))^a = \cos 2ka\pi \pm \sqrt{-1}\sin 2ka\pi, \end{cases}$$

et, pour des valeurs négatives de α,

(26) $$\begin{cases} \alpha + 6\sqrt{-1} = -\rho(\cos\zeta + \sqrt{-1}\sin\zeta), \\ ((\alpha + 6\sqrt{-1}))^a = \rho^a(\cos\alpha\zeta + \sqrt{-1}\sin a\zeta)((-1))^a, \\ ((-1))^a = \cos(\overline{2k+1}\,a\pi) \pm \sqrt{-1}\sin(\overline{2k+1}\,a\pi). \end{cases}$$

On doit ajouter que, si l'on désigne par n le dénominateur de la fraction la plus simple qui représente la valeur numérique de a, n sera précisément le nombre des valeurs distinctes de chacune des expressions

$$((1))^a, \quad ((-1))^a, \quad ((\alpha + 6\sqrt{-1}))^a,$$

et que, pour déduire ces mêmes valeurs des formules (25) et (26), il suffira d'y substituer successivement, au lieu de $2k$ et de $2k+1$, tous les nombres entiers qui ne sortent pas des limites o et n.

Si la valeur numérique de a devenait irrationnelle, chacune des expressions réduites

$$\cos 2ka\pi \pm \sqrt{-1}\sin 2ka\pi,$$
$$\cos(\overline{2k+1}\,a\pi) \pm \sqrt{-1}\sin(\overline{2k+1}\,a\pi),$$

aurait un nombre indéfini de valeurs correspondantes aux diverses valeurs entières de k; et, par suite, on ne pourrait plus admettre dans le calcul les notations

$$((1))^a, \quad ((-1))^a, \quad ((\alpha+6\sqrt{-1}))^a,$$

à moins de considérer chacune d'elles comme propre à représenter une infinité d'expressions imaginaires distinctes les unes des autres. Pour éviter cet inconvénient, nous n'emploierons jamais les notations dont il s'agit que dans le cas où la valeur numérique de a sera fractionnaire.

Parmi les diverses valeurs de $((1))^a$, il en est une toujours réelle et positive, savoir, $+1$, que l'on indique par la notation $(1)^a$ ou 1^a, en faisant usage de parenthèses simples, ou même les supprimant entièrement. Si l'on substitue cette valeur particulière de $((1))^a$ dans la seconde des équations (25), on obtiendra une valeur correspondante de

$$((\alpha+6\sqrt{-1}))^a,$$

que l'analogie nous porte à indiquer, à l'aide de parenthèses simples, par la notation

$$(\alpha+6\sqrt{-1})^a.$$

C'est ce que nous ferons désormais. Par suite, on aura, en supposant α positif, et les quantités ρ, ζ déterminées par les équations (24),

$$(27) \qquad (\alpha+6\sqrt{-1})^a = \rho^a(\cos a\zeta + \sqrt{-1}\sin a\zeta).$$

Cette dernière équation ayant lieu toutes les fois que la valeur numérique de a est entière ou fractionnaire, l'analogie nous conduit encore à la considérer comme vraie dans le cas où cette valeur numérique devient irrationnelle. En conséquence, nous conviendrons de désigner par

$$(\alpha+6\sqrt{-1})^a$$

le produit $\rho^a(\cos a\zeta+\sqrt{-1}\sin a\zeta)$, dans le cas où α sera positif, quelle que soit la valeur réelle attribuée à la quantité a. En d'autres termes, si l'on désigne par ζ un arc compris entre les limites $-\frac{\pi}{2}$, $+\frac{\pi}{2}$, on aura, quel que soit a,

$$[\rho(\cos\zeta+\sqrt{-1}\sin\zeta)]^a=\rho^a(\cos a\zeta+\sqrt{-1}\sin a\zeta).$$

Si dans l'équation précédente on fait $\rho=1$, elle deviendra

$$(28)\qquad (\cos\zeta+\sqrt{-1}\sin\zeta)^a=\cos a\zeta+\sqrt{-1}\sin a\zeta.$$

Cette dernière formule est entièrement semblable aux équations (10) et (14) du § II, avec cette seule différence qu'elle subsiste uniquement pour des valeurs de ζ comprises entre les limites $-\frac{\pi}{2}$, $+\frac{\pi}{2}$, tandis que les équations dont il s'agit s'étendent à des valeurs quelconques de θ.

Lorsque la quantité α devient négative, on ne voit plus, même en supposant fractionnaire la valeur numérique de a, quelle est celle des valeurs de l'expression $((\alpha+6\sqrt{-1}))^a$ que l'on pourrait distinguer des autres et désigner par la notation

$$(\alpha+6\sqrt{-1})^a.$$

Mais alors, $-\alpha$ étant une quantité positive, il est facile d'établir, pour des valeurs quelconques de a, la formule

$$(29)\qquad (-\alpha-6\sqrt{-1})^a=\rho^a(\cos a\zeta+\sqrt{-1}\sin a\zeta).$$

Nous terminerons ce paragraphe en faisant observer que, dans le cas où la valeur numérique de a devient fractionnaire, les formules (27) et (29) réduisent les équations (18) et (23) à celles qui suivent

$$(30)\qquad ((\alpha+6\sqrt{-1}))^a=(\alpha+6\sqrt{-1})^a\,((1))^a,$$

$$(31)\qquad ((\alpha+6\sqrt{-1}))^a=(-\alpha-6\sqrt{-1})^a\,((-1))^a,$$

l'équation (30) ayant lieu seulement pour des valeurs positives de la quantité α, et l'équation (31) pour des valeurs négatives de la même quantité.

§ V. — *Applications des principes établis dans les paragraphes précédents.*

Nous allons appliquer les principes établis dans les précédents paragraphes à la résolution de trois problèmes sur les sinus et cosinus.

Problème I. — *Transformer* $\sin mz$ *et* $\cos mz$ *(m désignant un nombre entier quelconque) en un polynôme ordonné suivant les puissances ascendantes et entières de* $\sin z$, *ou du moins en un produit formé par la multiplication d'un semblable polynôme et de* $\cos z$.

Solution. — Lorsque dans les équations (12) du § II on remplace les puissances paires de $\cos z$ par des puissances entières de $1 - \sin^2 z$, ces équations deviennent, pour des valeurs paires de m,

$$\cos mz = (1-\sin^2 z)^{\frac{m}{2}} - \frac{m(m-1)}{1.2}(1-\sin^2 z)^{\frac{m-2}{2}}\sin^2 z + \frac{m(m-1)(m-2)(m-3)}{1.2.3.4}(1-\sin^2 z)^{\frac{m-4}{2}}\sin^4 z - \ldots,$$

$$\sin mz = \cos z\left[\frac{m}{1}(1-\sin^2 z)^{\frac{m-2}{2}}\sin z - \frac{m(m-1)(m-2)}{1.2.3}(1-\sin^2 z)^{\frac{m-4}{2}}\sin^3 z + \ldots\right],$$

et, pour des valeurs impaires de m,

$$\cos mz = \cos z\left[(1-\sin^2 z)^{\frac{m-1}{2}} - \frac{m(m-1)}{1.2}(1-\sin^2 z)^{\frac{m-3}{2}}\sin^2 z + \frac{m(m-1)(m-2)(m-3)}{1.2.3.4}(1-\sin^2 z)^{\frac{m-5}{2}}\sin^4 z - \ldots\right],$$

$$\sin mz = \frac{m}{1}(1-\sin^2 z)^{\frac{m-1}{2}}\sin z - \frac{m(m-1)(m-2)}{1.2.3}(1-\sin^2 z)^{\frac{m-3}{2}}\sin^3 z + \ldots.$$

Si l'on développe les seconds membres des quatre formules précédentes, ou du moins les coefficients de $\cos z$ dans ces seconds membres, en polynômes ordonnés suivant les puissances ascendantes et entières de $\sin z$, on trouvera, pour des valeurs paires de m,

$$(1)\quad \left\{\begin{aligned} \cos mz &= 1 - \frac{m}{1}\left(\frac{m-1}{2} + \frac{1}{2}\right)\sin^2 z \\ &\quad + \frac{m(m-2)}{1.3}\left[\frac{(m-1)(m-3)}{2.4} + \frac{m-1}{2}\,\frac{3}{2} + \frac{3.1}{2.4}\right]\sin^4 z - \ldots, \\ \sin mz &= \cos z\left\{\frac{m}{1}\sin z - \frac{m(m-2)}{1.3}\left(\frac{m-1}{2} + \frac{3}{2}\right)\sin^3 z \right. \\ &\quad \left. + \frac{m(m-2)(m-4)}{1.3.5}\left[\frac{(m-1)(m-3)}{2.4} + \frac{m-1}{2}\,\frac{5}{2} + \frac{5.3}{2.4}\right]\sin^5 z - \ldots\right\}; \end{aligned}\right.$$

et, pour les valeurs impaires de m,

$$(2)\quad \left\{\begin{aligned} \cos mz &= \cos z\left\{1 - \frac{m-1}{1}\left(\frac{m}{2} + \frac{1}{2}\right)\sin^2 z \right. \\ &\quad \left. + \frac{(m-1)(m-3)}{1.3}\left[\frac{m(m-2)}{2.4} + \frac{m}{2}\,\frac{3}{2} + \frac{3.1}{2.4}\right]\sin^4 z - \ldots\right\}, \\ \sin mz &= \frac{m}{1}\sin z - \frac{m(m-1)}{1.3}\left(\frac{m-2}{2} + \frac{3}{2}\right)\sin^3 z \\ &\quad + \frac{m(m-1)(m-3)}{1.3.5}\left[\frac{(m-2)(m-4)}{2.4} + \frac{m-2}{2}\,\frac{5}{2} + \frac{5.3}{2.4}\right]\sin^5 z - \ldots. \end{aligned}\right.$$

Les équations (1) et (2) comprennent évidemment la solution de la question proposée. Il ne reste plus qu'à les présenter sous la forme la plus simple. Pour y parvenir, il suffira d'observer que le coefficient de chaque puissance entière de $\sin z$ renferme généralement une somme de fractions à laquelle l'équation (5) du Chapitre IV (§ III) permet de substituer une fraction unique. Par suite de cette réduction, les développements de $\cos mz$ et de $\sin mz$ deviendront, pour des valeurs paires de m,

$$(3)\quad \left\{\begin{aligned} \cos mz &= 1 - \frac{m.m}{1.2}\sin^2 z + \frac{(m+2)m.m(m-2)}{1.2.3.4}\sin^4 z \\ &\quad - \frac{(m+4)(m+2)m.m(m-2)(m-4)}{1.2.3.4.5.6}\sin^6 z + \ldots \end{aligned}\right.$$

et

$$(4)\quad \begin{cases} \sin mz = \cos z\left[\frac{m}{1}\sin z - \frac{(m+2)m(m-2)}{1.2.3}\sin^3 z\right. \\ \qquad\left. + \frac{(m+4)(m+2)m(m-2)(m-4)}{1.2.3.4.5}\sin^5 z - \ldots\right]; \end{cases}$$

et, pour des valeurs impaires de m,

$$(5)\quad \begin{cases} \cos mz = \cos z\left[1 - \frac{(m+1)(m-1)}{1.2}\sin^2 z\right. \\ \qquad\left. + \frac{(m+3)(m+1)(m-1)(m-3)}{1.2.3.4}\sin^4 z - \ldots\right], \end{cases}$$

$$(6)\quad \begin{cases} \sin mz = \frac{m}{1}\sin z - \frac{(m+1)m(m-1)}{1.2.3}\sin^3 z \\ \qquad + \frac{(m+3)(m+1)m(m-1)(m-3)}{1.2.3.4.5}\sin^5 z - \ldots. \end{cases}$$

Corollaire I. — Si dans l'équation (3) on fait successivement

$$m = 2, \quad m = 4, \quad m = 6, \quad \ldots,$$

on obtiendra les suivantes :

$$(7)\quad \begin{cases} \cos 2z = 1 - 2\sin^2 z, \\ \cos 4z = 1 - 8\sin^2 z + 8\sin^4 z, \\ \cos 6z = 1 - 18\sin^2 z + 48\sin^4 z - 32\sin^6 z, \\ \ldots\ldots\ldots\ldots\ldots\ldots \end{cases}$$

Corollaire II. — Si dans l'équation (6) on fait successivement

$$m = 1, \quad m = 3, \quad m = 5, \quad \ldots,$$

on en tirera

$$(8)\quad \begin{cases} \sin z = \sin z, \\ \sin 3z = 3\sin z - 4\sin^3 z, \\ \sin 5z = 5\sin z - 20\sin^3 z + 16\sin^5 z, \\ \ldots\ldots\ldots\ldots\ldots\ldots \end{cases}$$

Problème II. — *Transformer* $\sin mz$ *et* $\cos mz$ *(m désignant un nombre entier quelconque) en un polynôme ordonné suivant les puissances ascen-*

dantes et entières de $\cos z$, *ou du moins en un produit formé par la multiplication d'un semblable polynôme et de* $\sin z$.

Solution. — Pour obtenir les formules qui résolvent la question proposée, il suffit de remplacer, dans les équations (3), (4), (5) et (6), z par $\frac{\pi}{2} - z$, et d'observer en outre qu'on a, pour des valeurs paires de m,

$$\cos\left(\frac{m\pi}{2} - mz\right) = (-1)^{\frac{m}{2}} \cos mz,$$

$$\sin\left(\frac{m\pi}{2} - mz\right) = (-1)^{\frac{m}{2}+1} \sin mz;$$

et, pour des valeurs impaires de m,

$$\cos\left(\frac{m\pi}{2} - mz\right) = (-1)^{\frac{m-1}{2}} \sin mz,$$

$$\sin\left(\frac{m\pi}{2} - mz\right) = (-1)^{\frac{m-1}{2}} \cos mz.$$

On trouvera de cette manière, si m est un nombre pair,

$$(9)\quad \left\{\begin{aligned} (-1)^{\frac{m}{2}} \cos mz = 1 &- \frac{m.m}{2}\cos^2 z + \frac{(m+2)m.m(m-2)}{1.2.3.4}\cos^4 z \\ &- \frac{(m+4)(m+2)m.m(m-2)(m-4)}{1.2.3.4.5.6}\cos^6 z + \ldots, \end{aligned}\right.$$

$$(10)\quad \left\{\begin{aligned} (-1)^{\frac{m}{2}+1} \sin mz = \sin z \Bigg[&\frac{m}{1}\cos z - \frac{(m+2)m(m-2)}{1.2.3}\cos^3 z \\ &+ \frac{(m+4)(m+2)m(m-2)(m-4)}{1.2.3.4.5}\cos^5 z - \ldots \Bigg]; \end{aligned}\right.$$

et, si m est un nombre impair,

$$(11)\quad \left\{\begin{aligned} (-1)^{\frac{m-1}{2}} \sin mz = \sin z \Bigg[1 &- \frac{(m+1)(m-1)}{1.2}\cos^2 z \\ &+ \frac{(m+3)(m+1)(m-1)(m-3)}{1.2.3.4}\cos^4 z - \ldots \Bigg], \end{aligned}\right.$$

$$(12)\quad \left\{\begin{aligned} (-1)^{\frac{m-1}{2}} \cos mz = \frac{m}{1}\cos z &- \frac{(m+1)m(m-1)}{1.2.3}\cos^3 z \\ &+ \frac{(m+3)(m+1)m(m-1)(m-3)}{1.2.3.4.5}\cos^5 z - \ldots. \end{aligned}\right.$$

Corollaire I. — Si dans la formule (9) on fait successivement

$$m = 2, \qquad m = 4, \qquad m = 6, \qquad \ldots,$$

on obtiendra les suivantes :

$$(13)\quad \begin{cases} -\cos 2z = 1 - 2\cos^2 z, \\ \cos 4z = 1 - 8\cos^2 z + 8\cos^4 z, \\ -\cos 6z = 1 - 18\cos^2 z + 48\cos^4 z - 32\cos^6 z, \\ \ldots\ldots\ldots\ldots\ldots\ldots\ldots\ldots \end{cases}$$

Corollaire II. — Si dans l'équation (12) on fait successivement

$$m = 1, \qquad m = 3, \qquad m = 5, \qquad \ldots,$$

on en conclura

$$(14)\quad \begin{cases} \cos z = \cos z, \\ -\cos 3z = 3\cos z - 4\cos^3 z, \\ \cos 5z = 5\cos z - 20\cos^3 z + 16\cos^5 z, \\ \ldots\ldots\ldots\ldots\ldots\ldots\ldots\ldots \end{cases}$$

Problème III. — *Exprimer les puissances entières de* $\sin z$ *et de* $\cos z$ *en fonction linéaire des sinus et cosinus des arcs* z, $2z$, $3z$, ...

Solution. — On résout facilement ce problème, en ayant égard aux propriétés des deux expressions imaginaires conjuguées

$$\cos z + \sqrt{-1}\sin z, \qquad \cos z - \sqrt{-1}\sin z.$$

Si l'on désigne la première par u, et la seconde par v, on aura

$$2\cos z = u + v, \qquad 2\sqrt{-1}\sin z = u - v.$$

En élevant les deux membres de chacune des équations précédentes à la puissance entière du degré m, les divisant ensuite par 2 ou par $2\sqrt{-1}$, puis effectuant les réductions indiquées par les formules

$$uv = 1,$$

$$\frac{u^n + v^n}{2} = \cos nz, \qquad \frac{u^n - v^n}{2\sqrt{-1}} = \sin nz,$$

dont les deux dernières subsistent pour des valeurs entières quelconques de n, on trouvera, si m représente un nombre pair,

$$(15)\quad \left\{\begin{aligned} 2^{m-1}\cos^m z &= \cos mz + \frac{m}{1}\cos(\overline{m-2}.z) \\ &\quad + \frac{m(m-1)}{1.2}\cos(\overline{m-4}.z) + \ldots \\ &\quad + \frac{1}{2}\,\frac{m(m-1)\ldots\left(\frac{m}{2}+1\right)}{1.2.3\ldots\frac{m}{2}}, \end{aligned}\right.$$

$$(16)\quad \left\{\begin{aligned} (-1)^{\frac{m}{2}}\,2^{m-1}\sin^m z &= \cos mz - \frac{m}{1}\cos(\overline{m-2}.z) \\ &\quad + \frac{m(m-1)}{1.2}\cos(\overline{m-4}.z) - \ldots \\ &\quad \pm \frac{1}{2}\,\frac{m(m-1)\ldots\left(\frac{m}{2}+1\right)}{1.2.3\ldots\frac{m}{2}}; \end{aligned}\right.$$

et, si m représente un nombre impair,

$$(17)\quad \left\{\begin{aligned} 2^{m-1}\cos^m z &= \cos mz + \frac{m}{1}\cos(\overline{m-2}.z) \\ &\quad + \frac{m(m-1)}{1.2}\cos(\overline{m-4}.z) + \ldots \\ &\quad + \frac{m(m-1)\ldots\frac{m+3}{2}}{1.2.3\ldots\frac{m-1}{2}}\cos z, \end{aligned}\right.$$

$$(18)\quad \left\{\begin{aligned} (-1)^{\frac{m-1}{2}}\,2^{m-1}\sin^m z &= \sin mz - \frac{m}{1}\sin(\overline{m-2}.z) \\ &\quad + \frac{m(m-1)}{1.2}\sin(\overline{m-4}.z) - \ldots \\ &\quad \pm \frac{m(m-1)\ldots\frac{m+3}{2}}{1.2.3\ldots\frac{m-1}{2}}\sin z. \end{aligned}\right.$$

Corollaire I. — Si dans la formule (15) on fait successivement

$$m=2, \qquad m=4, \qquad m=6, \qquad \ldots,$$

on en conclura

$$(19)\quad \left\{\begin{aligned} 2\cos^2 z &= \cos 2z + 1,\\ 8\cos^4 z &= \cos 4z + 4\cos 2z + 3,\\ 32\cos^6 z &= \cos 6z + 6\cos 4z + 15\cos 2z + 10,\\ &\ldots\ldots\ldots\ldots\ldots\ldots\ldots\ldots \end{aligned}\right.$$

On arriverait aux mêmes équations, si l'on cherchait à déduire des formules (13) les valeurs successives de

$$\cos^2 z, \quad \cos^4 z, \quad \cos^6 z, \quad \ldots$$

en fonctions linéaires de

$$\cos 2z, \quad \cos 4z, \quad \cos 6z, \quad \ldots .$$

Corollaire II. — Si dans la formule (16) on fait successivement

$$m = 2, \qquad m = 4, \qquad m = 6, \qquad \ldots,$$

on obtiendra les équations

$$(20)\quad \left\{\begin{aligned} -\ 2\sin^2 z &= \cos 2z - 1,\\ 8\sin^4 z &= \cos 4z - 4\cos 2z + 3,\\ -\ 32\sin^6 z &= \cos 6z - 6\cos 4z + 15\cos 2z - 10,\\ &\ldots\ldots\ldots\ldots\ldots\ldots\ldots\ldots, \end{aligned}\right.$$

que l'on pourrait également déduire des formules (7), par l'élimination des quantités

$$\sin^2 z, \quad \sin^4 z, \quad \sin^6 z, \quad \ldots .$$

Corollaire III. — Si dans la formule (17) on fait successivement

$$m = 1, \qquad m = 3, \qquad m = 5, \qquad \ldots,$$

on en conclura

$$(21)\quad \left\{\begin{aligned} \cos z &= \cos z,\\ 4\cos^3 z &= \cos 3z + 3\cos z,\\ 16\cos^5 z &= \cos 5z + 5\cos 3z + 10\cos z,\\ &\ldots\ldots\ldots\ldots\ldots\ldots\ldots\ldots \end{aligned}\right.$$

On arriverait aux mêmes équations, si l'on cherchait à déduire des formules (14) les valeurs successives de

$$\cos z, \quad \cos^3 z, \quad \cos^5 z, \quad \ldots$$

en fonctions linéaires de

$$\cos z, \quad \cos 3z, \quad \cos 5z, \quad \ldots.$$

Corollaire IV. — Si dans la formule (18) on fait successivement

$$m = 1, \qquad m = 3, \qquad m = 5, \qquad \ldots,$$

on obtiendra les équations

$$(22) \quad \left\{ \begin{aligned} \sin z &= \sin z, \\ -4\sin^3 z &= \sin 3z - 3\sin z, \\ 16\sin^5 z &= \sin 5z - 5\sin 3z + 10\sin z, \\ &\ldots\ldots\ldots\ldots\ldots\ldots, \end{aligned} \right.$$

que l'on pourrait également déduire des formules (8) par l'élimination des quantités

$$\sin z, \quad \sin^3 z, \quad \sin^5 z, \quad \ldots.$$

CHAPITRE VIII.

DES VARIABLES ET FES FONCTIONS IMAGINAIRES.

§ I. — *Considérations générales sur les variables et les fonctions imaginaires.*

Lorsqu'on suppose variables les deux quantités réelles u, v, ou au moins l'une d'entre elles, l'expression

$$u + v\sqrt{-1}$$

est ce qu'on appelle une *variable imaginaire*. Si, de plus, la variable u converge vers la limite U et la variable v vers la limite V,

$$\mathrm{U} + \mathrm{V}\sqrt{-1}$$

sera la *limite* vers laquelle converge l'expression imaginaire

$$u + v\sqrt{-1}.$$

Lorsque les constantes ou variables comprises dans une fonction donnée, après avoir été considérées comme réelles, sont ensuite supposées imaginaires, la notation à l'aide de laquelle on exprimait la fonction dont il s'agit ne peut être conservée dans le calcul qu'en vertu de conventions nouvelles propres à fixer le sens de cette notation dans la dernière hypothèse. Ainsi, par exemple, en vertu des conventions établies dans le Chapitre précédent, les valeurs des notations

$$a + x, \quad a - x, \quad ax, \quad \frac{a}{x}$$

se trouvent complètement déterminées dans le cas où la constante a et la variable x deviennent imaginaires. Supposons, pour fixer les idées, que, la constante a restant réelle, la variable x reçoive la valeur imaginaire

$$\alpha + \beta\sqrt{-1} = \rho(\cos\theta + \sqrt{-1}\sin\theta),$$

α, β exprimant deux quantités réelles qui peuvent être remplacées par le module ρ et l'arc réel θ. On conclura du Chapitre VII (§§ I et II) que les quatre notations

$$a + x, \quad a - x, \quad ax, \quad \frac{a}{x}$$

désignent respectivement les quatre expressions imaginaires

$$a + \rho\cos\theta + \rho\sin\theta\sqrt{-1},$$
$$a - \rho\cos\theta - \rho\sin\theta\sqrt{-1},$$
$$a\rho\cos\theta + a\rho\sin\theta\sqrt{-1},$$
$$\frac{a}{\rho}\cos\theta - \frac{a}{\rho}\sin\theta\sqrt{-1},$$

ou, en d'autres termes, les suivantes :

$$a + \alpha + \beta\sqrt{-1}, \quad a - \alpha - \beta\sqrt{-1}, \quad a\alpha + a\beta\sqrt{-1},$$
$$\frac{a\alpha}{\alpha^2 + \beta^2} - \frac{a\beta}{\alpha^2 + \beta^2}\sqrt{-1}.$$

En général, on fixera sans difficulté, par le moyen des principes établis dans le Chapitre VII, les valeurs des expressions algébriques dans lesquelles plusieurs variables ou constantes imaginaires seraient liées entre elles par les signes de l'addition, de la soustraction, de la multiplication ou de la division; et l'on reconnaîtra sans peine que ces expressions conservent toutes les propriétés dont elles jouiraient si les variables et constantes qui s'y trouvent comprises étaient réelles. Par exemple, si l'on désigne par

$$x, \quad y, \quad z, \quad \ldots, \quad u, \quad v, \quad w, \quad \ldots$$

plusieurs variables soit réelles, soit imaginaires, on aura, dans tous les cas possibles,

$$(1)\quad\left\{\begin{array}{l}
x+y+z+\ldots-(u+v+w+\ldots)\\
\quad=x+y+z+\ldots-u-v-w-\ldots,\\
xy=yx,\\
u(x+y+z+\ldots)=ux+uy+uz+\ldots,\\
\dfrac{x+y+z+\ldots}{u}=\dfrac{x}{u}+\dfrac{y}{u}+\dfrac{z}{u}+\ldots,\\
\dfrac{x}{u}\times\dfrac{y}{v}\times\dfrac{z}{w}\times\ldots=\dfrac{xyz\ldots}{uvw\ldots},\\
\dfrac{x}{\left(\dfrac{u}{v}\right)}=\dfrac{vx}{u}=\dfrac{v}{u}\times x,\\
\ldots\ldots\ldots\ldots\ldots\ldots
\end{array}\right.$$

Considérons maintenant la notation

$$x^a,$$

dans le cas où, la constante a restant réelle, la variable x obtient la valeur imaginaire

$$\alpha+6\sqrt{-1}=\rho(\cos\theta+\sqrt{-1}\sin\theta).$$

Si l'on prend pour a une quantité dont la valeur numérique soit un nombre entier m, cette même notation, savoir

$$x^a=x^{\pm m},$$

aura, pour des valeurs réelles quelconques de α et de 6, une signification précise. Elle représentera l'expression imaginaire

$$\rho^m\cos m\theta+\rho^m\sin m\theta\sqrt{-1},$$

si $a=+m$, et la suivante

$$\rho^{-m}\cos m\theta-\rho^{-m}\sin m\theta\sqrt{-1},$$

si $a=-m$ [(*voir* le Chapitre VII, § II, équations (18) et (19)]. Mais, toutes les fois que la constante a recevra une valeur numérique fractionnaire ou irrationnelle, la notation

$$x^a$$

n'aura plus de valeur précise et déterminée, à moins que la partie réelle α de l'expression imaginaire x ne soit positive. Si dans ce cas particulier on fait

$$\zeta = \operatorname{arc\,tang} \frac{6}{\alpha},$$

l'arc ζ restera compris entre les limites $-\frac{\pi}{2}, +\frac{\pi}{2}$; et, en écrivant x au lieu de $\alpha + 6\sqrt{-1}$ dans le § IV du Chapitre VII [(équations (17) et (27)], on trouvera

$$x = \rho(\cos\zeta + \sqrt{-1}\sin\zeta),$$
$$x^a = \rho^a(\cos a\zeta + \sqrt{-1}\sin a\zeta),$$

en sorte que la notation x^a désignera l'expression imaginaire

$$\rho^a \cos a\zeta + \rho^a \sin a\zeta \sqrt{-1}.$$

Il suit encore des conventions et des principes ci-dessus établis (Chap. VII, §§ III et IV), que, pour une valeur numérique fractionnaire de la constante a, la notation

$$((x))^a$$

représente à la fois plusieurs expressions imaginaires, dont les valeurs sont données par les deux formules

$$((x))^a = x^a((1))^a, \qquad ((1))^a = \cos 2ka\pi \pm \sqrt{-1}\sin 2ka\pi,$$

lorsque la partie réelle α de l'expression imaginaire x est positive, et par les deux suivantes

$$((x))^a = (-x)^a((-1))^a,$$
$$((-1))^a = \cos(2k+1)a\pi \pm \sqrt{-1}\sin(2k+1)a\pi,$$

lorsque la quantité α devient négative [(*voir*, à ce sujet, dans le § IV du Chapitre VII, les équations (25) et (26)]. La même notation ne peut plus être employée dans le cas où la valeur numérique de a devient irrationnelle.

Les expressions de la forme
$$x^a$$

conservent les mêmes propriétés pour des valeurs réelles et pour des valeurs imaginaires de la variable, tant que l'exposant a pour valeur numérique un nombre entier; mais ces propriétés ne subsistent plus que sous certaines conditions dans le cas contraire. Soient, par exemple,

$$x = \alpha + \beta\sqrt{-1}, \quad y = \alpha' + \beta'\sqrt{-1}, \quad z = \alpha'' + \beta''\sqrt{-1}, \quad \ldots$$

plusieurs expressions imaginaires, qui se réduiront à des quantités réelles si β, β', β'' s'évanouissent. Désignons, en outre, par a, b, c, ... des quantités réelles quelconques, dont les valeurs numériques soient fractionnaires ou irrationnelles, et par m, m', m'', ... plusieurs nombres entiers. On aura constamment, en vertu des principes établis dans le Chapitre VII,

$$(2) \quad \begin{cases} x^m \ x^{m'} \ x^{m''} \ldots = x^{m+m'+m''+\cdots}, \\ x^{-m} x^{-m'} x^{-m''} \ldots = x^{-m-m'-m''-\cdots}, \\ x^{\pm m} x^{\pm m'} x^{\pm m''} \ldots = x^{\pm m \pm m' \pm m'' \pm \cdots}, \end{cases}$$

chacun des nombres m, m', m'', ... devant être affecté du même signe dans les deux membres;

$$(3) \quad \begin{cases} x^m \ y^m \ z^m \ldots = (xyz\ldots)^m, \\ x^{-m} y^{-m} z^{-m} \ldots = (xyz\ldots)^{-m}, \end{cases}$$

$$(4) \quad \begin{cases} (x^m)^{m'} = (x^{-m})^{-m'} = x^{mm'}, \\ (x^m)^{-m'} = (x^{-m})^{m'} = x^{-mm'}. \end{cases}$$

On trouvera, au contraire, que des trois formules

$$(5) \quad x^a \ x^b \ x^c \ldots = x^{a+b+c+\cdots},$$

$$(6) \quad x^a \ y^a \ z^a \ldots = (xyz\ldots)^a,$$

$$(7) \quad (x^a)^b = x^{ab}$$

la première subsiste uniquement toutes les fois que la partie réelle α

de l'expression imaginaire x est positive; la seconde, toutes les fois que, α, α', α'', ... étant positifs, la somme

$$\text{arc tang}\frac{6}{\alpha}+\text{arc tang}\frac{6'}{\alpha'}+\text{arc tang}\frac{6''}{\alpha''}+\ldots$$

reste comprise entre les limites $-\frac{\pi}{2}$, $+\frac{\pi}{2}$; et la dernière, toutes les fois que, α étant positif, le produit

$$a\,\text{arc tang}\frac{6}{\alpha}$$

est compris entre ces mêmes limites.

Les conventions faites dans le Chapitre VII ne suffisent pas encore pour fixer d'une manière précise le sens des notations

$$A^x,\quad Lx,\quad \sin x,\quad \cos x,\quad \text{arc}\sin x,\quad \text{arc}\cos x,$$

dans le cas où la variable x devient imaginaire. Le moyen le plus simple d'y parvenir étant la considération des séries imaginaires, nous renvoyons ce sujet au Chapitre IX.

D'après ce qui a été dit ci-dessus, toute notation algébrique qui renfermerait, avec les variables x, y, z, ... supposées réelles, des constantes imaginaires, ne peut être employée dans le calcul que dans le cas où, en vertu des conventions établies, elle aurait pour valeur une certaine expression imaginaire. Une semblable expression, dans laquelle la partie réelle et le coefficient de $\sqrt{-1}$ sont nécessairement des fonctions réelles des variables x, y, z, ..., est ce qu'on appelle une *fonction imaginaire* de ces mêmes variables. Ainsi, par exemple, si l'on désigne par $\varphi(x)$ et $\chi(x)$ deux fonctions réelles de x, une fonction imaginaire de cette variable sera

$$\varphi(x)+\chi(x)\sqrt{-1}.$$

Quelquefois nous indiquerons une semblable fonction à l'aide d'une seule caractéristique ϖ, et nous écrirons, en conséquence,

$$\varpi(x)=\varphi(x)+\chi(x)\sqrt{-1}.$$

Pareillement, si l'on désigne par $\varphi(x, y, z, \ldots)$, $\chi(x, y, z, \ldots)$ deux fonctions réelles des variables $x, y, z, \ldots,$

$$\varpi(x, y, z, \ldots) = \varphi(x, y, z, \ldots) + \chi(x, y, z, \ldots)\sqrt{-1}$$

sera une fonction imaginaire de ces diverses variables.

La fonction imaginaire

$$\varphi(x, y, z, \ldots) + \chi(x, y, z, \ldots)\sqrt{-1}$$

prend le nom de *fonction algébrique,* ou *exponentielle,* ou *logarithmique,* ou *circulaire,* etc., et, dans le premier cas, le nom de *fonction rationnelle* ou *irrationnelle, entière* ou *fractionnaire,* etc., toutes les fois que les fonctions réelles $\varphi(x, y, z, \ldots)$, $\chi(x, y, z, \ldots)$ jouissent l'une et l'autre des propriétés que suppose le nom dont il s'agit. Ainsi, en particulier, la forme générale d'une fonction imaginaire et linéaire des variables $x, y, z, \ldots$ sera

$$(a + bx + cy + dz + \ldots) + (a' + b'x + c'y + d'z + \ldots)\sqrt{-1}$$

ou, ce qui revient au même,

$$(a + a'\sqrt{-1}) + (b + b'\sqrt{-1})x + (c + c'\sqrt{-1})y + (d + d'\sqrt{-1})z + \ldots,$$

$a, b, c, d, \ldots, a', b', c', d', \ldots$ désignant des constantes réelles.

On doit distinguer encore parmi les fonctions imaginaires, comme parmi les fonctions réelles, celles qu'on nomme *explicites,* et qui sont immédiatement exprimées au moyen des variables, de celles qu'on nomme *implicites,* et dont les valeurs déterminées par certaines équations ne peuvent être explicitement connues qu'après la résolution des équations dont il s'agit. Soit

$$\varpi(x) \quad \text{ou} \quad \varpi(x, y, z, \ldots)$$

une fonction imaginaire implicite déterminée par une seule équation. On pourra représenter cette fonction par $u + v\sqrt{-1}$, u, v désignant deux quantités réelles; et, si dans l'équation imaginaire qu'elle doit vérifier, on écrit, au lieu de $\varpi(x)$ ou de $\varpi(x, y, z, \ldots)$,

$$u + v\sqrt{-1},$$

après avoir développé les deux membres, puis égalé de part et d'autre les parties réelles et les coefficients de $\sqrt{-1}$, on obtiendra deux équations réelles entre les fonctions inconnues u et v. La résolution de ces dernières équations, lorsqu'elle pourra s'effectuer, fera connaître les valeurs explicites de u et de v, et, par suite, la valeur explicite de l'expression imaginaire

$$u + v\sqrt{-1}.$$

Pour qu'une fonction imaginaire d'une seule variable soit complètement déterminée, il est nécessaire et il suffit que de chaque valeur particulière attribuée à la variable on puisse déduire la valeur correspondante de la fonction. Quelquefois, pour chaque valeur de la variable, la fonction donnée en obtient plusieurs différentes les unes des autres. Conformément aux conventions précédemment admises, nous désignerons ordinairement ces valeurs multiples d'une fonction imaginaire par des notations dans lesquelles nous ferons usage de doubles traits ou de doubles parenthèses. Ainsi, par exemple,

$$\sqrt[n]{\!\!\sqrt{\cos z + \sqrt{-1}\sin z}}$$

ou

$$((\cos z + \sqrt{-1}\sin z))^{\frac{1}{n}}$$

indiquera l'une quelconque des racines du degré n de l'expression imaginaire

$$\cos z + \sqrt{-1}\sin z.$$

§ II. — *Sur les expressions imaginaires infiniment petites et sur la continuité des fonctions imaginaires.*

Une expression imaginaire est appelée *infiniment petite*, lorsqu'elle converge vers la limite zéro, ce qui suppose que, dans l'expression donnée, la partie réelle et le coefficient de $\sqrt{-1}$ convergent en même temps vers cette limite. Cela posé, représentons par

$$\alpha + \beta\sqrt{-1} = \rho(\cos\theta + \sqrt{-1}\sin\theta)$$

une expression imaginaire variable, α, β désignant deux quantités réelles auxquelles on peut substituer le module ρ et l'arc réel θ. Pour que cette expression soit infiniment petite, il sera évidemment nécessaire et suffisant que son module

$$\rho = \sqrt{\alpha^2 + \beta^2}$$

soit lui-même infiniment petit.

Une fonction imaginaire de la variable x supposée réelle est appelée *continue* entre deux limites données de cette variable lorsque, entre ces limites, un accroissement infiniment petit de la variable produit toujours un accroissement infiniment petit de la fonction elle-même. Il en résulte que la fonction imaginaire

$$\varphi(x) + \chi(x)\sqrt{-1}$$

sera continue entre deux limites de x si les fonctions réelles $\varphi(x)$ et $\chi(x)$ restent continues entre ces limites.

On dit qu'une fonction imaginaire de la variable x est, dans le voisinage d'une valeur particulière de x, fonction *continue* de cette variable toutes les fois qu'elle reste continue entre deux limites même très rapprochées qui renferment la valeur dont il s'agit.

Enfin, lorsqu'une fonction imaginaire de la variable x cesse d'être continue dans le voisinage d'une valeur particulière de cette variable, on dit qu'elle devient alors *discontinue*, et qu'il y a pour cette valeur particulière *solution de continuité*.

En partant des notions qu'on vient d'établir relativement à la continuité des fonctions imaginaires, on reconnaîtra facilement que les théorèmes I, II et III du Chapitre II (§ II) subsistent dans le cas même où l'on remplace les fonctions réelles

$$f(x) \quad \text{et} \quad f(x, y, z, \ldots)$$

par des fonctions imaginaires

$$\varphi(x)+\chi(x)\sqrt{-1} \quad \text{et} \quad \varphi(x,y,z,\ldots)+\chi(x,y,z,\ldots)\sqrt{-1}.$$

On peut, en conséquence, énoncer les propositions suivantes :

Théorème I. — *Si les variables réelles x, y, z, ... ont pour limites les quantités fixes et déterminées* X, Y, Z, ..., *et que la fonction imaginaire*

$$\varphi(x,y,z,\ldots)+\chi(x,y,z,\ldots)\sqrt{-1}$$

soit continue par rapport à chacune des variables x, y, z, ... dans le voisinage du système des valeurs particulières

$$x=\mathrm{X}, \qquad y=\mathrm{Y}, \qquad z=\mathrm{Z}, \qquad \ldots,$$

$\varphi(x,y,z,\ldots)+\chi(x,y,z,\ldots)\sqrt{-1}$ *aura pour limite*

$$\varphi(\mathrm{X},\mathrm{Y},\mathrm{Z},\ldots)+\chi(\mathrm{X},\mathrm{Y},\mathrm{Z},\ldots)\sqrt{-1},$$

ou, si l'on fait, pour abréger,

$$\varphi(x,y,z,\ldots)+\chi(x,y,z,\ldots)\sqrt{-1}=\varpi(x,y,z,\ldots),$$

$\varpi(x,y,z,\ldots)$ *aura pour limite*

$$\varpi(\mathrm{X},\mathrm{Y},\mathrm{Z},\ldots).$$

Théorème II. — *Désignons par x, y, z, ... plusieurs fonctions réelles de la variable t, qui soient continues par rapport à cette variable dans le voisinage de la valeur réelle $t=\mathrm{T}$. Soient de plus* X, Y, Z, ... *les valeurs particulières de x, y, z, ... correspondantes à $t=\mathrm{T}$, et supposons que, dans le voisinage de ces valeurs particulières, la fonction imaginaire*

$$\varpi(x,y,z,\ldots)=\varphi(x,y,z,\ldots)+\chi(x,y,z,\ldots)\sqrt{-1}$$

soit en même temps continue par rapport à x, par rapport à y, par rapport à z, etc. ; $\varpi(x,y,z,\ldots)$, considérée comme une fonction imaginaire de t, sera encore continue par rapport à t, dans le voisinage de la valeur particulière $t=\mathrm{T}$.

Si, dans le théorème précédent, on réduit les variables x, y, z, ... à une seule, on obtiendra l'énoncé suivant :

Théorème III. — *Supposons que dans l'expression*

$$\varpi(x) = \varphi(x) + \chi(x)\sqrt{-1}$$

la variable x soit fonction réelle d'une autre variable t. Concevons de plus que la variable x soit fonction continue de t dans le voisinage de la valeur particulière $t = \mathrm{T}$, et $\varpi(x)$ fonction continue de x dans le voisinage de la valeur particulière $x = \mathrm{X}$, correspondante à $t = \mathrm{T}$. L'expression imaginaire $\varpi(x)$, considérée comme une fonction de t, sera encore continue par rapport à cette variable dans le voisinage de la valeur particulière $t = \mathrm{T}$.

§ III. — *Des fonctions imaginaires symétriques, alternées ou homogènes.*

En étendant aux fonctions imaginaires les définitions que nous avons données (Chapitre III) des fonctions symétriques, ou alternées, ou homogènes de plusieurs variables $x, y, z, \ldots$, on reconnaît immédiatement que

$$\varphi(x, y, z, \ldots) + \chi(x, y, z, \ldots)\sqrt{-1}$$

est une fonction symétrique, ou alternée, ou homogène du degré a par rapport aux variables $x, y, z, \ldots$, lorsque les fonctions réelles

$$\varphi(x, y, z, \ldots), \quad \chi(x, y, z, \ldots)$$

sont l'une et l'autre symétriques, ou alternées, ou homogènes du degré a par rapport à ces mêmes variables.

§ IV. — *Sur les fonctions imaginaires et entières d'une ou de plusieurs variables.*

En vertu de ce qui a été dit ci-dessus (§ I),

$$\varphi(x) + \chi(x)\sqrt{-1}$$

et

$$\varphi(x, y, z, \ldots) + \chi(x, y, z, \ldots)\sqrt{-1}$$

sont deux fonctions imaginaires et entières, l'une de la variable x, l'autre des variables $x, y, z, \ldots$, lorsque

$$\varphi(x) \text{ et } \chi(x), \qquad \varphi(x, y, z, \ldots) \text{ et } \chi(x, y, z, \ldots)$$

sont des fonctions réelles et entières de ces mêmes variables. Par suite, si $\varpi(x)$ représente une fonction imaginaire et entière de la variable x, la valeur de $\varpi(x)$ sera déterminée par une équation de la forme

$$\begin{aligned}\varpi(x) &= \varphi(x) + \chi(x)\sqrt{-1}\\ &= a_0 + a_1 x + a_2 x^2 + \ldots + (b_0 + b_1 x + b_2 x^2 + \ldots)\sqrt{-1},\end{aligned}$$

$a_0, a_1, a_2, \ldots, b_0, b_1, b_2, \ldots$ désignant des constantes réelles. On conclura de cette équation, en réunissant les coefficients des puissances semblables de x,

$$(1)\quad \varpi(x) = (a_0 + b_0\sqrt{-1}) + (a_1 + b_1\sqrt{-1})x + (a_2 + b_2\sqrt{-1})x^2 + \ldots.$$

Pour que la fonction $\varpi(x)$, déterminée par la formule précédente, s'évanouisse avec x, il faut que l'on ait

$$a_0 + b_0\sqrt{-1} = 0,$$

c'est-à-dire $a_0 = 0$ et $b_0 = 0$, auquel cas la valeur de $\varpi(x)$ se réduit à

$$\begin{aligned}\varpi(x) &= (a_1 + b_1\sqrt{-1})x + (a_2 + b_2\sqrt{-1})x^2 + \ldots\\ &= x[a_1 + b_1\sqrt{-1} + (a_2 + b_2\sqrt{-1})x + \ldots].\end{aligned}$$

Ainsi, toute fonction imaginaire et entière de la variable x, lorsqu'elle s'évanouit avec cette variable, est le produit du facteur x par une seconde fonction de la même espèce ou, en d'autres termes, est divisible par x. En partant de cette remarque, on étendra facilement les théorèmes I et II du Chapitre IV (§ I) au cas où les fonctions entières qui s'y trouvent mentionnées sont en même temps imaginaires. J'ajoute que ces deux théorèmes subsisteront encore si l'on y remplace les valeurs particulières et réelles attribuées à la variable x, telles que

$$x_0, \quad x_1, \quad x_2, \quad \ldots$$

par des variables imaginaires

$$\alpha_0 + \beta_0\sqrt{-1}, \quad \alpha_1 + \beta_1\sqrt{-1}, \quad \alpha_2 + \beta_2\sqrt{-1}, \quad \ldots.$$

Pour démontrer cette assertion, il suffit d'établir les deux propositions suivantes :

THÉORÈME I. — *Si une fonction imaginaire et entière de la variable x s'évanouit pour une valeur particulière de cette variable, par exemple pour*

$$x = \alpha_0 + \beta_0\sqrt{-1},$$

cette fonction sera divisible algébriquement par

$$x - \alpha_0 - \beta_0\sqrt{-1}.$$

Démonstration. — En effet, soit

$$\varpi(x) = \varphi(x) + \chi(x)\sqrt{-1}$$

la fonction imaginaire dont il s'agit. Si l'on y fait

$$x = \alpha_0 + \beta_0\sqrt{-1} + z,$$

z désignant une nouvelle variable, on obtiendra évidemment pour résultat de la substitution une fonction imaginaire et entière de z, savoir

$$\varpi(\alpha_0 + \beta_0\sqrt{-1} + z);$$

et, comme cette fonction de z devra s'évanouir pour $z = 0$, on en conclura que

$$\varpi(x) = \varpi(\alpha_0 + \beta_0\sqrt{-1} + z)$$

est divisible par

$$z = x - \alpha_0 - \beta_0\sqrt{-1}.$$

Corollaire I. — La proposition précédente subsiste dans le cas même où la fonction $\chi(x)$ s'évanouit, c'est-à-dire dans le cas où $\varpi(x)$ se réduit à une fonction réelle $\varphi(x)$.

Corollaire II. — Le théorème précédent subsiste encore lorsqu'on suppose $6 = 0$, et par conséquent lorsque la valeur particulière attribuée à la variable x est réelle.

THÉORÈME II. — *Si une fonction imaginaire et entière de la variable x s'évanouit pour chacune des valeurs particulières de x comprises dans la suite*

$$\alpha_0 + 6_0\sqrt{-1},\quad \alpha_1 + 6_1\sqrt{-1},\quad \alpha_2 + 6_2\sqrt{-1},\quad \ldots,\quad \alpha_{n-1} + 6_{n-1}\sqrt{-1},$$

n désignant un nombre entier quelconque, cette fonction sera équivalente au produit des facteurs

$$x - \alpha_0 - 6_0\sqrt{-1},\quad x - \alpha_1 - 6_1\sqrt{-1},\quad x - \alpha_2 - 6_2\sqrt{-1},\quad \ldots,\quad x - \alpha_{n-1} - 6_{n-1}\sqrt{-1}$$

par une nouvelle fonction imaginaire et entière de la variable x.

Démonstration. — Soit

$$\varpi(x) = \varphi(x) + \chi(x)\sqrt{-1}$$

la fonction proposée. Comme elle doit s'évanouir pour

$$x = \alpha_0 + 6_0\sqrt{-1},$$

elle sera, en vertu du théorème I, algébriquement divisible par

$$x - \alpha_0 - 6_0\sqrt{-1};$$

et l'on aura, en conséquence,

$$(2) \qquad \varpi(x) = \left(x - \alpha_0 - 6_0\sqrt{-1}\right) Q_0,$$

Q_0 désignant une nouvelle fonction imaginaire et entière de la variable x. La fonction $\varpi(x)$ devant s'évanouir encore lorsqu'on suppose

$$x = \alpha_1 + 6_1\sqrt{-1},$$

cette supposition réduira nécessairement à zéro le second membre de l'équation (2), et, par conséquent, l'un des deux facteurs qui le composent (*voir* le Chapitre VII, § II, théorème VII, corollaire II). De plus, comme le premier facteur

$$x - \alpha_0 - \beta_0\sqrt{-1}$$

ne peut devenir nul pour

$$x = \alpha_1 + \beta_1\sqrt{-1},$$

tant que les valeurs particulières

$$\alpha_0 + \beta_0\sqrt{-1}, \quad \alpha_1 + \beta_1\sqrt{-1}$$

sont distinctes l'une de l'autre, il est clair qu'en attribuant à x la seconde de ces deux valeurs, on devra réduire à zéro la fonction entière Q_0, et, par suite, que cette fonction entière sera divisible algébriquement par

$$x - \alpha_1 - \beta_1\sqrt{-1}.$$

On aura donc

$$Q_0 = (x - \alpha_1 - \beta_1\sqrt{-1})\,Q_1,$$

Q_1 désignant une nouvelle fonction imaginaire et entière de la variable x; en sorte que l'équation (2) pourra se mettre sous la forme

$$(3) \qquad \varpi(x) = (x - \alpha_0 - \beta_0\sqrt{-1})(x - \alpha_1 - \beta_1\sqrt{-1})\,Q_1.$$

En raisonnant comme on vient de le faire, on trouvera : 1° que, la fonction $\varpi(x)$ devant s'évanouir en vertu de la supposition

$$x = \alpha_2 + \beta_2\sqrt{-1},$$

cette supposition réduit nécessairement à zéro le second membre de l'équation (3), et, par conséquent, l'un de ses trois facteurs; 2° que le facteur réduit à zéro ne peut être que la fonction entière Q_1, tant que les trois valeurs particulières de x, désignées par

$$\alpha_0 + \beta_0\sqrt{-1}, \quad \alpha_1 + \beta_1\sqrt{-1}, \quad \alpha_2 + \beta_2\sqrt{-1},$$

sont distinctes l'une de l'autre; 3° que la fonction entière Q_1, devant s'évanouir pour

$$x = \alpha_2 + \beta_2\sqrt{-1},$$

est algébriquement divisible par

$$x - \alpha_2 - \beta_2\sqrt{-1}.$$

On aura, par conséquent,

$$Q_1 = (x - \alpha_2 - \beta_2\sqrt{-1})\, Q_2$$

et, par suite,

$$(4) \quad \varpi(x) = (x - \alpha_0 - \beta_0\sqrt{-1})(x - \alpha_1 - \beta_1\sqrt{-1})(x - \alpha_2 - \beta_2\sqrt{-1})\, Q_2,$$

Q_2 désignant encore une fonction imaginaire et entière de la variable x. En continuant de la même manière, on finira par reconnaître que, dans le cas où la fonction entière $\varpi(x)$ s'évanouit pour n valeurs différentes de x, respectivement désignées par

$$\alpha_0 + \beta_0\sqrt{-1}, \quad \alpha_1 + \beta_1\sqrt{-1}, \quad \alpha_2 + \beta_2\sqrt{-1}, \quad \ldots, \quad \alpha_{n-1} + \beta_{n-1}\sqrt{-1},$$

on a nécessairement

$$(5) \quad \varpi(x) = (x - \alpha_0 - \beta_0\sqrt{-1})(x - \alpha_1 - \beta_1\sqrt{-1})(x - \alpha_2 - \beta_2\sqrt{-1})\ldots(x - \alpha_{n-1} - \beta_{n-1}\sqrt{-1})\, Q,$$

Q désignant une nouvelle fonction entière de la variable x.

Il est à peu près inutile d'observer que le théorème précédent subsiste lorsqu'on suppose

$$\chi(x) = 0$$

ou bien

$$\beta_0 = 0, \quad \beta_1 = 0, \quad \beta_2 = 0, \quad \ldots, \quad \beta_{n-1} = 0,$$

c'est-à-dire lorsque la fonction $\varpi(x)$ ou les valeurs particulières attribuées à la variable x deviennent réelles.

A l'aide des principes établis dans ce paragraphe, on démontrera sans difficulté que, dans le Chapitre IV (§ I), les théorèmes III et IV, avec la formule (1), peuvent être étendus au cas où les fonctions et les variables deviennent imaginaires, ainsi que les valeurs particulières attribuées aux unes et aux autres. On prouvera de même que les propositions I, II et III, avec les formules (1) et (2), dans le § II du Chapitre IV, et les formules (2), (3), (4), (5), (6) dans le § III du même Chapitre, subsistent quelles que soient les valeurs réelles ou imaginaires des variables, des fonctions et des constantes. Ainsi, par exemple, on reconnaîtra, en particulier, que l'équation (6) du § III, savoir

$$(6)\quad \left\{ \begin{aligned} \frac{(x+y)^n}{1.2.3\ldots n} &= \frac{x^n}{1.2.3\ldots n} + \frac{x^{n-1}}{1.2.3\ldots(n-1)}\frac{y}{1}+\ldots \\ &+ \frac{x}{1}\frac{y^{n-1}}{1.2.3\ldots(n-1)} + \frac{y^n}{1.2.3\ldots n}, \end{aligned} \right.$$

a lieu pour des valeurs imaginaires quelconques des variables x et y.

§ V. — *Détermination des fonctions imaginaires continues d'une seule variable propres à vérifier certaines conditions.*

Soit

$$\varpi(x) = \varphi(x) + \sqrt{-1}\,\chi(x)$$

une fonction imaginaire continue de la variable x, $\varphi(x)$ et $\chi(x)$ désignant deux fonctions continues, mais réelles. La fonction imaginaire $\varpi(x)$ sera complètement déterminée, si elle est assujettie à vérifier, pour toutes les valeurs réelles possibles des variables x et y, l'une des équations

$$(1)\quad \varpi(x+y) = \varpi(x) + \varpi(y),$$

$$(2)\quad \varpi(x+y) = \varpi(x) \times \varpi(y),$$

ou bien, pour toutes les valeurs réelles et positives des mêmes variables, l'une des équations suivantes :

$$(3)\quad \varpi(xy) = \varpi(x) + \varpi(y),$$

$$(4)\quad \varpi(xy) = \varpi(x) \times \varpi(y).$$

Nous allons résoudre successivement ces quatre équations, ce qui nous fournira quatre problèmes analogues à ceux que nous avons déjà traités dans le § I du Chapitre V.

Problème I. — *Déterminer la fonction imaginaire $\varpi(x)$ de manière qu'elle reste continue entre deux limites réelles quelconques de la va-*

riable x, et que l'on ait, pour toutes les valeurs réelles des variables x et y,

$$\varpi(x+y)=\varpi(x)+\varpi(y). \tag{1}$$

Solution. — Si, à l'aide de la formule

$$\varpi(x)=\varphi(x)+\chi(x)\sqrt{-1},$$

on remplace dans l'équation (1) la fonction imaginaire ϖ par les fonctions réelles φ et χ, cette équation deviendra

$$\varphi(x+y)+\chi(x+y)\sqrt{-1}=\varphi(x)+\chi(x)\sqrt{-1}+\varphi(y)+\chi(y)\sqrt{-1};$$

puis l'on en conclura, en égalant de part et d'autre les parties réelles et les coefficients de $\sqrt{-1}$,

$$\varphi(x+y)=\varphi(x)+\varphi(y),$$
$$\chi(x+y)=\chi(x)+\chi(y).$$

On tirera de ces dernières formules (*voir* le Chapitre V, § I, problème I)

$$\varphi(x)=x\,\varphi(1),$$
$$\chi(x)=x\,\chi(1)$$

et, par suite,

$$\varpi(x)=x\left[\varphi(1)+\chi(1)\sqrt{-1}\right] \tag{5}$$

ou, ce qui revient au même,

$$\varpi(x)=x\,\varpi(1). \tag{6}$$

Il suit de l'équation (5) que toute valeur de $\varpi(x)$ propre à résoudre la question proposée est nécessairement de la forme

$$\varpi(x)=\left(a+b\sqrt{-1}\right)x, \tag{7}$$

a, b désignant deux quantités constantes. Il est d'ailleurs facile de s'assurer qu'une semblable valeur de $\varpi(x)$ vérifie l'équation (1), quelles que soient les deux quantités a et b. Ces quantités sont donc deux constantes arbitraires.

On peut remarquer que, pour obtenir la valeur précédente de $\varpi(x)$, il suffit de remplacer, dans la valeur de $\varphi(x)$ que fournit l'équation (7) du Chapitre V (§ I), la constante arbitraire et réelle a par la constante arbitraire, mais imaginaire,

$$a + b\sqrt{-1}.$$

Problème II. — *Déterminer la fonction imaginaire $\varpi(x)$ de manière qu'elle reste continue entre deux limites réelles quelconques de la variable x, et que l'on ait, pour toutes les valeurs réelles des variables x et y,*

$$\varpi(x+y) = \varpi(x)\varpi(y). \tag{2}$$

Solution. — Si dans l'équation (2) on fait $x = 0$, on en tirera

$$\varpi(0) = 1$$

ou, ce qui revient au même, à cause de la formule

$$\varpi(x) = \varphi(x) + \chi(x)\sqrt{-1},$$

$$\varphi(0) + \chi(0)\sqrt{-1} = 1$$

et, par suite,

$$\varphi(0) = 1, \qquad \chi(0) = 0.$$

La fonction $\varphi(x)$ se réduira donc à l'unité pour la valeur particulière 0 attribuée à la variable x; et, puisqu'on la suppose continue entre des limites quelconques, il est clair qu'elle sera, dans le voisinage de cette valeur particulière, très peu différente de l'unité, par conséquent positive. On pourra donc, en désignant par α un nombre très petit, choisir ce nombre de manière que la fonction $\varphi(x)$ reste constamment positive entre les limites

$$x = 0, \qquad x = \alpha.$$

Cette condition étant remplie, comme la quantité $\varphi(\alpha)$ sera elle-même positive, si l'on fait

$$\rho = \sqrt{\varphi(\alpha)^2 + \chi(\alpha)^2}, \qquad \zeta = \operatorname{arc\,tang}\frac{\chi(\alpha)}{\varphi(\alpha)},$$

on en conclura

$$\varpi(\alpha) = \varphi(\alpha) + \chi(\alpha)\sqrt{-1} = \rho(\cos\zeta + \sqrt{-1}\sin\zeta).$$

Concevons maintenant que dans l'équation (2) on remplace successivement y par $y+z$, puis z par $z+u$, ..., on en déduira

$$\varpi(x+y+z+\ldots)=\varpi(x)\,\varpi(y)\,\varpi(z)\ldots,$$

quel que soit le nombre des variables $x, y, z, \ldots$; si, de plus, on désigne par m ce même nombre, et que l'on fasse

$$x=y=z=\ldots=\alpha,$$

l'équation que l'on vient de trouver donnera

$$\varpi(m\alpha)=[\varpi(\alpha)]^m=\rho^m(\cos m\zeta+\sqrt{-1}\sin m\zeta).$$

J'ajoute que la formule

$$\varpi(m\alpha)=\rho^m(\cos m\zeta+\sqrt{-1}\sin m\zeta)$$

subsistera encore si l'on y remplace le nombre entier m par une fraction ou même par un nombre quelconque μ. C'est ce que l'on prouvera facilement ainsi qu'il suit.

Si dans l'équation (2) on fait

$$x=\frac{1}{2}\alpha,\qquad y=\frac{1}{2}\alpha,$$

on en tirera

$$\left[\varpi\left(\frac{1}{2}\alpha\right)\right]^2=\varpi(\alpha)=\rho[\cos\zeta+\sqrt{-1}\sin\zeta];$$

puis, en extrayant les racines carrées des deux membres, de manière que les parties réelles soient positives, et observant que les deux fonctions $\varphi(x)$, $\cos x$ restent positives, la première entre les limites $x=0$, $x=\alpha$, la seconde entre les limites $x=0$, $x=\zeta$, on trouvera

$$\varpi\left(\frac{1}{2}\alpha\right)=\varphi\left(\frac{1}{2}\alpha\right)+\chi\left(\frac{1}{2}\alpha\right)\sqrt{-1}=\rho^{\frac{1}{2}}\left(\cos\frac{\zeta}{2}+\sqrt{-1}\sin\frac{\zeta}{2}\right).$$

De même, si dans l'équation (2) on fait

$$x=\frac{1}{4}\alpha,\qquad y=\frac{1}{4}\alpha,$$

on en tirera

$$\left[\varpi\left(\frac{1}{4}\alpha\right)\right]^2 = \varpi\left(\frac{1}{2}\alpha\right) = \rho^{\frac{1}{2}}\left(\cos\frac{\zeta}{2} + \sqrt{-1}\sin\frac{\zeta}{2}\right);$$

puis, en extrayant les racines carrées des deux membres, de manière à obtenir des parties réelles positives,

$$\varpi\left(\frac{1}{4}\alpha\right) = \rho^{\frac{1}{4}}\left(\cos\frac{\zeta}{4} + \sqrt{-1}\sin\frac{\zeta}{4}\right).$$

Par des raisonnements semblables, on établira successivement les formules

$$\varpi\left(\frac{1}{8}\alpha\right) = \rho^{\frac{1}{8}}\left(\cos\frac{\zeta}{8} + \sqrt{-1}\sin\frac{\zeta}{8}\right),$$

$$\varpi\left(\frac{1}{16}\alpha\right) = \rho^{\frac{1}{16}}\left(\cos\frac{\zeta}{16} + \sqrt{-1}\sin\frac{\zeta}{16}\right),$$

. . . . ;

et, en général, n désignant un nombre entier quelconque,

$$\varpi\left(\frac{1}{2^n}\alpha\right) = \rho^{\frac{1}{2^n}}\left[\cos\left(\frac{1}{2^n}\zeta\right) + \sqrt{-1}\sin\left(\frac{1}{2^n}\zeta\right)\right].$$

Si l'on opère sur la valeur précédente de $\varpi\left(\frac{1}{2^n}\alpha\right)$ pour en déduire celle de $\varpi\left(\frac{m}{2^n}\alpha\right)$, comme on a opéré sur la valeur de $\varpi(\alpha)$ pour en déduire celle de $\varpi(m\alpha)$, on trouvera

$$\varpi\left(\frac{m}{2^n}\alpha\right) = \rho^{\frac{m}{2^n}}\left[\cos\left(\frac{m}{2^n}\zeta\right) + \sqrt{-1}\sin\left(\frac{m}{2^n}\zeta\right)\right],$$

ou, ce qui revient au même,

$$\varphi\left(\frac{m}{2^n}\alpha\right) + \chi\left(\frac{m}{2^n}\alpha\right)\sqrt{-1} = \rho^{\frac{m}{2^n}}\left[\cos\left(\frac{m}{2^n}\zeta\right) + \sqrt{-1}\sin\left(\frac{m}{2^n}\zeta\right)\right],$$

et, par suite,

$$\varphi\left(\frac{m}{2^n}\alpha\right) = \rho^{\frac{m}{2^n}}\cos\left(\frac{m}{2^n}\zeta\right),$$

$$\chi\left(\frac{m}{2^n}\alpha\right) = \rho^{\frac{m}{2^n}}\sin\left(\frac{m}{2^n}\zeta\right);$$

puis, en supposant que la fraction $\frac{m}{2^n}$ varie de manière à s'approcher indéfiniment du nombre μ, et passant aux limites, on obtiendra les équations

$$\varphi(\mu\alpha) = \rho^\mu \cos\mu\zeta, \qquad \chi(\mu\alpha) = \rho^\mu \sin\mu\zeta,$$

desquelles on conclura

$$(8) \qquad \varpi(\mu\alpha) = \rho^\mu(\cos\mu\zeta + \sqrt{-1}\sin\mu\zeta).$$

De plus, si dans l'équation (2) on pose

$$x = \mu\alpha, \qquad y = -\mu\alpha,$$

on en tirera

$$\varpi(-\mu\alpha) = \frac{\varpi(0)}{\varpi(\mu\alpha)} = \rho^{-\mu}[\cos(-\mu\zeta) + \sqrt{-1}\sin(-\mu\zeta)].$$

La formule (8) subsistera donc lorsqu'on y remplacera μ par $-\mu$. En d'autres termes, on aura, pour des valeurs réelles quelconques positives ou négatives de la variable x,

$$(9) \qquad \varpi(\alpha x) = \rho^x[\cos\zeta x + \sqrt{-1}\sin\zeta x] = [\varpi(\alpha)]^x.$$

Si dans cette dernière formule on écrit $\frac{x}{\alpha}$ au lieu de x, elle deviendra

$$(10) \qquad \varpi(x) = \rho^{\frac{x}{\alpha}}\left[\cos\left(\frac{\zeta}{\alpha}x\right) + \sqrt{-1}\sin\left(\frac{\zeta}{\alpha}x\right)\right] = [\varpi(\alpha)]^{\frac{x}{\alpha}};$$

et si l'on fait ensuite, pour abréger,

$$(11) \qquad \rho^{\frac{1}{\alpha}} = \mathrm{A}, \qquad \frac{\zeta}{\alpha} = b,$$

on trouvera

$$(12) \qquad \varpi(x) = \mathrm{A}^x(\cos bx + \sqrt{-1}\sin bx).$$

Ainsi toute valeur de $\varpi(x)$, propre à résoudre la question proposée, sera nécessairement de la forme

$$\mathrm{A}^x(\cos bx + \sqrt{-1}\sin bx),$$

A, b désignant deux constantes réelles, dont la première ne pourra être que positive. Il est d'ailleurs facile de s'assurer qu'une semblable valeur de $\varpi(x)$ vérifie l'équation (2), quelles que soient la valeur du nombre A et celle de la quantité b. Ce nombre et cette quantité sont donc des constantes arbitraires.

Corollaire. — Dans le cas particulier où la fonction $\varphi(x)$ doit rester positive entre les limites $x=0$, $x=1$, on peut, au lieu de supposer α très petit, prendre $\alpha=1$; et l'on conclut alors immédiatement des équations (9) et (10)

$$(13) \qquad \varpi(x)=[\varpi(1)]^x.$$

PROBLÈME III. — *Déterminer la fonction imaginaire $\varpi(x)$ de manière qu'elle reste continue entre deux limites positives quelconques de la variable x, et que l'on ait, pour toutes les valeurs positives des variables x et y,*

$$(3) \qquad \varpi(xy)=\varpi(x)+\varpi(y).$$

Solution. — Si, à l'aide de la formule

$$\varpi(x)=\varphi(x)+\chi(x)\sqrt{-1},$$

on remplace dans l'équation (3) la fonction imaginaire ϖ par les fonctions réelles φ et χ, puis, que l'on égale de part et d'autre les parties réelles et les coefficients de $\sqrt{-1}$, on trouvera

$$\varphi(xy)=\varphi(x)+\varphi(y),$$
$$\chi(xy)=\chi(x)+\chi(y).$$

Si, de plus, on désigne par A un nombre quelconque et par L la caractéristique des logarithmes dans le système dont la base est A, on tirera des équations précédentes (*voir* le Chapitre V, § I, problème III)

$$\varphi(x)=\varphi(\mathrm{A})\,\mathrm{L}(x),$$
$$\chi(x)=\chi(\mathrm{A})\,\mathrm{L}(x),$$

et l'on en conclura

$$(14) \qquad \varpi(x)=\left[\varphi(\mathrm{A})+\chi(\mathrm{A})\sqrt{-1}\right]\mathrm{L}(x)$$

ou, ce qui revient au même,

$$(15) \qquad \varpi(x) = \varpi(\mathrm{A})\,\mathrm{L}(x).$$

Il suit de la formule (14) que toute valeur $\varpi(x)$ propre à résoudre la question proposée est nécessairement de la forme

$$(16) \qquad \varpi(x) = (a + b\sqrt{-1})\,\mathrm{L}(x),$$

a, b désignant deux quantités constantes. Il est d'ailleurs facile de s'assurer qu'une semblable valeur de $\varpi(x)$ vérifie l'équation (3), quelles que soient les quantités a et b. Ces quantités sont donc deux constantes arbitraires.

On peut remarquer que, pour obtenir la valeur précédente de $\varpi(x)$, il suffit de remplacer, dans la valeur de $\varphi(x)$ que fournit l'équation (12) du Chapitre V (§ I), la constante arbitraire et réelle a par la constante arbitraire, mais imaginaire,

$$a + b\sqrt{-1}.$$

Nota. — On pourrait arriver très simplement à l'équation (15) de la manière suivante.

En vertu des formules identiques

$$x = \mathrm{A}^{\mathrm{L}x}, \qquad y = \mathrm{A}^{\mathrm{L}y},$$

l'équation (3) devient

$$\varpi(\mathrm{A}^{\mathrm{L}x+\mathrm{L}y}) = \varpi(\mathrm{A}^{\mathrm{L}x}) + \varpi(\mathrm{A}^{\mathrm{L}y}).$$

Comme, dans cette dernière, les quantités variables $\mathrm{L}x$, $\mathrm{L}y$ admettent des valeurs réelles quelconques positives ou négatives, il en résulte qu'on aura, pour toutes les valeurs réelles possibles des variables x et y,

$$\varpi(\mathrm{A}^{x+y}) = \varpi(\mathrm{A}^{x}) + \varpi(\mathrm{A}^{y}).$$

On en conclura [*voir* le problème I, équation (6)]

$$\varpi(\mathrm{A}^{x}) = x\,\varpi(\mathrm{A}^{1}) = x\,\varpi(\mathrm{A})$$

et, par suite,

$$\varpi(\mathrm{A}^{\mathrm{L}x}) = \varpi(\mathrm{A})\,\mathrm{L}x$$

ou, ce qui revient au même,

$$\varpi(x) = \varpi(\mathrm{A})\,\mathrm{L}x.$$

Problème IV. — *Déterminer la fonction imaginaire $\varpi(x)$ de manière qu'elle reste continue entre deux limites positives quelconques de la variable x, et que l'on ait, pour toutes les valeurs positives des variables x et y,*

$$(4)\qquad \varpi(xy) = \varpi(x)\,\varpi(y).$$

Solution. — Il serait facile d'appliquer à la solution de ce problème une méthode semblable à celle que nous avons employée pour résoudre le second; mais on arrivera plus promptement à la solution cherchée, si l'on observe que, en désignant par L la caractéristique des logarithmes dans le système dont la base est A, on peut mettre l'équation (4) sous la forme

$$\varpi(\mathrm{A}^{\mathrm{L}x+\mathrm{L}y}) = \varpi(\mathrm{A}^{\mathrm{L}x})\,\varpi(\mathrm{A}^{\mathrm{L}y}).$$

Comme, dans cette dernière équation, les quantités variables $\mathrm{L}x$, $\mathrm{L}y$ admettent des valeurs réelles quelconques positives ou négatives, il en résulte qu'on aura, pour toutes les valeurs réelles possibles des variables x et y,

$$\varpi(\mathrm{A}^{x+y}) = \varpi(\mathrm{A}^{x})\,\varpi(\mathrm{A}^{y}).$$

On en conclura, en représentant par α un nombre très petit et en remplaçant dans l'équation (10) du second problème $\varpi(x)$ par $\varpi(\mathrm{A}^x)$,

$$\varpi(\mathrm{A}^x) = [\varpi(\mathrm{A}^\alpha)]^{\frac{x}{\alpha}}.$$

On trouvera par suite

$$\varpi(\mathrm{A}^{\mathrm{L}x}) = [\varpi(\mathrm{A}^\alpha)]^{\frac{\mathrm{L}x}{\alpha}}$$

ou, ce qui revient au même,

$$(17)\qquad \varpi(x) = [\varpi(\mathrm{A}^\alpha)]^{\frac{\mathrm{L}x}{\alpha}}.$$

Il est essentiel d'observer que la fonction imaginaire $\varpi(\mathrm{A}^x)$, et par conséquent sa partie réelle $\varphi(\mathrm{A}^x)$, se réduisent à l'unité pour $x = 0$, ou, en d'autres termes, que la fonction imaginaire $\varpi(x)$ et sa partie réelle $\varphi(x)$ se réduisent à l'unité pour $x = 1$. C'est ce que l'on peut démontrer directement, en prenant dans l'équation (4),

$$x = A^0 = 1.$$

Quant au nombre α, il doit seulement être assez petit pour que la partie réelle de la fonction imaginaire $\varpi(A^x)$ reste constamment positive entre les limites $x = 0$, $x = \alpha$. Cette condition étant remplie, la partie réelle de l'expression imaginaire

$$\varpi(A^\alpha) = \varphi(A^\alpha) + \chi(A^\alpha)\sqrt{-1}$$

sera elle-même positive; et par suite, si l'on fait

$$\rho = \sqrt{[\varphi(A^\alpha)]^2 + [\chi(A^\alpha)]^2}, \qquad \zeta = \operatorname{arc tang} \frac{\chi(A^\alpha)}{\varphi(A^\alpha)},$$

on aura

$$\varpi(A^\alpha) = \rho(\cos\zeta + \sqrt{-1}\sin\zeta).$$

Cela posé, l'équation (17) deviendra

$$(18) \quad \left\{ \begin{aligned} \varpi(x) &= \rho^{\frac{Lx}{\alpha}}\left[\cos\left(\frac{\zeta}{\alpha}Lx\right) + \sqrt{-1}\sin\left(\frac{\zeta}{\alpha}Lx\right)\right] \\ &= x^{\frac{L\rho}{\alpha}}\left[\cos\left(\frac{\zeta}{\alpha}Lx\right) + \sqrt{-1}\sin\left(\frac{\zeta}{\alpha}Lx\right)\right]. \end{aligned} \right.$$

En vertu de cette dernière équation, toute valeur de $\varpi(x)$ propre à résoudre la question proposée sera nécessairement de la forme

$$(19) \qquad \varpi(x) = x^a[\cos(bLx) + \sqrt{-1}\sin(bLx)],$$

a, b désignant deux quantités constantes. Il est aisé, de plus, de s'assurer que ces deux quantités constantes doivent demeurer entièrement arbitraires.

CHAPITRE IX.

DES SÉRIES IMAGINAIRES CONVERGENTES ET DIVERGENTES. SOMMATION DE QUELQUES SÉRIES IMAGINAIRES CONVERGENTES. NOTATIONS EMPLOYÉES POUR REPRÉSENTER QUELQUES FONCTIONS IMAGINAIRES AUXQUELLES ON SE TROUVE CONDUIT PAR LA SOMMATION DE CES MÊMES SÉRIES.

§ I. — *Considérations générales sur les séries imaginaires.*

Soient respectivement

$$(1)\qquad p_0,\ p_1,\ p_2,\ \ldots,\ p_n,\ \ldots,$$

$$(2)\qquad q_0,\ q_1,\ q_2,\ \ldots,\ q_n,\ \ldots$$

deux séries réelles. La suite des expressions imaginaires

$$(3)\qquad p_0+q_0\sqrt{-1},\quad p_1+q_1\sqrt{-1},\quad p_2+q_2\sqrt{-1},\quad \ldots,\quad p_n+q_n\sqrt{-1},\quad \ldots$$

formera ce qu'on appelle une *série imaginaire*. Soit, de plus,

$$(4)\qquad \begin{cases} s_n=(p_0+q_0\sqrt{-1})+(p_1+q_1\sqrt{-1})+\ldots+(p_{n-1}+q_{n-1}\sqrt{-1}) \\ \quad =(p_0+p_1+\ldots+p_{n-1})+(q_0+q_1+\ldots+q_{n-1})\sqrt{-1} \end{cases}$$

la somme des n premiers termes de cette série. Selon que, pour des valeurs croissantes de n, s_n convergera ou non vers une limite fixe, on dira que la série (3) est *convergente* et qu'elle a pour *somme* cette limite, ou bien qu'elle est *divergente* et n'a pas de somme. Le premier cas aura évidemment lieu si les deux sommes

$$p_0+p_1+\ldots+p_{n-1},$$
$$q_0+q_1+\ldots+q_{n-1}$$

convergent elles-mêmes, pour des valeurs croissantes de n, vers des limites fixes, et le second, dans la supposition contraire. En d'autres termes, la série (3) sera toujours convergente en même temps que les séries réelles (1) et (2). Si ces dernières, ou l'une d'elles seulement, deviennent divergentes, la série (3) le sera également.

Dans tous les cas possibles, le terme de la série (3) qui correspond à l'indice n, savoir

$$p_n + q_n\sqrt{-1},$$

est ce qu'on nomme son *terme général.*

L'une des séries imaginaires les plus simples est celle qu'on obtient en attribuant à la variable x, dans la progression géométrique

$$1, \quad x, \quad x^2, \quad \ldots, \quad x^n, \quad \ldots,$$

une valeur imaginaire. Concevons, pour fixer les idées, que l'on fasse

$$x = z(\cos\theta + \sqrt{-1}\sin\theta),$$

z désignant une nouvelle variable supposée réelle, et θ un arc réel. La progression géométrique dont il s'agit deviendra

$$(5)\quad \begin{cases} 1, \quad z(\cos\theta + \sqrt{-1}\sin\theta), \quad z^2(\cos 2\theta + \sqrt{-1}\sin 2\theta), \quad \ldots, \\ \qquad \ldots, \quad z^n(\cos n\theta + \sqrt{-1}\sin n\theta), \quad \ldots. \end{cases}$$

Pour obtenir l'équation qui détermine la somme des n premiers termes de la série précédente, il suffit de remplacer x par $z(\cos\theta + \sqrt{-1}\sin\theta)$ dans la formule

$$1 + x + x^2 + \ldots + x^{n-1} = \frac{1}{1-x} - \frac{x^n}{1-x}.$$

On trouve de cette manière

$$(6)\quad \begin{cases} 1 + z(\cos\theta + \sqrt{-1}\sin\theta) + z^2(\cos 2\theta + \sqrt{-1}\sin 2\theta) + \ldots \\ \qquad + z^{n-1}[\cos(n-1)\theta + \sqrt{-1}\sin(n-1)\theta] \\ = \dfrac{1}{1 - z(\cos\theta + \sqrt{-1}\sin\theta)} - \dfrac{z^n(\cos n\theta + \sqrt{-1}\sin n\theta)}{1 - z(\cos\theta + \sqrt{-1}\sin\theta)}; \end{cases}$$

et, comme, pour des valeurs croissantes de n, le module de l'expression imaginaire

$$\frac{z^n(\cos n\theta + \sqrt{-1}\sin n\theta)}{1 - z\cos\theta - z\sin\theta\sqrt{-1}},$$

savoir

$$\frac{\pm z^n}{(1 - 2z\cos\theta + z^2)^{\frac{1}{2}}},$$

converge vers la limite zéro ou croît au delà de toute limite, suivant qu'on suppose la valeur numérique de z inférieure ou supérieure à l'unité, on doit conclure de l'équation (6) que la série (5) est, dans la première hypothèse, une série convergente qui a pour somme

$$\frac{1}{1 - z\cos\theta - z\sin\theta\sqrt{-1}},$$

et, dans la seconde hypothèse, une série divergente qui n'a plus de somme.

La somme d'une série imaginaire convergente s'indique, comme si la série était réelle, par la somme de ses premiers termes, suivie de points....

Cela posé, si l'on appelle s la somme de la série (3) supposée convergente, et que, dans la formule (4), on fasse croître n indéfiniment, on trouvera, en passant aux limites,

$$(7)\quad \begin{cases} s = (p_0 + q_0\sqrt{-1}) + (p_1 + q_1\sqrt{-1}) + (p_2 + q_2\sqrt{-1}) + \ldots \\ = (p_0 + p_1 + p_2 + \ldots) + (q_0 + q_1 + q_2 + \ldots)\sqrt{-1}. \end{cases}$$

De même, lorsqu'on supposera la valeur numérique de z inférieure à l'unité, on tirera de l'équation (6), en faisant croître n au delà de toute limite assignable,

$$(8)\quad \begin{cases} 1 + z(\cos\theta + \sqrt{-1}\sin\theta) + z^2(\cos 2\theta + \sqrt{-1}\sin 2\theta) + \ldots \\ \quad = \dfrac{1}{1 - z\cos\theta - z\sin\theta\sqrt{-1}} = \dfrac{1 - z\cos\theta + z\sin\theta\sqrt{-1}}{1 - 2z\cos\theta + z^2}. \end{cases}$$

En vertu de la formule (7), le premier membre de l'équation (8) peut être présenté sous la forme suivante :

$$(1 + z\cos\theta + z^2\cos 2\theta + \ldots) + (z\sin\theta + z^2\sin 2\theta + \ldots)\sqrt{-1}.$$

On aura donc, pour des valeurs numériques de z inférieures à l'unité,

$$(9)\quad \left\{ \begin{aligned} &(1 + z\cos\theta + z^2\cos 2\theta + \ldots) + (z\sin\theta + z^2\sin 2\theta + \ldots)\sqrt{-1} \\ &\quad = \frac{1 - z\cos\theta}{1 - 2z\cos\theta + z^2} + \frac{z\sin\theta}{1 - 2z\cos\theta + z^2}\sqrt{-1}. \end{aligned} \right.$$

On en conclura

$$(10)\quad \left\{ \begin{aligned} 1 + z\cos\theta + z^2\cos 2\theta + z^3\cos 3\theta + \ldots &= \frac{1 - z\cos\theta}{1 - 2z\cos\theta + z^2}, \\ z\sin\theta + z^2\sin 2\theta + z^3\sin 3\theta + \ldots &= \frac{z\sin\theta}{1 - 2z\cos\theta + z^2} \end{aligned} \right.$$

$$(z = -1,\ z = +1).$$

Ainsi la substitution d'une valeur imaginaire de x dans la progression géométrique

$$1,\quad x,\quad x^2,\quad \ldots,\quad x^n,\quad \ldots$$

suffit pour conduire à la sommation des deux séries

$$(11)\quad \left\{ \begin{array}{llllll} 1, & z\cos\theta, & z^2\cos 2\theta, & \ldots, & z^n\cos n\theta, & \ldots, \\ & z\sin\theta, & z^2\sin 2\theta, & \ldots, & z^n\sin n\theta, & \ldots \end{array} \right.$$

toutes les fois que la variable z reste comprise entre les limites

$$z = -1,\qquad z = +1,$$

c'est-à-dire toutes les fois que ces deux séries sont convergentes.

Les premiers membres des équations (10) étant (en vertu du théorème I, Chapitre VI, § I) fonctions continues de la variable z, dans le voisinage de toute valeur particulière comprise entre les limites

$$z = -1,\qquad z = +1,$$

le premier membre de l'équation (9) sera lui-même, dans le voisinage d'une semblable valeur, fonction continue de z. Or, ce premier membre n'est autre chose que la somme de la série (5), dont les différents termes restent fonctions continues de z entre des limites quelconques. En généralisant la remarque qu'on vient de faire, on obtient la proposition suivante :

Théorème I. — *Lorsque les différents termes de la série* (3) *sont des fonctions d'une même variable z, continues par rapport à cette variable dans le voisinage d'une valeur particulière pour laquelle cette série est convergente, la somme s de la série est aussi, dans le voisinage de cette valeur particulière, fonction continue de z.*

Démonstration. — En effet, dans le voisinage de la valeur particulière attribuée à la variable z, la série (3) ne peut être convergente et avoir pour ses différents termes des fonctions continues de z, qu'autant que les séries réelles (1) et (2) jouissent l'une et l'autre des mêmes propriétés : or, dans cette hypothèse, chacune des sommes

$$p_0 + p_1 + p_2 + \ldots,$$
$$q_0 + q_1 + q_2 + \ldots$$

étant (en vertu du théorème I, Chapitre VI, § I) fonction continue de la variable z, il en résulte que la somme de la série (3), savoir

$$s = (p_0 + p_1 + p_2 + \ldots) + (q_0 + q_1 + q_2 + \ldots)\sqrt{-1}$$

sera aussi fonction continue de cette variable.

Supposons maintenant que l'on désigne par

$$\rho_0, \quad \rho_1, \quad \rho_2, \quad \ldots$$

les modules des différents termes de la série (3), et par

$$\cos\theta_0 + \sqrt{-1}\sin\theta_0, \quad \cos\theta_1 + \sqrt{-1}\sin\theta_1, \quad \cos\theta_2 + \sqrt{-1}\sin\theta_2, \quad \ldots$$

les expressions réduites correspondantes, en sorte qu'on ait généralement

$$\rho_n = (p_n^2 + q_n^2)^{\frac{1}{2}},$$
$$p_n + q_n\sqrt{-1} = \rho_n(\cos\theta_n + \sqrt{-1}\sin\theta_n).$$

La série (3) deviendra

$$(12)\qquad \left\{\begin{array}{l} \rho_0(\cos\theta_0+\sqrt{-1}\sin\theta_0),\\ \rho_1(\cos\theta_1+\sqrt{-1}\sin\theta_1),\\ \rho_2(\cos\theta_2+\sqrt{-1}\sin\theta_2),\\ \ldots\ldots\ldots\ldots\ldots\ldots,\\ \rho_n(\cos\theta_n+\sqrt{-1}\sin\theta_n),\\ \ldots\ldots\ldots\ldots\ldots\ldots, \end{array}\right.$$

et l'on pourra ordinairement décider si cette série est convergente ou divergente, à l'aide du théorème que je vais énoncer.

Théorème II. — *Cherchez la limite ou les limites vers lesquelles converge, tandis que n croît indéfiniment, l'expression* $(\rho_n)^{\frac{1}{n}}$. *Suivant que la plus grande de ces limites sera inférieure ou supérieure à l'unité, la série* (3) *sera convergente ou divergente.*

Démonstration. — Considérons d'abord le cas où les plus grandes valeurs de l'expression $(\rho_n)^{\frac{1}{n}}$ convergent, tandis que n croît indéfiniment, vers une limite inférieure à l'unité. Dans ce cas, la série

$$(13)\qquad \rho_0,\quad \rho_1,\quad \rho_2,\quad \ldots,\quad \rho_n,\quad \ldots$$

étant convergente (Chapitre VI, § II, théorème I), les séries

$$(14)\qquad \left\{\begin{array}{l} \rho_0\cos\theta_0,\quad \rho_1\cos\theta_1,\quad \rho_2\cos\theta_2,\quad \ldots,\quad \rho_n\cos\theta_n,\quad \ldots,\\ \rho_0\sin\theta_0,\quad \rho_1\sin\theta_1,\quad \rho_2\sin\theta_2,\quad \ldots,\quad \rho_n\sin\theta_n,\quad \ldots \end{array}\right.$$

le seront également (Chapitre VI, § III, théorème IV), et la convergence de ces dernières entraînera celle de la série (12), qui n'est que la série (3) présentée sous une autre forme.

Supposons en second lieu que, pour des valeurs croissantes de n, les plus grandes valeurs de $(\rho_n)^{\frac{1}{n}}$ convergent vers une limite supérieure à l'unité. Dans cette hypothèse, on prouvera, par un raisonnement semblable à celui que nous avons employé dans le Chapitre VI (§ II, théorème I), que les plus grandes valeurs du module

$$\rho_n = (p_n^2+q_n^2)^{\frac{1}{2}}$$

croissent avec n au delà de toute limite, ce qui ne peut être vrai qu'autant que les plus grandes valeurs des deux quantités p_n, q_n, ou au moins de l'une d'elles, croissent de même indéfiniment. Or, comme ces deux quantités sont les termes généraux des séries (1) et (2), on doit conclure que, de ces deux séries, l'une au moins est divergente, ce qui suffit pour assurer la divergence de la série (3).

Scolie I. — Le théorème qu'on vient d'établir ne laisse d'incertitude sur la convergence ou la divergence d'une série imaginaire que dans le cas particulier où la limite des plus grandes valeurs de $(\rho_n)^{\frac{1}{n}}$ devient égale à l'unité. Dans ce cas particulier, il n'est pas toujours facile de décider la question. Toutefois on peut affirmer que, si la série (13) est convergente, les séries (14), et par suite la série (12), le seront pareillement. La réciproque n'est pas vraie, et il pourrait arriver que, la série (12) restant convergente, la série (13) fût divergente. Ainsi, par exemple, si l'on suppose

$$\rho_n = \frac{1}{n+1}, \qquad \theta_n = \left(n + \frac{1}{2}\right)\pi,$$

on obtiendra, à la place des séries (12) et (13), les deux suivantes

$$\sqrt{-1}, \quad -\frac{1}{2}\sqrt{-1}, \quad +\frac{1}{3}\sqrt{-1}, \quad -\frac{1}{4}\sqrt{-1}, \quad \ldots,$$

$$1, \quad \frac{1}{2}, \quad \frac{1}{3}, \quad \frac{1}{4}, \quad \ldots,$$

dont la seconde est divergente, tandis que la première reste convergente et a pour somme

$$\sqrt{-1}\, l(2),$$

l désignant la caractéristique des logarithmes népériens.

Scolie II. — Lorsque, pour des valeurs croissantes de n, le rapport

$$\frac{\rho_{n+1}}{\rho_n}$$

s'approche indéfiniment d'une limite fixe, cette limite est également celle vers laquelle convergent les plus grandes valeurs de l'expression $(\rho_n)^{\frac{1}{n}}$.

Le théorème V du § III (Chapitre VI) est évidemment applicable aux séries imaginaires aussi bien qu'aux séries réelles. Quant au théorème VI du même paragraphe, on doit, lorsqu'il est question des séries imaginaires, le remplacer par le suivant :

THÉORÈME III. — *Soient*

$$(15) \quad \begin{cases} u_0, & u_1, & u_2, & \ldots, & u_n, & \ldots, \\ v_0, & v_1, & v_2, & \ldots, & v_n, & \ldots \end{cases}$$

deux séries convergentes, mais imaginaires, qui aient respectivement pour sommes s et s'. Si chacune de ces séries reste convergente lorsqu'on réduit ses différents termes à leurs modules respectifs,

$$(16) \quad \begin{cases} u_0 v_0, \quad u_0 v_1 + u_1 v_0, \quad u_0 v_2 + u_1 v_1 + u_2 v_0, \quad \ldots, \\ \ldots, \quad u_0 v_n + u_1 v_{n-1} + \ldots + u_{n-1} v_1 + u_n v_0, \quad \ldots \end{cases}$$

sera une nouvelle série convergente imaginaire, qui aura pour somme ss'.

Démonstration. — Désignons respectivement par s_n, s'_n les sommes des n premiers termes des deux séries (15), et par s''_n la somme des n premiers termes de la série (16). On trouvera

$$\begin{aligned} s_n s'_n - s''_n = u_{n-1} v_{n-1} &+ (u_{n-1} v_{n-2} + u_{n-2} v_{n-1}) + \ldots \\ &+ (u_{n-1} v_1 + u_{n-2} v_2 + \ldots + u_2 v_{n-2} + u_1 v_{n-1}). \end{aligned}$$

Désignons encore par ρ_n et ρ'_n les modules des expressions imaginaires u_n et v_n, en sorte que ces expressions soient déterminées par des équations de la forme

$$u_n = \rho_n(\cos\theta_n + \sqrt{-1}\sin\theta_n),$$
$$v_n = \rho'_n(\cos\theta'_n + \sqrt{-1}\sin\theta'_n).$$

Les séries réelles

$$\begin{matrix} \rho_0, & \rho_1, & \rho_2, & \ldots, & \rho_n, & \ldots, \\ \rho'_0, & \rho'_1, & \rho'_2, & \ldots, & \rho'_n, & \ldots \end{matrix}$$

étant convergentes par hypothèse, on en conclura, comme dans le Chapitre VI (§ III, théorème VI), que la somme

$$\rho_{n-1}\rho'_{n-1} + (\rho_{n-1}\rho'_{n-2} + \rho_{n-2}\rho'_{n-1}) + \ldots$$
$$+ (\rho_{n-1}\rho'_1 + \rho_{n-2}\rho'_2 + \ldots + \rho_2\rho'_{n-2} + \rho_1\rho'_{n-1})$$

converge, pour des valeurs croissantes de n, vers la limite zéro. Il en sera de même *a fortiori* des deux sommes

$$\rho_{n-1}\rho'_{n-1}\cos(\theta_{n-1} + \theta'_{n-1})$$
$$+ [\rho_{n-1}\rho'_{n-2}\cos(\theta_{n-1} + \theta'_{n-2}) + \rho_{n-2}\rho'_{n-1}\cos(\theta_{n-2} + \theta'_{n-1})]$$
$$+ \ldots\ldots\ldots\ldots\ldots\ldots\ldots\ldots\ldots\ldots\ldots\ldots$$
$$+ [\rho_{n-1}\rho'_1\cos(\theta_{n-1} + \theta'_1) + \rho_{n-2}\rho'_2\cos(\theta_{n-2} + \theta'_2) + \ldots$$
$$+ \rho_2\rho'_{n-2}\cos(\theta_2 + \theta'_{n-2}) + \rho_1\rho'_{n-1}\cos(\theta_1 + \theta'_{n-1})]$$

et

$$\rho_{n-1}\rho'_{n-1}\sin(\theta_{n-1} + \theta'_{n-1})$$
$$+ [\rho_{n-1}\rho'_{n-2}\sin(\theta_{n-1} + \theta'_{n-2}) + \rho_{n-2}\rho'_{n-1}\sin(\theta_{n-2} + \theta'_{n-1})]$$
$$+ \ldots\ldots\ldots\ldots\ldots\ldots\ldots\ldots\ldots\ldots\ldots\ldots$$
$$+ [\rho_{n-1}\rho'_1\sin(\theta_{n-1} + \theta'_1) + \rho_{n-2}\rho'_2\sin(\theta_{n-2} + \theta'_2) + \ldots$$
$$+ \rho_2\rho'_{n-2}\sin(\theta_2 + \theta'_{n-2}) + \rho_1\rho'_{n-1}\sin(\theta_1 + \theta'_{n-1})],$$

dont la première représente évidemment la partie réelle de l'expression imaginaire

$$s_n s'_n - s''_n,$$

tandis que la seconde représente le coefficient de $\sqrt{-1}$ dans cette expression. Par suite, $s_n s'_n - s''_n$ convergera aussi, pour des valeurs croissantes de n, vers la limite zéro; et, comme $s_n s'_n$ s'approche indéfiniment de la limite ss', il faudra de toute nécessité que l'expression s''_n, c'est-à-dire la somme des n premiers termes de la série (16), s'approche elle-même indéfiniment de cette dernière limite. Il en résulte : 1° que la série (16) est convergente; 2° que cette série convergente a pour somme ss'.

§ II. — *Des séries imaginaires ordonnées suivant les puissances ascendantes et entières d'une variable.*

Soit x une variable imaginaire. Toute série imaginaire ordonnée suivant les puissances ascendantes et entières de la variable x sera de la forme

$$a_0 + b_0\sqrt{-1},\quad (a_1 + b_1\sqrt{-1})x,\quad (a_2 + b_2\sqrt{-1})x^2,\quad \ldots,$$
$$\ldots,\quad (a_n + b_n\sqrt{-1})x^n,\quad \ldots,$$

$a_0, a_1, a_2, \ldots, a_n, \ldots, b_0, b_1, b_2, \ldots, b_n, \ldots$ désignant deux suites de quantités constantes. Dans le cas où les constantes de la seconde suite s'évanouissent, la série précédente se réduit à

$$(1)\qquad a_0,\quad a_1 x,\quad a_2 x^2,\quad \ldots,\quad a_n x^n,\quad \ldots.$$

Nous considérerons en particulier dans ce paragraphe les séries de cette dernière espèce. Si, pour plus de commodité, on pose

$$(2)\qquad x = z(\cos\theta + \sqrt{-1}\sin\theta),$$

z désignant une variable réelle et θ un arc réel, la série (1) deviendra

$$(3)\quad \left\{\begin{array}{l} a_0,\quad a_1 z(\cos\theta + \sqrt{-1}\sin\theta),\quad a_2 z^2(\cos 2\theta + \sqrt{-1}\sin 2\theta),\quad \ldots, \\ \qquad \ldots,\quad a_n z^n(\cos n\theta + \sqrt{-1}\sin n\theta),\quad \ldots. \end{array}\right.$$

Soit maintenant, comme dans le Chapitre VI (§ IV), A la plus grande des limites vers lesquelles converge, tandis que n croît indéfiniment, la racine $n^{\text{ième}}$ de la valeur numérique de a_n. La plus grande des limites vers lesquelles convergera dans la même hypothèse la racine $n^{\text{ième}}$ du module de l'expression imaginaire

$$a_n x^n = a_n z^n(\cos n\theta + \sqrt{-1}\sin n\theta)$$

sera équivalente à la valeur numérique du produit

$$\mathrm{A}z;$$

et en conséquence (*voir* ci-dessus le § I, théorème II) la série (3) sera convergente ou divergente suivant que le produit Az aura une valeur numérique inférieure ou supérieure à l'unité. On déduit immédiatement de cette remarque la proposition suivante :

Théorème I. — *La série* (3) *est convergente pour toutes les valeurs de z comprises entre les limites*

$$z = -\frac{1}{A}, \qquad z = +\frac{1}{A},$$

et divergente pour toutes les valeurs de z situées hors des mêmes limites. En d'autres termes, la série (1) *est convergente ou divergente suivant que le module de l'expression imaginaire x est inférieur ou supérieur à $\frac{1}{A}$.*

Scolie. — Lorsque la valeur numérique du rapport $\frac{a_{n+1}}{a_n}$ converge, pour des valeurs croissantes de n, vers une limite fixe, cette limite est précisément la valeur de la quantité positive désignée par A.

Corollaire I. — En comparant le théorème précédent au théorème I du Chapitre VI (§ IV), on reconnaîtra que, si la série (1) est convergente pour une certaine valeur réelle de la variable x, elle demeurera convergente pour toute valeur imaginaire dont cette valeur réelle serait, au signe près, le module. Par suite, si la série (1) est convergente pour toutes les valeurs réelles de la variable x, elle restera convergente, quelle que soit la valeur imaginaire que l'on attribue à cette variable.

Corollaire II. — Pour appliquer le théorème I et le précédent corollaire, considérons les quatre séries

$$(4) \qquad 1, \quad x, \quad x^2, \quad \ldots, \quad x^n, \quad \ldots,$$

$$(5) \qquad 1, \quad \frac{\mu}{1}x, \quad \frac{\mu(\mu-1)}{1.2}x^2, \quad \ldots, \quad \frac{\mu(\mu-1)\ldots(\mu-n+1)}{1.2.3\ldots n}x^n, \quad \ldots,$$

$$(6) \qquad 1, \quad \frac{x}{1}, \quad \frac{x^2}{1.2}, \quad \ldots, \quad \frac{x^n}{1.2.3\ldots n}, \quad \ldots,$$

$$(7) \qquad x, \quad -\frac{x^2}{2}, \quad \ldots, \quad \pm\frac{x^n}{n}, \quad \ldots,$$

μ désignant dans la seconde une quantité quelconque. De ces quatre séries les deux premières, ainsi que la dernière, restent convergentes pour toutes les valeurs réelles de x comprises entre les limites

$$x = -1, \qquad x = +1,$$

et la troisième pour des valeurs réelles quelconques de la variable x. Mais si, au lieu d'attribuer à x une valeur réelle, on suppose

$$x = z(\cos\theta + \sqrt{-1}\sin\theta),$$

à la place de ces quatre séries, on obtiendra les suivantes

$$(8)\quad \begin{cases} 1, \quad z(\cos\theta + \sqrt{-1}\sin\theta), \quad z^2(\cos 2\theta + \sqrt{-1}\sin 2\theta), \quad \ldots, \\ \ldots, \quad z^n(\cos n\theta + \sqrt{-1}\sin n\theta), \quad \ldots; \end{cases}$$

$$(9)\quad \begin{cases} 1, \quad \frac{\mu}{1} z(\cos\theta + \sqrt{-1}\sin\theta), \quad \frac{\mu(\mu-1)}{1.2} z^2(\cos 2\theta + \sqrt{-1}\sin 2\theta), \quad \ldots, \\ \ldots, \quad \frac{\mu(\mu-1)\ldots(\mu-n+1)}{1.2.3\ldots n} z^n(\cos n\theta + \sqrt{-1}\sin n\theta), \quad \ldots; \end{cases}$$

$$(10)\quad \begin{cases} 1, \quad \frac{z(\cos\theta + \sqrt{-1}\sin\theta)}{1}, \quad \frac{z^2(\cos 2\theta + \sqrt{-1}\sin 2\theta)}{1.2}, \quad \ldots, \\ \ldots, \quad \frac{z^n(\cos n\theta + \sqrt{-1}\sin n\theta)}{1.2.3\ldots n}, \quad \ldots; \end{cases}$$

$$(11)\quad \begin{cases} \frac{z(\cos\theta + \sqrt{-1}\sin\theta)}{1}, \quad -\frac{z^2(\cos 2\theta + \sqrt{-1}\sin 2\theta)}{2}, \quad \ldots, \\ \ldots, \quad \pm\frac{z^n(\cos n\theta + \sqrt{-1}\sin n\theta)}{n}, \quad \ldots \end{cases}$$

dont les deux premières et la dernière resteront convergentes pour toutes les valeurs de z comprises entre les limites

$$z = -1, \qquad z = +1,$$

tandis que l'avant-dernière sera toujours convergente, quelle que soit la valeur réelle de z.

Après avoir fixé les limites entre lesquelles il faut renfermer z pour rendre la série (3) convergente, nous ferons remarquer que, en vertu des principes établis dans le paragraphe précédent, les théorèmes III, IV et V du Chapitre VI (§ IV), avec leurs corollaires, peuvent être étendus au cas où la variable x devient imaginaire. On devra seulement admettre, dans l'énoncé du théorème IV, que chacune des séries

$$a_0, \quad a_1 x, \quad a_2 x^2, \quad \ldots;$$
$$b_0, \quad b_1 x, \quad b_2 x^2, \quad \ldots$$

reste convergente lorsqu'on réduit ses différents termes non plus à leurs valeurs numériques, mais à leurs modules respectifs. Cela posé, si l'on désigne par $\varpi(\mu)$ ce que devient le second membre de l'équation (15) (Chapitre VI, § IV), lorsqu'on attribue à x la valeur imaginaire

$$z(\cos\theta + \sqrt{-1}\sin\theta),$$

ou, en d'autres termes, si l'on fait

$$(12) \quad \varpi(\mu) = 1 + \frac{\mu}{1} z(\cos\theta + \sqrt{-1}\sin\theta) + \frac{\mu(\mu-1)}{1.2} z^2(\cos 2\theta + \sqrt{-1}\sin 2\theta) + \ldots,$$

on trouvera, au lieu de la formule (16) (Chapitre VI, § IV), la suivante :

$$(13) \qquad \varpi(\mu)\varpi(\mu') = \varpi(\mu + \mu').$$

Il est essentiel de remarquer que cette dernière formule subsistera uniquement pour les valeurs de z comprises entre les limites $z = -1$, $z = +1$, et qu'entre ces limites la fonction imaginaire $\varpi(\mu)$, c'est-à-dire la somme de la série (9), sera en même temps continue par rapport à z et par rapport à μ (*voir* ci-dessus le § I, théorème I).

Concevons à présent qu'au lieu de la série (9) on considère généralement la série (3), et que dans cette dernière on fasse varier la valeur de z par degrés insensibles. Tant que la série (3) sera convergente, c'est-à-dire tant que la valeur de z restera comprise entre les limites

$$-\frac{1}{A}, \quad +\frac{1}{A},$$

la somme de la série sera une fonction imaginaire continue de la variable z. Soit $\varpi(z)$ cette fonction continue. L'équation

$$\varpi(z) = a_0 + a_1 z(\cos\theta + \sqrt{-1}\sin\theta) + a_2 z^2(\cos 2\theta + \sqrt{-1}\sin 2\theta) + \ldots$$

subsistera pour toutes les valeurs de z renfermées entre les limites $-\frac{1}{A}$, $+\frac{1}{A}$, ce que nous indiquerons en écrivant ces limites à côté de la série, comme on le voit ici :

$$(14) \quad \varpi(z) = a_0 + a_1 z(\cos\theta + \sqrt{-1}\sin\theta) + a_2 z^2(\cos 2\theta + \sqrt{-1}\sin 2\theta) + \ldots$$
$$\left(z = -\frac{1}{A}, \quad z = +\frac{1}{A}\right).$$

On doit observer que l'équation précédente équivaut toujours à deux équations réelles. En effet, si l'on pose

$$(15) \qquad \varpi(z) = \varphi(z) + \chi(z)\sqrt{-1},$$

$\varphi(z)$ et $\chi(z)$ désignant deux fonctions réelles, on tirera de l'équation (14)

$$(16) \qquad \begin{cases} \varphi(z) = a_0 + a_1 z\cos\theta + a_2 z^2 \cos 2\theta + \ldots, \\ \chi(z) = \qquad\quad a_1 z \sin\theta + a_2 z^2 \sin 2\theta + \ldots \end{cases}$$
$$\left(z = -\frac{1}{A}, \quad z = +\frac{1}{A}\right).$$

Lorsque la série (3) est donnée, on peut quelquefois en déduire la valeur de là fonction $\varpi(x)$ sous forme finie, et c'est là ce qu'on appelle *sommer* la série. Nous avons déjà, dans le § I, résolu cette question pour la série (8). Nous allons maintenant chercher à la résoudre pour les séries (9), (10), (11); et, en conséquence, nous traiterons l'un après l'autre les trois problèmes qui suivent.

Problème I. — *Trouver la somme de la série*

$$(9) \quad 1, \quad \frac{\mu}{1} z(\cos\theta + \sqrt{-1}\sin\theta), \quad \frac{\mu(\mu-1)}{1.2} z^2(\cos 2\theta + \sqrt{-1}\sin 2\theta), \quad \ldots,$$

dans le cas où l'on attribue à la variable z une valeur comprise entre les limites

$$z = -1, \qquad z = +1.$$

Solution. — Soit $\varpi(\mu)$ la somme cherchée. En désignant par μ' une quantité réelle différente de μ, on trouvera

$$(13)\qquad \varpi(\mu)\,\varpi(\mu') = \varpi(\mu+\mu').$$

L'équation précédente, étant semblable à l'équation (2) du Chapitre VIII (§ V), se résoudra de la même manière; et l'on en conclura

$$\varpi(\mu) = r^{\mu}(\cos\mu t + \sqrt{-1}\sin\mu t),$$

le module r et l'angle t étant deux quantités constantes par rapport à μ, mais qui dépendent nécessairement de z et de θ. On aura donc, entre les limites $z=-1$, $z=+1$,

$$(17)\qquad \left\{\begin{aligned} &1+\frac{\mu}{1}z(\cos\theta+\sqrt{-1}\sin\theta)+\frac{\mu(\mu-1)}{1.2}z^2(\cos2\theta+\sqrt{-1}\sin2\theta)+\dots\\ &\quad = r^{\mu}(\cos\mu t+\sqrt{-1}\sin\mu t).\end{aligned}\right.$$

Pour déterminer les valeurs inconnues de r et de t, on fera, dans l'équation (17), $\mu=1$, et l'on en tirera

$$1+z\cos\theta+z\sin\theta\sqrt{-1} = r\cos t + r\sin t\sqrt{-1}$$

ou, ce qui revient au même,

$$\begin{aligned} 1+z\cos\theta &= r\cos t,\\ z\sin\theta &= r\sin t.\end{aligned}$$

On trouvera par suite

$$r = (1+2z\cos\theta+z^2)^{\frac{1}{2}};$$

puis, en observant que $\cos t = \dfrac{1+z\cos\theta}{r}$ reste positif pour toute valeur numérique de z inférieure à l'unité, et désignant par k un nombre entier quelconque,

$$t = \text{arc tang}\frac{z\sin\theta}{1+z\cos\theta} \pm 2k\pi.$$

Cela posé, si l'on fait, pour abréger,

$$(18)\qquad s = \text{arc tang}\frac{z\sin\theta}{1+z\cos\theta},$$

l'équation (17) deviendra

$$(19)\quad \begin{cases} 1 + \frac{\mu}{1} z(\cos\theta + \sqrt{-1}\sin\theta) + \frac{\mu(\mu-1)}{1.2} z^2(\cos 2\theta + \sqrt{-1}\sin 2\theta) + \ldots \\ = (1 + 2z\cos\theta + z^2)^{\frac{1}{2}\mu}(\cos\mu t + \sqrt{-1}\sin\mu t) \end{cases}$$

$$(z = -1, \quad z = +1),$$

la valeur de t étant déterminée par la formule

$$(20)\qquad t = s \pm 2k\pi,$$

dans laquelle le nombre entier k ne peut dépendre que des quantités z et θ.

Remarquons à présent que le premier membre de l'équation (19) est, entre les limites $z = -1$, $z = +1$, une fonction continue de z, qui varie avec z par degrés insensibles, quelle que soit la valeur de μ. Le second membre de l'équation devra donc jouir de la même propriété, ou, en d'autres termes, les quantités

$$(1 + 2z\cos\theta + z^2)^{\frac{\mu}{2}}\cos\mu t,$$

$$(1 + 2z\cos\theta + z^2)^{\frac{\mu}{2}}\sin\mu t$$

et, par conséquent, les suivantes

$$\cos\mu t, \quad \sin\mu t$$

devront varier avec z par degrés insensibles, pour toutes les valeurs possibles de μ. Or cette condition ne peut être remplie que dans le cas où t lui-même varie avec z par degrés insensibles. En effet, si un accroissement infiniment petit de z produisait un accroissement fini de t, de manière à changer t en $t + a$, a désignant une quantité finie, les cosinus et sinus des deux arcs

$$\mu t, \quad \mu(t + a)$$

ne pourraient demeurer sensiblement égaux, qu'autant que la valeur numérique du produit μa serait à très peu près un multiple de la circonférence, ce qui ne peut être vrai que pour des valeurs particulières du coefficient μ, et non pas généralement pour des valeurs finies quelconques de ce coefficient. On doit donc conclure que l'arc $t = s \pm 2k\pi$ est fonction continue de z; et, comme des deux quantités s, k, la première, déterminée par l'équation (18), varie avec z d'une manière continue entre les limites $z = -1$, $z = +1$, tandis que la seconde, assujettie à rester toujours entière, n'admet que des variations finies d'une ou de plusieurs unités, il est clair que, pour satisfaire à la condition énoncée, la quantité s devra varier toute seule, et la quantité k demeurer constante. Cette dernière quantité sera donc indépendante de z, et, pour en connaître la valeur dans tous les cas possibles, il suffira de la chercher en supposant $z = 0$. Comme on a, dans cette hypothèse, $s = 0$, $t = \pm 2k\pi$, on tirera de l'équation (19)

$$1 = \cos(2k\mu\pi) \pm \sqrt{-1}\sin(2k\mu\pi),$$

quelle que soit la valeur de μ, et par suite

$$k = 0.$$

Cela posé, la formule (20) donnera généralement

$$t = s,$$

et l'équation (19) se trouvera réduite à

$$(21)\quad \left\{\begin{aligned} &1 + \frac{\mu}{1} z(\cos\theta + \sqrt{-1}\sin\theta) + \frac{\mu(\mu-1)}{1.2} z^2(\cos 2\theta + \sqrt{-1}\sin 2\theta) + \ldots \\ &\quad = (1 + 2z\cos\theta + z^2)^{\frac{1}{2}\mu}(\cos\mu s + \sqrt{-1}\sin\mu s), \end{aligned}\right.$$

$$(z = -1, \quad z = +1).$$

De plus, si l'on a égard à la formule (27) du Chapitre VII (§ IV), on reconnaîtra facilement que le second membre de l'équation (21) peut être représenté par la notation

$$[1 + z(\cos\theta + \sqrt{-1}\sin\theta)]^{\mu}.$$

On aura donc, en supposant toujours la valeur de z comprise entre les limites -1 et $+1$,

$$(22)\quad \left\{\begin{aligned} &1+\frac{\mu}{1}z(\cos\theta+\sqrt{-1}\sin\theta)+\frac{\mu(\mu-1)}{1.2}z^2(\cos2\theta+\sqrt{-1}\sin2\theta)+\ldots\\ &\quad=[1+z(\cos\theta+\sqrt{-1}\sin\theta)]^{\mu}\end{aligned}\right.$$

$$(z=-1,\quad z=+1).$$

En d'autres termes, l'équation (20) du Chapitre VI (§ IV), savoir

$$1+\frac{\mu}{1}x+\frac{\mu(\mu-1)}{1.2}x^2+\ldots=(1+x)^{\mu}$$

subsistera, non seulement si l'on attribue à la variable x des valeurs réelles comprises entre les limites -1, $+1$, mais encore si l'on fait

$$x=z(\cos\theta+\sqrt{-1}\sin\theta),$$

la valeur numérique de z étant inférieure à l'unité.

Corollaire I. — La formule (21), comme toutes les équations imaginaires, équivaut à deux équations réelles, qu'on obtient en égalant de part et d'autre les parties réelles et les coefficients de $\sqrt{-1}$. On trouvera de cette manière

$$(23)\quad \left\{\begin{aligned} &1+\frac{\mu}{1}z\cos\theta+\frac{\mu(\mu-1)}{1.2}z^2\cos2\theta+\ldots=(1+2z\cos\theta+z^2)^{\frac{1}{2}\mu}\cos\mu s,\\ &\frac{\mu}{1}z\sin\theta+\frac{\mu(\mu-1)}{1.2}z^2\sin2\theta+\ldots=(1+2z\cos\theta+z^2)^{\frac{1}{2}\mu}\sin\mu s\end{aligned}\right.$$

$$(z=-1,\quad z=+1)$$

la valeur de s étant toujours déterminée par l'équation (18).

Corollaire II. — Si dans les formules (22) et (23) on pose $\mu=-1$, et que l'on y remplace z par $-z$, on obtiendra les équations (8) et (10) du § I.

Corollaire III. — Si l'on pose $\theta=\frac{\pi}{2}$ ou, ce qui revient au même,

$$\cos\theta=0,\qquad \sin\theta=1,$$

la valeur de s, donnée par la formule (18), deviendra

$$s = \text{arc tang} z,$$

et restera comprise entre les limites $-\frac{\pi}{4}$, $+\frac{\pi}{4}$ pour toute valeur numérique de z inférieure à l'unité. Dans la même hypothèse, on aura évidemment

$$z = \text{tang} s = \frac{\sin s}{\cos s},$$

$$(1 + 2z\cos\theta + z^2)^{\frac{\mu}{2}} = (\text{séc} s)^\mu = \frac{1}{(\cos s)^\mu},$$

et l'on tirera des équations (23), mais seulement pour les valeurs de s comprises entre les limites dont il s'agit,

$$(24)\quad \left\{\begin{aligned} \cos\mu s &= \cos^\mu s - \frac{\mu(\mu-1)}{1.2}\cos^{\mu-2} s\sin^2 s \\ &\quad + \frac{\mu(\mu-1)(\mu-2)(\mu-3)}{1.2.3.4}\cos^{\mu-4} s\sin^4 s - \ldots, \\ \sin\mu s &= \frac{\mu}{1}\cos^{\mu-1} s\sin s - \frac{\mu(\mu-1)(\mu-2)}{1.2.3}\cos^{\mu-3} s\sin^3 s + \ldots \end{aligned}\right.$$

$$\left(s = -\frac{\pi}{4},\quad s = +\frac{\pi}{4}\right).$$

Par conséquent, si dans les formules (12) du Chapitre VII (§ II) on remplace le nombre entier m par une quantité quelconque μ, ces formules, qui avaient lieu pour toutes les valeurs réelles possibles de l'arc z, ne seront plus vraies généralement que pour des valeurs numériques de cet arc inférieures à $\frac{\pi}{4}$.

Problème II. — *Trouver la somme de la série*

$$(10)\quad 1,\quad \frac{z}{1}(\cos\theta + \sqrt{-1}\sin\theta),\quad \frac{z^2}{1.2}(\cos 2\theta + \sqrt{-1}\sin 2\theta),\quad \ldots,$$

quelle que soit la valeur numérique de z.

Solution. — Si dans les équations (18) et (21) on remplace z par αz et μ par $\frac{1}{\alpha}$, α désignant une quantité infiniment petite, on trouvera, pour toutes les valeurs de αz comprises entre les limites $-1, +1$, ou, ce qui revient au même, pour toutes les valeurs de z comprises entre les limites $-\frac{1}{\alpha}, +\frac{1}{\alpha}$,

$$(25)\quad \left\{\begin{aligned} 1 &+ \frac{z}{1}(\cos\theta + \sqrt{-1}\sin\theta) + \frac{z^2}{1.2}(\cos 2\theta + \sqrt{-1}\sin 2\theta)(1-\alpha) \\ &\quad + \frac{z^3}{1.2.3}(\cos 3\theta + \sqrt{-1}\sin 3\theta)(1-\alpha)(1-2\alpha) + \ldots \\ &= (1 + 2\alpha z\cos\theta + \alpha^2 z^2)^{\frac{1}{2\alpha}}\left(\cos\frac{s}{\alpha} + \sqrt{-1}\sin\frac{s}{\alpha}\right) \end{aligned}\right.$$

$$\left(z = -\frac{1}{\alpha},\quad z = +\frac{1}{\alpha}\right),$$

l'arc s étant déterminé par la formule

$$(26)\qquad s = \text{arc tang}\,\frac{\alpha z \sin\theta}{1 + \alpha z\cos\theta}.$$

Si maintenant on fait décroître indéfiniment dans l'équation (25) la valeur numérique de α, on trouvera, en passant aux limites,

$$(27)\quad \left\{\begin{aligned} 1 &+ \frac{z}{1}(\cos\theta + \sqrt{-1}\sin\theta) + \frac{z^2}{1.2}(\cos 2\theta + \sqrt{-1}\sin 2\theta) \\ &\quad + \frac{z^3}{1.2.3}(\cos 3\theta + \sqrt{-1}\sin 3\theta) + \ldots \\ &= \lim\left[(1 + 2\alpha z\cos\theta + \alpha^2 z^2)^{\frac{1}{2\alpha}}\left(\cos\frac{s}{\alpha} + \sqrt{-1}\sin\frac{s}{\alpha}\right)\right] \end{aligned}\right.$$

$$(z = -\infty,\quad z = +\infty).$$

Il reste à chercher la limite du produit

$$(1 + 2\alpha z\cos\theta + \alpha^2 z^2)^{\frac{1}{2\alpha}}\left(\cos\frac{s}{\alpha} + \sqrt{-1}\sin\frac{s}{\alpha}\right),$$

et, par conséquent, celle de chacune des quantités

$$(1 + 2\alpha z\cos\theta + \alpha^2 z^2)^{\frac{1}{2\alpha}},\quad \frac{s}{\alpha}.$$

Or, en premier lieu, si l'on fait

$$2\alpha z\cos\theta + \alpha^2 z^2 = 6,$$

on en conclura

$$(1+2\alpha z\cos\theta+\alpha^2 z^2)^{\frac{1}{2\alpha}}=(1+\varepsilon)^{\frac{z\cos\theta+\frac{\alpha z^2}{2}}{\varepsilon}}$$

et, par suite,

$$\lim(1+2\alpha z\cos\theta+\alpha^2 z^2)^{\frac{1}{2\alpha}}=\left[\lim(1+\varepsilon)^{\frac{1}{\varepsilon}}\right]^{\lim\left(z\cos\theta+\frac{\alpha z^2}{2}\right)}=e^{z\cos\theta}.$$

De plus, la valeur de s donnée par l'équation (26) étant infiniment petite, le rapport

$$\frac{s}{\operatorname{tang} s}=\frac{1}{\frac{\sin s}{s}}\cos s$$

aura pour limite l'unité; et, comme on tire de l'équation (26)

$$\frac{\operatorname{tang} s}{\alpha}=\frac{z\sin\theta}{1+\alpha z\cos\theta},$$

$$\frac{s}{\alpha}=\frac{s}{\operatorname{tang} s}\,\frac{z\sin\theta}{1+\alpha z\cos\theta},$$

on trouvera, en passant aux limites,

$$\lim\left(\frac{s}{\alpha}\right)=z\sin\theta.$$

Cela posé, il est clair que le second membre de l'équation (25) aura pour limite l'expression imaginaire

$$e^{z\cos\theta}\left[\cos(z\sin\theta)+\sqrt{-1}\sin(z\sin\theta)\right],$$

en sorte que la formule (27) deviendra

$$(28)\quad\left\{\begin{aligned}&1+\frac{z}{1}\left(\cos\theta+\sqrt{-1}\sin\theta\right)+\frac{z^2}{1.2}\left(\cos 2\theta+\sqrt{-1}\sin 2\theta\right)+\ldots\\&\quad=e^{z\cos\theta}\left[\cos(z\sin\theta)+\sqrt{-1}\sin(z\sin\theta)\right]\\&\qquad(z=-\infty,\quad z=+\infty),\end{aligned}\right.$$

la valeur de la variable réelle z étant complètement arbitraire, puisqu'elle peut être choisie à volonté entre les valeurs extrêmes $z=-\infty$, $z=+\infty$.

Corollaire I. — Si, en comparant les deux membres de l'équation (28), on égale de part et d'autre : 1° les parties réelles; 2° les coefficients de $\sqrt{-1}$, on obtiendra les deux équations réelles

$$(29)\quad \begin{cases} 1+\frac{z}{1}\cos\theta+\frac{z^2}{1.2}\cos 2\theta+\ldots=e^{z\cos\theta}\cos(z\sin\theta), \\ \frac{z}{1}\sin\theta+\frac{z^2}{1.2}\sin 2\theta+\ldots=e^{z\cos\theta}\sin(z\sin\theta) \end{cases}$$

$$(z=-\infty,\quad z=+\infty).$$

Corollaire II. — Si l'on suppose $\theta=\frac{\pi}{2}$ ou, ce qui revient au même,

$$\cos\theta=0,\qquad \sin\theta=1,$$

les équations (29) deviendront

$$(30)\quad \begin{cases} 1-\frac{z^2}{1.2}+\frac{z^4}{1.2.3.4}-\ldots=\cos z, \\ \frac{z}{1}-\frac{z^3}{1.2.3}+\ldots=\sin z \end{cases}$$

$$(z=-\infty,\quad z=+\infty).$$

Ces dernières subsistant, aussi bien que les équations (29), pour des valeurs réelles quelconques de z, il en résulte que les fonctions $\sin z$ et $\cos z$ sont toujours développables en séries ordonnées suivant les puissances ascendantes de la variable qu'elles renferment. Comme cette proposition mérite d'être remarquée, je vais la démontrer ici directement.

La série

$$1,\quad \frac{x}{1},\quad \frac{x^2}{1.2},\quad \ldots,$$

étant convergente pour toutes les valeurs réelles possibles de la variable x, restera convergente (en vertu du théorème I, corollaire I) pour des valeurs imaginaires quelconques de cette même variable. Si l'on multiplie la somme de cette série par la somme de la série semblable

$$1, \quad \frac{y}{1}, \quad \frac{y^2}{1.2}, \quad \ldots,$$

en ayant égard à la fois au théorème III du § I et à la formule (6) du Chapitre VIII (§ IV), on trouvera, pour toutes les valeurs possibles réelles ou imaginaires attribuées à x et à y,

$$(31)\qquad \left\{\begin{aligned}&\left(1+\frac{x}{1}+\frac{x^2}{1.2}+\ldots\right)\left(1+\frac{y}{1}+\frac{y^2}{1.2}+\ldots\right)\\&\quad=1+\frac{x+y}{1}+\frac{(x+y)^2}{1.2}+\ldots.\end{aligned}\right.$$

Lorsque, dans l'équation qui précède, on remplace x par $x\sqrt{-1}$ et y par $y\sqrt{-1}$, on obtient la suivante

$$(32)\qquad \left\{\begin{aligned}&\left(1+\frac{x\sqrt{-1}}{1}-\frac{x^2}{1.2}-\frac{x^3\sqrt{-1}}{1.2.3}+\ldots\right)\left(1+\frac{y\sqrt{-1}}{1}-\frac{y^2}{1.2}-\frac{y^3\sqrt{-1}}{1.2.3}+\ldots\right)\\&\quad=1+\frac{(x+y)\sqrt{-1}}{1}-\frac{(x+y)^2}{1.2}-\ldots,\end{aligned}\right.$$

dans laquelle on pourra, si l'on veut, supposer réelles les variables x et y. Faisons, dans cette hypothèse,

$$\varpi(x)=1+\frac{x\sqrt{-1}}{1}-\frac{x^2}{1.2}-\frac{x^3\sqrt{-1}}{1.2.3}+\ldots.$$

L'équation (32) deviendra

$$\varpi(x)\,\varpi(y)=\varpi(x+y);$$

et l'on en conclura [*voir* le Chapitre VIII, § V, équation (12)]

$$\varpi(x)=\mathrm{A}^x(\cos bx+\sqrt{-1}\sin bx)$$

ou, ce qui revient au même,

$$(33)\qquad \left\{\begin{aligned}&1+\frac{x\sqrt{-1}}{1}-\frac{x^2}{1.2}-\frac{x^3\sqrt{-1}}{1.2.3}+\frac{x^4}{1.2.3.4}+\ldots\\&\quad=\mathrm{A}^x(\cos bx+\sqrt{-1}\sin bx)\end{aligned}\right.$$

$$(x=-\infty,\quad x=+\infty),$$

les lettres A et b représentant deux constantes inconnues dont la première est nécessairement positive. On aura par suite

$$(34)\quad \begin{cases} 1 - \dfrac{x^2}{1.2} + \dfrac{x^4}{1.2.3.4} - \ldots = A^x \cos bx, \\ \dfrac{x}{1} - \dfrac{x^3}{1.2.3} + \ldots = A^x \sin bx \end{cases}$$

$$(x = -\infty, \quad x = +\infty).$$

Pour déterminer les constantes inconnues A et b, il suffira d'observer : 1° que les formules (34) doivent subsister lorsqu'on y change x en $-x$, et que, pour remplir cette condition, il faut nécessairement supposer

$$A^x = A^{-x},$$

par conséquent

$$A = 1;$$

2° que, si, après avoir divisé par x les deux membres de la seconde des formules (34), on fait converger la variable x vers la limite zéro, le premier membre convergera vers la limite 1, et le second membre, savoir

$$A^x \frac{\sin bx}{x} = A^x \frac{\sin bx}{bx} \times b,$$

vers la limite b; d'où résulte l'équation

$$b = 1.$$

Cela posé, les formules (33) et (34) deviendront respectivement

$$(35)\quad \begin{cases} 1 + \dfrac{x\sqrt{-1}}{1} - \dfrac{x^2}{1.2} - \dfrac{x^3\sqrt{-1}}{1.2.3} + \dfrac{x^4}{1.2.3.4} + \ldots \\ \quad = \cos x + \sqrt{-1}\sin x \end{cases}$$

$$(x = -\infty, \quad x = +\infty);$$

$$(36)\quad \begin{cases} 1 - \dfrac{x^2}{1} + \dfrac{x^4}{1.2.3.4} - \ldots = \cos x, \\ \dfrac{x}{1} - \dfrac{x^3}{1.2.3} + \ldots = \sin x \end{cases}$$

$$(x = -\infty, \quad x = +\infty).$$

Si dans les deux dernières on remplace la variable x par la variable z, on retrouvera les formules (30).

Il est essentiel d'observer que l'équation (35), lorsqu'on y suppose $x = z\sin\theta$, fournit le développement de

$$\cos(z\sin\theta) + \sqrt{-1}\sin(z\sin\theta)$$

suivant les puissances ascendantes de z. Si l'on multiplie ce développement par celui de

$$e^{z\cos\theta},$$

en ayant égard à la formule (31), qui subsiste pour toutes les valeurs réelles et imaginaires des variables qu'elle renferme, on obtiendra précisément l'équation (28).

Problème III. — *Trouver la somme de la série*

$$(11)\quad \left\{ \begin{aligned} &\frac{z}{1}(\cos\theta + \sqrt{-1}\sin\theta) - \frac{z^2}{2}(\cos 2\theta + \sqrt{-1}\sin 2\theta), \\ &\quad + \frac{z^3}{3}(\cos 3\theta + \sqrt{-1}\sin 3\theta) - \ldots \end{aligned} \right.$$

dans le cas où l'on attribue à la variable z une valeur comprise entre les limites

$$z = -1, \qquad z = +1.$$

Solution. — Si l'on prend à l'ordinaire la lettre l pour la caractéristique des logarithmes népériens, on aura

$$(1 + 2z\cos\theta + z^2)^{\frac{1}{2}\mu} = e^{\frac{1}{2}\mu l(1+2z\cos\theta+z^2)},$$

et par suite l'équation (21) pourra être mise sous la forme

$$\begin{aligned} &1 + \frac{\mu}{1}z(\cos\theta + \sqrt{-1}\sin\theta) + \frac{\mu(\mu-1)}{1.2}z^2(\cos 2\theta + \sqrt{-1}\sin 2\theta) + \ldots \\ &= e^{\frac{1}{2}\mu l(1+2z\cos\theta+z^2)}(\cos\mu s + \sqrt{-1}\sin\mu s) \\ &\qquad (z = -1, \quad z = +1), \end{aligned}$$

la valeur de s étant toujours donnée par la formule (18). Si dans l'équation précédente on développe les deux facteurs du second membre en séries convergentes ordonnées suivant les puissances ascendantes de μ, puis, que l'on effectue le produit des deux développements à l'aide de la formule (31), on trouvera

$$
\begin{aligned}
&1+\frac{\mu}{1}z(\cos\theta+\sqrt{-1}\sin\theta)+\frac{\mu(\mu-1)}{1.2}z^2(\cos 2\theta+\sqrt{-1}\sin 2\theta)+\ldots\\
&\quad=1+\frac{\mu}{1}\left[\tfrac{1}{2}\,l(1+2z\cos\theta+z^2)+s\sqrt{-1}\right]\\
&\qquad+\frac{\mu^2}{1.2}\left[\tfrac{1}{2}\,l(1+2z\cos\theta+z^2)+s\sqrt{-1}\right]^2+\ldots\\
&\qquad\qquad(z=-1,\quad z=+1).
\end{aligned}
$$

Enfin, si, après avoir retranché l'unité de chaque membre; puis divisé les deux membres par μ, on fait converger la quantité μ vers la limite zéro, on obtiendra l'équation

$$
(37)\quad\left\{
\begin{aligned}
&\frac{z}{1}(\cos\theta+\sqrt{-1}\sin\theta)-\frac{z^2}{2}(\cos 2\theta+\sqrt{-1}\sin 2\theta)+\ldots\\
&\quad=\tfrac{1}{2}\,l(1+2z\cos\theta+z^2)+s\sqrt{-1}
\end{aligned}
\right.
$$

$$(z=-1,\quad z=+1).$$

Corollaire I. — Si l'on égale, dans les deux membres de l'équation (37) : 1° les parties réelles; 2° les coefficients de $\sqrt{-1}$, et que l'on remette pour s sa valeur déterminée par la formule (18), on obtiendra les deux équations réelles

$$
(38)\quad\left\{
\begin{aligned}
&\frac{z}{1}\cos\theta-\frac{z^2}{2}\cos 2\theta+\frac{z^3}{3}\cos 3\theta-\ldots=\tfrac{1}{2}\,l(1+2z\cos\theta+z^2),\\
&\frac{z}{1}\sin\theta-\frac{z^2}{2}\sin 2\theta+\frac{z^3}{3}\sin 3\theta-\ldots=\operatorname{arc\,tang}\frac{z\sin\theta}{1+z\cos\theta}
\end{aligned}
\right.
$$

$$(z=-1,\quad z=+1).$$

Corollaire II. — Si l'on suppose $\theta = \frac{\pi}{2}$ ou, ce qui revient au même,

$$\cos\theta = 0, \qquad \sin\theta = 1,$$

la seconde des équations (38) deviendra

$$(39) \qquad z - \frac{z^3}{3} + \frac{z^5}{5} - \ldots = \text{arc tang} z \qquad (z = -1, \quad z = +1).$$

La série qui forme le premier membre de cette dernière équation étant convergente, non seulement pour toute valeur numérique de z inférieure à l'unité, mais aussi lorsqu'on suppose $z = 1$ (*voir* le Chapitre VI, § III, théorème III), il en résulte que l'équation subsistera dans cette dernière hypothèse; et, comme on a d'ailleurs

$$\text{arc tang}(1) = \frac{\pi}{4},$$

on en conclura

$$(40) \qquad 1 - \frac{1}{3} + \frac{1}{5} - \ldots = \frac{\pi}{4}.$$

La formule (40) peut servir à calculer par approximation la valeur de π, c'est-à-dire le rapport de la circonférence au diamètre.

§ III. — *Notations employées pour représenter quelques fonctions imaginaires auxquelles on est conduit par la sommation des séries convergentes. Propriétés de ces mêmes fonctions.*

Considérons les six notations

$$A^x, \qquad \sin x, \qquad \cos x,$$
$$Lx, \quad \text{arc} \sin x, \quad \text{arc} \cos x.$$

Si l'on attribue à la variable x une valeur réelle, ces six notations représenteront, comme l'on sait, autant de fonctions réelles de x, qui, prises deux à deux, seront *inverses* l'une de l'autre, c'est-à-dire données par des opérations inverses, pourvu toutefois que, A désignant un nombre, L exprime la caractéristique des logarithmes dans le système dont la base est A. Il reste à fixer le sens de ces mêmes notations, dans le cas où la variable x devient imaginaire. C'est ce que nous ferons ici, en commençant par les trois premières.

On a prouvé que, dans le cas où la variable x est supposée réelle, les trois fonctions représentées par

$$A^x, \quad \sin x, \quad \cos x$$

sont toujours développables en séries convergentes ordonnées suivant les puissances ascendantes et entières de cette variable. On aura, en effet, dans cette hypothèse,

$$(1)\quad \begin{cases} A^x = 1 + \dfrac{x\,lA}{1} + \dfrac{x^2(lA)^2}{1.2} + \dfrac{x^3(lA)^3}{1.2.3} + \ldots, \\ \cos x = 1 - \dfrac{x^2}{1.2} + \dfrac{x^4}{1.2.3.4} - \ldots, \\ \sin x = \dfrac{x}{1} - \dfrac{x^3}{1.2.3} + \ldots, \end{cases}$$

la caractéristique l désignant un logarithme népérien. De plus, comme (en vertu du théorème I, corollaire I, § II) les séries qu'on vient de rappeler restent convergentes pour toutes les valeurs réelles ou imaginaires de la variable x, on est convenu d'étendre les équations (1) à tous les cas possibles, et de les considérer comme pouvant servir à fixer, lors même que la variable devient imaginaire, le sens des trois notations

$$A^x, \quad \sin x, \quad \cos x.$$

Observons maintenant que, si dans la première des équations (1) on fait

$$A = e,$$

e désignant la base des logarithmes népériens, on en tirera

$$(2)\quad e^x = 1 + \frac{x}{1} + \frac{x^2}{1.2} + \ldots;$$

puis, en écrivant successivement, au lieu de x, xlA, $x\sqrt{-1}$, $-x\sqrt{-1}$,

$$(3)\quad \begin{cases} e^{xlA} = 1 + \dfrac{xlA}{1} + \dfrac{x^2(lA)^2}{1.2} + \dfrac{x^3(lA)^3}{1.2.3} + \ldots, \\ e^{x\sqrt{-1}} = 1 + \dfrac{x}{1}\sqrt{-1} - \dfrac{x^2}{1.2} - \dfrac{x^3}{1.2.3}\sqrt{-1} + \ldots, \\ e^{-x\sqrt{-1}} = 1 - \dfrac{x}{1}\sqrt{-1} - \dfrac{x^2}{1.2} + \dfrac{x^3}{1.2.3}\sqrt{-1} + \ldots. \end{cases}$$

On aura par suite

$$(4)\quad \begin{cases} e^{xlA} = A^x, \\ e^{x\sqrt{-1}} = \cos x + \sqrt{-1}\sin x, \\ e^{-x\sqrt{-1}} = \cos x - \sqrt{-1}\sin x, \end{cases}$$

la variable x pouvant toujours être ou réelle, ou imaginaire. De plus, l'équation (31) (§ II) donnera, quels que soient x et y,

$$(5)\quad e^x e^y = e^{x+y}.$$

Cela posé, il deviendra facile d'obtenir sous forme finie les valeurs de A^x, $\sin x$ et $\cos x$ correspondantes à des valeurs imaginaires de la variable x. En effet, si l'on suppose

$$(6)\quad x = \alpha + 6\sqrt{-1},$$

α, 6 représentant des quantités réelles, on conclura des deux premières équations (4) jointes à l'équation (5)

$$(7)\quad A^x = e^{xlA} = e^{(\alpha+6\sqrt{-1})lA} = e^{\alpha lA}e^{6lA\sqrt{-1}} = A^\alpha(\cos 6lA + \sqrt{-1}\sin 6lA),$$

et des deux dernières équations (4)

$$(8)\quad \begin{cases} \cos x = \dfrac{e^{x\sqrt{-1}} + e^{-x\sqrt{-1}}}{2}, \\ \sin x = \dfrac{e^{x\sqrt{-1}} - e^{-x\sqrt{-1}}}{2\sqrt{-1}}; \end{cases}$$

puis, en remettant pour x sa valeur $\alpha + 6\sqrt{-1}$, et développant les seconds membres,

$$(9)\quad \begin{cases} \cos x = \dfrac{e^{6}+e^{-6}}{2}\cos\alpha - \dfrac{e^{6}-e^{-6}}{2}\sin\alpha\sqrt{-1}, \\ \sin x = \dfrac{e^{6}+e^{-6}}{2}\sin\alpha + \dfrac{e^{6}-e^{-6}}{2}\cos\alpha\sqrt{-1} \\ = \cos\left(\dfrac{\pi}{2} - \alpha - 6\sqrt{-1}\right). \end{cases}$$

Ainsi, dans l'hypothèse admise, les trois notations

$$A^x, \quad \sin x, \quad \cos x$$

désignent respectivement les trois expressions imaginaires

$$A^\alpha(\cos 6\, lA + \sqrt{-1}\sin 6\, lA),$$

$$\frac{e^{6}+e^{-6}}{2}\sin\alpha + \frac{e^{6}-e^{-6}}{2}\cos\alpha\sqrt{-1},$$

$$\frac{e^{6}+e^{-6}}{2}\cos\alpha - \frac{e^{6}-e^{-6}}{2}\sin\alpha\sqrt{-1}.$$

Dans la même hypothèse, si l'on fait

$$A = e,$$

l'équation (7) fournira pour la notation

$$e^x$$

la valeur suivante :

$$e^\alpha(\cos 6 + \sqrt{-1}\sin 6).$$

Les valeurs des trois fonctions

$$A^x, \quad \sin x, \quad \cos x$$

se trouvant fixées par ce qui précède, dans le cas où la variable x devient imaginaire, nous avons encore à chercher quelles définitions on doit donner, dans le même cas, des fonctions inverses

$$Lx, \quad \arcsin x, \quad \arccos x$$

ou plus généralement quel sens on doit alors attribuer aux notations

$$\mathrm{L}((x)), \quad \arcsin((x)), \quad \arccos((x)).$$

Supposons toujours

$$x = \alpha + 6\sqrt{-1} = \rho(\cos\theta + \sqrt{-1}\sin\theta),$$

α, 6 désignant deux quantités réelles qui peuvent être remplacées par le module ρ et l'arc réel θ. Toute expression imaginaire $u + v\sqrt{-1}$ propre à vérifier l'équation

$$(10) \qquad \mathrm{A}^{u+v\sqrt{-1}} = \alpha + 6\sqrt{-1} = x$$

sera ce qu'on appelle un *logarithme imaginaire* de x pris dans le système dont la base est A. Comme l'équation (10) fournit, ainsi qu'on le verra ci-après, plusieurs valeurs de $u + v\sqrt{-1}$, dans le cas même où 6 se réduit à zéro, il en résulte que toute expression, soit imaginaire, soit réelle, a plusieurs logarithmes imaginaires. Lorsque l'on voudra désigner indistinctement un quelconque de ces logarithmes (parmi lesquels on doit comprendre le logarithme réel, s'il y en a), on emploiera la caractéristique L ou l suivie de doubles parenthèses, en ayant soin d'énoncer dans le discours la base du système. Nous choisirons de préférence la caractéristique l, lorsqu'il s'agira de logarithmes népériens pris dans le système dont la base est e. En vertu de ces conventions, les divers logarithmes des quantités réelles ou expressions imaginaires

$$1, \quad -1, \quad \alpha + 6\sqrt{-1}, \quad x$$

se trouveront respectivement désignés, dans le système dont la base est A, par

$$\mathrm{L}((1)), \quad \mathrm{L}((-1)), \quad \mathrm{L}((\alpha + 6\sqrt{-1})), \quad \mathrm{L}((x))$$

et, dans le système népérien dont la base est e, par

$$l((1)), \quad l((-1)), \quad l((\alpha + 6\sqrt{-1})), \quad l((x)).$$

Cela posé, pour déterminer ces divers logarithmes, il suffira de résoudre les problèmes suivants.

Problème I. — *Trouver les diverses valeurs réelles ou imaginaires de l'expression*

$$l((1)).$$

Solution. — Soit $u+v\sqrt{-1}$ l'une de ces valeurs, u, v désignant deux quantités réelles. On aura, d'après la définition même de l'expression $l((1))$,

$$e^{u+v\sqrt{-1}}=1 \tag{11}$$

ou, ce qui revient au même,

$$e^u(\cos v+\sqrt{-1}\sin v)=1.$$

On tirera de cette dernière équation

$$e^u=1,$$

$$\cos v+\sqrt{-1}\sin v=1$$

et, par suite,

$$u=0,$$

$$\cos v=1,\qquad \sin v=0,\qquad v=\pm 2k\pi,$$

k représentant un nombre entier quelconque. Les quantités u et v étant ainsi déterminées, les diverses valeurs de $u+v\sqrt{-1}$ propres à vérifier l'équation (11) seront évidemment comprises dans la formule

$$u+v\sqrt{-1}=\pm 2k\pi\sqrt{-1}.$$

En d'autres termes, les diverses valeurs de $l((1))$ seront données par l'équation

$$l((1))=\pm 2k\pi\sqrt{-1}. \tag{12}$$

Parmi ces valeurs une seule est réelle, savoir, celle qu'on obtient en posant $k=0$, et qui se réduit elle-même à zéro. C'est pour représenter cette valeur réelle qu'on emploie communément la notation simple

$$l(1)\quad \text{ou}\quad l1.$$

Quant aux valeurs imaginaires de $l((1))$, elles sont évidemment en nombre infini.

PROBLÈME II. — *Trouver les diverses valeurs de l'expression*

$$l((-1)).$$

Solution. — Soit $u+v\sqrt{-1}$ l'une de ces valeurs, u, v désignant deux quantités réelles. On aura, d'après la définition même de l'expression $l((-1))$,

$$e^{u+v\sqrt{-1}}=-1 \tag{13}$$

ou, ce qui revient au même,

$$e^u(\cos v+\sqrt{-1}\sin v)=-1.$$

On tirera de cette dernière équation

$$e^u=1,$$

$$\cos v+\sqrt{-1}\sin v=-1$$

et, par suite,

$$u=0,$$

$$\cos v=-1,\qquad \sin v=0,\qquad v=\pm(2k+1)\pi,$$

k représentant un nombre entier quelconque. Les quantités u, v étant ainsi déterminées, les diverses valeurs de $u+v\sqrt{-1}$ propres à vérifier l'équation (13) se trouveront évidemment comprises dans la formule

$$u+v\sqrt{-1}=\pm(2k+1)\pi\sqrt{-1}.$$

En d'autres termes, les diverses valeurs de $l((-1))$ seront données par l'équation

$$l((-1))=\pm(2k+1)\pi\sqrt{-1}. \tag{14}$$

Par conséquent ces valeurs seront toutes imaginaires et en nombre infini.

PROBLÈME III. — *Trouver les diverses valeurs de l'expression*

$$l((\alpha+6\sqrt{-1})).$$

Solution. — Soit $u+v\sqrt{-1}$ l'une de ces valeurs. On aura, d'après la définition même de l'expression $l((\alpha + 6\sqrt{-1}))$,

$$(15) \qquad e^{u+v\sqrt{-1}} = \alpha + 6\sqrt{-1} = \rho(\cos\theta + \sqrt{-1}\sin\theta)$$

ou, ce qui revient au même,

$$e^u(\cos v + \sqrt{-1}\sin v) = \rho(\cos\theta + \sqrt{-1}\sin\theta),$$

ρ désignant le module de $\alpha + 6\sqrt{-1}$. On tirera de l'équation précédente

$$e^u = \rho,$$

$$\cos v + \sqrt{-1}\sin v = \cos\theta + \sqrt{-1}\sin\theta$$

et, par suite,

$$u = l(\rho),$$

$$\cos v = \cos\theta, \qquad \sin v = \sin\theta, \qquad v = \theta \pm 2k\pi,$$

k représentant un nombre entier quelconque. Les quantités u, v étant ainsi déterminées, les diverses valeurs de $u + v\sqrt{-1}$ se trouveront comprises dans la formule

$$u + v\sqrt{-1} = l(\rho) + \theta\sqrt{-1} \pm 2k\pi\sqrt{-1}.$$

En d'autres termes, les diverses valeurs de

$$l((\alpha + 6\sqrt{-1}))$$

seront données par l'équation

$$(16) \qquad l((\alpha + 6\sqrt{-1})) = l(\rho) + \theta\sqrt{-1} + l((1)).$$

Il est bon d'observer que dans cette dernière équation la valeur de ρ est complètement déterminée et égale à

$$\sqrt{\alpha^2 + 6^2},$$

tandis que l'arc θ peut être l'un quelconque de ceux qui ont pour cosinus $\frac{\alpha}{\sqrt{\alpha^2 + 6^2}}$, et pour sinus $\frac{6}{\sqrt{\alpha^2 + 6^2}}$.

Corollaire I. — Si l'on fait, pour plus de commodité,

$$(17) \qquad \zeta = \text{arc tang}\,\frac{6}{\alpha},$$

il sera facile d'introduire dans la formule (16) l'arc ζ au lieu de l'arc θ. En effet, on pourra supposer

$$\theta = \zeta$$

si α est positif, et

$$\theta = \zeta + \pi$$

si α est négatif. On trouvera, dans la première hypothèse,

$$(18) \qquad l((\alpha + 6\sqrt{-1})) = l(\rho) + \zeta\sqrt{-1} + l((1))$$

et, dans la seconde,

$$(19) \qquad l((\alpha + 6\sqrt{-1})) = l(\rho) + \zeta\sqrt{-1} + \pi\sqrt{-1} + l((1)).$$

Si dans cette dernière équation on fait, en particulier,

$$\alpha + 6\sqrt{-1} = -1, \qquad \text{c'est-à-dire} \qquad \alpha = -1, \qquad 6 = 0$$

et, par suite,

$$\rho = 1, \qquad \zeta = 0,$$

on obtiendra la suivante

$$(20) \qquad l((-1)) = \pi\sqrt{-1} + l((1)).$$

Il en résulte qu'on aura généralement, pour des valeurs négatives de α,

$$(21) \qquad l((\alpha + 6\sqrt{-1})) = l(\rho) + \zeta\sqrt{-1} + l((-1)).$$

Supposons maintenant que dans les formules (18) et (21) on substitue à la place de ρ et de ζ leurs valeurs

$$(\alpha^2 + 6^2)^{\frac{1}{2}} \quad \text{et} \quad \text{arc tang}\,\frac{6}{\alpha}.$$

On trouvera, pour les diverses valeurs de

$$l((\alpha + 6\sqrt{-1})):$$

1° Si α est positif,

$$l((\alpha+6\sqrt{-1}))=\frac{1}{2}l(\alpha^2+6^2)+\left(\operatorname{arc\,tang}\frac{6}{\alpha}\right)\sqrt{-1}+l((1)); \tag{22}$$

2° Si α est négatif,

$$l((\alpha+6\sqrt{-1}))=\frac{1}{2}l(\alpha^2+6^2)+\left(\operatorname{arc\,tang}\frac{6}{\alpha}\right)\sqrt{-1}+l((-1)). \tag{23}$$

Corollaire II. — Si, dans les équations (22) et (23), on suppose $6=0$, elles donneront respectivement, pour des valeurs positives de α,

$$l((\alpha))=l(\alpha)+l((1))=l(\alpha)\pm 2k\pi\sqrt{-1} \tag{24}$$

et, pour des valeurs négatives de α,

$$l((\alpha))=l(-\alpha)+l((-1))=l(-\alpha)\pm(2k+1)\pi\sqrt{-1}, \tag{25}$$

k devant toujours être un nombre entier. Il suit de ces dernières formules qu'une quantité réelle α a une infinité de logarithmes imaginaires, parmi lesquels se trouve un seul logarithme réel, dans le cas où α est positif. On obtient ce logarithme réel, désigné par la notation simple $l(\alpha)$ ou $l\alpha$, en posant, dans l'équation (24), $k=0$.

Scolie I. — Parmi les diverses valeurs de $l((1))$, ainsi qu'on l'a déjà remarqué, il en est une égale à zéro, que l'on indique par la notation $l(1)$ ou $l1$, en faisant usage de parenthèses simples, ou même les supprimant tout à fait. Si l'on substitue cette valeur particulière dans l'équation (22), on obtiendra une valeur correspondante de

$$l((\alpha+6\sqrt{-1})),$$

que l'analogie nous porte à indiquer, à l'aide de parenthèses simples, par la notation

$$l(\alpha+6\sqrt{-1}).$$

C'est ce que nous ferons désormais. Par suite, on aura, en supposant α positif,

$$l(\alpha+6\sqrt{-1})=\frac{1}{2}l(\alpha^2+6^2)+\left(\operatorname{arc\,tang}\frac{6}{\alpha}\right)\sqrt{-1}. \tag{26}$$

Si, au contraire, α devient négatif, $-\alpha$ étant alors positif, on trouvera

$$l(-\alpha-6\sqrt{-1})=\frac{1}{2}l(\alpha^2+6^2)+\left(\operatorname{arc\,tang}\frac{-6}{-\alpha}\right)\sqrt{-1}$$

ou, ce qui revient au même,

$$(27)\qquad l(-\alpha-6\sqrt{-1})=\frac{1}{2}l(\alpha^2+6^2)+\left(\operatorname{arc\,tang}\frac{6}{\alpha}\right)\sqrt{-1}.$$

En faisant usage des notations précédentes, on réduira les équations (22) et (23) à celles qui suivent

$$(28)\qquad l((\alpha+6\sqrt{-1}))=l(\alpha+6\sqrt{-1})+l((1)),$$

$$(29)\qquad l((\alpha+6\sqrt{-1}))=l(-\alpha-6\sqrt{-1})+l((-1)),$$

la première se rapportant à des valeurs positives de α, et la seconde à des valeurs négatives de la même quantité. En d'autres termes, suivant que la partie réelle d'une expression imaginaire représentée par x sera positive ou négative, on aura

$$(30)\qquad l((x))=l(x)+l((1))$$

ou bien

$$(31)\qquad l((x))=l(-x)+l((-1)).$$

En résumant ce qu'on vient de dire, on voit que la notation

$$l(x)$$

a une signification précise déterminée par l'équation (26), dans le cas seulement où la partie réelle de l'expression imaginaire représentée par x est positive, tandis que la notation

$$l((x))$$

a, dans tous les cas possibles, une infinité de valeurs déterminées par l'une des équations (28) et (29).

Problème IV. — *Trouver les diverses valeurs de l'expression*

$$L((\alpha+6\sqrt{-1})),$$

la caractéristique L *indiquant un logarithme pris dans le système dont la base est* A.

Solution. — Soit toujours $u+v\sqrt{-1}$ l'une des valeurs de l'expression que l'on considère. On aura, d'après la définition même de cette expression,

$$A^{u+v\sqrt{-1}}=\alpha+6\sqrt{-1} \tag{32}$$

ou, ce qui revient au même,

$$e^{(u+v\sqrt{-1})lA}=\alpha+6\sqrt{-1},$$

l étant la caractéristique relative aux logarithmes népériens. On en conclura

$$(u+v\sqrt{-1})lA=l((\alpha+6\sqrt{-1}))$$

et, par suite,

$$u+v\sqrt{-1}=\frac{l((\alpha+6\sqrt{-1}))}{lA}$$

ou, en d'autres termes,

$$L((\alpha+6\sqrt{-1}))=\frac{l((\alpha+6\sqrt{-1}))}{lA}. \tag{33}$$

Cette dernière équation subsiste dans le cas même où 6 s'évanouit, c'est-à-dire lorsque l'expression imaginaire $\alpha+6\sqrt{-1}$ se réduit à une quantité réelle.

Scolie. — Si l'on suppose la quantité α positive, à la valeur particulière de $l((\alpha+6\sqrt{-1}))$ représentée par $l(\alpha+6\sqrt{-1})$ correspondra une valeur particulière de $L((\alpha+6\sqrt{-1}))$, que l'analogie nous porte à désigner à l'aide de parenthèses simples par la notation

$$L(\alpha+6\sqrt{-1}).$$

Cela posé, on aura, pour des valeurs positives de α,

$$(34)\quad \mathrm{L}(\alpha+6\sqrt{-1})=\frac{l(\alpha+6\sqrt{-1})}{l\mathrm{A}}=\frac{1}{2}\mathrm{L}(\alpha^2+6^2)+\frac{\text{arc tang}\frac{6}{\alpha}}{l\mathrm{A}}\sqrt{-1}.$$

De plus, si dans l'équation (33) on substitue pour $l((\alpha+6\sqrt{-1}))$ sa valeur tirée successivement des formules (28) et (29), on trouvera, pour des valeurs positives de la quantité α,

$$(35)\quad \mathrm{L}((\alpha+6\sqrt{-1}))=\frac{l(\alpha+6\sqrt{-1})}{l\mathrm{A}}+\frac{l((1))}{l\mathrm{A}}=\mathrm{L}(\alpha+6\sqrt{-1})+\mathrm{L}((1)),$$

et, pour des valeurs négatives de la même quantité,

$$(36)\quad \left\{\begin{aligned}\mathrm{L}(\alpha+6\sqrt{-1})&=\frac{l(-\alpha-6\sqrt{-1})}{l\mathrm{A}}+\frac{l((-1))}{l\mathrm{A}}\\ &=\mathrm{L}(-\alpha-6\sqrt{-1})+\mathrm{L}((-1)).\end{aligned}\right.$$

En d'autres termes, suivant que la partie réelle d'une expression imaginaire représentée par x sera positive ou négative, on aura

$$(37)\quad \mathrm{L}((x))=\mathrm{L}(x)+\mathrm{L}((1))=\mathrm{L}(x)\pm\frac{2k\pi\sqrt{-1}}{l\mathrm{A}}$$

ou bien

$$(38)\quad \mathrm{L}((x))=\mathrm{L}(-x)+\mathrm{L}((-1))=\mathrm{L}(-x)\pm\frac{(2k+1)\pi\sqrt{-1}}{l\mathrm{A}},$$

k désignant un nombre entier quelconque. On peut ajouter que des deux formules précédentes la première subsiste pour toutes les valeurs réelles positives x, et la seconde pour toutes les valeurs réelles négatives de la même variable.

Après avoir calculé les divers logarithmes de l'expression imaginaire

$$x=\alpha+6\sqrt{-1},$$

proposons-nous de trouver les arcs imaginaires dont le cosinus est égal à x. Si l'on désigne par

$$\text{arc cos}((x))=u+v\sqrt{-1}$$

l'un quelconque de ces arcs, on aura, pour déterminer $u+v\sqrt{-1}$, l'équation

$$\cos(u+v\sqrt{-1})=\alpha+6\sqrt{-1}$$

ou, ce qui revient au même, la suivante

$$(39)\qquad \frac{e^v+e^{-v}}{2}\cos u-\frac{e^v-e^{-v}}{2}\sin u\sqrt{-1}=\alpha+6\sqrt{-1},$$

laquelle se divise en deux autres, savoir

$$(40)\qquad \frac{e^v+e^{-v}}{2}\cos u=\alpha,\qquad \frac{e^v-e^{-v}}{2}\sin u=-6.$$

A ces dernières on peut substituer le système équivalent des deux formules

$$(41)\qquad e^v=\frac{\alpha}{\cos u}-\frac{6}{\sin u},\qquad e^{-v}=\frac{\alpha}{\cos u}+\frac{6}{\sin u}.$$

De plus, si l'on élimine v entre les formules (41), on en tirera successivement

$$\frac{\alpha^2}{\cos^2 u}-\frac{6^2}{\sin^2 u}=1,$$

$$\sin^4 u-(1-\alpha^2-6^2)\sin^2 u-6^2=0;$$

puis, en observant que $\sin^2 u$ est nécessairement une quantité positive,

$$\sin^2 u=\frac{1-\alpha^2-6^2}{2}+\sqrt{\left(\frac{1-\alpha^2-6^2}{2}\right)^2+6^2}.$$

On aura, par suite,

$$\cos^2 u=\frac{1+\alpha^2+6^2}{2}-\sqrt{\left(\frac{1+\alpha^2+6^2}{2}\right)^2-\alpha^2}$$

$$=\frac{\alpha^2}{\frac{1+\alpha^2+6^2}{2}+\sqrt{\left(\frac{1+\alpha^2+6^2}{2}\right)^2-\alpha^2}};$$

et, comme [en vertu de la première des équations (40)] $\cos u$ et α

doivent être de même signe, on trouvera, en extrayant les racines carrées,

$$(42)\qquad \cos u = \frac{\alpha}{\left[\frac{1+\alpha^2+6^2}{2}+\sqrt{\left(\frac{1+\alpha^2+6^2}{2}\right)^2-\alpha^2}\right]^{\frac{1}{2}}}.$$

Cela posé, si l'on fait, pour plus de commodité,

$$(43)\qquad \begin{cases} \mathrm{U} = \arccos \dfrac{\alpha}{\left[\frac{1+\alpha^2+6^2}{2}+\sqrt{\left(\frac{1+\alpha^2+6^2}{2}\right)^2-\alpha^2}\right]^{\frac{1}{2}}}, \\ \mathrm{V} = l\left(\dfrac{\alpha}{\cos \mathrm{U}} - \dfrac{6}{\sin \mathrm{U}}\right), \end{cases}$$

on conclura des équations (41) et (42)

$$(44)\qquad u = \pm \mathrm{U} \pm 2k\pi, \qquad v = \pm \mathrm{V},$$

k désignant un nombre entier quelconque, et les deux lettres U, V devant être affectées du même signe; en sorte qu'on aura définitivement

$$(45)\qquad \arccos((x)) = \pm 2k\pi \pm (\mathrm{U} + \mathrm{V}\sqrt{-1}).$$

Parmi les diverses valeurs de $\arccos((x))$ que fournit l'équation précédente, la plus simple est celle qu'on obtient en posant $k = 0$ dans le premier terme du second membre, et prenant l'autre terme avec le signe $+$. Nous la désignerons à l'aide de parenthèses simples, et nous écrirons en conséquence

$$\arccos(x) = \mathrm{U} + \mathrm{V}\sqrt{-1}$$

ou même, en supprimant tout à fait les parenthèses,

$$(46)\qquad \arccos x = \mathrm{U} + \mathrm{V}\sqrt{-1}.$$

Dans le cas particulier où, 6 étant nul, la quantité α reste comprise entre les limites -1, $+1$, la formule (46) se réduit, comme on devait s'y attendre, à l'équation identique

$$\operatorname{arc\,cos}\alpha = \operatorname{arc\,cos}\alpha.$$

D'autre part, si l'on observe que $\pm 2k\pi$ représente un quelconque des arcs qui ont l'unité pour cosinus, on reconnaîtra que l'équation (45) peut être mise sous la forme

$$(47) \qquad \operatorname{arc\,cos}((x)) = \pm\,\operatorname{arc\,cos}x + \operatorname{arc\,cos}((1)).$$

Il est encore essentiel de remarquer que, dans le cas où l'on suppose $\beta = 0$ et la valeur numérique de α supérieure à l'unité, l'expression

$$\operatorname{arc\,cos}\alpha$$

obtient toujours une valeur imaginaire. Cette valeur sera donnée par l'équation

$$(48) \qquad \operatorname{arc\,cos}\alpha = l(\alpha)\sqrt{-1}$$

si α est positif, et par la suivante

$$(49) \qquad \operatorname{arc\,cos}\alpha = \pi + l(-\alpha)\sqrt{-1} = \big[l(-\alpha) - \pi\sqrt{-1}\big]\sqrt{-1}$$

si α devient négatif.

Considérons maintenant les arcs imaginaires dont le sinus est $x = \alpha + \beta\sqrt{-1}$. Si l'on désigne un quelconque de ces arcs par

$$\operatorname{arc\,sin}((x)) = u + v\sqrt{-1},$$

on trouvera, en ayant égard à la seconde des équations (9),

$$x = \sin\big(u + v\sqrt{-1}\big) = \cos\Big(\frac{\pi}{2} - u - v\sqrt{-1}\Big),$$

et l'on en conclura

$$(50) \qquad \operatorname{arc\,sin}((x)) = u + v\sqrt{-1} = \frac{\pi}{2} - \operatorname{arc\,cos}((x)).$$

Si, dans la formule précédente, on substitue les diverses valeurs de $\operatorname{arc\,cos}((x))$, dont l'une a été désignée par la notation $\operatorname{arc\,cos}(x)$ ou $\operatorname{arc\,cos}x$, on obtiendra les diverses valeurs de $\operatorname{arc\,sin}((x))$, dont l'une sera désignée par la notation $\operatorname{arc}\sin(x)$ ou $\operatorname{arc}\sin x$, et déterminée par l'équation

$$(51) \qquad \operatorname{arc}\sin x = \frac{\pi}{2} - \operatorname{arc}\cos x.$$

A l'aide des principes que nous venons d'établir, il est aisé de reconnaître les propriétés les plus essentielles dont jouissent les fonctions de la variable imaginaire x représentées par les notations

$$\mathrm{A}^x, \quad \cos x, \quad \sin x,$$
$$\mathrm{L}x, \quad \operatorname{arc}\cos x, \quad \operatorname{arc}\sin x.$$

Pour obtenir ces propriétés, il suffit d'étendre les formules que ces fonctions vérifient dans le cas où la variable x est réelle, au cas où la variable devient imaginaire. Cette extension s'effectue d'ordinaire sans difficulté pour chacune des trois fonctions

$$\mathrm{A}^x, \quad \cos x, \quad \sin x.$$

Ainsi, par exemple, A, B, C, ... désignant plusieurs nombres, on prouvera facilement que les équations

$$(52) \qquad \begin{cases} \mathrm{A}^x \mathrm{A}^y \mathrm{A}^z \ldots = \mathrm{A}^{x+y+z+\ldots}, \\ \mathrm{A}^x \mathrm{B}^x \mathrm{C}^x \ldots = (\mathrm{ABC}\ldots)^x, \end{cases}$$

$$(53) \qquad \begin{cases} \cos(x+y) = \cos x \cos y - \sin x \sin y, \\ \sin(x+y) = \sin x \cos y + \sin y \cos x \end{cases}$$

subsistent également pour des valeurs réelles et pour des valeurs imaginaires quelconques des variables $x, y, z, \ldots$. Mais, si l'on considère des formules dans lesquelles entrent les fonctions inverses

$$\mathrm{L}x, \quad \operatorname{arc}\cos x, \quad \operatorname{arc}\sin x,$$

on trouvera le plus souvent que ces formules, étendues au cas où les variables deviennent imaginaires, ne subsistent plus qu'avec des restrictions considérables, et pour certaines valeurs des variables dont il s'agit. Par exemple, si l'on fait

$$x = \alpha + 6\sqrt{-1}, \quad y = \alpha' + 6'\sqrt{-1}, \quad z = \alpha'' + 6''\sqrt{-1}, \quad \ldots,$$

et, si l'on désigne par μ une quantité réelle quelconque, on reconnaîtra que la formule

$$\text{(54)} \qquad \mathrm{L}(x)+\mathrm{L}(y)+\mathrm{L}(z)+\ldots=\mathrm{L}(xyz\ldots)$$

subsiste seulement dans le cas où, α, α', α'', ... étant positifs, la somme

$$\operatorname{arc\,tang}\frac{6}{\alpha}+\operatorname{arc\,tang}\frac{6'}{\alpha'}+\operatorname{arc\,tang}\frac{6''}{\alpha''}+\ldots$$

reste comprise entre les limites $-\frac{\pi}{2}$, $+\frac{\pi}{2}$; et la formule

$$\text{(55)} \qquad \mathrm{L}(x^{\mu})=\mu\,\mathrm{L}(x),$$

dans le cas où, α étant positif, le produit

$$\mu\operatorname{arc\,tang}\frac{6}{\alpha}$$

reste compris entre les mêmes limites.

CHAPITRE X.

SUR LES RACINES RÉELLES OU IMAGINAIRES DES ÉQUATIONS ALGÉBRIQUES DONT LE PREMIER MEMBRE EST UNE FONCTION RATIONNELLE ET ENTIÈRE D'UNE SEULE VARIABLE. RÉSOLUTION DE QUELQUES ÉQUATIONS DE CETTE ESPÈCE PAR L'ALGÈBRE OU LA TRIGONOMÉTRIE.

§ I. — *On peut satisfaire à toute équation dont le premier membre est une fonction rationnelle et entière de la variable x par des valeurs réelles ou imaginaires de cette variable. Décomposition des polynômes en facteurs du premier et du second degré. Représentation géométrique des facteurs réels du second degré.*

Considérons une équation algébrique dont le premier membre soit une fonction rationnelle et entière de la variable x. Si n représente le degré de cette équation, elle pourra se mettre sous la forme

$$(1) \qquad a_0 x^n + a_1 x^{n-1} + a_2 x^{n-2} + \ldots + a_{n-1} x + a_n = 0,$$

$a_0, a_1, a_2, \ldots, a_{n-1}, a_n$ étant des coefficients constants réels ou imaginaires. On appelle *racine* de cette même équation toute expression réelle ou imaginaire qui, substituée à la place de l'inconnue x, rend le premier membre égal à zéro. Supposons d'abord, pour fixer les idées, que les constantes $a_0, a_1, a_2, \ldots, a_n$ se réduisent à des quantités réelles. Alors, si deux valeurs réelles de x substituées dans le premier membre de l'équation (1) fournissent deux résultats entre lesquels zéro se trouve compris, c'est-à-dire deux résultats de signes contraires, on conclura du Chapitre II (§ II, théorème IV) que l'équation (1) admet une ou plusieurs racines réelles comprises entre ces valeurs. Il en résulte que toute équation de degré impair aura au moins une racine réelle. En effet, si n est un nombre impair, le premier membre de l'équation (1) changera de signe, avec son premier terme $a_0 x^n$, toutes les fois qu'en attribuant à la variable x des valeurs numériques très considérables on fera passer cette variable du positif au négatif (*voir* le théorème VIII du Chapitre II, § I).

Lorsque n devient un nombre pair, la quantité x^n demeurant positive tant que la variable x est réelle, le premier membre de l'équation (1) finit par être, pour de très grandes valeurs numériques de x, constamment de même signe que a_0. Si, dans la même hypothèse, a_n et a_0 sont de signes contraires, le premier membre changera évidemment de signe, lorsqu'on passera d'une très grande valeur numérique de x à une très petite, en laissant la variable toujours positive ou toujours négative. L'équation (1) aura donc alors deux racines réelles : l'une positive et l'autre négative.

Lorsque, n étant un nombre pair, a_0 et a_n sont de même signe, il peut arriver que le premier membre de l'équation (1) reste, pour toutes les valeurs réelles de x, de même signe que a_0, sans jamais s'évanouir. C'est ce qui a lieu, par exemple, pour chacune des équations binômes

$$x^2 + 1 = 0, \qquad x^4 + 1 = 0, \qquad x^6 + 1 = 0, \qquad \ldots.$$

Dans un cas semblable, l'équation (1) n'aura plus de racines réelles ; mais on y satisfera en prenant pour x une expression imaginaire

$$u + v\sqrt{-1},$$

u, v désignant deux quantités réelles et finies. Cette proposition et celles que nous venons d'établir se trouvent renfermées dans le théorème suivant :

THÉORÈME I. — *Quelles que soient les valeurs réelles ou les valeurs imaginaires des constantes $a_0, a_1, \ldots, a_{n-1}, a_n$, l'équation*

$$(1) \qquad a_0 x^n + a_1 x^{n-1} + \ldots + a_{n-1} x + a_n = 0,$$

dans laquelle n désigne un nombre entier égal ou supérieur à l'unité, a toujours des racines réelles ou imaginaires.

Démonstration. — Désignons, pour abréger, par $f(x)$ le premier membre de l'équation (1) : $f(x)$ sera une fonction réelle ou imaginaire, mais toujours entière, de la variable x; et, puisque toute expression réelle u se trouve comprise comme cas particulier dans une expression imaginaire $u + v\sqrt{-1}$, il suffira, pour établir le théorème énoncé, de démontrer généralement qu'on peut satisfaire à l'équation

$$f(x) = 0, \tag{1}$$

en prenant

$$x = u + v\sqrt{-1},$$

puis attribuant aux nouvelles variables u et v des valeurs réelles. Or, si l'on substitue la valeur précédente de x dans la fonction $f(x)$, le résultat sera de la forme

$$\varphi(u, v) + \sqrt{-1}\,\chi(u, v),$$

$\varphi(u, v)$, $\chi(u, v)$ désignant deux fonctions réelles et entières des variables u et v. Cela posé, l'équation (1) deviendra

$$\varphi(u, v) + \sqrt{-1}\,\chi(u, v) = 0;$$

et, pour y satisfaire, il suffira de vérifier les deux équations réelles

$$\left\{ \begin{array}{l} \varphi(u, v) = 0, \\ \chi(u, v) = 0 \end{array} \right. \tag{2}$$

ou, ce qui revient au même, l'équation unique

$$[\varphi(u, v)]^2 + [\chi(u, v)]^2 = 0. \tag{3}$$

Donc, si l'on pose, pour plus de commodité,

$$F(u, v) = [\varphi(u, v)]^2 + [\chi(u, v)]^2, \tag{4}$$

il restera seulement à montrer que l'on peut obtenir des valeurs réelles de u et de v propres à faire évanouir la fonction

$$F(u, v).$$

On y parviendra sans peine à l'aide des considérations suivantes.

D'abord, pour déterminer la valeur générale de la fonction $F(u, v)$, on représentera chacune des constantes réelles ou imaginaires a_0, $a_1, \ldots, a_{n-1}, a_n$, ainsi que la variable imaginaire $u + v\sqrt{-1}$, par le produit d'un module et d'une expression réduite; et l'on écrira, en conséquence,

$$(5)\quad \left\{\begin{aligned} a_0 &= \rho_0 \;(\cos\theta_0 + \sqrt{-1}\sin\theta_0\;),\\ a_1 &= \rho_1 \;(\cos\theta_1 + \sqrt{-1}\sin\theta_1\;),\\ &\ldots\ldots\ldots\ldots\ldots\ldots\ldots\ldots,\\ a_{n-1} &= \rho_{n-1}(\cos\theta_{n-1} + \sqrt{-1}\sin\theta_{n-1}),\\ a_n &= \rho_n \;(\cos\theta_n + \sqrt{-1}\sin\theta_n\;), \end{aligned}\right.$$

$$(6)\quad u + v\sqrt{-1} = r(\cos t + \sqrt{-1}\sin t).$$

On aura, par suite,

$$(7)\quad \left\{\begin{aligned} &f(u + v\sqrt{-1})\\ &\quad= \rho_0 r^n[\cos(nt + \theta_0) + \sqrt{-1}\sin(nt + \theta_0)]\\ &\qquad + \rho_1 r^{n-1}[\cos(\overline{n-1}.t + \theta_1) + \sqrt{-1}\sin(\overline{n-1}.t + \theta_1)] + \ldots\\ &\qquad + \rho_{n-1} r[\cos(t + \theta_{n-1}) + \sqrt{-1}\sin(t + \theta_{n-1})]\\ &\qquad + \rho_n(\cos\theta_n + \sqrt{-1}\sin\theta_n); \end{aligned}\right.$$

et l'on en déduira

$$(8)\quad \left\{\begin{aligned} \varphi(u, v) &= \rho_0 r^n\cos(nt + \theta_0) + \rho_1 r^{n-1}\cos(\overline{n-1}.t + \theta_1) + \ldots\\ &\qquad \ldots + \rho_{n-1} r\cos(t + \theta_{n-1}) + \rho_n\cos\theta_n,\\ \chi(u, v) &= \rho_0 r^n\sin(nt + \theta_0) + \rho_1 r^{n-1}\sin(\overline{n-1}.t + \theta_1) + \ldots\\ &\qquad \ldots + \rho_{n-1} r\sin(t + \theta_{n-1}) + \rho_n\sin\theta_n, \end{aligned}\right.$$

$$(9)\quad \left\{\begin{aligned} F(u, v) = {} & [\rho_0 r^n\cos(nt + \theta_0) + \rho_1 r^{n-1}\cos(\overline{n-1}.t + \theta_1) + \ldots\\ &\qquad \ldots + \rho_{n-1} r\cos(t + \theta_{n-1}) + \rho_n\cos\theta_n]^2\\ & + [\rho_0 r^n\sin(nt + \theta_0) + \rho_1 r^{n-1}\sin(\overline{n-1}.t + \theta_1) + \ldots\\ &\qquad \ldots + \rho_{n-1} r\sin(t + \theta_{n-1}) + \rho_n\sin\theta_n]^2\\ = {} & r^{2n}\Big[\rho_0^2 + \frac{2\rho_0\rho_1\cos(t + \theta_0 - \theta_1)}{r}\\ &\qquad + \frac{\rho_1^2 + 2\rho_0\rho_2\cos(2t + \theta_0 - \theta_2)}{r^2} + \ldots\Big]. \end{aligned}\right.$$

Il résulte de cette dernière formule que la fonction $F(u, v)$, toujours évidemment positive, est le produit de deux facteurs, dont l'un, savoir

$$r^{2n} = (u^2 + v^2)^n,$$

croîtra indéfiniment si l'on attribue aux variables u, v, ou à l'une d'elles seulement, des valeurs numériques de plus en plus grandes, tandis que l'autre facteur convergera dans la même hypothèse vers la limite ρ_0^2, c'est-à-dire vers une limite finie différente de zéro. On en conclura que la fonction $F(u, v)$ ne peut conserver une valeur finie qu'autant que les deux quantités u, v reçoivent elles-mêmes des valeurs de cette espèce, et devient infiniment grande dès que l'une des deux quantités croît indéfiniment. De plus, comme l'équation (4) donne pour $F(u, v)$ une fonction entière, et par conséquent une fonction continue des variables u et v, il est clair que $F(u, v)$, variant avec elles par degrés insensibles, et ne pouvant s'abaisser au-dessous de zéro, atteindra une ou plusieurs fois une certaine limite inférieure qu'elle ne dépassera jamais. Représentons par A cette limite, et par u_0, v_0 un des systèmes de valeurs finies de u et de v, pour lesquels $F(u, v)$ se réduit à A, en sorte qu'on ait identiquement

$$F(u_0, v_0) = A. \tag{10}$$

La différence $F(u, v) - F(u_0, v_0)$ ne s'abaissera jamais au-dessous de zéro; par conséquent, si l'on fait

$$u = u_0 + \alpha h, \qquad v = v_0 + \alpha k, \tag{11}$$

α désignant une quantité infiniment petite, et h, k deux quantités finies, l'expression

$$F(u_0 + \alpha h, v_0 + \alpha k) - F(u_0, v_0)$$

ne sera jamais négative. En partant de ce principe, il sera facile de déterminer la valeur de la constante A, ainsi qu'on va le faire voir.

Si dans l'expression imaginaire $f(u + v\sqrt{-1})$ on substitue pour u et v leurs valeurs données par les formules (11), cette expression, devenant alors une fonction imaginaire et entière du produit

$$\alpha(h+k\sqrt{-1}),$$

pourra être développée suivant les puissances entières et ascendantes de ce même produit. En désignant par

$$\begin{gathered} R\ (\cos T\ +\sqrt{-1}\sin T\ ), \\ R_1(\cos T_1+\sqrt{-1}\sin T_1), \\ \ldots\ldots\ldots\ldots\ldots\ldots, \\ R_n(\cos T_n+\sqrt{-1}\sin T_n) \end{gathered}$$

les coefficients imaginaires de ces puissances dont quelques-uns peuvent se réduire à zéro, et faisant, pour plus de commodité,

$$h+k\sqrt{-1}=\rho(\cos\theta+\sqrt{-1}\sin\theta), \tag{12}$$

on obtiendra l'équation

$$\left\{\begin{aligned} &f[u_0+v_0\sqrt{-1}+\alpha(h+k\sqrt{-1})] \\ &\quad= R(\cos T+\sqrt{-1}\sin T) \\ &\quad\quad+\alpha R_1\rho[\cos(T_1+\theta)+\sqrt{-1}\sin(T_1+\theta)]+\ldots \\ &\quad\quad\ldots+\alpha^n R_n\rho^n[\cos(T_n+n\theta)+\sqrt{-1}\sin(T_n+n\theta)], \end{aligned}\right. \tag{13}$$

dans laquelle les termes du second membre, et par conséquent les modules

$$R,\quad R_1,\quad \ldots,\quad R_n,$$

ne sauraient s'évanouir tous en même temps. Comme on aura d'ailleurs

$$\left\{\begin{aligned} &f[u_0+\alpha h+(v_0+\alpha k)\sqrt{-1}] \\ &\quad=\varphi(u_0+\alpha h,\ v_0+\alpha k)+\sqrt{-1}\,\chi(u_0+\alpha h,\ v_0+\alpha k), \end{aligned}\right. \tag{14}$$

on conclura de l'équation (13)

$$\left\{\begin{aligned} &\varphi(u_0+\alpha h,\ v_0+\alpha k) \\ &\quad=R\cos T+\alpha R_1\rho\cos(T_1+\theta)+\ldots+\alpha^n R_n\rho^n\cos(T_n+n\theta), \\ &\chi(u_0+\alpha h,\ v_0+\alpha k) \\ &\quad=R\sin T+\alpha R_1\rho\sin(T_1+\theta)+\ldots+\alpha^n R_n\rho^n\sin(T_n+n\theta), \end{aligned}\right. \tag{15}$$

et, par suite,

$$(16)\quad \begin{cases} F(u_0+\alpha h,\ v_0+\alpha k) \\ \quad = [R\cos T + \alpha R_1\rho\cos(T_1+\theta)+\ldots+\alpha^n R_n\rho^n\cos(T_n+n\theta)]^2 \\ \quad\quad + [R\sin T + \alpha R_1\rho\sin(T_1+\theta)+\ldots+\alpha^n R_n\rho^n\sin(T_n+n\theta)]^2. \end{cases}$$

Si dans cette dernière formule on pose $\alpha = 0$, on en tirera

$$F(u_0, v_0) = R^2.$$

Donc $R^2 = A$, $R = A^{\frac{1}{2}}$. Si maintenant on développe le second membre de l'équation (16) suivant les puissances descendantes de R, et que l'on y remplace ensuite R par $A^{\frac{1}{2}}$, cette équation deviendra

$$(17)\quad \begin{cases} F(u_0+\alpha h,\ v_0+\alpha k) \\ \quad = A + 2A^{\frac{1}{2}}\alpha\rho[R_1\cos(T_1-T+\theta)+\ldots+\alpha^{n-1}\rho^{n-1}R_n\cos(T_n-T+n\theta)] \\ \quad\quad + \alpha^2\rho^2\big\{\ [R_1\cos(T_1+\theta)+\ldots+\alpha^{n-1}\rho^{n-1}R_n\cos(T_n+n\theta)]^2 \\ \quad\quad\quad + [R_1\sin(T_1+\theta)+\ldots+\alpha^{n-1}\rho^{n-1}R_n\sin(T_n+n\theta)]^2\big\}; \end{cases}$$

et, si l'on fait passer dans le premier membre la quantité $A = F(u_0, v_0)$, on trouvera définitivement

$$(18)\quad \begin{cases} F(u_0+\alpha h,\ v_0+\alpha k) - F(u_0, v_0) \\ \quad = 2A^{\frac{1}{2}}\alpha\rho[R_1\cos(T_1-T+\theta)+\ldots+\alpha^{n-1}\rho^{n-1}R_n\cos(T_n-T+n\theta)] \\ \quad\quad + \alpha^2\rho^2\big\{\ [R_1\cos(T_1+\theta)+\ldots+\alpha^{n-1}\rho^{n-1}R_n\cos(T_n+n\theta)]^2 \\ \quad\quad\quad + [R_1\sin(T_1+\theta)+\ldots+\alpha^{n-1}\rho^{n-1}R_n\sin(T_n+n\theta)]^2\big\}. \end{cases}$$

Cela posé, puisque la différence

$$F(u_0+\alpha h,\ v_0+\alpha k) - F(u_0, v_0)$$

ne doit jamais s'abaisser au-dessous de la limite zéro, il faudra de toute nécessité que, pour de très petites valeurs numériques de α, le second membre de l'équation précédente, et par suite le premier terme de ce second membre, c'est-à-dire le terme qui renferme la plus petite puissance de α, ne puisse devenir négatif. Or, en désignant par R_m la première des quantités

$$R_1,\quad R_2,\quad \ldots,\quad R_n$$

qui obtient une valeur différente de zéro, on trouvera, pour le terme dont il s'agit,

$$2A^{\frac{1}{2}}\alpha^m\rho^m R_m \cos(T_m - T + m\theta),$$

si A n'est pas nul, et

$$\alpha^{2m}\rho^{2m}R_m^2$$

dans l'hypothèse contraire. De plus, comme, la valeur de l'arc θ étant tout à fait indéterminée, on peut en disposer de manière à donner au facteur

$$\cos(T_m - T + m\theta),$$

et par conséquent au produit

$$2A^{\frac{1}{2}}\alpha^m\rho^m R_m \cos(T_m - T + m\theta),$$

tel signe que l'on voudra, il est clair que la seconde hypothèse reste seule admissible. On aura donc nécessairement

$$(19)\qquad A = 0,$$

ce qui réduira l'équation (10) à

$$(20)\qquad F(u_0, v_0) = 0.$$

Il en résulte que la fonction $F(u, v)$ s'évanouira si l'on attribue aux variables u, v les valeurs réelles u_0, v_0; et, par suite, que l'on vérifiera l'équation

$$(1)\qquad f(x) = 0$$

en prenant

$$x = u_0 + v_0\sqrt{-1}.$$

En d'autres termes, $u_0 + v_0\sqrt{-1}$ sera une racine de l'équation

$$(1)\qquad a_0x^n + a_1x^{n-1} + \ldots + a_{n-1}x + a_n = 0.$$

La démonstration précédente du théorème I, quoique différente en plusieurs points de celle qu'en a donnée M. Legendre (*Théorie des Nombres*, Ire Partie, § XIV), est fondée sur les mêmes principes.

Corollaire. — Le polynôme

$$f(x) = a_0 x^n + a_1 x^{n-1} + \ldots + a_{n-1} x + a_n,$$

s'évanouissant, ainsi qu'on vient de le dire, pour

$$x = u_0 + v_0\sqrt{-1},$$

sera, en vertu du théorème I (Chapitre VIII, § IV), algébriquement divisible par le facteur

$$x - u_0 - v_0\sqrt{-1}.$$

Le quotient, ne pouvant être qu'un nouveau polynôme du degré $n-1$ par rapport à x, sera encore nécessairement divisible par un nouveau facteur de même forme que le précédent, c'est-à-dire du premier degré par rapport à x. Désignons par

$$x - u_1 - v_1\sqrt{-1}$$

ce nouveau facteur. Le polynôme $f(x)$ sera équivalent au produit des deux facteurs

$$x - u_0 - v_0\sqrt{-1}, \quad x - u_1 - v_1\sqrt{-1}$$

par un troisième polynôme du degré $n-2$. On prouvera que ce troisième polynôme est divisible par un troisième facteur semblable aux deux autres; et, en continuant à opérer de la même manière, on finira par obtenir n facteurs linéaires du polynôme $f(x)$. Soient respectivement

$$x - u_0 - v_0\sqrt{-1}, \quad x - u_1 - v_1\sqrt{-1}, \quad \ldots, \quad x - u_{n-1} - v_{n-1}\sqrt{-1}$$

ces mêmes facteurs. En divisant le polynôme $f(x)$ par leur produit, on trouvera pour quotient une constante évidemment égale au coefficient a_0 de la plus haute puissance de x dans $f(x)$. On aura, en conséquence,

$$(21) \quad f(x) = a_0(x - u_0 - v_0\sqrt{-1})(x - u_1 - v_1\sqrt{-1})\ldots(x - u_{n-1} - v_{n-1}\sqrt{-1}).$$

Cette dernière équation renferme un théorème que l'on peut énoncer ainsi qu'il suit :

THÉORÈME II. — *Quelles que soient les valeurs réelles ou imaginaires des constantes* a_0, a_1, ..., a_{n-1}, a_n, *le polynôme*

$$a_0 x^n + a_1 x^{n-1} + \ldots + a_{n-1} x + a_n = f(x)$$

sera équivalent au produit de la constante a_0 *par n facteurs linéaires de la forme*

$$x - \alpha - \beta\sqrt{-1}.$$

Déterminer les facteurs dont il est ici question, c'est ce qu'on appelle *décomposer* le polynôme $f(x)$ en ses facteurs linéaires. Il n'y a qu'une seule manière d'effectuer cette décomposition. Pour le démontrer, supposons que deux méthodes différentes aient fourni les deux équations

$$(22)\quad \begin{cases} f(x) = a_0(x - u_0 - v_0\sqrt{-1})(x - u_1 - v_1\sqrt{-1})\ldots(x - u_{n-1} - v_{n-1}\sqrt{-1}), \\ f(x) = a_0(x - \alpha_0 - \beta_0\sqrt{-1})(x - \alpha_1 - \beta_1\sqrt{-1})\ldots(x - \alpha_{n-1} - \beta_{n-1}\sqrt{-1}). \end{cases}$$

On en tirera

$$(23)\quad \begin{cases} (x - \alpha_0 - \beta_0\sqrt{-1})(x - \alpha_1 - \beta_1\sqrt{-1})\ldots(x - \alpha_{n-1} - \beta_{n-1}\sqrt{-1}) \\ = (x - u_0 - v_0\sqrt{-1})(x - u_1 - v_1\sqrt{-1})\ldots(x - u_{n-1} - v_{n-1}\sqrt{-1}). \end{cases}$$

Le dernier membre de la formule précédente s'évanouissant lorsqu'on attribue à la variable x la valeur particulière $u_0 + v_0\sqrt{-1}$, il faudra de toute nécessité que, pour cette même valeur de x, le premier membre, et par conséquent l'un de ses facteurs (*voir* le Chapitre VII, § II, théorème VII, corollaire II), se réduise à zéro. Soit

$$x - \alpha_0 - \beta_0\sqrt{-1}$$

le facteur dont il s'agit. On aura identiquement

$$\alpha_0 + \beta_0\sqrt{-1} = u_0 + v_0\sqrt{-1}$$

et, par suite,

$$x - \alpha_0 - \beta_0\sqrt{-1} = x - u_0 - v_0\sqrt{-1}.$$

Cela posé, la formule (23) pourra être remplacée par la suivante :

$$\begin{aligned}&(x-\alpha_1-\beta_1\sqrt{-1})\ldots(x-\alpha_{n-1}-\beta_{n-1}\sqrt{-1})\\ &=(x-u_1-v_1\sqrt{-1})\ldots(x-u_{n-1}-v_{n-1}\sqrt{-1}).\end{aligned}$$

Le second membre de celle-ci s'évanouissant lorsqu'on suppose

$$x=u_1+v_1\sqrt{-1},$$

l'un des facteurs du premier membre, par exemple,

$$x-\alpha_1-\beta_1\sqrt{-1},$$

devra s'évanouir dans la même hypothèse, ce qui entraînera deux nouvelles équations identiques de la forme

$$\begin{aligned}\alpha_1+\beta_1\sqrt{-1}&=u_1+v_1\sqrt{-1},\\ x-\alpha_1-\beta_1\sqrt{-1}&=x-u_1-v_1\sqrt{-1}.\end{aligned}$$

En répétant plusieurs fois le même raisonnement, on prouvera que les différents facteurs linéaires dont se composent les seconds membres des équations (22) sont absolument les mêmes dans l'une et l'autre équation. Il est essentiel d'ajouter que chaque facteur imaginaire de la forme

$$x-\alpha-\beta\sqrt{-1}$$

se change en un facteur réel $x-\alpha$, toutes les fois que la quantité β se réduit à zéro.

Le premier membre de l'équation (1), étant, d'après ce qu'on vient de dire, décomposable d'une seule manière en facteurs linéaires, ne peut s'évanouir qu'avec l'un de ces facteurs. Si donc on les égale successivement à zéro, on obtiendra toutes les valeurs possibles de x propres à vérifier l'équation (1), c'est-à-dire toutes les racines de cette équation. Le nombre de ces racines, comme celui des facteurs linéaires, sera égal à n. De plus, à chaque facteur réel de la forme $x-\alpha$ correspondra une racine réelle α, et à chaque facteur imaginaire de la forme

$$x-\alpha-\beta\sqrt{-1}$$

une racine imaginaire

$$\alpha + \beta\sqrt{-1}.$$

Ces remarques suffisent pour établir la proposition suivante :

THÉORÈME III. — *Quelles que soient les valeurs réelles ou les valeurs imaginaires des constantes* a_0, a_1, ..., a_{n-1}, a_n, *l'équation*

$$(1) \qquad a_0 x^n + a_1 x^{n-1} + \ldots + a_{n-1} x + a_n = 0$$

a toujours n racines réelles ou imaginaires, et n'en saurait avoir un plus grand nombre.

Il peut arriver que plusieurs des racines de l'équation (1) soient égales entre elles. Dans ce cas, le nombre des valeurs différentes de la variable propres à vérifier cette même équation devient nécessairement inférieur à n. Ainsi, par exemple, l'équation du second degré

$$x^2 - 2ax + a^2 = 0$$

ayant ses deux racines égales, on ne pourra y satisfaire que par une seule valeur de x, savoir

$$x = a.$$

Lorsque les constantes a_0, a_1, ..., a_{n-1}, a_n sont toutes réelles, l'expression imaginaire

$$\alpha + \beta\sqrt{-1}$$

ne peut évidemment être une racine de l'équation (1), sans que l'expression conjuguée

$$\alpha - \beta\sqrt{-1}$$

soit une autre racine de la même équation. Par conséquent, dans cette hypothèse, les facteurs imaginaires et linéaires du polynôme qui forme le premier membre de l'équation (1) sont deux à deux conjugués et de la forme

$$x - \alpha - \beta\sqrt{-1}, \quad x - \alpha + \sqrt{-1}.$$

Le produit de deux semblables facteurs étant un polynôme réel du second degré, savoir

$$(x - \alpha)^2 + \beta^2,$$

on déduit immédiatement de l'observation qu'on vient de faire le théorème suivant :

Théorème IV. — *Lorsque* $a_0, a_1, \ldots, a_{n-1}, a_n$ *désignent des constantes réelles, le polynôme*

$$a_0 x^n + a_1 x^{n-1} + \ldots + a_{n-1} x + a_n \tag{24}$$

est décomposable en facteurs réels du premier ou du second degré.

Dans ce qui précède, nous avons présenté les racines imaginaires de l'équation (1) sous la forme

$$\alpha \pm 6\sqrt{-1}.$$

Alors, pour le polynôme (24), un facteur réel du second degré correspondant à deux racines imaginaires conjuguées

$$\alpha + 6\sqrt{-1}, \quad \alpha - 6\sqrt{-1}$$

était de la forme

$$(x - \alpha)^2 + 6^2.$$

Si l'on fait, pour plus de commodité,

$$\alpha \pm 6\sqrt{-1} = \rho(\cos\theta \pm \sqrt{-1}\sin\theta)$$

(ρ désignant une quantité positive et θ un angle que l'on pourra supposer compris entre les limites 0, π), le même facteur réel du second degré deviendra

$$(x - \rho\cos\theta)^2 + (\rho\sin\theta)^2 = x^2 - 2\rho x\cos\theta + \rho^2.$$

Il est facile de construire géométriquement cette dernière expression dans le cas où l'on attribue à la variable x une valeur réelle. En effet, si l'on trace un triangle dans lequel un angle soit égal à θ, les deux côtés adjacents étant respectivement représentés l'un par la valeur numérique de x, l'autre par le module ρ, le carré du troisième côté sera (d'après un théorème connu de Trigonométrie) la valeur du trinôme

$$x^2 - 2\rho x\cos\theta + \rho^2,$$

toutes les fois que la variable x sera positive. Si la variable x devient négative, il suffira de remplacer dans la construction indiquée l'angle θ par son supplément.

Le troisième côté du triangle dont il est ici question ne peut s'évanouir que dans le cas où les deux premiers côtés tombent sur une même droite, et où leurs extrémités coïncident, ce qui exige : 1° que l'angle θ se réduise à zéro ou à π; 2° que la valeur numérique de x soit égale à ρ. Par suite, le facteur

$$x^2 - 2\rho x \cos\theta + \rho^2$$

ne pourra devenir nul pour une valeur réelle de x, à moins que l'on ne suppose

$$\cos\theta = 1 \quad \text{ou} \quad \cos\theta = -1;$$

et la seule valeur de x propre à faire évanouir ce facteur sera, dans la première hypothèse,

$$x = \rho,$$

dans la seconde,

$$x = -\rho.$$

On arriverait directement au même but en observant que l'équation

$$x^2 - 2\rho x \cos\theta + \rho^2 = 0$$

a deux racines

$$\rho(\cos\theta + \sqrt{-1}\sin\theta), \quad \rho(\cos\theta - \sqrt{-1}\sin\theta),$$

qui ne peuvent cesser d'être imaginaires sans devenir égales, et que les seules valeurs de θ capables de produire cet effet sont celles qui vérifient la formule

$$\sin\theta = 0,$$

de laquelle on tire

$$\cos\theta = \pm 1$$

et, par conséquent,

$$x = \pm \rho$$

pour la valeur commune des deux racines.

Jusqu'à présent, nous nous sommes bornés à déterminer le nombre des racines de l'équation (1), avec la forme de ces mêmes racines et celle des facteurs qui leur correspondent. Nous allons, dans les paragraphes suivants, passer en revue quelques cas particuliers dans lesquels on est parvenu à résoudre de semblables équations, sans être obligé de concevoir leurs coefficients convertis en nombres, et à exprimer les racines en fonctions algébriques ou trigonométriques de ces coefficients. Nous observerons ici à ce sujet que, dans toute équation algébrique dont le premier membre est une fonction rationnelle et entière de la variable x, on peut réduire par la division le coefficient de la plus haute puissance de x à l'unité, et celui de la puissance immédiatement inférieure à zéro par un changement de variable. En effet, si dans l'équation

$$a_0 x^n + a_1 x^{n-1} + \ldots + a_{n-1} x + a_n = 0$$

a_0 n'est pas égal à 1, il suffira de diviser l'équation par a_0 pour réduire le coefficient de x^n à l'unité; et, si dans une équation mise sous la forme

$$x^n + a_1 x^{n-1} + \ldots + a_{n-1} x + a_n = 0$$

a_1 n'est pas nul, il suffira de poser

$$x = z - \frac{a_1}{n}$$

pour obtenir une transformée en z du degré n, qui n'ait plus de second terme, c'est-à-dire une transformée dans laquelle le coefficient de z^{n-1} s'évanouisse.

§ II. — *Résolution algébrique ou trigonométrique des équations binômes et de quelques équations trinômes. Théorèmes de* Moivre *et de* Cotes.

Considérons l'équation binôme

$$x^n + p = 0, \tag{1}$$

p désignant une quantité constante. On en tirera

$$x^n = -p$$

ou, si l'on désigne par ρ la valeur numérique de p,

$$x^n = \pm \rho.$$

On aura donc à résoudre l'équation

$$(2) \qquad x^n = \rho,$$

si $-p$ est positif, et la suivante

$$(3) \qquad x^n = -\rho,$$

si $-p$ est négatif. On satisfait à la première en prenant

$$(4) \qquad x = ((\rho))^{\frac{1}{n}} = \rho^{\frac{1}{n}} ((1))^{\frac{1}{n}},$$

et à la seconde en prenant

$$(5) \qquad x = ((-\rho))^{\frac{1}{n}} = \rho^{\frac{1}{n}} ((-1))^{\frac{1}{n}}.$$

Quant aux diverses valeurs de chacune des deux expressions $((1))^{\frac{1}{n}}$, $((-1))^{\frac{1}{n}}$, elles sont toujours en nombre égal à n (*voir* le Chapitre VII, § III), et se déduisent des deux formules

$$(6) \qquad \begin{cases} ((1))^{\frac{1}{n}} = \cos\frac{2k\pi}{n} \pm \sqrt{-1}\sin\frac{2k\pi}{n}, \\ ((-1))^{\frac{1}{n}} = \cos\frac{(2k+1)\pi}{n} \pm \sqrt{-1}\sin\frac{(2k+1)\pi}{n}, \end{cases}$$

dans lesquelles il suffit d'attribuer successivement à k toutes les valeurs entières qui ne surpassent pas $\frac{n}{2}$. Lorsque n est un nombre pair, la première des équations (6) fournit deux valeurs réelles de $((1))^{\frac{1}{n}}$, savoir $+1$ et -1, correspondantes l'une à $k = 0$, l'autre à $k = \frac{n}{2}$. Dans la même hypothèse, toutes les valeurs de $((-1))^{\frac{1}{n}}$ sont imaginaires. Lorsque n devient un nombre impair, l'expression $((1))^{\frac{1}{n}}$ a une seule valeur réelle $+1$ correspondante à $k = 0$, et l'expression $((-1))^{\frac{1}{n}}$ une seule valeur réelle -1 correspondante à $k = \frac{n-1}{2}$. Par suite, l'équation (1) admet deux racines réelles, ou n'en admet aucune, lorsque n est un nombre pair, et la même équation admet une seule racine réelle dans le cas contraire. De plus, on reconnaît immédiatement à l'inspection des formules (6) que les racines imaginaires sont conjuguées deux à deux, ainsi qu'on devait s'y attendre.

Considérons maintenant l'équation trinôme

$$x^{2n} + px^n + q = 0, \tag{7}$$

p, q désignant deux quantités constantes choisies à volonté. On en tirera

$$x^{2n} + px^n = -q$$

et, par suite,

$$\left(x^n + \frac{p}{2}\right)^2 = \frac{p^2}{4} - q. \tag{8}$$

Si $\frac{p^2}{4} - q$ est positif, l'équation qui précède entraînera l'une des deux suivantes :

$$x^n + \frac{p}{2} = +\sqrt{\frac{p^2}{4} - q},$$

$$x^n + \frac{p}{2} = -\sqrt{\frac{p^2}{4} - q};$$

en sorte que x^n admettra deux valeurs réelles comprises dans la formule

$$x^n = -\frac{p}{2} \pm \sqrt{\frac{p^2}{4} - q}. \tag{9}$$

Lorsque le nombre n se réduit à l'unité, la formule (9) fournit immédiatement les deux racines réelles de l'équation trinôme du second degré

$$x^2 + px + q = 0. \tag{10}$$

Dans le cas contraire, en substituant la formule dont il s'agit à l'équation (7), on n'a plus à résoudre que deux équations binômes semblables à celles que nous avons traitées ci-dessus.

Supposons maintenant la quantité $\frac{p^2}{4} - q$ négative. L'équation (8) entraînera l'une des deux suivantes :

$$x^n + \frac{p}{2} = + \sqrt{q - \frac{p^2}{4}}\sqrt{-1},$$

$$x^n + \frac{p}{2} = - \sqrt{q - \frac{p^2}{4}}\sqrt{-1};$$

en sorte que x^n admettra deux valeurs imaginaires comprises dans la formule

$$(11) \qquad x^n = -\frac{p}{2} \pm \sqrt{q - \frac{p^2}{4}}\sqrt{-1}.$$

Si le nombre n se réduit à l'unité, ces valeurs seront les racines imaginaires de l'équation (10). Mais, si l'on suppose $n > 1$, il restera encore à déduire des valeurs connues de x^n les valeurs de x. Désignons par ρ, dans cette hypothèse, le module de l'expression imaginaire qui sert de second membre à la formule (11). On aura évidemment

$$(12) \qquad \rho = q^{\frac{1}{2}}.$$

Faisons en outre, pour plus de commodité,

$$(13) \qquad \zeta = \operatorname{arc\,tang} \frac{\sqrt{q - \frac{p^2}{4}}}{-\frac{p}{2}}.$$

Lorsque p sera négatif, les deux valeurs de x^n données par la formule (11) deviendront

$$(14) \qquad x^n = \rho(\cos\zeta \pm \sqrt{-1}\sin\zeta),$$

et l'on en conclura

$$(15) \qquad x = \rho^{\frac{1}{n}}\left(\cos\frac{\zeta}{n} \pm \sqrt{-1}\sin\frac{\zeta}{n}\right)((1))^{\frac{1}{n}}.$$

Si au contraire p est positif, on trouvera

$$x^n = -\rho(\cos\zeta \pm \sqrt{-1}\sin\zeta) \tag{16}$$

et, par suite,

$$x = \rho^{\frac{1}{n}}\left(\cos\frac{\zeta}{n} \pm \sqrt{-1}\sin\frac{\zeta}{n}\right)((-1))^{\frac{1}{n}}. \tag{17}$$

Dans le cas particulier où l'on a

$$\frac{p^2}{4} - q = 0,$$

ζ devient nul; en sorte que les équations (15) et (17) prennent la forme des équations (4) et (5).

Si l'on désigne, pour abréger, $\rho^{\frac{1}{n}}$ par r, on tirera des équations (12) et (13), en supposant la quantité p négative,

$$p = -2r^n\cos\zeta, \qquad q = r^{2n},$$
$$x^{2n} + px^n + q = x^{2n} - 2r^n x^n \cos\zeta + r^{2n}.$$

Dans la même hypothèse, la formule (15) donnera

$$x = r\left(\cos\frac{\zeta}{n} \pm \sqrt{-1}\sin\frac{\zeta}{n}\right)\left(\cos\frac{2k\pi}{n} \pm \sqrt{-1}\sin\frac{2k\pi}{n}\right)$$
$$= r\left(\cos\frac{\zeta \pm 2k\pi}{n} \pm \sqrt{-1}\sin\frac{\zeta \pm 2k\pi}{n}\right),$$

k représentant un nombre entier, et l'on en conclura que le trinôme

$$x^{2n} - 2r^n x^n \cos\zeta + r^{2n}$$

est décomposable en facteurs réels du second degré de la forme

$$x^2 - 2rx\cos\frac{\zeta \pm 2k\pi}{n} + r^2.$$

Si l'on suppose au contraire la quantité p positive, le trinôme

$$x^{2n} + px^n + q$$

deviendra

$$x^{2n} + 2r^n x^n \cos\zeta + r^{2n},$$

et ses facteurs réels du second degré seront de la forme

$$x^2 - 2rx\cos\frac{\zeta \pm (2k+1)\pi}{n} + r^2.$$

Dans l'une et l'autre hypothèse, on pourra construire géométriquement les facteurs réels du second degré par la méthode ci-dessus indiquée (*voir* le § I), toutes les fois que l'on attribuera des valeurs réelles à la variable x. Si l'on prend la valeur numérique de cette variable pour base commune de tous les triangles qui correspondent aux différents facteurs, et que dans chaque triangle on fasse aboutir constamment à une même extrémité de cette base le côté connu, représenté par r, on trouvera que les sommets des divers triangles coïncident avec les points de division d'une circonférence décrite du rayon r en parties égales. Il en résulte que, *si l'on multiplie entre eux les carrés des lignes menées de la seconde extrémité de la base aux points dont il s'agit, le produit de ces carrés sera la valeur du trinôme*

$$x^{2n} + px^n + q = x^{2n} \pm 2r^n x^n \cos\zeta + r^{2n}.$$

Dans le cas particulier où $\zeta = 0$, *le produit des lignes elles-mêmes représente la valeur numérique du binôme*

$$x^n \pm r^n,$$

laquelle se confond avec la racine carrée positive du trinôme

$$x^{2n} \pm 2r^n x^n + r^{2n}.$$

Des deux propositions qu'on vient d'énoncer, la première est le théorème de *Moivre*, et la seconde celui de *Cotes*.

§ III. — *Résolution algébrique ou trigonométrique des équations du troisième et du quatrième degré.*

Considérons l'équation générale du troisième degré. On pourra toujours, en faisant disparaître le second terme de cette équation, la ramener à la forme

$$x^3 + px + q = 0, \tag{1}$$

p, q désignant deux quantités constantes. D'ailleurs, si l'on pose

$$x = u + v,$$

u, v étant deux nouvelles variables, on en conclura

$$x^3 = (u + v)^3 = u^3 + v^3 + 3uvx,$$

$$x^3 - 3uvx - (u^3 + v^3) = 0. \tag{2}$$

Pour rendre l'équation (2) identique avec la proposée, il suffira d'assujettir les inconnues u et v aux deux conditions

$$u^3 + v^3 = -q, \tag{3}$$

$$uv = -\frac{p}{3}. \tag{4}$$

La résolution de l'équation (1) se trouve ainsi réduite à la résolution simultanée des équations (3) et (4).

Cherchons d'abord les valeurs de u^3 et de v^3. Si l'on fait

$$u^3 = z_1, \qquad v^3 = z_2, \tag{5}$$

on aura, en vertu des équations (3) et (4),

$$z_1 + z_2 = -q, \qquad z_1 z_2 = -\frac{p^3}{27};$$

et, par suite, en nommant z une nouvelle variable,

$$(z - z_1)(z - z_2) = z^2 + qz - \frac{p^3}{27}.$$

Il en résulte que z_1, z_2 seront les deux racines de l'équation

$$z^2 + qz - \frac{p^3}{27} = 0. \tag{6}$$

Ces deux racines étant connues, on déduira des formules (5) trois valeurs de u et trois valeurs de v, qui se correspondront deux à deux de manière à vérifier la formule (4). Soit U l'une quelconque des trois valeurs de u, et V la valeur correspondante de v, en sorte qu'on ait

$$UV = -\frac{p}{3}.$$

Désignons en outre par α l'expression imaginaire

$$\cos\frac{2\pi}{3} + \sqrt{-1}\sin\frac{2\pi}{3};$$

les trois valeurs de l'expression $((1))^{\frac{1}{3}}$ seront respectivement

$$\alpha^0 = 1,$$

$$\alpha = \cos\frac{2\pi}{3} + \sqrt{-1}\sin\frac{2\pi}{3} = -\frac{1}{2} + \frac{3^{\frac{1}{2}}}{2}\sqrt{-1},$$

$$\alpha^2 = \cos\frac{2\pi}{3} - \sqrt{-1}\sin\frac{2\pi}{3} = -\frac{1}{2} - \frac{3^{\frac{1}{2}}}{2}\sqrt{-1},$$

et les trois valeurs de u, évidemment comprises dans la formule générale $((1))^{\frac{1}{3}}U$, deviendront

$$U, \quad \alpha U, \quad \alpha^2 U.$$

On trouvera, pour les valeurs correspondantes de v,

$$V, \quad \frac{V}{\alpha}, \quad \frac{V}{\alpha^2},$$

ou, ce qui revient au même,

$$V, \quad \alpha^2 V, \quad \alpha V.$$

Par conséquent, si l'on nomme x_0, x_1, x_2 les trois racines de l'équation (1), on aura

$$(7) \qquad \begin{cases} x_0 = U + V, \\ x_1 = \alpha U + \alpha^2 V, \\ x_2 = \alpha^2 U + \alpha V. \end{cases}$$

Il est essentiel d'observer que, U, αU, $\alpha^2 U$ étant les trois valeurs de

$u=((z_1))^{\frac{1}{3}}$, et V, α^2V, αV les valeurs correspondantes de $v=-\frac{p}{3((z_1))^{\frac{1}{3}}}$, les racines x_0, x_1, x_2, déterminées par les équations (7), seront respectivement égales aux trois valeurs de x données par la formule

$$(8)\qquad x=((z_1))^{\frac{1}{3}}-\frac{p}{3((z_1))^{\frac{1}{3}}}.$$

Lorsque l'équation (6) a ses racines réelles, les formules (5) fournissent un système de valeurs réelles de u et de v qui se correspondent de manière à vérifier l'équation (4). Si l'on prend ces mêmes valeurs pour U et V, on reconnaîtra immédiatement que des trois racines x_0, x_1, x_2 la première est nécessairement réelle, et les deux autres réelles ou imaginaires, suivant que la quantité

$$\frac{q^2}{4}+\frac{p^3}{27}$$

est nulle ou positive, c'est-à-dire suivant que l'équation (6) a ses racines égales ou inégales. Dans le premier cas, on trouve

$$x_0=2\mathrm{U},\qquad x_1=x_2=-\mathrm{U}.$$

Lorsque les racines de l'équation (6) deviennent imaginaires, on peut les présenter sous la forme

$$z_1=\rho(\cos\theta+\sqrt{-1}\sin\theta),\qquad z_2=\rho(\cos\theta-\sqrt{-1}\sin\theta),$$

le module ρ étant déterminé par l'équation

$$\rho^2=-\frac{p^3}{27}.$$

Comme on a, dans cette hypothèse,

$$((z_1))^{\frac{1}{3}}=\rho^{\frac{1}{3}}\left(\cos\frac{\theta}{3}+\sqrt{-1}\sin\frac{\theta}{3}\right)((1))^{\frac{1}{3}},$$

la formule (8) se trouve réduite à

$$(9)\qquad x=\rho^{\frac{1}{3}}\left[\left(\cos\frac{\theta}{3}+\sqrt{-1}\sin\frac{\theta}{3}\right)((1))^{\frac{1}{3}}+\left(\cos\frac{\theta}{3}-\sqrt{-1}\sin\frac{\theta}{3}\right)\frac{1}{((1))^{\frac{1}{3}}}\right].$$

De plus, en prenant pour U l'expression imaginaire

$$\rho^{\frac{1}{3}}\left(\cos\frac{\theta}{3}+\sqrt{-1}\sin\frac{\theta}{3}\right),$$

on conclura des équations (7)

$$(10)\quad \begin{cases} x_0 = 2\rho^{\frac{1}{3}}\cos\dfrac{\theta}{3}, \\ x_1 = 2\rho^{\frac{1}{3}}\cos\dfrac{\theta+2\pi}{3}, \\ x_2 = 2\rho^{\frac{1}{3}}\cos\dfrac{\theta-2\pi}{3}. \end{cases}$$

Ces trois dernières valeurs de x sont toutes réelles, et coïncident avec celles que fournit la formule (9).

Dans les calculs précédents, l'équation (6), dont la solution entraîne celle de l'équation (1), est ce qu'on appelle la *réduite*. Ses racines z_1, z_2 équivalent nécessairement à certaines fonctions des racines cherchées x_0, x_1, x_2. Pour déterminer ces fonctions, il suffira d'observer que, U et V désignant des valeurs particulières de u et v, on aura, en vertu des formules (5),

$$z_1 = U^3, \qquad z_2 = V^3.$$

On tire d'ailleurs des équations (7)

$$3U = x_0+\alpha x_2+\alpha^2 x_1 = \alpha(x_2+\alpha x_1+\alpha^2 x_0) = \alpha^2(x_1+\alpha x_0+\alpha^2 x_2),$$
$$3V = x_0+\alpha x_1+\alpha^2 x_2 = \alpha(x_1+\alpha x_2+\alpha^2 x_0) = \alpha^2(x_2+\alpha x_0+\alpha^2 x_1).$$

On trouvera donc, par suite,

$$(11)\quad \begin{cases} 27 z_1 = (x_0+\alpha x_2+\alpha^2 x_1)^3 = (x_2+\alpha x_1+\alpha^2 x_0)^3 = (x_1+\alpha x_0+\alpha^2 x_2)^3, \\ 27 z_2 = (x_0+\alpha x_1+\alpha^2 x_2)^3 = (x_1+\alpha x_2+\alpha^2 x_0)^3 = (x_2+\alpha x_0+\alpha^2 x_1)^3. \end{cases}$$

Il en résulte que z_1, z_2 sont respectivement égales (à un coefficient numérique près) aux deux seules valeurs distinctes que présente le cube de la fonction linéaire

$$x_0+\alpha x_1+\alpha^2 x_2,$$

lorsque dans cette fonction on échange entre elles les racines x_0, x_1, x_2 de toutes les manières possibles. Le coefficient numérique est évidemment $\frac{1}{27}$ ou le cube de la fraction $\frac{1}{3}$.

Considérons maintenant l'équation générale du quatrième degré. On pourra, en faisant disparaître le second terme, la ramener à la forme

$$x^4 + px^2 + qx + r = 0, \tag{12}$$

p, q, r désignant des quantités constantes. Si l'on pose, en outre,

$$x = u + v + w,$$

u, v, w étant trois nouvelles variables, on en conclura

$$x^2 = u^2 + v^2 + w^2 + 2(uv + uw + vw)$$

et, par suite,

$$[x^2 - (u^2 + v^2 + w^2)]^2 = 4(u^2v^2 + u^2w^2 + v^2w^2) + 8uvw.x$$

ou, ce qui revient au même,

$$\left\{\begin{array}{l} x^4 - 2(u^2 + v^2 + w^2)x^2 - 8uvw.x \\ \quad + (u^2 + v^2 + w^2)^2 - 4(u^2v^2 + u^2w^2 + v^2w^2) = 0. \end{array}\right. \tag{13}$$

Pour rendre cette dernière équation identique avec la proposée, il suffira d'assujettir les inconnues u, v, w aux conditions

$$\left\{\begin{array}{r} 4(u^2 + v^2 + w^2) = -2p, \\ 8uvw = -q, \\ 16(u^2v^2 + u^2w^2 + v^2w^2) = p^2 - 4r. \end{array}\right. \tag{14}$$

La résolution de l'équation (12) se trouve ainsi réduite à la résolution simultanée des équations (14).

Cherchons d'abord les valeurs de $4u^2$, $4v^2$, $4w^2$. Si l'on fait

$$4u^2 = z_1, \qquad 4v^2 = z_2, \qquad 4w^2 = z_3, \tag{15}$$

on aura, en vertu des formules (14),

$$z_1 + z_2 + z_3 = -2p, \qquad z_1 z_2 + z_1 z_3 + z_2 z_3 = p^2 - 4r, \qquad z_1 z_2 z_3 = q^2;$$

et, par suite, en nommant z une nouvelle variable,

$$(z - z_1)(z - z_2)(z - z_3) = z^3 + 2pz^2 + (p^2 - 4r)z - q^2.$$

Il en résulte que z_1, z_2, z_3 seront les trois racines de l'équation

$$(16) \qquad z^3 + 2pz^2 + (p^2 - 4r)z - q^2 = 0;$$

et, puisque ces trois racines doivent vérifier la formule $z_1 z_2 z_3 = q^2$, on peut assurer que l'une d'elles sera positive, les deux autres étant toutes deux à la fois positives, ou négatives, ou imaginaires. Lorsqu'on aura déterminé ces mêmes racines, les deux premières des équations (15) fourniront pour chacune des variables u et v deux valeurs égales, au signe près. Soient

$$u = \pm U, \qquad v = \pm V$$

les valeurs réelles ou imaginaires dont il s'agit; et W une quantité réelle ou une expression imaginaire déterminée par l'équation

$$8UVW = -q.$$

Si dans la seconde des formules (14) on suppose

$$u = +U, \qquad v = +V$$

ou bien

$$u = -U, \qquad v = -V,$$

on en tirera

$$w = +W.$$

Si l'on y fait, au contraire,

$$u = +U, \qquad v = -V$$

ou bien

$$u = -U, \qquad w = +V,$$

on trouvera

$$u = -W.$$

De cette manière on obtiendra pour les variables u, v, w quatre systèmes de valeurs propres à vérifier les équations (14); et, si l'on représente par x_0, x_1, x_2, x_3 les quatre valeurs correspondantes de l'inconnue

$$x = u + v + w,$$

on aura

$$(17)\qquad \begin{cases} x_0 = U + V + W, \\ x_1 = -U - V + W, \\ x_2 = U - V - W, \\ x_3 = -U + V - W. \end{cases}$$

Il est aisé de reconnaître que ces quatre valeurs de x seront toutes réelles, si l'équation (16) a ses trois racines positives, et toutes imaginaires, si l'équation (16) a deux racines négatives inégales, tandis que deux valeurs seront réelles, et deux imaginaires, si l'équation (16) a deux racines négatives égales, ou deux racines imaginaires.

Par la méthode qu'on vient d'exposer, la résolution de l'équation (12) se trouve ramenée à celle de l'équation (16). Cette dernière, qu'on nomme la *réduite*, a nécessairement pour racines certaines fonctions des racines de la proposée. Si l'on veut déterminer ces fonctions, c'est-à-dire exprimer z_1, z_2, z_3 par le moyen de x_0, x_1, x_2, x_3, il suffira d'observer que, U, V, W étant des valeurs particulières de u, v, w, on a, en vertu des formules (15),

$$z_1 = 4U^2, \qquad z_2 = 4V^2, \qquad z_3 = 4W^2.$$

On tire d'ailleurs des équations (17)

$$\begin{aligned} 4U &= x_0 - x_1 + x_2 - x_3, \\ 4V &= x_0 - x_1 + x_3 - x_2, \\ 4W &= x_0 - x_2 + x_1 - x_3. \end{aligned}$$

On trouvera, en conséquence,

$$(18)\qquad \begin{cases} 4z_1 = (x_0 - x_1 + x_2 - x_3)^2 = (x_1 - x_0 + x_3 - x_2)^2, \\ 4z_2 = (x_0 - x_1 + x_3 - x_2)^2 = (x_1 - x_0 + x_2 - x_3)^2, \\ 4z_3 = (x_0 - x_2 + x_1 - x_3)^2 = (x_2 - x_0 + x_3 - x_1)^2. \end{cases}$$

Il en résulte que z_1, z_2, z_3 sont, abstraction faite du coefficient numérique $\frac{1}{4} = \left(\frac{1}{2}\right)^2$, respectivement égales aux trois seules valeurs distinctes que présente le carré de la fonction linéaire

$$x_0 - x_1 + x_2 - x_3$$

lorsque dans cette fonction on échange entre elles les racines x_0, x_1, x_2, x_3 de toutes les manières possibles. Cette même fonction linéaire, pouvant s'écrire ainsi qu'il suit

$$x_0 + (-1)x_1 + (-1)^2 x_2 + (-1)^3 x_3,$$

n'est évidemment qu'un cas particulier de la formule générale

$$x_0 + \alpha x_1 + \alpha^2 x_2 + \alpha^3 x_3,$$

lorsqu'on désigne par α une des valeurs de l'expression $((1))^{\frac{1}{4}}$.

CHAPITRE XI.

DÉCOMPOSITION DES FRACTIONS RATIONNELLES.

§ I. — *Décomposition d'une fraction rationnelle en deux autres fractions de même espèce.*

Prenons pour $f(x)$ et $F(x)$ deux fonctions entières de la variable x.

$$\frac{f(x)}{F(x)}$$

sera ce qu'on appelle une *fraction rationnelle*. Si l'on désigne par m le degré de son dénominateur $F(x)$, l'équation

$$F(x) = 0 \tag{1}$$

admettra m racines réelles ou imaginaires, égales ou inégales; et si, en les supposant d'abord toutes inégales, on les représente par

$$x_0, \quad x_1, \quad x_2, \quad \ldots, \quad x_{m-1},$$

les facteurs linéaires du polynôme $F(x)$ seront respectivement

$$x - x_0, \quad x - x_1, \quad x - x_2, \quad \ldots, \quad x - x_{m-1}.$$

Cela posé, faisons

$$F(x) = (x - x_0)\,\varphi(x) \tag{2}$$

et

$$\frac{f(x_0)}{\varphi(x_0)} = A. \tag{3}$$

$\varphi(x_0)$ n'étant pas nul, la constante A restera finie, et la différence

$$\frac{f(x)}{\varphi(x)} - A = \frac{f(x) - A\varphi(x)}{\varphi(x)}$$

s'évanouira pour $x = x_0$. Par suite, il en sera de même du polynôme

$$f(x) - A\varphi(x),$$

et ce polynôme sera divisible algébriquement par $x - x_0$; en sorte qu'on aura

$$f(x) - A\varphi(x) = (x - x_0)\chi(x),$$

$$f(x) = A\varphi(x) + (x - x_0)\chi(x), \tag{4}$$

$\chi(x)$ désignant une nouvelle fonction entière de la variable x. Si l'on divise par $F(x)$ les deux membres de cette dernière équation, en ayant égard à la formule (2), on en conclura

$$\frac{f(x)}{F(x)} = \frac{A}{x - x_0} + \frac{\chi(x)}{\varphi(x)}. \tag{5}$$

Donc, si l'on partage le polynôme $F(x)$ en deux facteurs dont l'un soit linéaire, on pourra décomposer la fraction rationnelle $\frac{f(x)}{F(x)}$ en deux autres qui aient pour dénominateurs respectifs les deux facteurs dont il s'agit, et dont la plus simple ait un numérateur constant.

Concevons maintenant que l'on partage la fonction $F(x)$ en deux facteurs dont le premier, au lieu d'être linéaire, corresponde à plusieurs racines de l'équation $F(x) = 0$. Prenons, par exemple, pour ce premier facteur le facteur du second degré

$$(x - x_0)(x - x_1),$$

et posons, en conséquence,

$$F(x) = (x - x_0)(x - x_1)\varphi(x). \tag{6}$$

La fraction $\frac{f(x)}{\varphi(x)}$ conservera une valeur finie, non seulement pour $x = x_0$, mais encore pour $x = x_1$; et, si l'on désigne par u un polynôme du premier degré qui, dans l'une et l'autre hypothèse, devienne égal à $\frac{f(x)}{\varphi(x)}$, on trouvera (Chapitre IV, § I)

$$u = \frac{f(x_0)}{\varphi(x_0)} \frac{x - x_1}{x_0 - x_1} + \frac{f(x_1)}{\varphi(x_1)} \frac{x - x_0}{x_1 - x_0}. \tag{7}$$

Le polynôme u étant déterminé, comme on vient de le dire, l'équation

$$\frac{f(x)}{\varphi(x)} - u = 0$$

ou

$$f(x) - u\,\varphi(x) = 0$$

comptera parmi ses racines x_0 et x_1; et par suite le polynôme

$$f(x) - u\,\varphi(x)$$

sera divisible par le produit

$$(x - x_0)(x - x_1).$$

On aura donc

$$f(x) - u\,\varphi(x) = (x - x_0)(x - x_1)\chi(x),$$

$$f(x) = u\,\varphi(x) + (x - x_0)(x - x_1)\chi(x), \tag{8}$$

$\chi(x)$ désignant une nouvelle fonction entière de la variable x. Si l'on divise la dernière équation par $F(x)$, en ayant égard à la formule (6), on en conclura

$$\frac{f(x)}{F(x)} = \frac{u}{(x - x_0)(x - x_1)} + \frac{\chi(x)}{\varphi(x)}. \tag{9}$$

On prouverait de même qu'il suffit de poser

$$F(x) = (x - x_0)(x - x_1)(x - x_2)\,\varphi(x) \tag{10}$$

et

$$\left\{\begin{aligned} u = {} & \frac{f(x_0)}{\varphi(x_0)} \frac{(x - x_1)(x - x_2)}{(x_0 - x_1)(x_0 - x_2)} \\ & + \frac{f(x_1)}{\varphi(x_1)} \frac{(x - x_0)(x - x_2)}{(x_1 - x_0)(x_1 - x_2)} \\ & + \frac{f(x_2)}{\varphi(x_2)} \frac{(x - x_0)(x - x_1)}{(x_2 - x_0)(x_2 - x_1)} \end{aligned}\right. \tag{11}$$

pour obtenir une équation de la forme

$$(12)\qquad \frac{f(x)}{F(x)} = \frac{u}{(x-x_0)(x-x_1)(x-x_2)} + \frac{\chi(x)}{\varphi(x)},$$

etc.

Ainsi généralement, lorsque l'équation $F(x) = 0$ n'a pas de racines égales, si l'on partage le polynôme $F(x)$ en deux facteurs dont le premier soit le produit de plusieurs facteurs linéaires, la fraction rationnelle $\frac{f(x)}{F(x)}$ sera décomposable en deux autres fractions de même espèce qui recevront pour dénominateurs respectifs les deux facteurs ci-dessus mentionnés, et dont la première aura un numérateur d'un degré moins élevé que son dénominateur.

Je passe au cas où l'on suppose que l'équation $F(x) = 0$ a des racines égales. Soient, dans cette seconde hypothèse,

$$a, \quad b, \quad c, \quad \ldots$$

les diverses racines de cette même équation, et désignons par m' le nombre des racines égales à a; par m'' le nombre des racines égales à b; par m''' le nombre des racines égales à c, etc. La fonction $F(x)$ sera équivalente au produit

$$(x-a)^{m'}(x-b)^{m''}(x-c)^{m'''}\ldots$$

ou à ce produit multiplié par un coefficient constant, et l'on aura

$$m' + m'' + m''' + \ldots = m.$$

Cela posé, faisons

$$(13)\qquad F(x) = (x-a)^{m'}\varphi(x)$$

et

$$(14)\qquad \frac{f(a)}{\varphi(a)} = A.$$

$\varphi(a)$ n'étant pas nul, la constante A restera finie, et la différence

$$\frac{f(x)}{\varphi(x)} - A$$

s'évanouira pour $x = a$. On en conclura que le polynôme

$$f(x) - A\varphi(x)$$

est divisible par $x - a$, et l'on aura, par suite,

$$(15) \qquad f(x) = A\varphi(x) + (x-a)\chi(x),$$

$\chi(x)$ désignant une nouvelle fonction entière de la variable x. Enfin, si l'on divise par $F(x)$ les deux membres de l'équation (15) en ayant égard à la formule (13), on trouvera

$$(16) \qquad \frac{f(x)}{F(x)} = \frac{A}{(x-a)^{m'}} + \frac{\chi(x)}{(x-a)^{m'-1}\varphi(x)}.$$

On démontrerait, en raisonnant de la même manière, qu'il suffit de poser

$$(17) \qquad F(x) = (x-a)^{m'}(x-b)^{m''}\varphi(x)$$

et

$$(18) \qquad u = \frac{f(a)}{\varphi(a)}\frac{x-b}{a-b} + \frac{f(b)}{\varphi(b)}\frac{x-a}{b-a}$$

pour obtenir une équation de la forme

$$(19) \qquad \frac{f(x)}{F(x)} = \frac{u}{(x-a)^{m'}(x-b)^{m''}} + \frac{\chi(x)}{(x-a)^{m'-1}(x-b)^{m''-1}\varphi(x)},$$

. . . .

§ II. — *Décomposition d'une fraction rationnelle, dont le dénominateur est le produit de plusieurs facteurs linéaires inégaux, en fractions simples qui aient pour dénominateurs respectifs ces mêmes facteurs linéaires et des numérateurs constants.*

Soit

$$\frac{f(x)}{F(x)}$$

la fraction rationnelle que l'on considère; m le degré de la fonction $F(x)$, et

$$x_0, \quad x_1, \quad x_2, \quad \ldots, \quad x_{m-1}$$

les racines de l'équation

$$(1) \qquad F(x) = 0$$

supposées inégales. On aura, en désignant par k un coefficient constant,

$$(2) \qquad F(x) = k(x - x_0)(x - x_1)\ldots(x - x_{m-1});$$

et, en vertu des principes établis dans le paragraphe qui précède, la fraction rationnelle $\frac{f(x)}{F(x)}$ pourra être décomposée en deux autres, dont la première sera de la forme

$$\frac{A_0}{x - x_0},$$

A_0 représentant une constante, tandis que la seconde aura pour dénominateur

$$\frac{F(x)}{x - x_0} = k(x - x_1)(x - x_2)\ldots(x - x_{m-1}).$$

En décomposant cette seconde fraction rationnelle par la même méthode, on obtiendra :

1° Une nouvelle fraction simple de la forme

$$\frac{A_1}{x - x_1};$$

2° Une fraction qui aura pour dénominateur

$$k(x - x_2)\ldots(x - x_{m-1}).$$

En continuant ainsi, on fera disparaître successivement du polynôme

$$F(x) = k(x - x_0)(x - x_1)\ldots(x - x_{m-1})$$

tous les facteurs linéaires qu'il renferme ; en sorte qu'on réduira définitivement ce polynôme à la constante k. Donc, lorsque, par une suite de décompositions partielles semblables à celles que nous venons d'indiquer, on aura extrait de la fraction $\frac{f(x)}{F(x)}$ une suite de fractions simples de la forme

$$\frac{A_0}{x-x_0},\quad \frac{A_1}{x-x_1},\quad \frac{A_2}{x-x_2},\quad \ldots,\quad \frac{A_{m-1}}{x-x_{m-1}},$$

le reste ne pourra être qu'une fraction rationnelle à dénominateur constant, c'est-à-dire une fonction entière de la variable x. En désignant par R cette fonction entière, on trouvera

$$(3)\qquad \frac{f(x)}{F(x)} = R + \frac{A_0}{x-x_0} + \frac{A_1}{x-x_1} + \frac{A_2}{x-x_2} + \ldots + \frac{A_{m-1}}{x-x_{m-1}}.$$

Il reste maintenant à savoir quelles sont les valeurs des constantes

$$A_0,\quad A_1,\quad A_2,\quad \ldots,\quad A_{m-1}.$$

Ces valeurs se déduiraient sans difficulté de la méthode de décomposition indiquée dans le § I. Mais on parvient plus directement à leur détermination à l'aide des considérations suivantes :

Si l'on multiplie par $F(x)$ les deux membres de l'équation (3), on en tirera

$$(4)\qquad \left\{\begin{aligned} f(x) = R\,F(x) &+ A_0\frac{F(x)}{x-x_0} + A_1\frac{F(x)}{x-x_1} \\ &+ A_2\frac{F(x)}{x-x_2} + \ldots + A_{m-1}\frac{F(x)}{x-x_{m-1}}. \end{aligned}\right.$$

Si dans les deux membres de cette dernière formule on fait

$$x = x_0 + z,$$

la somme

$$R\,F(x) + A_1\frac{F(x)}{x-x_1} + A_2\frac{F(x)}{x-x_2} + \ldots + A_{m-1}\frac{F(x)}{x-x_{m-1}},$$

qui est évidemment un polynôme en x divisible par $x - x_0$, prendra la forme

$$zZ,$$

Z désignant une fonction entière de z, et l'on aura, par suite,

$$(5)\qquad f(x_0+z) = A_0\frac{F(x_0+z)}{z} + zZ.$$

Supposons maintenant que la substitution de $x+z$ au lieu de x dans la fonction $F(x)$ donne généralement

$$F(x+z) = F(x) + z F_1(x) + z^2 F_2(x) + \dots. \tag{6}$$

On en déduira

$$F(x_0+z) = z F_1(x_0) + z^2 F_2(x_0) + \dots,$$

et l'équation (5) deviendra

$$f(x_0+z) = A_0[F_1(x_0) + z F_2(x_0) + \dots] + zZ.$$

Lorsqu'on fait dans cette dernière $z = 0$, elle se réduit à

$$f(x_0) = A_0 F_1(x_0),$$

et l'on en conclut

$$A_0 = \frac{f(x_0)}{F_1(x_0)}. \tag{7}$$

On trouverait, par un calcul entièrement semblable,

$$\left\{\begin{array}{l} A_1 = \dfrac{f(x_1)}{F_1(x_1)}, \\ A_2 = \dfrac{f(x_2)}{F_1(x_2)}, \\ \dots\dots\dots\dots, \\ A_{m-1} = \dfrac{f(x_{m-1})}{F_1(x_{m-1})}. \end{array}\right. \tag{8}$$

Les valeurs qu'on vient d'obtenir pour

$$A_0, \quad A_1, \quad A_2, \quad \dots, \quad A_{m-1}$$

sont évidemment indépendantes du mode employé pour la décomposition de la fraction rationnelle $\frac{f(x)}{F(x)}$; d'où il résulte que cette fraction ne peut être décomposée que d'une seule manière en fractions simples qui aient pour dénominateurs les facteurs linéaires du polynôme $F(x)$ avec des numérateurs constants.

Il est aisé de voir comment l'équation (7) et la formule (3) du paragraphe précédent s'accordent entre elles. En effet, $F_1(x_0)$ est ce que devient le polynôme

$$F_1(x_0)+z\,F_2(x_0)+\ldots=\frac{F(x_0+z)}{z}=\frac{F(x)}{x-x_0}$$

lorsqu'on y fait $z=0$ ou $x=x_0$; et par suite, si l'on pose

$$F(x)=(x-x_0)\,\varphi(x), \tag{9}$$

on aura

$$F_1(x_0)=\varphi(x_0),$$

$$A_0=\frac{f(x_0)}{\varphi(x_0)}. \tag{10}$$

Pour montrer une application des formules ci-dessus établies, supposons qu'il s'agisse de décomposer en fractions simples la fraction rationnelle

$$\frac{x^n}{x^m-1},$$

n désignant un nombre entier inférieur à m. On aura, dans ce cas particulier,

$$f(x)=x^n,\qquad F(x)=x^m-1,\qquad k=1;$$

et, si l'on représente par h un nombre entier qui ne surpasse pas $\frac{m}{2}$, les diverses racines de l'équation $F(x)=0$, toutes inégales entre elles, seront comprises dans la formule

$$\cos\frac{2h\pi}{m}\pm\sqrt{-1}\,\sin\frac{2h\pi}{m}.$$

Soit a l'une de ces racines, et cherchons le numérateur A de la fraction simple qui a pour dénominateur $x-a$. Ce numérateur sera

$$A=\frac{f(a)}{F_1(a)}=\frac{a^n}{F_1(a)},$$

la valeur de $F_1(a)$ étant déterminée par l'équation

$$F(a)+z\,F_1(a)+\ldots=F(a+z)=(a+z)^m-1=a^m-1+ma^{m-1}z+\ldots,$$

et par conséquent égale à ma^{m-1}. On trouvera, par suite,

$$A = \frac{a^n}{ma^{m-1}} = \frac{1}{m} a^{n+1-m}.$$

Comme on a d'ailleurs

$$\left(\cos\frac{2h\pi}{m} \pm \sqrt{-1}\sin\frac{2h\pi}{m}\right)^{n+1-m} = \cos\frac{2h(n+1)\pi}{m} \pm \sqrt{-1}\sin\frac{2h(n+1)\pi}{m},$$

on conclura de ce qui précède, en faisant, pour abréger,

$$\frac{(n+1)\pi}{m} = \theta, \tag{11}$$

$$\left\{\begin{aligned} \frac{x^n}{x^m - 1} = \frac{1}{m}\Bigg(& \frac{1}{x-1} + \frac{\cos 2\theta + \sqrt{-1}\sin 2\theta}{x - \cos\frac{2\pi}{m} - \sqrt{-1}\sin\frac{2\pi}{m}} + \frac{\cos 2\theta - \sqrt{-1}\sin 2\theta}{x - \cos\frac{2\pi}{m} + \sqrt{-1}\sin\frac{2\pi}{m}} \\ & + \frac{\cos 4\theta + \sqrt{-1}\sin 4\theta}{x - \cos\frac{4\pi}{m} - \sqrt{-1}\sin\frac{4\pi}{m}} + \frac{\cos 4\theta - \sqrt{-1}\sin 4\theta}{x - \cos\frac{4\pi}{m} + \sqrt{-1}\sin\frac{4\pi}{m}} \\ & + \ldots\ldots\ldots\ldots\ldots\ldots\Bigg). \end{aligned}\right. \tag{12}$$

On trouverait, en raisonnant de la même manière,

$$\left\{\begin{aligned} \frac{x^n}{x^m + 1} = -\frac{1}{m}\Bigg(& \frac{\cos\theta + \sqrt{-1}\sin\theta}{x - \cos\frac{\pi}{m} - \sqrt{-1}\sin\frac{\pi}{m}} + \frac{\cos\theta - \sqrt{-1}\sin\theta}{x - \cos\frac{\pi}{m} + \sqrt{-1}\sin\frac{\pi}{m}} \\ & + \frac{\cos 3\theta + \sqrt{-1}\sin 3\theta}{x - \cos\frac{3\pi}{m} - \sqrt{-1}\sin\frac{3\pi}{m}} + \frac{\cos 3\theta - \sqrt{-1}\sin 3\theta}{x - \cos\frac{3\pi}{m} + \sqrt{-1}\sin\frac{3\pi}{m}} \\ & + \ldots\ldots\ldots\ldots\ldots\ldots\Bigg). \end{aligned}\right. \tag{13}$$

Il est essentiel d'observer que la dernière des fractions simples comprises dans le second membre de l'équation (12) ou (13) sera, pour des valeurs paires de m, s'il s'agit de l'équation (12), et pour des valeurs impaires de m, s'il s'agit de l'équation (13),

$$\frac{\cos m\theta}{x+1} = \frac{\cos(n+1)\pi}{x+1} = \frac{(-1)^{n+1}}{x+1}.$$

Ainsi, par exemple, on aura

$$(14)\qquad \frac{1}{x^2-1} = \frac{1}{2}\left(\frac{1}{x-1} - \frac{1}{x+1}\right),$$

$$(15)\qquad \frac{x}{x^2-1} = \frac{1}{2}\left(\frac{1}{x-1} + \frac{1}{x+1}\right),$$

$$(16)\qquad \frac{1}{x^3+1} = -\frac{1}{3}\left(\frac{\cos\frac{\pi}{3}+\sqrt{-1}\sin\frac{\pi}{3}}{x-\cos\frac{\pi}{3}-\sqrt{-1}\sin\frac{\pi}{3}} + \frac{\cos\frac{\pi}{3}-\sqrt{-1}\sin\frac{\pi}{3}}{x-\cos\frac{\pi}{3}+\sqrt{-1}\sin\frac{\pi}{3}} - \frac{1}{x+1}\right),$$

. . . .

On peut remarquer encore que, si dans les seconds membres des équations (12) ou (13) on réunit par l'addition deux fractions simples correspondantes à deux facteurs linéaires conjugués du binôme $x^m \pm 1$, la somme sera une nouvelle fraction qui aura pour dénominateur un facteur réel du second degré; et pour numérateur une fonction réelle et linéaire de la variable x. On trouvera, par exemple, en prenant $n=0$, $m=3$,

$$(17)\qquad \left\{\begin{aligned} \frac{1}{x^3+1} &= -\frac{1}{3}\left(\frac{2x\cos\frac{\pi}{3}-2}{x^2-2x\cos\frac{\pi}{3}+1} - \frac{1}{x+1}\right)\\ &= \frac{1}{3}\left(\frac{2-x}{x^2-x+1} + \frac{1}{x+1}\right).\end{aligned}\right.$$

Il est facile de généraliser cette remarque ainsi qu'il suit.

Supposons que, les fonctions entières $f(x)$, $F(x)$ étant réelles, on désigne par

$$\alpha+6\sqrt{-1},\quad \alpha-6\sqrt{-1}$$

deux racines imaginaires conjuguées de l'équation (1), et prenons pour A et B deux quantités réelles propres à vérifier la formule

$$(18)\qquad \frac{f(\alpha+6\sqrt{-1})}{F_1(\alpha+6\sqrt{-1})}=A-B\sqrt{-1},$$

$F_1(x)$ représentant toujours le coefficient de z dans le développement de $F(x+z)$. On aura nécessairement

$$\frac{f(\alpha-6\sqrt{-1})}{F_1(\alpha-6\sqrt{-1})}=A+B\sqrt{-1};$$

et par suite, si l'on décompose la fraction rationnelle $\frac{f(x)}{F(x)}$, les deux fractions simples correspondantes aux facteurs linéaires conjugués

$$x-\alpha-6\sqrt{-1},\quad x-\alpha+6\sqrt{-1}$$

seront respectivement

$$(19)\qquad \frac{A-B\sqrt{-1}}{x-\alpha-6\sqrt{-1}},\quad \frac{A+B\sqrt{-1}}{x-\alpha+6\sqrt{-1}}.$$

En ajoutant ces deux fractions, on obtiendra la suivante :

$$(20)\qquad \frac{2A(x-\alpha)+2B6}{(x-\alpha)^2+6^2}.$$

Cette dernière, qui a pour numérateur une fonction réelle et linéaire de la variable x et pour dénominateur un facteur réel du second degré du polynôme $F(x)$, ne diffère pas de la fraction

$$\frac{u}{(x-x_0)(x-x_1)}$$

que renferme la formule (9) du paragraphe I, dans le cas où l'on suppose

$$x_0=\alpha+6\sqrt{-1},\qquad x_1=\alpha-6\sqrt{-1}.$$

§ III. — *Décomposition d'une fraction rationnelle donnée en d'autres plus simples qui aient pour dénominateurs respectifs les facteurs linéaires du dénominateur de la première, ou des puissances de ces mêmes facteurs, et pour numérateurs des constantes.*

Soient

$$\frac{f(x)}{F(x)}$$

la fraction rationnelle que l'on considère, m le degré du polynôme $F(x)$, et

$$a, \quad b, \quad c, \quad \ldots$$

les diverses racines de l'équation

$$F(x) = 0. \tag{1}$$

On aura, en désignant par k un coefficient constant, et par m', m'', m''', ... plusieurs nombres entiers dont la somme sera égale à m,

$$F(x) = k(x-a)^{m'}(x-b)^{m''}(x-c)^{m'''}\ldots. \tag{2}$$

Cela posé, si l'on fait usage de la méthode exposée dans le paragraphe I, on décomposera la fraction rationnelle $\frac{f(x)}{F(x)}$ en deux autres dont la première sera de la forme

$$\frac{A}{(x-a)^{m'}},$$

tandis que la seconde aura pour dénominateur

$$\frac{F(x)}{x-a} = k(x-a)^{m'-1}(x-b)^{m''}(x-c)^{m'''}\ldots.$$

En décomposant cette seconde fraction rationnelle par la même méthode, on obtiendra : 1° une nouvelle fraction simple

$$\frac{A_1}{(x-a)^{m'-1}},$$

dans laquelle A_1 représentera une constante; 2° une fraction qui aura pour dénominateur

$$k(x-a)^{m'-2}(x-b)^{m''}(x-c)^{m'''}\ldots.$$

En continuant ainsi, on fera disparaître successivement du polynôme $F(x)$ les différents facteurs linéaires dont se compose la puissance $(x-a)^{m'}$; et, lorsqu'on aura extrait de $\frac{f(x)}{F(x)}$ une suite de fractions simples de la forme

$$\frac{A}{(x-a)^{m'}},\quad \frac{A_1}{(x-a)^{m'-1}},\quad \frac{A_2}{(x-a)^{m'-2}},\quad \ldots,\quad \frac{A_{m'-1}}{x-a},$$

le reste sera une nouvelle fraction rationnelle dont le dénominateur se trouvera réduit à

$$k(x-b)^{m''}(x-c)^{m'''}\ldots.$$

Si de ce reste on extrait une seconde suite de fractions simples de la forme

$$\frac{B}{(x-b)^{m''}},\quad \frac{B_1}{(x-b)^{m''-1}},\quad \frac{B_2}{(x-b)^{m''-2}},\quad \ldots,\quad \frac{B_{m''-1}}{x-b},$$

on obtiendra un second reste dont le dénominateur sera

$$k(x-c)^{m'''}\ldots.$$

Enfin, si l'on prolonge ces opérations jusqu'à ce que le polynôme $F(x)$ se trouve réduit à la constante k, le dernier de tous les restes sera une fonction rationnelle à dénominateur constant, c'est-à-dire une fonction entière de la variable x. Appelons R cette fonction entière. On aura définitivement pour la valeur de $\frac{f(x)}{F(x)}$ décomposée en fractions simples

$$(3)\quad \left\{\begin{aligned} \frac{f(x)}{F(x)} = R &+ \frac{A}{(x-a)^{m'}} + \frac{A_1}{(x-a)^{m'-1}} + \ldots + \frac{A_{m'-1}}{x-a} \\ &+ \frac{B}{(x-b)^{m''}} + \frac{B_1}{(x-b)^{m''-1}} + \ldots + \frac{B_{m''-1}}{x-b} \\ &+ \frac{C}{(x-c)^{m'''}} + \frac{C_1}{(x-c)^{m'''-1}} + \ldots + \frac{C_{m'''-1}}{x-c} \\ &+ \ldots\ldots\ldots\ldots\ldots\ldots\ldots\ldots\ldots, \end{aligned}\right.$$

$A, A_1, \ldots, A_{m'-1}$; $B, B_1, \ldots, B_{m''-1}$; $C, C_1, \ldots, C_{m'''-1}$; ... désignant des constantes que l'on peut facilement déduire des principes exposés dans le paragraphe I, ou calculer directement à l'aide des considérations suivantes.

Faisons, pour plus de commodité,

$$(4)\quad \begin{cases} R + \dfrac{B}{(x-b)^{m''}} + \dfrac{B_1}{(x-b)^{m''-1}} + \ldots + \dfrac{B_{m''-1}}{x-b} \\ + \dfrac{C}{(x-c)^{m'''}} + \dfrac{C_1}{(x-c)^{m'''-1}} + \ldots + \dfrac{C_{m'''-1}}{x-c} \\ + \ldots\ldots\ldots\ldots\ldots\ldots\ldots\ldots\ldots\ldots \\ = \dfrac{Q}{(x-b)^{m''}(x-c)^{m'''}\ldots}; \end{cases}$$

Q sera une nouvelle fonction entière de la variable x, et l'équation (3) deviendra

$$\frac{f(x)}{F(x)} = \frac{A}{(x-a)^{m'}} + \frac{A_1}{(x-a)^{m'-1}} + \ldots + \frac{A_{m'-1}}{x-a} + \frac{Q}{(x-b)^{m''}(x-c)^{m'''}\ldots}.$$

Si l'on multiplie les deux membres de cette dernière par

$$F(x) = k(x-a)^{m'}(x-b)^{m''}(x-c)^{m'''}\ldots,$$

on en conclura

$$(5)\quad f(x) = [A + A_1(x-a) + \ldots + A_{m'-1}(x-a)^{m'-1}]\frac{F(x)}{(x-a)^{m'}} + kQ(x-a)^{m'};$$

et par suite, en faisant

$$x = a + z,$$

on trouvera

$$(6)\quad f(a+z) = (A + A_1 z + \ldots + A_{m'-1} z^{m'+1})\frac{F(a+z)}{z^{m'}} + Zz^{m'},$$

Z désignant la valeur du polynôme kQ exprimée en fonction de z. Supposons maintenant que la substitution de $x+z$, au lieu de x, dans les fonctions $f(x)$ et $F(x)$, donne généralement

$$(7)\quad \begin{cases} f(x+z) = f(x) + z f_1(x) + z^2 f_2(x) + \ldots, \\ F(x+z) = F(x) + z F_1(x) + z^2 F_2(x) + \ldots \\ \qquad + z^{m'} F_{m'}(x) + z^{m'+1} F_{m'+1}(x) + \ldots. \end{cases}$$

On aura, en prenant $x = a + z$, et observant que le développement de la fonction

$$F(x) = F(a+z)$$

doit être divisible par $(x-a)^{m'} = z^{m'}$,

$$(8)\quad \begin{cases} f(a+z) = f(a) + z f_1(a) + z^2 f_2(a) + \ldots, \\ F(a+z) = [F_{m'}(a) + z F_{m'+1}(a) + z^2 F_{m'+2}(a) + \ldots] z^{m'}; \end{cases}$$

$$(9)\quad F(a) = 0, \qquad F_1(a) = 0, \qquad \ldots, \qquad F_{m'-1}(a) = 0.$$

Cela posé, la formule (6) se trouvera réduite à

$$(10)\quad \begin{cases} f(a) + z f_1(a) + z^2 f_2(a) + \ldots \\ \quad = (A + A_1 z + A_2 z^2 + \ldots)[F_{m'}(a) + z F_{m'+1}(a) + z^2 F_{m'+2}(a) + \ldots] + z^{m'} Z, \end{cases}$$

et l'on en tirera, en égalant dans les deux membres les coefficients des puissances semblables de z,

$$(11)\quad \begin{cases} f(a) = A\, F_{m'}(a), \\ f_1(a) = A_1 F_{m'}(a) + A\, F_{m'+1}(a), \\ f_2(a) = A_2 F_{m'}(a) + A_1 F_{m'+1}(a) + A F_{m'+2}(a), \\ \ldots\ldots\ldots\ldots\ldots\ldots\ldots\ldots \end{cases}$$

On trouvera par un calcul entièrement semblable

$$(12)\quad \begin{cases} f(b) = B F_{m''}(b), & f_1(b) = B_1 F_{m''}(b) + B F_{m''+1}(b), & f_2(b) = \ldots, \\ f(c) = C F_{m'''}(c), & f_1(c) = C_1 F_{m'''}(c) + C F_{m'''+1}(c), & f_2(c) = \ldots, \\ \ldots\ldots\ldots, & \ldots\ldots\ldots\ldots\ldots\ldots, & \ldots\ldots \end{cases}$$

Ces diverses équations suffiront pour fixer complètement les valeurs des constantes $A, A_1, A_2, \ldots, B, B_1, B_2, \ldots, C, C_1, C_2, \ldots$. Elles donneront, par exemple,

$$(13)\quad \begin{cases} A = \dfrac{f(a)}{F_{m'}(a)}, \\ A_1 = \dfrac{f_1(a) - A F_{m'+1}(a)}{F_{m'}(a)}, \\ A_2 = \dfrac{f_2(a) - A_1 F_{m'+1}(a) - A F_{m'+2}(a)}{F_{m'}(a)}, \\ \ldots\ldots\ldots\ldots\ldots\ldots\ldots\ldots \end{cases}$$

Les constantes ainsi déterminées étant évidemment indépendantes du mode employé pour la décomposition de la fraction rationnelle $\frac{f(x)}{F(x)}$, il en résulte que cette fraction est décomposable d'une manière seulement en fractions simples de la forme de celles que renferme le second membre de l'équation (3).

Il est aisé de voir que la première des équations (13) s'accorde avec la formule (14) du paragraphe I. En effet, la quantité $F_{m'}(a)$ est ce que devient le polynôme

$$F_{m'}(a) + z F_{m'+1}(a) + z^2 F_{m'+2}(a) + \ldots = \frac{F(a+z)}{z^{m'}} = \frac{F(x)}{(x-a)^{m'}}$$

lorsqu'on y fait $z = 0$ ou $x = a$; et par suite, si l'on pose

$$F(x) = (x-a)^{m'} \varphi(x), \tag{14}$$

on aura

$$F_{m'}(a) = \varphi(a),$$

$$A = \frac{f(a)}{\varphi(a)}. \tag{15}$$

Dans le cas où, les fonctions $f(x)$ et $F(x)$ étant réelles l'une et l'autre, l'équation $F(x) = 0$ admet m' racines égales à $\alpha + 6\sqrt{-1}$, la même équation admet encore m' racines égales conjuguées aux premières, et par conséquent représentées par

$$\alpha - 6\sqrt{-1}.$$

Dans cette hypothèse, si, après la décomposition de la fraction rationnelle

$$\frac{f(x)}{F(x)},$$

on réunit deux à deux les fractions simples qui ont pour dénominateurs

$$(x - \alpha - 6\sqrt{-1})^{m'} \quad \text{et} \quad (x - \alpha + 6\sqrt{-1})^{m'},$$
$$(x - \alpha - 6\sqrt{-1})^{m'-1} \quad \text{et} \quad (x - \alpha + 6\sqrt{-1})^{m'-1},$$
$$\ldots\ldots\ldots\ldots\ldots\ldots, \quad \ldots\ldots\ldots\ldots\ldots\ldots,$$

enfin

$$x - \alpha - 6\sqrt{-1} \quad \text{et} \quad x - \alpha + 6\sqrt{-1},$$

les différentes sommes obtenues seront des fractions réelles et rationnelles qui auront pour dénominateurs respectifs

$$\begin{array}{l} [(x-\alpha)^2 + 6^2]^{m'}, \\ [(x-\alpha)^2 + 6^2]^{m'-1}, \\ \dots\dots\dots\dots\dots, \\ (x-\alpha)^2 + 6^2, \end{array}$$

et dont le système pourra être remplacé par une suite d'autres fractions qui, avec les mêmes dénominateurs, auraient pour numérateurs des fonctions réelles et linéaires de la variable x. Au reste, il est facile de calculer directement cette nouvelle suite de fractions, en commençant par celles qui correspondent aux plus hautes puissances de $(x - \alpha)^2 + 6^2$. Cherchons, par exemple, celle qui a pour dénominateur

$$[(x-\alpha)^2 + 6^2]^{m'} = (x - \alpha - 6\sqrt{-1})^{m'}(x - \alpha + 6\sqrt{-1})^{m'}.$$

D'après les principes établis dans le paragraphe I, elle sera

$$\frac{u}{[(x-\alpha)^2 + 6^2]^{m'}}, \tag{16}$$

pourvu que l'on fasse

$$\left\{ \begin{aligned} u = \frac{1}{26\sqrt{-1}} \Bigg[& \frac{f(\alpha + 6\sqrt{-1})}{\varphi(\alpha + 6\sqrt{-1})}(x - \alpha + 6\sqrt{-1}) \\ & - \frac{f(\alpha - 6\sqrt{-1})}{\varphi(\alpha - 6\sqrt{-1})}(x - \alpha - 6\sqrt{-1}) \Bigg] \end{aligned} \right. \tag{17}$$

et

$$\varphi(x) = \frac{F(x)}{[(x-\alpha)^2 + 6^2]^{m'}}. \tag{18}$$

Ajoutons que, si dans la formule précédente, on pose successivement

$$x = \alpha + 6\sqrt{-1} + z, \qquad x = \alpha - 6\sqrt{-1} + z,$$

on en conclura, eu égard à la seconde des équations (8),

$$\varphi(\alpha+6\sqrt{-1}+z)=\frac{\mathbf{F}_{m'}(\alpha+6\sqrt{-1})+z\,\mathbf{F}_{m'+1}(\alpha+6\sqrt{-1})+\ldots}{(26\sqrt{-1}+z)^{m'}},$$

$$\varphi(\alpha-6\sqrt{-1}+z)=\frac{\mathbf{F}_{m'}(\alpha-6\sqrt{-1})+z\,\mathbf{F}_{m'+1}(\alpha-6\sqrt{-1})+\ldots}{(-26\sqrt{-1}+z)^{m'}},$$

et, par suite,

$$(19)\qquad\begin{cases}\varphi(\alpha+6\sqrt{-1})=\dfrac{\mathbf{F}_{m'}(\alpha+6\sqrt{-1})}{(26\sqrt{-1})^{m'}},\\[2ex]\varphi(\alpha-6\sqrt{-1})=(-1)^{m'}\dfrac{\mathbf{F}_{m'}(\alpha-6\sqrt{-1})}{(26\sqrt{-1})^{m'}}.\end{cases}$$

CHAPITRE XII.

DES SÉRIES RÉCURRENTES.

§ I. — *Considérations générales sur les séries récurrentes.*

Une série

$$(1)\qquad a_0,\quad a_1x,\quad a_2x^2,\quad \ldots,\quad a_nx^n,\quad \ldots,$$

ordonnée suivant les puissances ascendantes et entières de la variable x, est appelée *récurrente*, lorsque dans cette série, considérée à partir d'un terme donné, le coefficient d'une puissance quelconque de la variable s'exprime en fonction linéaire des coefficients des puissances inférieures pris en nombre fixe, en sorte qu'il suffise de *recourir* aux valeurs de ces derniers coefficients pour en déduire celui que l'on cherche. Ainsi, par exemple, la série

$$(2)\qquad 1,\quad 2x,\quad 3x^2,\quad \ldots,\quad (n+1)x^n,\quad \ldots$$

est récurrente, attendu que, si l'on fait

$$a_n = n+1,$$

on aura constamment, pour des valeurs de n supérieures à l'unité,

$$(3)\qquad a_n = 2a_{n-1} - a_{n-2}.$$

En général, la série (1) sera récurrente, si, pour toutes les valeurs de n supérieures à une certaine limite, les coefficients

$$a_n,\quad a_{n-1},\quad a_{n-2},\quad \ldots,\quad a_{n-m}$$

de plusieurs puissances consécutives de x se trouvent liés entre eux par une équation du premier degré. Soit

$$ka_{n-m} + la_{n-m+1} + \ldots + pa_{n-1} + qa_n = 0 \tag{4}$$

l'équation dont il s'agit, k, l, ..., p, q désignant des constantes déterminées. La suite de ces constantes formera ce qu'on appelle l'*échelle de relation* de la série, échelle dont les constantes elles-mêmes seront les différents *termes*.

Dans la série (1), supposée récurrente, la variable x et les coefficients a_0, a_1, a_2, ..., a_n peuvent être ou des quantités réelles, ou des expressions imaginaires. Cela posé, représentons par ρ_n le module de l'expression a_n, et par conséquent la valeur numérique de cette expression, lorsqu'elle est réelle. On conclura immédiatement des principes établis dans les Chapitres VI et IX que la série (1) sera tantôt convergente, tantôt divergente, suivant que le module ou la valeur numérique de x sera inférieur ou supérieur à la plus petite des limites vers lesquelles converge, tandis que n croît indéfiniment, l'expression $(\rho_n)^{-\frac{1}{n}}$.

§ II. — *Développement des fractions rationnelles en séries récurrentes.*

Toutes les fois qu'une fraction rationnelle peut se développer en série convergente ordonnée suivant les puissances ascendantes et entières de la variable, cette série est en même temps récurrente, ainsi qu'on va le faire voir.

Considérons d'abord la fraction rationnelle

$$\frac{A}{(x-a)^m}, \tag{1}$$

dans laquelle a, A désignent deux constantes réelles ou imaginaires, et m un nombre entier. Elle pourra se mettre sous la forme

$$(-1)^m \frac{A}{a^m}\left(1 - \frac{x}{a}\right)^{-m},$$

et sera développable, aussi bien que l'expression

$$\left(1-\frac{x}{a}\right)^{-m},$$

en série convergente ordonnée suivant les puissances ascendantes et entières de la variable x, si la valeur numérique du rapport $\frac{x}{a}$ supposé réel, ou le module du même rapport supposé imaginaire, est une quantité comprise entre les limites 0 et 1. Cette condition sera remplie, si le module de la variable x, module qui se réduit à la valeur numérique de la même variable quand celle-ci devient imaginaire, est inférieur au module de la constante a; et l'on aura, dans cette hypothèse,

$$(2)\quad \left\{\begin{aligned}\left(1-\frac{x}{a}\right)^{-m} &= 1+\frac{m}{1}\frac{x}{a}+\frac{m(m+1)}{1.2}\frac{x^2}{a^2}+\ldots\\ &= \frac{1.2.3\ldots(m-1)}{1.2.3\ldots(m-1)}+\frac{2.3.4\ldots m}{1.2.3\ldots(m-1)}\frac{x}{a}\\ &\quad+\frac{3.4.5\ldots(m+1)}{1.2.3\ldots(m-1)}\frac{x^2}{a^2}+\ldots.\end{aligned}\right.$$

On trouvera par suite

$$(3)\quad \frac{A}{(x-a)^m}=(-1)^m\left(\frac{A}{a^m}+\frac{m}{1}\frac{Ax}{a^{m+1}}+\frac{m(m+1)}{1.2}\frac{Ax^2}{a^{m+2}}+\ldots\right);$$

et si l'on fait, pour abréger,

$$(4)\quad \left\{\begin{aligned}&(-1)^m\frac{A}{a^m}=a_0,\\ &(-1)^m\frac{m}{1}\frac{A}{a^{m+1}}=a_1,\\ &(-1)^m\frac{m(m+1)}{1.2}\frac{A}{a^{m+2}}=a_2,\\ &\ldots\ldots\ldots\ldots\ldots\ldots,\end{aligned}\right.$$

on obtiendra l'équation

$$(5)\quad \frac{A}{(x-a)^m}=a_0+a_1x+a_2x^2+\ldots+a_nx^n+\ldots.$$

Concevons maintenant que l'on multiplie les deux membres de l'équation précédente par $(a-x)^m$; on en tirera

$$(6)\quad \left\{\begin{aligned}(-1)^m \mathrm{A} &= \left[a^m - \frac{m}{1}a^{m-1}x + \frac{m(m-1)}{1.2}a^{m-2}x^2 + \ldots \pm x^m\right](a_0 + a_1 x + a_2 x^2 + \ldots) \\ &= a^m(a_0 + a_1 x + a_2 x^2 + \ldots + a_m x^m + a_{m+1}x^{m+1} + \ldots) \\ &\quad - \frac{m}{1} a^{m-1}(a_0 x + a_1 x^2 + \ldots + a_{m-1}x^m + a_m x^{m+1} + \ldots) \\ &\quad + \frac{m(m-1)}{1.2} a^{m-2}(a_0 x^2 + \ldots + a_{m-2}x^m + a_{m-1}x^{m+1} + \ldots) \\ &\quad - \ldots\ldots\ldots\ldots\ldots\ldots\ldots\ldots\ldots\ldots \\ &\quad \pm (a_0 x^m + a_1 x^{m+1} + \ldots)\end{aligned}\right.$$

ou, ce qui revient au même,

$$(7)\quad \left\{\begin{aligned}(-1)^m \mathrm{A} = a^m a_0 &+ \left(a^m a_1 - \frac{m}{1}a^{m-1}a_0\right)x \\ &+ \left[a^m a_2 - \frac{m}{1}a^{m-1}a_1 + \frac{m(m-1)}{1.2}a^{m-2}a_0\right]x^2 \\ &+ \ldots\ldots\ldots\ldots\ldots\ldots\ldots\ldots\ldots\ldots \\ &+ \left[a^m a_n - \frac{m}{1}a^{m-1}a_{n-1} + \frac{m(m-1)}{1.2}a^{m-2}a_{n-2} - \ldots \pm a_{n-m}\right]x^n \\ &+ \ldots\ldots\ldots\ldots\ldots\ldots\ldots\ldots\ldots\ldots\end{aligned}\right.$$

Cette dernière formule devant subsister toutes les fois que le module de la variable x est inférieur au module de la constante a, par conséquent toutes les fois que l'on attribue à x une valeur réelle peu différente de zéro, on en conclura, par des raisonnements semblables à ceux que nous avons employés pour démontrer le théorème VI du Chapitre VI (§ IV),

$$(8)\quad \left\{\begin{aligned}&(-1)^m \mathrm{A} = a^m a_0, \\ &a^m a_1 - \frac{m}{1}a^{m-1}a_0 = 0, \\ &a^m a_2 - \frac{m}{1}a^{m-1}a_1 + \frac{m(m-1)}{1.2}a^{m-2}a_0 = 0, \\ &\ldots\ldots\ldots\ldots\ldots\ldots\ldots\ldots\end{aligned}\right.$$

et généralement

$$(9)\qquad a^m a_n - \frac{m}{1} a^{m-1} a_{n-1} + \frac{m(m-1)}{1.2} a^{m-2} a_{n-2} - \ldots \pm a_{n-m} = 0.$$

Il est essentiel de remarquer que l'équation (9) a lieu seulement pour des valeurs entières de n égales ou supérieures à m, et qu'elle doit être remplacée, lorsqu'on suppose $n < m$, par l'une des formules (8). De plus, comme l'équation (9), étant linéaire par rapport aux constantes

$$a_n,\quad a_{n-1},\quad a_{n-2},\quad \ldots,\quad a_{n-m},$$

donnera pour la première de ces constantes une fonction linéaire de toutes les autres, il en résulte que, dans la série

$$(10)\qquad a_0,\quad a_1 x,\quad a_2 x^2,\quad \ldots,\quad a_n x^n,\quad \ldots$$

considérée à partir du terme $a^m x_m$, le coefficient d'une puissance quelconque de x s'exprimera en fonction linéaire des coefficients des puissances inférieures pris consécutivement et en nombre égal à m. Cette série sera donc l'une de celles que nous avons nommées *récurrentes*.

Parmi les diverses formules particulières qu'on peut déduire de l'équation (3), il est bon de remarquer celles qui correspondent aux deux suppositions $m = 1$, $m = 2$. On trouve, dans la première hypothèse,

$$(11)\qquad \frac{A}{x-a} = -\left(\frac{A}{a} + \frac{A}{a^2} x + \frac{A}{a^3} x^2 + \ldots\right),$$

et, dans la seconde,

$$(12)\qquad \frac{A}{(x-a)^2} = \frac{A}{a^2} + 2\frac{A}{a^3} x + 3\frac{A}{a^4} x^2 + 4\frac{A}{a^5} x^3 + \ldots.$$

Les deux formules précédentes, dont la première détermine la somme d'une progression géométrique, subsistent, ainsi que l'équation (3), toutes les fois que le module de x est inférieur au module de a.

Lorsque dans l'équation (12) on fait en même temps

$$A = 1, \qquad a = 1,$$

on obtient la suivante

$$(13) \qquad \frac{1}{(x-1)^2} = 1 + 2x + 3x^2 + 4x^3 + \ldots,$$

qui a pour second membre la somme de la série (2) (§ I), et suppose le module de x inférieur à l'unité.

Considérons maintenant une fraction rationnelle quelconque

$$(14) \qquad \frac{f(x)}{F(x)},$$

$f(x)$, $F(x)$ étant deux fonctions entières de la variable x. Représentons par a, b, c, ... les diverses racines de l'équation

$$(15) \qquad F(x) = 0,$$

par m' le nombre des racines égales à a, par m'' le nombre des racines égales à b, par m''' le nombre des racines égales à c, ..., et par k le coefficient de la plus haute puissance de x dans le polynôme $F(x)$, en sorte qu'on ait

$$(16) \qquad F(x) = k(x-a)^{m'}(x-b)^{m''}(x-c)^{m'''}\ldots.$$

La méthode exposée dans le Chapitre précédent fournira, pour la décomposition de la fraction rationnelle $\frac{f(x)}{F(x)}$ en fractions simples, une équation de la forme

$$(17) \qquad \left\{ \begin{aligned} \frac{f(x)}{F(x)} = R &+ \frac{A}{(x-a)^{m'}} + \frac{A_1}{(x-a)^{m'-1}} + \ldots + \frac{A_{m'-1}}{x-a} \\ &+ \frac{B}{(x-b)^{m''}} + \frac{B_1}{(x-b)^{m''-1}} + \ldots + \frac{B_{m''-1}}{x-b} \\ &+ \frac{C}{(x-c)^{m'''}} + \frac{C_1}{(x-c)^{m'''-1}} + \ldots + \frac{C_{m'''-1}}{x-c} \\ &+ \ldots\ldots\ldots\ldots\ldots\ldots, \end{aligned} \right.$$

A, A_1, ..., B, B_1, ..., C, C_1, ..., etc., désignant des constantes déterminées, et R une fonction entière de x qui s'évanouira lorsque le degré du polynôme $f(x)$ sera inférieur à celui du polynôme $F(x)$. Cela posé, concevons que le module de la variable x soit inférieur aux modules des diverses racines $a, b, c, \ldots,$ et par conséquent au plus petit de ces modules. On pourra développer chacune des fractions simples que renferme le second membre de l'équation (17) en une série convergente ordonnée suivant les puissances ascendantes de la variable x; puis, en ajoutant les développements ainsi formés au polynôme R, on obtiendra une nouvelle série convergente toujours ordonnée suivant les puissances ascendantes de x, et dont la somme sera équivalente à la fraction rationnelle $\frac{f(x)}{F(x)}\cdot$ Soit

$$(18) \qquad a_0, \quad a_1 x, \quad a_2 x^2, \quad \ldots, \quad a_n x^n, \quad \ldots$$

la nouvelle série dont il est ici question. La formule

$$(19) \qquad \frac{f(x)}{F(x)} = a_0 + a_1 x + a_2 x^2 + \ldots$$

subsistera toutes les fois que cette nouvelle série sera convergente, c'est-à-dire toutes les fois que le module de la variable x sera inférieur au plus petit des nombres qui servent de modules aux racines de l'équation (15). J'ajoute que la série (18) sera toujours une série récurrente. C'est ce que l'on prouvera aisément ainsi qu'il suit.

Désignons par m la somme des nombres entiers $m', m'', m''', \ldots,$ ou, ce qui revient au même, le degré du polynôme $F(x)$, et faisons, en conséquence,

$$(20) \qquad F(x) = kx^m + lx^{m-1} + \ldots + px + q,$$

$k, l, \ldots, p, q$ représentant des constantes réelles ou imaginaires. L'équation (19) deviendra

$$(21) \qquad \frac{f(x)}{kx^m + lx^{m-1} + \ldots + px + q} = a_0 + a_1 x + a_2 x^2 + \ldots.$$

Après l'avoir mise sous la forme

$$(22) \qquad f(x) = (q + px + \ldots + lx^{m-1} + kx^m)(a_0 + a_1 x + a_2 x^2 + \ldots),$$

on en tirera, en développant le second membre comme on l'a fait pour l'équation (6),

$$(23)\quad \left\{\begin{aligned} f(x) = {} & qa_0 + (qa_1 + pa_0)x + \ldots \\ & + (qa_m + pa_{m-1} + \ldots + la_1 + ka_0)x^m + \ldots \\ & + (qa_n + pa_{n-1} + \ldots + la_{n-m+1} + ka_{n-m})x^n + \ldots. \end{aligned}\right.$$

Cette dernière formule devant subsister tant que le module de la variable x est inférieur aux modules des constantes $a, b, c, \ldots$, on démontrera, par des raisonnements semblables à ceux dont nous avons fait usage pour établir le théorème VI du Chapitre VI (§ IV), que les coefficients des puissances semblables de x dans les deux membres sont nécessairement égaux entre eux. Il en résulte : 1° que les coefficients des diverses puissances de x dans les différents termes du polynôme $f(x)$ sont respectivement égaux aux coefficients des mêmes puissances dans la série dont la somme constitue le second membre de l'équation (23); 2° que dans cette série les coefficients des puissances dont l'exposant surpasse le degré du polynôme $f(x)$ se réduisent à zéro. D'ailleurs, si l'on considère un terme de la série dans lequel l'exposant n de la variable x surpasse le degré du polynôme $f(x)$, et soit en même temps égal ou supérieur à m, ce terme sera de la forme

$$(qa_n + pa_{n-1} + \ldots + la_{n-m+1} + ka_{n-m})x^n.$$

Donc, toutes les fois que la valeur de n, étant supérieure au degré du polynôme $f(x)$, sera de plus égale ou supérieure au degré m du polynôme $F(x)$, les coefficients

$$a_n, \quad a_{n-1}, \quad \ldots, \quad a_{n-m+1}, \quad a_{n-m}$$

se trouveront assujettis à l'équation linéaire

$$(24)\qquad qa_n + pa_{n-1} + \ldots + la_{n-m+1} + ka_{n-m} = 0;$$

et par suite, pour une semblable valeur de n, le coefficient a_n de la puissance x^n s'exprimera en fonction linéaire de ceux des puissances inférieures prises consécutivement au nombre de m. La série (18) sera donc l'une de celles que l'on nomme *récurrentes*. Son échelle de relation se composera des constantes

$$k, \quad l, \quad \ldots, \quad p, \quad q,$$

respectivement égales aux coefficients des diverses puissances de x dans le polynôme $F(x)$.

Parmi les séries qui représentent les développements des fractions renfermées dans le second membre de la formule (17), et qui sont toutes convergentes dans le cas où le module de la variable x reste inférieur aux modules des diverses racines de l'équation (15), l'une au moins deviendrait divergente si le module de la variable venait à surpasser celui de quelque racine. Par suite, la série (18), toujours convergente dans le premier cas, sera divergente dans le second. D'autre part, si l'on fait croître indéfiniment le nombre entier n, et si l'on désigne par ρ_n le module du coefficient a_n dans la série (18), cette série sera convergente ou divergente (*voir* le § I) suivant que le module de x sera inférieur ou supérieur à la plus petite des limites de $(\rho_n)^{-\frac{1}{n}}$. Comme les deux règles de convergence que nous venons d'énoncer doivent nécessairement s'accorder entre elles, on peut conclure que *le plus petit des modules qui correspondent aux racines de l'équation* (15) *est précisément égal à la plus petite des limites de l'expression* $(\rho_n)^{-\frac{1}{n}}$.

Lorsque les deux fonctions $f(x)$, $F(x)$ sont réelles, le coefficient a_n l'est aussi, et son module ρ_n ne diffère pas de sa valeur numérique. Si dans la même hypothèse l'équation $F(x) = 0$ n'a que des racines réelles, la racine qui aura la plus petite valeur numérique sera, d'après ce qu'on vient de dire, égale (au signe près) à la plus petite des limites de $(\rho_n)^{-\frac{1}{n}}$. Enfin, si le rapport $\frac{\rho_n}{\rho_{n+1}}$ converge vers une limite fixe, on pourra la substituer (Chap. II, § III, théorème II) à la limite cherchée de l'expression $(\rho)^{-\frac{1}{n}}$. Cette remarque conduit à la règle qu'a donnée Daniel Bernoulli pour déterminer numériquement la plus petite (abstraction faite du signe) de toutes les quantités qui représentent les racines supposées réelles d'une équation algébrique.

§ III. — *Sommation des séries récurrentes, et fixation de leurs termes généraux.*

Lorsqu'une série ordonnée suivant les puissances ascendantes de la variable x est à la fois convergente et récurrente, elle a toujours pour somme une fraction rationnelle. En effet, soit

$$(1) \qquad a_0, \quad a_1 x, \quad a_2 x^2, \quad \ldots, \quad a_n x^n, \quad \ldots$$

une semblable série, et supposons que, pour des valeurs de n supérieures à une certaine limite, le coefficient a_n de la puissance x^n soit déterminé, en fonction linéaire des coefficients des puissances inférieures pris en nombre égal à n, par une équation de la forme

$$(2) \qquad k a_{n-m} + l a_{n-m+1} + \ldots + p a_{n-1} + q a_n = 0,$$

en sorte que les constantes

$$k, \quad l, \quad \ldots, \quad p, \quad q$$

forment l'échelle de relation de la série. Si l'on multiplie la somme de cette série, savoir

$$a_0 + a_1 x + a_2 x^2 + \ldots$$

par le polynôme

$$k x^m + l x^{m-1} + \ldots + p x + q,$$

le produit obtenu sera la somme d'une nouvelle série dans laquelle le coefficient de x^n, calculé comme dans le Chapitre VI (§ IV, théorème V), s'évanouira pour des valeurs de n supérieures à la limite assignée. En d'autres termes, le produit dont il est question sera un nouveau polynôme d'un degré marqué par cette limite. Si l'on désigne ce nouveau polynôme par $f(x)$, on aura

$$(3) \qquad f(x) = (k x^m + l x^{m-1} + \ldots + p x + q)(a_0 + a_1 x + a_2 x^2 + \ldots)$$

et, par suite,

$$(4) \qquad a_0 + a_1 x + a_2 x^2 + \ldots = \frac{f(x)}{kx^m + lx^{m-1} + \ldots + px + q}.$$

Donc toute série qui, ordonnée suivant les puissances ascendantes et entières de la variable x, est à la fois convergente et récurrente, a pour somme une fraction rationnelle, dont le dénominateur est un polynôme dans lequel les puissances successives de x ont pour coefficients les différents termes de l'échelle de relation de la série.

Lorsque pour faire connaître une série récurrente on donne seulement ses premiers termes et l'échelle de relation qui sert à déduire des premiers termes tous ceux qui les suivent, on détermine sans peine, à l'aide de la méthode que nous venons d'indiquer, la fraction rationnelle qui représente la somme de la série dans le cas où elle demeure convergente. Cette fraction rationnelle étant calculée, on pourra lui substituer une somme de fractions simples augmentée, s'il y a lieu, d'une fonction entière de la variable x; et, si l'on cherche ensuite les séries récurrentes qui, pour des valeurs de x convenablement choisies, expriment les développements des fractions simples dont il s'agit, on obtiendra, en ajoutant les termes généraux de ces mêmes séries, le terme général de la série proposée.

NOTES.

NOTE I.

SUR LA THÉORIE DES QUANTITÉS POSITIVES ET NÉGATIVES.

On a beaucoup disputé sur la nature des quantités positives ou négatives, et l'on a donné à ce sujet diverses théories. Celle que nous avons adoptée (*voir* les Préliminaires, pages 2 et 3) nous paraît la plus propre à éclaircir toutes les difficultés. Nous allons d'abord la rappeler en peu de mots. Nous montrerons ensuite comment l'on en déduit la règle des signes.

De même qu'on voit l'idée de nombre naître de la mesure des grandeurs, de même on acquiert l'idée de quantité (positive ou négative) lorsque l'on considère chaque grandeur d'une espèce donnée comme devant servir à l'accroissement ou à la diminution d'une autre grandeur fixe de même espèce. Pour indiquer cette destination, on représente les grandeurs qui doivent servir d'accroissements par des nombres précédés du signe +, et les grandeurs qui doivent servir de diminutions par des nombres précédés du signe —. Cela posé, les signes + ou — placés devant les nombres peuvent être comparés, suivant la remarque qui en a été faite ([1]), à des adjectifs placés auprès de leurs substantifs. On désigne les nombres précédés du signe + sous le nom de *quantités positives,* et les nombres précédés du signe — sous le nom de *quantités négatives.* Enfin, l'on est convenu de ranger les nombres absolus qui ne sont précédés d'aucun signe dans la classe des quantités positives; et c'est pour cette raison qu'on se dispense quelquefois d'écrire le signe + devant les nombres qui doivent représenter des quantités de cette espèce.

En Arithmétique, on opère toujours sur des nombres dont la valeur particulière est connue, et qui sont par conséquent donnés en chiffres; tandis que dans l'Algèbre, où l'on considère les propriétés générales des nombres,

([1]) *Transactions philosophiques,* année 1806.

on représente ordinairement ces mêmes nombres par des lettres. Une quantité se trouve alors exprimée par une lettre précédée du signe + ou —. Au reste, rien n'empêche de représenter les quantités par de simples lettres aussi bien que les nombres. C'est un artifice qui augmente les ressources de l'Analyse; mais, lorsqu'on veut en faire usage, il est nécessaire d'avoir égard aux conventions suivantes.

Comme, dans le cas où la lettre A représente un nombre, on peut, d'après ce qui a été dit ci-dessus, désigner la quantité positive dont la valeur numérique est égale à A, soit par +A, soit par A seulement, tandis que —A désigne la quantité opposée, c'est-à-dire la quantité négative dont A est la valeur numérique : ainsi, dans le cas où la lettre a représente une quantité, on regarde comme synonymes les deux expressions a et $+a$, et l'on désigne par $-a$ la quantité opposée.

D'après ces conventions, si l'on représente par A soit un nombre, soit une quantité quelconque, et que l'on fasse

$$a = +\mathrm{A}, \qquad b = -\mathrm{A},$$

on aura

$$+a = +\mathrm{A}, \qquad +b = -\mathrm{A},$$
$$-a = -\mathrm{A}, \qquad -b = +\mathrm{A}.$$

Si dans les quatre dernières équations on remet pour a et b leurs valeurs entre parenthèses, on obtiendra les formules

$$(1)\qquad \begin{cases} +(+\mathrm{A}) = +\mathrm{A}, & +(-\mathrm{A}) = -\mathrm{A}, \\ -(+\mathrm{A}) = -\mathrm{A}, & -(-\mathrm{A}) = +\mathrm{A}. \end{cases}$$

Dans chacune de ces formules le signe du second membre est ce qu'on appelle le *produit* des deux signes du premier. *Multiplier* deux signes l'un par l'autre, c'est former leur produit. L'inspection seule des équations (1) suffit pour établir la *règle des signes*, comprise dans le théorème que je vais énoncer.

Théorème I. — *Le produit de deux signes semblables est toujours +, et le produit de deux signes opposés est toujours —.*

Il suit encore des mêmes équations que le produit de deux signes, lorsque l'un des deux est +, reste égal à l'autre. Si donc on a plusieurs signes à multiplier entre eux, on pourra faire abstraction de tous les signes +. De cette remarque on déduit facilement les propositions suivantes :

Théorème II. — *Si l'on multiplie plusieurs signes les uns par les autres dans un ordre quelconque, le produit sera toujours +, lorsque les signes — seront en nombre pair, et le produit sera —, dans le cas contraire.*

Théorème III. — *Le produit de tant de signes que l'on voudra reste le même, dans quelque ordre qu'on les multiplie.*

Une conséquence immédiate des définitions qui précèdent, c'est que la multiplication des signes n'a aucun rapport avec la multiplication des nombres. Mais on n'en sera point étonné, si l'on observe que la notion du produit de deux signes se présente dès les premiers pas que l'on fait en Analyse, puisque dans l'addition ou la soustraction d'un monôme on multiplie réellement le signe de ce monôme par le signe + ou —.

En partant des principes que nous venons d'établir, on lèvera facilement toutes les difficultés que peut offrir l'emploi des signes + et — dans les opérations de l'Algèbre et de la Trigonométrie. Seulement il faudra distinguer avec soin les opérations relatives aux nombres de celles qui se rapportent aux quantités positives ou négatives. On devra surtout s'attacher à fixer d'une manière précise le but des unes et des autres, à définir leurs résultats et à en montrer les propriétés principales. C'est ce que nous allons essayer de faire en peu de mots, pour les diverses opérations que l'on a coutume d'exécuter.

ADDITION ET SOUSTRACTION.

Sommes et différences des nombres. — Ajouter au nombre A le nombre B ou, en d'autres termes, faire subir au nombre A l'accroissement + B, c'est ce qu'on appelle faire une *addition arithmétique*. Le résultat de cette opération s'appelle *somme*. On l'indique en plaçant à la suite du nombre A son accroissement + B, ainsi qu'il suit :

$$A + B.$$

On ne démontre pas, mais on admet comme évident que la *somme de plusieurs nombres reste la même dans quelque ordre qu'on les ajoute*. C'est un axiome fondamental sur lequel reposent l'Arithmétique, l'Algèbre et toutes les sciences de calcul.

La *soustraction arithmétique* est l'inverse de l'addition. Elle consiste à retrancher d'un premier nombre A un second nombre B, c'est-à-dire à chercher un troisième nombre C qui, ajouté au second, reproduise le premier. C'est là aussi ce qu'on appelle faire subir au nombre A la diminution — B. Le résultat de cette opération se nomme *différence*. On l'indique en placant à la suite du nombre A la diminution — B, ainsi qu'il suit :

$$A - B.$$

Quelquefois on désigne la différence A — B sous le nom d'*excès*, ou de *reste*, ou de *rapport arithmétique* entre les deux nombres A et B.

Sommes et différences des quantités. — Nous avons expliqué dans les préliminaires ce que c'est qu'ajouter deux quantités entre elles. En ajoutant plusieurs quantités les unes aux autres, on obtient ce qu'on appelle leur *somme*. Il est facile de démontrer, en s'appuyant sur l'axiome relatif à l'addition des nombres, la proposition suivante :

Théorème IV. — *La somme de plusieurs quantités reste la même, dans quelque ordre qu'on les ajoute.*

On indique la somme unique de plusieurs quantités par la simple juxtaposition des lettres qui représentent soit leurs valeurs numériques, soit les quantités elles-mêmes, chaque lettre étant précédée du signe qu'elle doit avoir pour rester ou devenir propre à exprimer la quantité correspondante. Les différentes lettres peuvent d'ailleurs être disposées dans un ordre quelconque, et il est permis de supprimer le signe + devant la première lettre. Considérons, par exemple, les quantités

$$a, \quad b, \quad c, \quad \ldots, \quad -f, \quad -g, \quad -h, \quad \ldots.$$

Leur somme pourra être représentée par l'expression

$$a - f - g + b - h + c + \ldots.$$

Dans une semblable expression, chacune des quantités

$$a, \quad b, \quad c, \quad \ldots, \quad -f, \quad -g, \quad -h, \quad \ldots$$

est ce qu'on appelle un *monôme*. L'expression elle-même est un *polynôme* dont les monômes en question sont les différents *termes*.

Lorsqu'un polynôme renferme seulement deux, trois, quatre, ... termes, il prend le nom de *binôme, trinôme, quadrinôme*, ...

On prouve aisément que deux polynômes dont tous les termes sont égaux et de signes contraires représentent deux quantités opposées.

La *différence* entre une première quantité et une seconde, c'est une troisième quantité qui, ajoutée à la seconde, reproduit la première. En partant de cette définition, on démontre que, *pour soustraire d'une première quan-*

tité a une seconde quantité b, il suffit d'ajouter à la première la quantité opposée à b, c'est-à-dire — b. On en conclut que la différence des deux quantités a et b doit être représentée par

$$a - b.$$

Nota. — La soustraction étant l'inverse de l'addition peut toujours s'indiquer de deux manières. Ainsi, par exemple, pour exprimer que la quantité c est la différence des deux quantités a et b, on peut écrire indifféremment

$$a - b = c \qquad \text{ou} \qquad a = b + c.$$

MULTIPLICATION ET DIVISION.

Produits et quotients des nombres. — *Multiplier* le nombre A par le nombre B, c'est opérer sur le nombre A précisément comme on opère sur l'unité pour obtenir B. Le résultat de cette opération est ce qu'on appelle le *produit* de A par B. Pour bien comprendre la définition précédente de la *multiplication*, il faut distinguer différents cas suivant l'espèce du nombre B. Or ce nombre peut être tantôt rationnel, c'est-à-dire entier ou fractionnaire, tantôt irrationnel, c'est-à-dire non rationnel.

Lorsque B est un nombre entier, il suffit, pour obtenir B, d'ajouter l'unité plusieurs fois de suite à elle-même. Il faudra donc alors, pour former le produit de A par B, ajouter le nombre A à lui-même un pareil nombre de fois, c'est-à-dire faire la somme d'autant de nombres égaux à A qu'il y a d'unités dans B.

Lorsque B est une fraction qui a pour numérateur m et pour dénominateur n, l'opération par laquelle on parvient au nombre B consiste à partager l'unité en n parties égales et à répéter m fois le résultat trouvé. On obtiendra donc alors le produit de A par B, en partageant le nombre A en n parties égales, et répétant l'une de ces parties m fois.

Lorsque B est un nombre irrationnel, on peut en obtenir en nombres rationnels des valeurs de plus en plus approchées. On fait voir aisément que dans la même hypothèse le produit de A par les nombres rationnels dont il s'agit s'approche de plus en plus d'une certaine limite. Cette limite sera le produit de A par B. Si l'on suppose, par exemple, $B = 0$, on trouvera une limite nulle, et l'on en conclura que le produit d'un nombre quelconque par zéro s'évanouit.

Dans la multiplication de A par B, le nombre A s'appelle *multiplicande,* et le nombre B *multiplicateur*. Ces deux nombres sont aussi désignés conjointement sous le nom de *facteurs* du produit.

Pour indiquer le produit de A par B, on emploie indifféremment l'une des trois notations suivantes :

$$B \times A, \quad B.A, \quad BA.$$

Le produit de plusieurs nombres reste le même dans quelque ordre qu'on les multiplie. Cette proposition, lorsqu'il s'agit de deux ou trois facteurs entiers seulement, se déduit de l'axiome relatif à l'addition des nombres. On peut ensuite la démontrer successivement : 1° pour deux ou trois facteurs rationnels; 2° pour deux ou trois facteurs irrationnels; 3° enfin pour un nombre quelconque de facteurs rationnels ou irrationnels.

Diviser le nombre A par le nombre B, c'est chercher un troisième nombre dont le produit par B soit égal à A. L'opération par laquelle on y parvient s'appelle *division*, et le résultat de cette opération *quotient*. De plus, le nombre A prend le nom de *dividende*, et le nombre B celui de *diviseur*.

Pour indiquer le quotient de A par B, on emploie à volonté l'une des deux notations suivantes :

$$\frac{A}{B}, \quad A : B.$$

Quelquefois on désigne le quotient A : B sous le nom de *rapport* ou *raison géométrique* des deux nombres A et B.

L'égalité de deux rapports géométriques A : B, C : D ou, en d'autres termes, l'équation

$$A : B = C : D$$

est ce qu'on appelle une *proportion géométrique*. Ordinairement au lieu du signe = on emploie le suivant :: qui a la même valeur, et l'on écrit

$$A : B :: C : D.$$

Nota. — Lorsque B est un nombre entier, diviser A par B, c'est, d'après la définition, chercher un nombre qui, répété B fois, reproduise A. C'est donc partager le nombre A en autant de parties égales qu'il y a d'unités dans B. On conclut facilement de cette remarque que, si m et n désignent deux nombres entiers, la $n^{\text{ième}}$ partie de l'unité devra être représentée par

$$\frac{1}{n},$$

et la fraction, qui a pour numérateur m et pour dénominateur n, par

$$m \times \frac{1}{n}.$$

Telle est, en effet, la notation par laquelle on doit naturellement désigner la fraction dont il s'agit. Mais, comme on prouve aisément que le produit

$$m \times \frac{1}{n}$$

est équivalent au quotient de m par n, c'est-à-dire à $\frac{m}{n}$, il en résulte que la même fraction peut être représentée plus simplement par la notation

$$\frac{m}{n}.$$

Produits et quotients des quantités. — Le *produit* d'une première quantité par une seconde est une troisième quantité qui a pour valeur numérique le produit des valeurs numériques des deux autres, et pour signe le produit de leurs signes. *Multiplier* deux quantités l'une par l'autre, c'est former leur produit. L'une des deux quantités s'appelle *multiplicateur*, l'autre *multiplicande*, et toutes les deux conjointement facteurs du produit.

Ces définitions étant admises, on établira facilement la proposition suivante :

Théorème V. — *Le produit de plusieurs quantités reste le même, dans quelque ordre qu'on les multiplie.*

Pour démontrer cette proposition, il suffit de combiner la proposition semblable relative aux nombres avec le théorème III relatif aux signes (*voir* ci-dessus, page 335).

Diviser une première quantité par une seconde, c'est chercher une troisième quantité qui, multipliée par la seconde, reproduise la première. L'opération par laquelle on y parvient s'appelle *division;* la première quantité *dividende,* la seconde *diviseur,* et le résultat de l'opération *quotient.* Quelquefois on désigne le quotient sous le nom de *rapport* ou *raison géométrique* des deux quantités données. En partant des définitions précédentes, on prouve facilement que *le quotient de deux quantités a pour valeur numérique le quotient de leurs valeurs numériques, et pour signe le produit de leurs signes.*

La multiplication et la division des quantités s'indiquent tout comme la multiplication et la division des nombres.

Nous dirons que deux quantités sont *inverses* l'une de l'autre lorsque le produit de ces deux quantités sera l'unité. D'après cette définition, la quantité a aura pour inverse $\frac{1}{a}$, et réciproquement.

On a remarqué plus haut que ce qu'on appelle *fraction* en Arithmétique est égal au rapport ou quotient de deux nombres entiers. En Algèbre, on désigne aussi sous le nom de *fraction* le rapport ou quotient de deux quantités quelconques. Si donc a et b représentent deux quantités, leur rapport $\frac{a}{b}$ sera une fraction algébrique.

Nous observerons encore que la division, étant une opération inverse de la multiplication, peut toujours s'indiquer de deux manières. Ainsi, par exemple, pour exprimer que la quantité c est le quotient de deux quantités a et b, on peut écrire indifféremment

$$\frac{a}{b} = c \qquad \text{ou} \qquad a = bc.$$

Les produits et quotients de nombres et de quantités jouissent de propriétés générales auxquelles on a souvent recours. Nous avons déjà parlé de celle qu'a tout produit de rester le même, dans quelque ordre que l'on multiplie ses facteurs. D'autres propriétés non moins remarquables se trouvent comprises dans les formules que je vais écrire.

Soient

$$a,\ b,\ c,\ \ldots,\ k,\quad a',\ b',\ \ldots,\quad a'',\ b'',\ \ldots,\quad \ldots$$

plusieurs suites de quantités positives ou négatives. On aura, pour toutes les valeurs possibles de ces mêmes quantités,

$$(2)\qquad \left\{\begin{aligned} &k(a+b+c+\ldots) = ka+kb+kc+\ldots,\\ &\frac{a+b+c+\ldots}{k} = \frac{a}{k}+\frac{b}{k}+\frac{c}{k}+\ldots,\\ &\frac{a}{b}\times\frac{a'}{b'}\times\frac{a''}{b''}\times\ldots = \frac{a\,a'\,a''\ldots}{b\,b'\,b''\ldots},\\ &\frac{k}{\frac{a}{b}} = \frac{bk}{a} = \frac{b}{a}\times k. \end{aligned}\right.$$

Les quatre formules qui précèdent donnent lieu à une foule de conséquences qu'il serait trop long d'énumérer ici en détail. On conclura, par exemple, de la troisième formule : 1° que les fractions

$$\frac{a}{b}, \quad \frac{ka}{kb}$$

sont égales entre elles, a, b, k désignant des quantités quelconques; 2° que la fraction $\frac{a}{b}$ a pour inverse $\frac{b}{a}$; 3° que, pour diviser une quantité k par une autre quantité a, il suffit de multiplier k par la quantité inverse de a, c'est-à-dire par $\frac{1}{a}$.

ÉLÉVATION AUX PUISSANCES. EXTRACTION DES RACINES.

Puissances et racines des nombres. Exposants positifs. — *Élever* le nombre A à la *puissance* marquée par le nombre B, c'est chercher un troisième nombre qui soit formé de A par la multiplication, comme B est formé de l'unité par l'addition. Le résultat de cette opération faite sur le nombre A est ce qu'on appelle sa puissance du *degré* B. Pour bien concevoir la définition précédente de l'élévation aux puissances, il faut distinguer trois cas, suivant que le nombre B est entier, fractionnaire ou irrationnel.

Lorsque B désigne un nombre entier, ce nombre est la somme de plusieurs unités. La puissance de A, du degré B, doit donc alors être le produit d'autant de facteurs égaux à A qu'il y a d'unités dans B.

Lorsque B représente une fraction $\frac{m}{n}$ (m et n étant deux nombres entiers), il faut, pour obtenir cette fraction : 1° chercher un nombre qui, répété n fois, reproduise l'unité; 2° répéter m fois le nombre dont il s'agit. Il faudra donc alors, pour obtenir la puissance de A, du degré $\frac{m}{n}$: 1° chercher un nombre tel que la multiplication de n facteurs égaux à ce nombre reproduise A; 2° former un produit de m facteurs égaux à ce même nombre. Quand on suppose en particulier $m=1$, la puissance de A que l'on considère se réduit à celle du degré $\frac{1}{n}$, et se trouve déterminée par la seule condition que le nombre A soit équivalent au produit de n facteurs égaux à cette même puissance.

Lorsque B est un nombre irrationnel, on peut en obtenir en nombres rationnels des valeurs de plus en plus rapprochées. On prouve facilement que dans la même hypothèse les puissances de A, marquées par les nombres rationnels dont il s'agit, s'approchent de plus en plus d'une certaine limite. Cette limite est la puissance de A du degré B.

Dans l'élévation du nombre A à la puissance du degré B, le nombre A s'appelle *racine*, et le nombre B, qui marque le degré de la puissance, *exposant*. Pour représenter la puissance de A du degré B, on se sert de la notation suivante

$$A^B.$$

D'après les définitions qui précèdent, la première puissance d'un nombre n'est autre chose que ce nombre lui-même. Sa seconde puissance est le produit de deux facteurs égaux à ce nombre, sa troisième de trois semblables facteurs, et ainsi de suite. Des considérations géométriques ont conduit à désigner la seconde puissance sous le nom de *carré*, et la troisième sous le nom de *cube*. Quant à la puissance du degré zéro, elle sera la limite vers laquelle converge la puissance du degré B, tandis que le nombre B décroît indéfiniment. Il est aisé de faire voir que cette limite se réduit à l'unité; d'où il résulte qu'on a, en général,

$$A^0 = 1.$$

Nous supposons toutefois que la valeur du nombre A reste finie et diffère de zéro.

Extraire du nombre A la *racine* marquée par le nombre B, c'est chercher un troisième nombre qui, élevé à la puissance du degré B, reproduise A. L'opération par laquelle on y parvient s'appelle *extraction*, et le résultat de l'opération est la racine de A du *degré* B. Le nombre B, qui marque le degré de la racine, se nomme *indice*. Pour la représenter, on se sert de la notation suivante :

$$\sqrt[B]{A}.$$

Les racines du second et du troisième degré sont ordinairement désignées sous le nom de *racines carrées* et *cubiques*. Lorsqu'il s'agit d'une racine carrée, on se dispense presque toujours d'écrire au-dessus du signe $\sqrt{}$ l'indice 2 de cette racine. Ainsi les deux notations

$$\sqrt[2]{A}, \quad \sqrt{A}$$

doivent être considérées comme équivalentes.

Nota. — L'extraction des racines des nombres, étant l'inverse de leur élévation aux puissances, peut toujours être indiquée de deux manières. Ainsi, par exemple, pour exprimer que le nombre C est égal à la racine de A, du degré B, on peut écrire à volonté

$$A = C^B \quad \text{ou} \quad C = \sqrt[B]{A}.$$

Remarquons encore qu'en vertu des définitions, si l'on désigne par n un nombre entier quelconque, $A^{\frac{1}{n}}$ sera un nombre tel que la multiplication de n facteurs égaux à ce nombre reproduise A. En d'autres termes, on aura

$$\left(A^{\frac{1}{n}}\right)^n = A,$$

d'où l'on conclura

$$A^{\frac{1}{n}} = \sqrt[n]{A}.$$

Ainsi, lorsque n est un nombre entier, la puissance de A, du degré $\frac{1}{n}$, et la racine $n^{\text{ième}}$ de A sont des expressions équivalentes. On prouve facilement qu'il en est de même dans le cas où l'on remplace le nombre entier n par un nombre quelconque.

Puissances des nombres. Exposants négatifs. — *Élever* le nombre A à la *puissance* marquée par l'*exposant négatif* —B, c'est diviser l'unité par A^B. La valeur de l'expression

$$A^{-B}$$

se trouve donc déterminée par l'équation

$$A^{-B} = \frac{1}{A^B},$$

qu'on peut aussi mettre sous la forme

$$A^B A^{-B} = 1.$$

Par suite, si l'on élève un même nombre à deux puissances marquées par deux quantités opposées, on obtiendra pour résultats deux quantités positives inverses l'une de l'autre.

Puissances et racines réelles des quantités. — Si, dans les définitions que nous avons données des puissances et racines des nombres correspondantes à des exposants, ou entiers, ou fractionnaires, on substitue le mot de *quantités* à celui de *nombres*, on obtiendra les définitions suivantes pour les puissances et racines réelles des quantités.

Élever la quantité a à la *puissance réelle du degré* m, m étant un nombre entier, c'est former le produit d'autant de facteurs égaux à a qu'il y a d'unités dans m.

Élever la quantité a à la *puissance réelle du degré* $\frac{m}{n}$, m et n étant deux nombres entiers, c'est, en supposant, pour éviter toute incertitude, la fraction $\frac{m}{n}$ réduite à sa plus simple expression, former un produit de m facteurs égaux et tellement choisis que la $n^{\text{ième}}$ puissance de chacun d'eux soit équivalente à la quantité a.

Extraire de la quantité a la *racine réelle du degré* m ou $\frac{m}{n}$, c'est chercher une nouvelle quantité qui, élevée à la puissance réelle du degré m ou $\frac{m}{n}$, reproduise a. D'après cette définition, la $n^{\text{ième}}$ racine réelle d'une quantité est évidemment la même chose que sa puissance réelle du degré $\frac{1}{n}\cdot$ De plus, on prouvera facilement que la racine du degré $\frac{n}{m}$ équivaut à la puissance du degré $\frac{m}{n}\cdot$

Enfin, *élever* la quantité a à la *puissance réelle du degré* $-m$ ou $-\frac{m}{n}$, c'est diviser l'unité par cette même quantité a élevée à la puissance réelle du degré m ou $\frac{m}{n}\cdot$

Dans les opérations dont on vient de parler, le nombre ou la quantité qui marque le degré d'une puissance réelle de a s'appelle l'*exposant* de cette puissance, tandis que le nombre qui marque le degré d'une racine réelle se nomme l'*indice* de cette racine.

Toute puissance de a qui correspond à un exposant dont la valeur numérique est entière, c'est-à-dire à un exposant de la forme $+m$ ou $-m$, m représentant un nombre entier, admet une valeur unique et réelle que l'on désigne par la notation

$$a^m \quad \text{ou} \quad a^{-m}.$$

Quant aux racines, et quant aux puissances dont la valeur numérique est fractionnaire, elles peuvent admettre ou deux valeurs réelles, ou une seule valeur réelle, ou n'en admettre aucune. Les valeurs réelles dont il est ici question sont nécessairement des quantités positives ou des quantités négatives. Mais, outre ces quantités, on emploie encore en Algèbre des symboles qui, n'ayant aucune signification par eux-mêmes, reçoivent néanmoins, à cause de leurs propriétés, les noms de *puissances* et de *racines*. Ces symboles sont du nombre des expressions algébriques auxquelles on a donné le nom d'*imaginaires*, par opposition à celui d'*expressions réelles*, qui ne s'applique jamais qu'à des nombres ou à des quantités.

Cela posé, il résulte des principes établis dans le Chapitre VII que la racine $n^{\text{ième}}$ d'une quantité quelconque a et ses puissances des degrés $\frac{m}{n}$, $-\frac{m}{n}$, n étant un nombre entier et $\frac{m}{n}$ une fraction irréductible, admettent chacune n valeurs distinctes réelles ou imaginaires. Conformément aux notations adoptées dans le même Chapitre, on désignera l'une quelconque de ces valeurs, s'il s'agit de la racine $n^{\text{ième}}$, par la notation

$$\sqrt[n]{a} = ((a))^{\frac{1}{n}},$$

et, s'il s'agit de la puissance qui a pour exposant $\frac{m}{n}$ ou $-\frac{m}{n}$, par la notation

$$((a))^{\frac{m}{n}} \quad \text{ou} \quad ((a))^{-\frac{m}{n}}.$$

Ajoutons que l'expression $((a))^{\frac{1}{n}}$ est comprise comme cas particulier dans l'expression plus générale $((a))^{\frac{m}{n}}$, et que, en appelant A la valeur numérique de a, on trouvera pour les valeurs réelles des deux expressions

$$((a))^{\frac{m}{n}}, \quad ((a))^{-\frac{m}{n}}:$$

1° Si n désigne un nombre impair,

$$a \text{ étant } +\text{A}\ldots\ldots\ldots\ldots \quad +\text{A}^{\frac{m}{n}}, \quad +\text{A}^{-\frac{m}{n}},$$

$$a \text{ étant } -\text{A}\ldots\ldots\ldots\ldots \quad -\text{A}^{\frac{m}{n}}, \quad -\text{A}^{-\frac{m}{n}};$$

2° Si n désigne un nombre pair,

$$a \text{ étant } +\text{A}\ldots\ldots\ldots\ldots \quad \pm\text{A}^{\frac{m}{n}}, \quad \pm\text{A}^{-\frac{m}{n}}.$$

Lorsque, dans le dernier cas, on suppose a négatif, toutes les valeurs de chacune des expressions $((a))^{\frac{m}{n}}$, $((a))^{-\frac{m}{n}}$ deviennent imaginaires.

Si l'on fait varier la fraction $\frac{m}{n}$ de manière qu'elle s'approche indéfiniment d'un nombre irrationnel B, le dénominateur n croissant alors au delà de toute limite assignable, il en sera de même du nombre des valeurs imaginaires qu'obtiendra chacune des expressions

$$((a))^{\frac{m}{n}}, \quad ((a))^{-\frac{m}{n}}.$$

Par suite on ne peut admettre dans le calcul les notations

$$((a))^{\mathrm{B}}, \quad ((a))^{-\mathrm{B}},$$

ou, si l'on fait $b = \pm \mathrm{B}$, la notation

$$((a))^b,$$

à moins de considérer une semblable notation comme propre à représenter une infinité d'expressions imaginaires. Pour éviter cet inconvénient, nous n'emploierons jamais l'expression algébrique

$$((a))^b$$

dans le cas où la valeur numérique de b sera irrationnelle. Seulement, dans cette hypothèse, lorsque a obtiendra une valeur positive $+\mathrm{A}$, on pourra faire usage de la notation

$$a^b \quad \text{ou} \quad (a)^b,$$

que l'on devra considérer comme équivalente à

$$+\mathrm{A}^b$$

(*voir* le Chapitre VII, § IV).

Les puissances de nombres et de quantités jouissent de plusieurs propriétés remarquables qu'il est facile de démontrer. Nous citerons entre autres celles qui se trouvent comprises dans les formules que je vais écrire.

Soient $a, a', a'', \ldots, b, b', b'', \ldots$ des quantités quelconques positives ou négatives; $\mathrm{A}, \mathrm{A}', \mathrm{A}'', \ldots$ des nombres quelconques, et $m, m', m'', \ldots$ des nombres entiers. On aura

$$(3)\quad \begin{cases} \mathrm{A}^b\mathrm{A}^{b'}\mathrm{A}^{b''}\ldots = \mathrm{A}^{b+b'+b''+\ldots}, \\ \mathrm{A}^b\mathrm{A}'^b\mathrm{A}''^b\ldots = (\mathrm{A}\mathrm{A}'\mathrm{A}''\ldots)^b, \\ (\mathrm{A}^b)^{b'} = \mathrm{A}^{b'b}, \end{cases}$$

$$(4)\quad \begin{cases} a^{\pm m}a^{\pm m'}a^{\pm m''}\ldots = a^{\pm m \pm m' \pm m'' \pm \ldots} & \text{(chacun des nombres } m, m', m'', \ldots \text{ devant être affecté du même signe dans les deux membres),} \\ a^m\, a'^m\, a''^m \ldots = (aa'a''\ldots)^m, \\ a^{-m}a'^{-m}a''^{-m}\ldots = (aa'a''\ldots)^{-m}, \\ (a^m)^{m'} = (a^{-m})^{-m'} = a^{mm'}, \\ (a^m)^{-m'} = (a^{-m})^{m'} = a^{-mm'}. \end{cases}$$

Les formules (3) et (4) donnent lieu à une foule de conséquences, parmi lesquelles nous nous contenterons d'indiquer la suivante. On tire de la seconde des formules (3)

$$A^b\left(\frac{1}{A}\right)^b = 1^b = 1,$$

et l'on en conclut

$$\left(\frac{1}{A}\right)^b = \frac{1}{A^b}.$$

Donc, si l'on élève deux quantités positives inverses l'une de l'autre à une même puissance, les résultats seront encore deux quantités inverses.

FORMATION DES EXPONENTIELLES ET DES LOGARITHMES.

Lorsque dans l'expression A^x on regarde le nombre A comme fixe, et la quantité x comme variable, la puissance A^x prend le nom d'*exponentielle*. Si, dans la même hypothèse, on a, pour une valeur particulière de x,

$$A^x = B,$$

cette valeur particulière sera ce qu'on appelle le *logarithme* du nombre B dans le système dont la *base* est A. On indique ce logarithme en plaçant devant le nombre la lettre initiale l ou L, ainsi qu'il suit

$$lB \quad \text{ou} \quad LB.$$

Toutefois, comme une semblable notation ne fait pas connaître la base du système de logarithmes auquel elle se rapporte, il est indispensable d'énoncer dans le discours la valeur de cette base. Cela posé, si l'on se sert de la caractéristique L pour désigner les logarithmes pris dans le système dont la base est A, l'équation

$$A^x = B$$

entraînera la suivante

$$x = LB.$$

Quelquefois, lorsqu'on doit traiter en même temps des logarithmes pris dans différents systèmes, on distingue les uns des autres à l'aide d'un ou plusieurs accents placés à la droite de la lettre L, et l'on désigne en conséquence par cette lettre dépourvue d'accents les logarithmes d'un premier système, par la même lettre suivie d'un seul accent les logarithmes d'un second système, etc.

En s'appuyant sur les définitions qui précèdent et sur les propriétés générales des puissances des nombres, on reconnaîtra facilement : 1° que l'unité a zéro pour logarithme dans tous les systèmes; 2° que dans tout système de logarithmes dont la base surpasse l'unité, tout nombre supérieur à l'unité a un logarithme positif, et tout nombre inférieur à l'unité un logarithme négatif; 3° que dans tout système de logarithmes dont la base est au-dessous de l'unité, tout nombre inférieur à l'unité a un logarithme positif, et tout nombre supérieur à l'unité un logarithme négatif; 4° enfin que, dans deux systèmes dont les bases sont inverses l'une de l'autre, les logarithmes d'un même nombre sont égaux et de signes contraires. De plus, on démontrera sans peine les formules qui établissent les propriétés principales des logarithmes, et parmi lesquelles on doit remarquer celles que je vais écrire.

Si l'on désigne par B, B', B'', ..., C des nombres quelconques, par les caractéristiques L, L' des logarithmes pris dans deux systèmes différents dont les bases soient A, A', et par k une quantité quelconque positive ou négative, on aura

$$(5)\quad \left\{\begin{aligned} &\mathrm{LBB'B''}\ldots = \mathrm{LB} + \mathrm{LB'} + \mathrm{LB''}\ldots,\\ &\mathrm{LB}^k = k\,\mathrm{LB},\\ &\mathrm{B}^{\mathrm{LC}} = \mathrm{A}^{\mathrm{LB.LC}} = \mathrm{C}^{\mathrm{LB}},\\ &\frac{\mathrm{LC}}{\mathrm{LB}} = \frac{\mathrm{L'C}}{\mathrm{L'B}}. \end{aligned}\right.$$

On tire de la première de ces formules

$$\mathrm{LB} + \mathrm{L}\frac{1}{\mathrm{B}} = \mathrm{L}1 = 0$$

et, par suite,

$$\mathrm{L}\frac{1}{\mathrm{B}} = -\mathrm{LB},$$

d'où il résulte que deux quantités positives inverses l'une de l'autre ont des logarithmes égaux et de signes contraires. Ajoutons que la quatrième formule peut facilement se déduire de la seconde. En effet, supposons que la quantité k représente le logarithme du nombre C dans le système dont la base est B. On aura

$$\mathrm{C} = \mathrm{B}^k$$

et, par suite,

$$\mathrm{LC} = k\,\mathrm{LB}, \qquad \mathrm{L'C} = k\,\mathrm{L'B},$$

d'où l'on conclura immédiatement

$$\frac{\mathrm{LC}}{\mathrm{LB}} = \frac{\mathrm{L'C}}{\mathrm{L'B}} = k.$$

On peut remarquer encore que, si l'on prend $B = A$, on tirera de la quatrième formule, à cause de $LA = 1$,

$$L'C = L'A . LC,$$

ou, en faisant, pour abréger, $L'A = \mu$,

$$L'C = \mu \, LC.$$

Ainsi, pour passer du système de logarithmes dont la base est A à celui dont la base est A', il suffit de multiplier les logarithmes pris dans le premier système par un certain coefficient μ égal au logarithme de A pris dans le second système.

Les logarithmes dont nous venons de parler sont ceux qu'on nomme *logarithmes réels,* parce qu'ils se réduisent toujours à des quantités positives ou négatives. Mais, outre ces quantités, il existe des expressions imaginaires qui ont également reçu, à cause de leurs propriétés, le nom de *logarithmes.* Nous renvoyons sur ce sujet au Chapitre IX, dans lequel nous avons exposé la théorie des logarithmes imaginaires.

FORMATION DES LIGNES TRIGONOMÉTRIQUES ET DES ARCS DE CERCLE.

Nous avons remarqué dans les Préliminaires qu'une longueur comptée sur une ligne droite ou courbe peut être représentée tantôt par un nombre, tantôt par une quantité, suivant qu'on a simplement égard à la mesure de cette longueur, ou qu'on la considère comme devant être portée sur la ligne donnée dans un sens ou dans un autre, à partir d'un point fixe que l'on nomme *origine,* pour servir soit à l'augmentation, soit à la diminution d'une autre longueur constante aboutissant à ce point. Nous avons ajouté que, dans un cercle dont le plan est supposé vertical, on fixe ordinairement l'origine des arcs à l'extrémité du rayon tiré horizontalement de gauche à droite, et que, à partir de cette origine, les arcs se comptent positivement ou négativement suivant que, pour les décrire, on commence par s'élever au-dessus d'elle ou par s'abaisser au-dessous. Enfin, nous avons indiqué les origines de plusieurs lignes trigonométriques qui correspondent à ces mêmes arcs dans le cas où le rayon du cercle se réduit à l'unité. Nous allons revenir un instant sur cet objet et compléter les notions qui s'y rapportent.

D'abord on établira facilement, à l'égard des longueurs comptées sur une même ligne droite ou courbe à partir d'une origine donnée, les propositions suivantes :

Théorème VI. — *Soient a, b, c, ... des quantités quelconques positives ou négatives. Pour obtenir sur une ligne droite ou courbe l'extrémité de la longueur*

$$a + b + c + \ldots$$

comptée à partir d'une origine donnée dans le sens déterminé par le signe de la quantité

$$a + b + c + \ldots,$$

il suffira de porter sur cette ligne : 1° la longueur a à partir de l'origine, dans le sens déterminé par le signe de a; 2° la longueur b à partir de l'extrémité de a, dans le sens déterminé par le signe de b; 3° la longueur c à partir de l'extrémité de b, dans le sens déterminé par le signe de c, et ainsi de suite.

Théorème VII. — *Soient a et b deux quantités quelconques. Supposons de plus que l'on porte sur une ligne droite ou courbe et à partir d'une origine donnée : 1° une longueur égale à la valeur numérique de a, dans le sens déterminé par le signe de a; 2° une longueur égale à la valeur numérique de b, dans le sens déterminé par le signe de b. Pour passer de l'extrémité de la première longueur à celle de la seconde, ou réciproquement, en suivant la ligne que l'on considère, il suffira de parcourir une troisième longueur égale à la valeur numérique de la différence a — b.*

Théorème VIII. — *Les mêmes choses étant posées que dans le théorème précédent, l'extrémité de la longueur représentée par*

$$\frac{a+b}{2}$$

sera sur la ligne donnée un point situé à distances égales des extrémités des longueurs a et b (les distances étant comptées sur la ligne elle-même).

Appliquons maintenant ces théorèmes aux arcs mesurés sur la circonférence d'un cercle dont le plan est vertical, et dont le rayon équivaut à l'unité, l'origine des arcs étant fixée à l'extrémité du rayon tiré horizontalement de gauche à droite. Si l'on désigne par π, suivant l'usage, le rapport de la circonférence au diamètre, le diamètre étant égal à 2, la circonférence entière se trouvera exprimée par le nombre 2π, la moitié de la circonférence par le nombre π, et le quart par $\frac{\pi}{2}$. Si, de plus, on désigne par a un arc quelconque positif ou négatif, on conclura du théorème VI que, pour obtenir l'extrémité de l'arc

$$a + 2m\pi \quad \text{ou} \quad a - 2m\pi$$

(m étant un nombre entier), il faut porter sur la circonférence, à partir de l'extrémité de l'arc a, soit dans le sens des arcs positifs, soit dans le sens des arcs négatifs, une longueur égale à $2m\pi$, c'est-à-dire parcourir m fois la circonférence entière dans un sens ou dans l'autre, ce qui ramènera nécessairement au point d'où l'on était parti. Il en résulte que les extrémités des arcs

$$a \quad \text{et} \quad a \pm 2m\pi$$

coïncident.

On conclura également des théorèmes VI ou VII : 1° que les extrémités des arcs

$$a \quad \text{et} \quad a \pm \pi$$

comprennent entre elles un arc égal à π, et se confondent par conséquent avec les extrémités d'un même diamètre; 2° que les extrémités des arcs

$$a \quad \text{et} \quad a \pm \frac{\pi}{2}$$

comprennent entre elles un quart de circonférence, en sorte qu'elles coïncident avec les extrémités de deux rayons perpendiculaires l'un à l'autre.

Enfin, on conclura du théorème VIII : 1° que les extrémités des arcs

$$a \quad \text{et} \quad \pi - a$$

sont situées à égales distances de l'extrémité de l'arc

$$\frac{\pi}{2},$$

et par conséquent placées symétriquement de part et d'autre du diamètre vertical; 2° que les extrémités des arcs

$$a \quad \text{et} \quad \frac{\pi}{2} - a$$

sont situées à égales distances de l'extrémité de l'arc

$$\frac{\pi}{4}.$$

Les arcs

$$\pi - a \quad \text{et} \quad \frac{\pi}{2} - a,$$

dont il est ici question, sont respectivement appelés le *supplément* et le *complément* de l'arc a. En d'autres termes, deux arcs représentés par deux quantités a et b sont *suppléments* ou *compléments* l'un de l'autre suivant que l'on a

$$a + b = \pi \qquad \text{ou} \qquad a + b = \frac{\pi}{2}.$$

Puisque les angles au centre qui ont pour côté commun le rayon mené par l'origine des arcs croissent ou diminuent proportionnellement aux arcs qui leur servent de mesure, et que ces angles eux-mêmes peuvent être considérés comme les accroissements ou diminutions de l'un d'eux pris à volonté, rien ne s'oppose à ce qu'ils soient désignés par les mêmes quantités que les arcs. C'est une convention que l'on a effectivement adoptée. On dit aussi que deux angles sont compléments ou suppléments l'un de l'autre, lorsque les arcs correspondants sont eux-mêmes compléments ou suppléments l'un de l'autre.

Passons maintenant à l'examen des lignes trigonométriques; et, dans ce dessein, considérons un seul arc représenté par la quantité a. Si on le projette successivement : 1° sur le diamètre vertical; 2° sur le diamètre horizontal, les deux projections seront ce qu'on appelle le *sinus* et le *sinus verse* de l'arc a. On peut observer que la première est en même temps la projection, sur le diamètre vertical, du rayon qui passe par l'extrémité de l'arc. Si l'on prolonge ce même rayon jusqu'à la rencontre de la tangente au cercle mené par l'origine des arcs, la partie de cette tangente interceptée entre l'origine et le point de rencontre sera ce qu'on appelle la *tangente* trigonométrique de l'arc a. Enfin la longueur comptée sur le rayon prolongé entre le centre et le point de rencontre sera la *sécante* de ce même arc.

Les *cosinus* et *cosinus verse* d'un arc, sa *cotangente* et sa *cosécante* ne sont autre chose que les sinus et sinus verse, la tangente et la sécante de son complément, et constituent, avec le sinus, le sinus verse, la tangente et la sécante de ce même arc, le système complet de ses *lignes trigonométriques*.

D'après ce qui a été dit ci-dessus, le sinus d'un arc se compte sur le diamètre vertical, le sinus verse sur le diamètre horizontal, la tangente sur la ligne qui touche le cercle à l'origine des arcs, et la sécante sur le diamètre mobile qui passe par l'extrémité de l'arc donné. De plus, les sinus et sécantes ont pour origine commune le centre du cercle, tandis que l'origine des tangentes et des sinus verses se confond avec celle des arcs. Enfin, on est généralement convenu de représenter par des quantités positives les lignes trigonométriques de l'arc a, dans le cas où cet arc est positif et moindre qu'un quart de circonférence; d'où il suit que l'on doit compter positivement le sinus et la tangente de bas en haut, le sinus verse de droite à gauche, et la sécante dans le sens du rayon mené à l'extrémité de l'arc a.

En partant des principes que nous venons d'adopter, on reconnaîtra immédiatement que le sinus verse, et par suite le cosinus verse, sont toujours positifs; et, de plus, on déterminera sans peine les signes qui doivent affecter les autres lignes trigonométriques d'un arc dont l'extrémité est donnée. Pour rendre cette détermination plus facile, on conçoit le cercle divisé en quatre parties égales par deux diamètres perpendiculaires entre eux, l'un horizontal, l'autre vertical; et ces quatre parties sont respectivement désignées sous les noms de premier, second, troisième et quatrième quart de cercle. Les deux premiers quarts de cercle sont situés au-dessus du diamètre horizontal, savoir le premier à droite et le second à gauche. Les deux derniers sont situés au-dessous du même diamètre, savoir le troisième à gauche et le quatrième à droite. Cela posé, comme les extrémités de deux arcs, compléments l'un de l'autre, sont également distantes de l'extrémité de l'arc $\frac{\pi}{4}$, on en conclura qu'elles sont placées symétriquement de part et d'autre du diamètre qui divise en deux parties égales le premier et le troisième quart de cercle. Si l'on cherche ensuite quels signes doivent être attribués aux diverses lignes trigonométriques d'un arc autres que le sinus verse et le cosinus verse, suivant que l'extrémité de cet arc tombe dans un quart de cercle ou dans un autre, on trouvera que ces signes sont respectivement

	Dans le 1er quart de cercle.	Dans le 2e quart de cercle.	Dans le 3e quart de cercle.	Dans le 4e quart de cercle.
Pour le sinus et la cosécante	+	+	−	−
Pour le cosinus et la sécante	+	−	−	+
Pour la tangente et la cotangente ..	+	−	+	−

On peut remarquer à ce sujet que le signe de la tangente est toujours le produit du signe du sinus par le signe du cosinus.

Les considérations précédentes conduisent encore à reconnaître que le cosinus d'un arc se confond avec la projection du rayon qui passe par l'extrémité de cet arc sur le diamètre horizontal, et que sur ce même diamètre il doit être compté positivement de gauche à droite, à partir du centre pris pour origine; que le cosinus verse peut être mesuré sur le diamètre vertical entre le point le plus élevé de la circonférence pris pour origine et l'extrémité du sinus; que la cotangente, comptée positivement de gauche à droite sur la tangente horizontale menée au cercle par l'origine des cosinus verses, se réduit à la longueur comprise entre cette origine et le prolongement du diamètre mobile dont une moitié est le rayon mené à l'extrémité de l'arc; enfin que la cosécante, mesurée sur ce diamètre mobile, se compte positivement dans le sens du rayon dont il s'agit, et à partir du centre pris pour origine jusqu'à l'extrémité de la cotangente.

Nous avons suffisamment développé dans les préliminaires le système des notations à l'aide desquelles nous représentons les diverses lignes trigonométriques et les arcs qui leur correspondent. Nous ne reviendrons pas sur cet objet, et nous nous contenterons d'observer que les lignes trigonométriques d'un arc sont censées appartenir en même temps à l'angle au centre qu'il mesure, et que l'on désigne par la même quantité. Ainsi, par exemple, a, b, ... représentant des quantités quelconques, on peut dire également que les notations

$$\sin a, \quad \cos b, \quad \ldots$$

expriment le sinus de l'arc ou de l'angle a, le cosinus de l'arc ou de l'angle b, ...

Nous terminerons cette Note en rappelant quelques propriétés remarquables des lignes trigonométriques.

D'abord, si l'on désigne par a une quantité quelconque, on trouvera que le sinus et le cosinus de l'angle a sont toujours liés entre eux par l'équation

$$(6) \qquad \sin^2 a + \cos^2 a = 1,$$

et que les autres lignes trigonométriques peuvent être exprimées au moyen de ces deux premières ainsi qu'il suit :

$$(7) \qquad \begin{cases} \operatorname{siv} a = 1 - \cos a, & \operatorname{tang} a = \dfrac{\sin a}{\cos a}, & \operatorname{séc} a = \dfrac{1}{\cos a}; \\ \operatorname{cosiv} a = 1 - \sin a, & \cot a = \dfrac{\cos a}{\sin a}, & \operatorname{coséc} a = \dfrac{1}{\sin a}. \end{cases}$$

Des formules (6) et (7) on déduira facilement plusieurs autres équations, par exemple

$$(8) \qquad \cot a = \frac{1}{\operatorname{tang} a}, \qquad \operatorname{séc}^2 a = 1 + \operatorname{tang}^2 a, \qquad \operatorname{coséc}^2 a = 1 + \cot^2 a, \qquad \ldots.$$

Il est encore aisé de voir que, si la quantité positive R représente la longueur d'une droite entre deux points, et α l'angle aigu ou obtus que forme cette droite avec un axe fixe, la projection de la longueur donnée sur l'axe fixe sera mesurée par la valeur numérique du produit

$$R\cos\alpha,$$

et la projection de la même longueur sur une perpendiculaire à l'axe par la valeur numérique du produit

$$R\sin\alpha.$$

Enfin on reconnaîtra sans peine que, si, en partant d'un point pris au hasard sur la circonférence du cercle qui a pour rayon l'unité, on parcourt sur cette circonférence, dans un séns ou dans un autre, une longueur égale à la valeur numérique d'une quantité quelconque c, le plus petit arc compris entre les extrémités de cette longueur sera inférieur ou supérieur à $\frac{\pi}{2}$, suivant que $\cos c$ sera positif ou négatif.

Ces principes étant admis, concevons que sur la circonférence dont on vient de parler on détermine : 1° les extrémités A et B des arcs représentés par deux quantités quelconques a et b; 2° l'extrémité N d'un troisième arc représenté par $\frac{a+b}{2}$. Soit, en outre, M le milieu de la corde qui joint les points A, B, et supposons que le point M se projette sur le diamètre horizontal du cercle en un certain point P. Si les longueurs mesurées sur ce diamètre, à partir du centre pris pour origine, sont comptées positivement de gauche à droite, ainsi que les cosinus, la distance du centre au point P devra être représentée (en vertu du théorème VIII) par la quantité

$$\frac{\cos a + \cos b}{2}.$$

De plus, comme (en vertu du même théorème) le point N est situé à égales distances des points A et B, le diamètre qui passe par le point N renfermera le milieu M de la corde $\overline{AB}$; et la distance de ce milieu M au centre du cercle sera égale (abstraction faite du signe) au cosinus de chacun des arcs $\overline{NA}$, $\overline{NB}$, ou, ce qui revient au même, à

$$\cos\left(\frac{a+b}{2} - a\right) = \cos\left(\frac{a+b}{2} - b\right) = \cos\frac{a-b}{2}.$$

Pour obtenir la projection horizontale de cette distance, il suffira de la multiplier par le cosinus de l'angle aigu compris entre le rayon tiré horizontalement de gauche à droite et le diamètre qui renferme le point N, c'est-à-dire par un facteur égal (au signe près) à $\cos\frac{a+b}{2}$. En d'autres termes, la distance du centre au point P aura pour mesure la valeur numérique du produit

$$\cos\frac{a-b}{2}\cos\frac{a+b}{2}.$$

J'ajoute que ce produit sera positif ou négatif, suivant que le point M sera situé à droite ou à gauche du diamètre vertical. En effet, $\cos\frac{a+b}{2}$ est positif ou négatif, suivant que le point N est situé par rapport à ce diamètre du côté droit ou du côté gauche, et $\cos\frac{a-b}{2}$ est positif ou négatif; par suite le produit

$$\cos\frac{a-b}{2}\cos\frac{a+b}{2}$$

est de même signe que $\cos\frac{a+b}{2}$, ou de signe contraire, suivant que, chacun des arcs $\overline{NA}$, $\overline{NB}$ étant inférieur ou supérieur à $\frac{\pi}{2}$, le point M se trouve situé du même côté que le point N ou du côté opposé. Comme d'ailleurs la verticale qui passe par le point M renferme aussi le point P, il suit de la remarque précédente que la distance du centre au point P, dans le cas même où l'on a égard aux signes, peut être représentée par le produit

$$\cos\frac{a-b}{2}\cos\frac{a+b}{2}.$$

Ce produit et la quantité $\frac{\cos a+\cos b}{2}$ ont donc le même signe, avec la même valeur numérique; et l'on a, par conséquent, pour toutes les valeurs possibles des quantités a et b,

$$(9)\qquad \cos a+\cos b=2\cos\frac{a-b}{2}\cos\frac{a+b}{2}.$$

Si dans l'équation (9) on remplace b par $\pi+b$, on en tirera

$$(10)\qquad \cos a-\cos b=2\sin\frac{b-a}{2}\sin\frac{a+b}{2}.$$

De plus, si dans les équations (9) et (10) on substitue aux angles a et b leurs compléments $\frac{\pi}{2} - a$, $\frac{\pi}{2} - b$, on obtiendra les suivantes :

$$(11)\quad \begin{cases} \sin a + \sin b = 2\cos\dfrac{a-b}{2}\sin\dfrac{a+b}{2}, \\ \sin a - \sin b = 2\sin\dfrac{a-b}{2}\cos\dfrac{a+b}{2}. \end{cases}$$

Les formules (9), (10) et (11) une fois établies, on en déduira facilement un grand nombre d'autres. On trouvera, par exemple,

$$(12)\quad \begin{cases} \dfrac{\sin a - \sin b}{\sin a + \sin b} = \dfrac{\operatorname{tang}\frac{1}{2}(a-b)}{\operatorname{tang}\frac{1}{2}(a+b)}, \\ \dfrac{\cos b - \cos a}{\cos b + \cos a} = \operatorname{tang}\frac{1}{2}(a-b)\operatorname{tang}\frac{1}{2}(a+b), \end{cases}$$

$$(13)\quad \begin{cases} \cos(a-b) + \cos(a+b) = 2\cos a\cos b, \\ \cos(a-b) - \cos(a+b) = 2\sin a\sin b, \end{cases}$$

$$(14)\quad \begin{cases} \sin(a+b) + \sin(a-b) = 2\sin a\cos b, \\ \sin(a+b) - \sin(a-b) = 2\sin b\cos a, \end{cases}$$

$$(15)\quad \begin{cases} \cos(a\pm b) = \cos a\cos b \mp \sin a\sin b, \\ \sin(a\pm b) = \sin a\cos b \pm \sin b\cos a, \end{cases}$$

$$(16)\quad \operatorname{tang}(a\pm b) = \frac{\operatorname{tang}a \pm \operatorname{tang}b}{1 \mp \operatorname{tang}a\operatorname{tang}b},$$

$$(17)\quad \begin{cases} \cos 2a = \cos^2 a - \sin^2 a = 2\cos^2 a - 1 = 1 - 2\sin^2 a, \\ \sin 2a = 2\sin a\cos a. \end{cases}$$

Soient maintenant a, b, c trois angles quelconques. On tirera de la première des formules (13)

$$(18)\quad \begin{cases} \cos(a+b+c) + \cos(b+c-a) + \cos(c+a-b) + \cos(a+b-c) \\ \quad = 4\cos a\cos b\cos c. \end{cases}$$

Si dans la formule précédente, au lieu de a, b, c, on écrit $\frac{1}{2}a$, $\frac{1}{2}b$, $\frac{1}{2}c$, puis que l'on suppose

$$(19)\quad a + b + c = \pi,$$

on trouvera

$$(20)\quad \sin a + \sin b + \sin c = 4\cos\frac{a}{2}\cos\frac{b}{2}\cos\frac{c}{2}.$$

Dans la même hypothèse, la formule (16) donnera

$$(21)\qquad \operatorname{tang} a + \operatorname{tang} b + \operatorname{tang} c = \operatorname{tang} a \operatorname{tang} b \operatorname{tang} c.$$

L'équation (20) devant subsister, ainsi que l'équation (19), lorsque l'on y remplace deux des angles a, b, c par leurs suppléments, et qu'on change le signe du troisième, on en conclura

$$(22)\qquad \begin{cases} \sin b + \sin c - \sin a = 4\cos\frac{a}{2}\sin\frac{b}{2}\sin\frac{c}{2}, \\ \sin c + \sin a - \sin b = 4\sin\frac{a}{2}\cos\frac{b}{2}\sin\frac{c}{2}, \\ \sin a + \sin b - \sin c = 4\sin\frac{a}{2}\sin\frac{b}{2}\cos\frac{c}{2}. \end{cases}$$

De ces dernières formules combinées entre elles et avec l'équation (20) on déduit les suivantes :

$$(23)\qquad \begin{cases} \cos^2\frac{1}{2}a = \dfrac{(\sin a + \sin b + \sin c)(\sin b + \sin c - \sin a)}{4\sin b \sin c}, \\ \sin^2\frac{1}{2}a = \dfrac{(\sin c + \sin a - \sin b)(\sin a + \sin b - \sin c)}{4\sin b \sin c}. \end{cases}$$

Enfin, si l'on imagine que a, b, c désignent les trois angles d'un triangle, et que les côtés opposés soient respectivement A, B, C, six produits égaux deux à deux, savoir

$$\mathrm{B}\sin c = \mathrm{C}\sin b,\qquad \mathrm{C}\sin a = \mathrm{A}\sin c,\qquad \mathrm{A}\sin b = \mathrm{B}\sin a,$$

représenteront les perpendiculaires abaissées des sommets sur les trois côtés. On aura, par suite,

$$(24)\qquad \frac{\sin a}{\mathrm{A}} = \frac{\sin b}{\mathrm{B}} = \frac{\sin c}{\mathrm{C}};$$

et les équations (23) deviendront

$$(25)\qquad \begin{cases} \cos^2\frac{1}{2}a = \dfrac{(\mathrm{A}+\mathrm{B}+\mathrm{C})(\mathrm{B}+\mathrm{C}-\mathrm{A})}{4\mathrm{BC}}, \\ \sin^2\frac{1}{2}a = \dfrac{(\mathrm{C}+\mathrm{A}-\mathrm{B})(\mathrm{A}+\mathrm{B}-\mathrm{C})}{4\mathrm{BC}}. \end{cases}$$

De plus, en ayant égard aux formules (19) et (24), on tirera de la première des équations (12)

$$\tang \tfrac{1}{2}(a - b) = \frac{A - B}{A + B} \cot \tfrac{1}{2} c. \tag{26}$$

Les formules (19), (24), (25) et (26) suffisent pour déterminer trois des six éléments d'un triangle rectiligne, lorsque les trois autres éléments sont connus, et que cette détermination est possible. On peut remarquer en outre que les valeurs de $\cos a$ et de $\sin a$, déduites des équations (25) à l'aide des formules (17), sont respectivement

$$\left\{ \begin{aligned} \cos a &= \frac{B^2 + C^2 - A^2}{2BC}, \\ \sin a &= \frac{\sqrt{(A + B + C)(B + C - A)(C + A - B)(A + B - C)}}{2BC}. \end{aligned} \right. \tag{27}$$

La première de ces valeurs peut se tirer directement d'un théorème connu de Géométrie. Quant à la seconde, elle fournit le moyen d'exprimer la surface du triangle en fonction des trois côtés. En effet, cette surface, équivalente au produit de la base C par la moitié de la hauteur correspondante $B \sin a$, sera

$$\tfrac{1}{2} BC \sin a = \tfrac{1}{4} \sqrt{(A + B + C)(B + C - A)(C + A - B)(A + B - C)}. \tag{28}$$

NOTE II.

SUR LES FORMULES QUI RÉSULTENT DE L'EMPLOI DU SIGNE $>$ OU $<$, ET SUR LES MOYENNES ENTRE PLUSIEURS QUANTITÉS.

Soient a et b deux quantités inégales. Les deux formules

$$a > b, \qquad b < a$$

serviront également à exprimer que la première quantité a surpasse la seconde b, c'est-à-dire que la différence

$$a - b$$

est positive. En partant de ce principe, on établira facilement les propositions que je vais énoncer :

Théorème I. — *Si* $a, a', a'', \ldots, b, b', b'', \ldots$ *représentent des quantités assujetties aux conditions*

$$\begin{aligned} a &> b, \\ a' &> b', \\ a'' &> b'', \\ &\ldots\ldots, \end{aligned}$$

on aura aussi

$$a + a' + a'' + \ldots > b + b' + b'' + \ldots.$$

Démonstration. — En effet, lorsque les quantités

$$a - b, \quad a' - b', \quad a'' - b'', \quad \ldots$$

sont positives, on peut assurer que leur somme

$$a + a' + a'' + \ldots - (b + b' + b'' + \ldots)$$

l'est pareillement.

Théorème II. — *Si* A, A', A'', ..., B, B', B'', ... *représentent des nombres* *assujettis aux conditions*

$$A > B,$$
$$A' > B',$$
$$A'' > B'',$$
$$\ldots\ldots\ldots,$$

on aura aussi

$$A A' A'' \ldots > B B' B'' \ldots.$$

Démonstration. — En effet, chacune des différences

$$A - B, \quad A' - B', \quad A'' - B'', \quad \ldots$$

étant positive par hypothèse, chacun des produits

$$\begin{aligned}(A - B) A' A'' \ldots &= A A' A'' \ldots - B A' A'' \ldots,\\ B(A' - B') A'' \ldots &= B A' A'' \ldots - B B' A'' \ldots,\\ B B'(A'' - B'') \ldots &= B B' A'' \ldots - B B' B'' \ldots,\\ \ldots\ldots\ldots\ldots\ldots\ldots\ldots\ldots\ldots\ldots\ldots\ldots\end{aligned}$$

sera également positif, et par suite il en sera de même de leur somme

$$A A' A'' \ldots - B B' B'' \ldots.$$

THÉORÈME III. — *Soient a, b, r trois quantités quelconques, et supposons*

$$a > b;$$

on en conclura, si r est positif,

$$ra > rb,$$

et, si r est négatif,

$$ra < rb.$$

Démonstration. — En effet, le produit

$$r(a - b) = ra - rb$$

sera positif dans le premier cas, et négatif dans le second.

Corollaire. — Si, en supposant a et b positifs, on prend successivement

$$r = \frac{1}{a}, \qquad r = \frac{1}{b},$$

on en conclura

$$1 > \frac{b}{a}, \qquad \frac{a}{b} > 1.$$

On se trouve ainsi ramené à cette proposition, évidente par elle-même, qu'une fraction est inférieure ou supérieure à l'unité, suivant que le plus grand de ses deux termes est le dénominateur ou le numérateur.

THÉORÈME IV. — *Soient* A *et* A′ *deux nombres qui satisfassent à la condition*

$$A > A',$$

et b *une quantité quelconque. On aura, si* b *est positif,*

$$A^b > A'^b,$$

et, si b *est négatif,*

$$A^b < A'^b:$$

Démonstration. — En effet, le quotient $\frac{A}{A'}$ étant > 1, la fraction

$$\frac{A^b}{A'^b} = \left(\frac{A}{A'}\right)^b$$

sera évidemment supérieure ou inférieure à l'unité, suivant que la quantité b sera positive ou négative.

THÉORÈME V. — *Désignons par* A *un nombre quelconque, et soient* b, b' *deux quantités assujetties à la condition*

$$b > b',$$

on en conclura, si A *est plus grand que l'unité,*

$$A^b > A^{b'},$$

et, si A *est inférieur à l'unité,*

$$A^b < A^{b'}.$$

Démonstration. — En effet, la quantité $b - b'$ étant positive, par hypothèse, la fraction

$$\frac{A^b}{A^{b'}} = A^{b-b'}$$

sera évidemment supérieure ou inférieure à l'unité, suivant que l'on aura $A > 1$ ou $A < 1$.

THÉORÈME VI. — *Soit* L *la caractéristique des logarithmes pris dans le système dont la base est* A, *et désignons par* B, B′ *deux nombres assujettis à la condition*

$$B > B'.$$

On aura, si A *est plus grand que l'unité,*

$$LB > LB'$$

et, si A *est inférieur à l'unité,*

$$LB < LB'.$$

Démonstration. — En effet, le logarithme

$$L\frac{B}{B'} = LB - LB'$$

sera positif dans le premier cas, et négatif dans le second.

Corollaire. — Si l'on se sert de la lettre l pour indiquer les logarithmes népériens pris dans le système dont la base est

$$(1) \qquad e = 2,7182818\ldots$$

[Chapitre VI, § I, équation (5)], la condition

$$B > B'$$

entraînera toujours la formule

$$lB > lB'.$$

Aux théorèmes qui précèdent nous ajouterons le suivant, duquel on peut déduire plusieurs conséquences importantes.

Théorème VII. — *Soit x une quantité quelconque. On aura*

$$(2) \qquad 1 + x < e^x,$$

la lettre e désignant, à l'ordinaire, la base des logarithmes népériens.

Démonstration. — Le second membre de la formule (2) restant toujours positif, le théorème énoncé sera évident par lui-même, si la quantité $1 + x$ est négative. Il suffira donc d'examiner le cas où l'on suppose

$$(3) \qquad 1 + x > 0.$$

Or l'équation (23) du Chapitre VI (§ IV) donne, pour toutes les valeurs réelles possibles de x,

$$(4) \qquad \begin{cases} e^x = 1 + \dfrac{x}{1} + \dfrac{x^2}{1.2} + \dfrac{x^3}{1.2.3} + \dfrac{x^4}{1.2.3.4} + \dfrac{x^5}{1.2.3.4.5} + \ldots \\ = 1 + x + \dfrac{x^2}{2}\left(1 + \dfrac{x}{3}\right) + \dfrac{x^4}{2.3.4}\left(1 + \dfrac{x}{5}\right) + \ldots; \end{cases}$$

et, comme les produits

$$\frac{x^2}{3}\left(1+\frac{x}{3}\right),\quad \frac{x^4}{2.3.4}\left(1+\frac{x}{5}\right),\quad \ldots$$

sont positifs, non seulement lorsque la quantité x est positive, mais aussi lorsque, étant négative, elle a une valeur numérique inférieure à l'unité, on tirera de l'équation (4), toutes les fois que la condition (3) sera remplie,

$$e^x > 1 + x.$$

Corollaire I. — Si, dans le cas où $1+x$ est positif, on prend les logarithmes népériens des deux membres de la formule (2), on obtiendra la suivante

$$(5) \qquad l(1+x) < x$$

(*voir* le corollaire du théorème VI). Cette dernière subsiste donc toutes les fois que son premier membre est réel.

Corollaire II. — Soient x, y, z, ... plusieurs quantités assujetties aux conditions

$$(6) \qquad 1+x>0, \qquad 1+y>0, \qquad 1+z>0, \qquad \ldots.$$

On aura, en vertu de la formule (2),

$$1+x<e^x, \qquad 1+y<e^y, \qquad 1+z<e^z, \qquad \ldots,$$

et l'on en conclura (théorème II)

$$(7) \qquad (1+x)(1+y)(1+z)\ldots < e^{x+y+z+\ldots}.$$

Cette dernière formule subsiste donc toutes les fois que son premier membre ne renferme que des facteurs positifs.

Corollaire III. — Si dans le corollaire précédent on suppose

$$x = a\alpha, \qquad y = a'\alpha', \qquad z = a''\alpha'', \qquad \ldots,$$

α, α', α'', ... désignant des quantités positives, et a, a', a'', ... d'autres quantités respectivement supérieures à

$$-\frac{1}{\alpha}, \quad -\frac{1}{\alpha'}, \quad -\frac{1}{\alpha''}, \quad \ldots,$$

la formule (7) deviendra

$$(1 + a\alpha)(1 + a'\alpha')(1 + a''\alpha'')\ldots < e^{a\alpha + a'\alpha' + a''\alpha'' + \ldots}.$$

Si de plus les quantités a, a', a'', ... sont toutes inférieures à une certaine limite A, on aura (en vertu des théorèmes I et III)

$$a\alpha + a'\alpha' + a''\alpha'' + \ldots < \mathrm{A}(\alpha + \alpha' + \alpha'' + \ldots),$$

et par suite on trouvera définitivement

(8) $$(1 + a\alpha)(1 + a'\alpha')(1 + a''\alpha'')\ldots < e^{\mathrm{A}(\alpha + \alpha' + \alpha'' + \ldots)}.$$

La formule (8) peut être employée avec avantage dans l'intégration par approximation des équations différentielles.

Passons maintenant aux théorèmes sur les moyennes. Ainsi qu'on l'a déjà dit (*Préliminaires*, p. 14), on appelle *moyenne* entre plusieurs quantités données une nouvelle quantité comprise entre la plus petite et la plus grande de celles que l'on considère. D'après cette définition, la quantité h sera moyenne entre les deux quantités g, k, ou entre plusieurs quantités parmi lesquelles l'une des deux qu'on vient de citer serait la plus grande et l'autre la plus petite, si les deux différences

$$g - h, \quad h - k$$

sont de même signe. Cela posé, si, pour désigner une moyenne entre les quantités a, a', a'', ..., on emploie, comme dans les *Préliminaires*, la notation

$$\mathrm{M}(a, a', a'', \ldots),$$

on établira sans peine les propositions suivantes :

Théorème VIII. — *Soient a, a', a'', ..., h plusieurs quantités assujetties à la condition*

(9) $$h = \mathrm{M}(a, a', a'', \ldots),$$

et r une autre quantité entièrement arbitraire. On aura toujours

(10) $$rh = \mathrm{M}(ra, ra', ra'', \ldots).$$

Démonstration. — En effet, désignons par g la plus grande, et par k la plus petite des quantités a, a', a'', ... Les deux différences

$$g - h, \qquad h - k$$

seront positives, et par suite les produits

$$r(g-h), \quad r(h-k),$$

ou, en d'autres termes, les deux différences

$$rg-rh, \quad rh-rk$$

seront de même signe. On aura donc

$$rh = \mathrm{M}(rg, rk)$$

et, à plus forte raison,

$$rh = \mathrm{M}(ra, ra', ra'', \ldots),$$

attendu que rg, rk sont nécessairement deux des produits

$$ra, \quad ra', \quad ra'', \quad \ldots.$$

Théorème IX. — *Soient* A, A′, A″, ..., H *plusieurs nombres qui satisfassent à la condition*

$$(11) \qquad \mathrm{H} = \mathrm{M}(\mathrm{A}, \mathrm{A}', \mathrm{A}'', \ldots),$$

et b *une quantité quelconque. On aura*

$$(12) \qquad \mathrm{H}^b = \mathrm{M}(\mathrm{A}^b, \mathrm{A}'^b, \mathrm{A}''^b, \ldots).$$

Démonstration. — En effet, soient G et K le plus grand et le plus petit des nombres A, A′, A″, ... Les différences

$$\mathrm{G}-\mathrm{H}, \quad \mathrm{H}-\mathrm{K}$$

étant alors positives, on conclura du théorème IV que les suivantes

$$\mathrm{G}^b-\mathrm{H}^b, \quad \mathrm{H}^b-\mathrm{K}^b$$

sont de même signe. On aura donc

$$\mathrm{H}^b = \mathrm{M}(\mathrm{G}^b, \mathrm{K}^b)$$

et, à plus forte raison,

$$\mathrm{H}^b = \mathrm{M}(\mathrm{A}^b, \mathrm{A}'^b, \mathrm{A}''^b, \ldots).$$

Corollaire. — Si l'on fait en particulier $b=\frac{1}{2}$, on trouvera

$$\sqrt{\mathrm{H}} = \mathrm{M}(\sqrt{\mathrm{A}}, \sqrt{\mathrm{A}'}, \sqrt{\mathrm{A}''}, \ldots).$$

THÉORÈME X. — *Désignons par* A *un nombre quelconque, et soient* b, b', b'', ..., h *plusieurs quantités assujetties à la condition*

$$h = \mathrm{M}(b, b', b'', \ldots). \tag{13}$$

On aura

$$\mathrm{A}^h = \mathrm{M}(\mathrm{A}^b, \mathrm{A}^{b'}, \mathrm{A}^{b''}, \ldots). \tag{14}$$

Démonstration. — Désignons par g la plus grande, et par k la plus petite des quantités b, b', b'', ... Les deux différences

$$g - h, \quad h - k$$

étant alors positives, on conclura du théorème V que les suivantes

$$\mathrm{A}^g - \mathrm{A}^h, \quad \mathrm{A}^h - \mathrm{A}^k$$

sont de même signe. On aura donc

$$\mathrm{A}^h = \mathrm{M}(\mathrm{A}^g, \mathrm{A}^k) = \mathrm{M}(\mathrm{A}^b, \mathrm{A}^{b'}, \mathrm{A}^{b''}, \ldots).$$

THÉORÈME XI. — *Soit* L *la caractéristique des logarithmes dans le système dont la base est* A, *et désignons par* B, B′, B‴, ..., H *plusieurs nombres assujettis à la condition*

$$\mathrm{H} = \mathrm{M}(\mathrm{B}, \mathrm{B}', \mathrm{B}'', \ldots). \tag{15}$$

On aura, quel que soit A,

$$\mathrm{LH} = \mathrm{M}(\mathrm{LB}, \mathrm{LB}', \mathrm{LB}'', \ldots). \tag{16}$$

Démonstration. — En effet, supposons que l'on représente par G le plus grand, et par K le plus petit des nombres B, B′, B″, ... Alors les deux fractions

$$\frac{\mathrm{G}}{\mathrm{H}}, \quad \frac{\mathrm{H}}{\mathrm{K}}$$

étant supérieures à l'unité, les logarithmes

$$\mathrm{L}\frac{\mathrm{G}}{\mathrm{H}}, \quad \mathrm{L}\frac{\mathrm{H}}{\mathrm{K}},$$

ou, en d'autres termes, les différences

$$\mathrm{LG} - \mathrm{LH}, \quad \mathrm{LH} - \mathrm{LK}$$

seront de même signe. On aura donc

$$\mathrm{LH} = \mathrm{M}(\mathrm{LG}, \mathrm{LK}) = \mathrm{M}(\mathrm{LB}, \mathrm{LB}', \mathrm{LB}'', \ldots).$$

Théorème XII. — *Soient b, b', b'', ... plusieurs quantités de même signe, en nombre n, et a, a', a'', ..., des quantités quelconques en nombre égal à celui des premières. On aura*

$$\frac{a+a'+a''+\ldots}{b+b'+b''+\ldots}=\mathrm{M}\left(\frac{a}{b}, \frac{a'}{b'}, \frac{a''}{b''}, \ldots\right). \tag{17}$$

Démonstration. — Soit g la plus grande et k la plus petite des quantités

$$\frac{a}{b}, \quad \frac{a'}{b'}, \quad \frac{a''}{b''}, \quad \ldots.$$

Les différences

$$\begin{array}{ccc} g-\dfrac{a}{b} & \text{et} & \dfrac{a}{b}-k, \\ g-\dfrac{a'}{b'} & \text{et} & \dfrac{a'}{b'}-k, \\ g-\dfrac{a''}{b''} & \text{et} & \dfrac{a''}{b''}-k, \\ \ldots\ldots & & \ldots\ldots \end{array}$$

seront toutes positives. En multipliant les deux premières par b, les deux suivantes par b', etc., on obtiendra les produits

$$\begin{array}{ccc} gb-a & \text{et} & a-kb, \\ gb'-a' & \text{et} & a'-kb', \\ gb''-a'' & \text{et} & a''-kb'', \\ \ldots\ldots & & \ldots\ldots, \end{array}$$

qui seront tous de même signe, aussi bien que les quantités b, b', b'', ... Par suite, les sommes de ces deux espèces de produits, savoir

$$g(b+b'+b''+\ldots)-(a+a'+a''+\ldots),$$
$$a+a'+a''+\ldots-k(b+b'+b''+\ldots),$$

et les quotients de ces sommes par $b+b'+b''+\ldots$, savoir

$$g-\frac{a+a'+a''+\ldots}{b+b'+b''+\ldots}, \quad \frac{a+a'+a''+\ldots}{b+b'+b''+\ldots}-k,$$

seront encore des quantités de même signe; d'où l'on conclura

$$\frac{a+a'+a''+\ldots}{b+b'+b''+\ldots}=\mathrm{M}(g, k)=\mathrm{M}\left(\frac{a}{b}, \frac{a'}{b'}, \frac{a''}{b''}, \ldots\right)$$

[*voir* dans les *Préliminaires* le théorème I et la formule (6)].

Corollaire I. — En supposant les quantités b, b', b'', ... réduites à l'unité, on trouve

$$(18) \qquad \frac{a+a'+a''+\ldots}{n} = \mathbf{M}(a, a', a'', \ldots).$$

Le premier membre de la formule précédente est ce qu'on appelle la *moyenne arithmétique* entre les quantités a, a', a'', ...

Corollaire II. — La moyenne entre plusieurs quantités égales se confondant avec chacune d'elles, si les fractions $\frac{a}{b}$, $\frac{a'}{b'}$, $\frac{a''}{b''}$, ... deviennent égales, on aura

$$(19) \qquad \frac{a+a'+a''+\ldots}{b+b'+b''+\ldots} = \frac{a}{b} = \frac{a'}{b'} = \frac{a''}{b''} = \ldots,$$

ce qu'il est d'ailleurs facile de prouver directement.

Corollaire III. — Si l'on désigne par α, α', α'', ... de nouvelles quantités qui soient toutes de même signe, on aura, en vertu de l'équation (17),

$$(20) \qquad \left\{ \begin{aligned} \frac{\alpha a+\alpha' a'+\alpha'' a''+\ldots}{\alpha b+\alpha' b'+\alpha'' b''+\ldots} &= \mathbf{M}\left(\frac{\alpha a}{\alpha b}, \frac{\alpha' a'}{\alpha' b'}, \frac{\alpha'' a''}{\alpha'' b''}, \ldots\right) \\ &= \mathbf{M}\left(\frac{a}{b}, \frac{a'}{b'}, \frac{a''}{b''}, \ldots\right). \end{aligned} \right.$$

Cette dernière formule suffit pour établir le théorème III des *Préliminaires*.

Théorème XIII. — *Soient* A, A′, A″, ..., B, B′, B″, ... *deux suites de nombres pris à volonté; et formons avec ces deux suites, que nous supposerons renfermer chacune un nombre n de termes, les racines*

$$\sqrt[B]{A}, \quad \sqrt[B']{A'}, \quad \sqrt[B'']{A''}, \quad \ldots.$$

On aura

$$(21) \qquad \sqrt[B+B'+B''+\ldots]{A\,A'\,A''\ldots} = \mathbf{M}\left(\sqrt[B]{A}, \sqrt[B']{A'}, \sqrt[B'']{A''}, \ldots\right).$$

Démonstration. — Les logarithmes des quantités

$$\sqrt[B+B'+B''+\ldots]{A\,A'\,A''\ldots}, \quad \sqrt[B]{A}, \quad \sqrt[B']{A'}, \quad \sqrt[B'']{A''}, \quad \ldots$$

indiqués par la caractéristique l sont respectivement

$$\frac{lA+lA'+lA''+\ldots}{B+B'+B''+\ldots}, \quad \frac{lA}{B}, \quad \frac{lA'}{B'}, \quad \frac{lA''}{B''}, \quad \ldots,$$

et l'équation (17) fournit entre ces logarithmes la relation suivante :

$$\frac{lA + lA' + lA'' + \ldots}{B + B' + B'' + \ldots} = M\left(\frac{lA}{B}, \frac{lA'}{B'}, \frac{lA''}{B''}, \ldots\right).$$

Si maintenant on repasse des logarithmes aux nombres, ce qui est permis en vertu du théorème X, on retrouvera la formule (21).

Corollaire I. — En supposant les nombres B, B', B'', ... réduits à l'unité, on a simplement

$$(22) \qquad \sqrt[n]{A A' A'' \ldots} = M(A, A', A'', \ldots).$$

Le premier membre de la formule précédente est ce qu'on appelle la *moyenne géométrique* entre les nombres A, A', A'', ...

Corollaire II. — Si toutes les racines

$$\sqrt[B]{A}, \quad \sqrt[B']{A'}, \quad \sqrt[B'']{A''}, \quad \ldots$$

deviennent égales, leur moyenne se confondra avec chacune d'elles. On aura donc alors

$$(23) \qquad \sqrt[B+B'+B''+\ldots]{A A' A'' \ldots} = \sqrt[B]{A} = \sqrt[B']{A'} = \sqrt[B'']{A''} = \ldots,$$

ce qu'il serait facile de prouver directement.

La valeur numérique d'une moyenne entre plusieurs quantités données n'est pas toujours une moyenne entre leurs valeurs numériques. Ainsi, par exemple, quoique -1 soit une quantité moyenne entre -2 et $+3$, cependant l'unité n'est pas une valeur moyenne entre 2 et 3. Parmi les diverses manières d'obtenir une moyenne entre les valeurs numériques de n quantités

$$a, \quad a', \quad a'', \quad \ldots,$$

l'une des plus simples consiste à former d'abord la moyenne arithmétique entre les carrés

$$a^2, \quad a'^2, \quad a''^2, \quad \ldots,$$

et à extraire ensuite la racine carrée du résultat. En opérant ainsi, on trouvera premièrement

$$\frac{a^2 + a'^2 + a''^2 + \ldots}{n} = M(a^2, a'^2, a''^2, \ldots),$$

puis, en ayant égard au corollaire du théorème IX,

$$(24)\qquad \frac{\sqrt{a^2+a'^2+a''^2+\dots}}{\sqrt{n}} = \mathrm{M}(\sqrt{a^2}, \sqrt{a'^2}, \sqrt{a''^2}, \dots).$$

Or les quantités positives

$$\sqrt{a^2}, \quad \sqrt{a'^2}, \quad \sqrt{a''^2}, \quad \dots$$

représentant précisément les valeurs numériques des quantités données

$$a, \quad a', \quad a'', \quad \dots,$$

il suit de la formule (24) qu'on obtiendra une moyenne entre ces valeurs, si l'on divise par $\sqrt{n}$ l'expression très simple

$$\sqrt{a^2+a'^2+a''^2+\dots}.$$

Cette expression, qui surpasse la plus grande des valeurs numériques dont il s'agit, est ce qu'on pourrait appeler le *module* du système des quantités a, a', a'', ... Le module du système de deux quantités a et b ne serait alors autre chose que le module même de l'expression imaginaire $a+b\sqrt{-1}$ (*voir* le Chapitre VII, § II). Quoi qu'il en soit, les expressions réelles de la forme

$$\sqrt{a^2+a'^2+a''^2+\dots}$$

jouissent de propriétés très remarquables. Dans la Géométrie, elles servent à déterminer les longueurs mesurées en ligne droite, et les aires de surfaces planes, par le moyen de leurs projections orthogonales. En Algèbre, elles fournissent le sujet de plusieurs théorèmes importants, parmi lesquels je me contenterai d'énoncer ceux qui suivent.

THÉORÈME XIV. — *Si les fractions*

$$\frac{a}{b}, \quad \frac{a'}{b'}, \quad \frac{a''}{b''}, \quad \dots$$

sont égales, la valeur numérique de chacune d'elles sera exprimée par le rapport

$$\frac{\sqrt{a^2+a'^2+a''^2+\dots}}{\sqrt{b^2+b'^2+b'^2+\dots}};$$

en sorte qu'on aura

$$(25)\qquad \frac{a}{b} = \frac{a'}{b'} = \frac{a''}{b''} = \dots = \pm\frac{\sqrt{a^2+a'^2+a''^2+\dots}}{\sqrt{b^2+b'^2+b''^2+\dots}},$$

le signe + ou le signe — devant être adopté suivant que les fractions proposées sont positives ou négatives.

Démonstration. — En effet, dans l'hypothèse admise, les fractions

$$\frac{a^2}{b^2}, \quad \frac{a'^2}{b'^2}, \quad \frac{a''^2}{b''^2}, \quad \cdots$$

seront égales, et l'on aura, en conséquence,

$$\frac{a^2}{b^2} = \frac{a'^2}{b'^2} = \frac{a''^2}{b''^2} = \ldots = \frac{a^2 + a'^2 + a''^2 + \ldots}{b^2 + b'^2 + b''^2 + \ldots}.$$

En extrayant les racines carrées, on retrouvera la formule (25).

THÉORÈME XV. — *Soient $a, a', a'', \ldots$ des quantités quelconques, en nombre n. Si ces quantités ne sont pas toutes égales entre elles, la valeur numérique de la somme*

$$a + a' + a'' + \ldots$$

sera inférieure au produit

$$\sqrt{n}\sqrt{a^2 + a'^2 + a''^2 + \ldots};$$

en sorte qu'on aura

$$\text{(26)} \qquad \text{val. num.}(a + a' + a'' + \ldots) < \sqrt{n}\sqrt{a^2 + a'^2 + a''^2 + \ldots}.$$

Démonstration. — En effet, si au carré de la somme

$$a + a' + a'' + \ldots$$

on ajoute les carrés des différences entre les quantités a, a', a'', ... combinées deux à deux de toutes les manières possibles, savoir

$$(a - a')^2, \quad (a - a'')^2, \quad \ldots, \quad (a' - a'')^2, \quad \ldots,$$

on trouvera

$$\text{(27)} \quad \left\{ \begin{aligned} &(a + a' + a'' + \ldots)^2 + (a - a')^2 + (a - a'')^2 + \ldots + (a' - a'')^2 + \ldots \\ &= n(a^2 + a'^2 + a''^2 + \ldots), \end{aligned} \right.$$

et l'on en conclura

$$(a + a' + a'' + \ldots)^2 < n(a^2 + a'^2 + a''^2 + \ldots).$$

En extrayant les racines carrées positives des deux membres de cette dernière formule, on obtiendra précisément la formule (26).

Corollaire. — Si l'on divise par n les deux membres de la formule (26), on trouvera

$$(28) \qquad \text{val. num.}\,\frac{a+a'+a''+\ldots}{n} < \frac{\sqrt{a^2+a'^2+a''^2+\ldots}}{\sqrt{n}}.$$

Ainsi la valeur numérique de la moyenne arithmétique entre plusieurs quantités a, a', a'', ... est inférieure au rapport

$$\frac{\sqrt{a^2+a'^2+a''^2+\ldots}}{\sqrt{n}},$$

qui représente, comme on l'a remarqué plus haut, une moyenne entre les valeurs numériques de ces mêmes quantités.

Scolie I. — Lorsque les quantités a, a', a'', ... deviennent égales, on a évidemment

$$\text{val. num.}(a+a'+a''+\ldots)=\sqrt{n}\,\sqrt{a^2+a'^2+a''^2+\ldots}=na.$$

Scolie II. — Si dans l'équation (27) on pose successivement $n=2$, $n=3$, ..., on en conclura

$$(29) \quad \left\{ \begin{array}{r} (a+a')^2+(a-a')^2=2(a^2+a'^2), \\ (a+a'+a'')^2+(a-a')^2+(a-a'')^2+(a'-a'')^2=3(a^2+a'^2+a''^2), \\ \ldots\ldots\ldots\ldots\ldots\ldots\ldots\ldots\ldots\ldots\ldots\ldots \end{array} \right.$$

THÉORÈME XVI. — *Soient a, a', a'', ..., α, α', α'', ... deux suites de quantités, et supposons que chacune de ces suites renferme un nombre n de termes. Si les rapports*

$$\frac{a}{\alpha}, \quad \frac{a'}{\alpha'}, \quad \frac{a''}{\alpha''}, \quad \ldots$$

ne sont pas tous égaux entre eux, la somme

$$a\alpha+a'\alpha'+a''\alpha''+\ldots$$

sera inférieure au produit

$$\sqrt{a^2+a'^2+a''^2+\ldots}\,\sqrt{\alpha^2+\alpha'^2+\alpha''^2+\ldots};$$

en sorte qu'on aura

$$(30) \quad \left\{ \begin{array}{l} \text{val. num.}(a\alpha+a'\alpha'+a''\alpha''+\ldots) \\ \quad <\sqrt{a^2+a'^2+a''^2+\ldots}\,\sqrt{\alpha^2+\alpha'^2+\alpha''^2+\ldots}. \end{array} \right.$$

Démonstration. — En effet, si au carré de la somme

$$a\alpha + a'\alpha' + a''\alpha'' + \ldots$$

on ajoute les numérateurs des fractions qui représentent les carrés des différences entre les rapports

$$\frac{a}{\alpha}, \quad \frac{a'}{\alpha'}, \quad \frac{a''}{\alpha''}, \quad \ldots$$

combinés entre eux de toutes les manières possibles, savoir

$$(a\alpha' - a'\alpha)^2, \quad (a\alpha'' - a''\alpha)^2, \quad \ldots, \quad (a'\alpha'' - a''\alpha')^2, \quad \ldots,$$

on trouvera

$$(31) \quad \left\{ \begin{array}{l} (a\alpha + a'\alpha' + a''\alpha'' + \ldots)^2 \\ \qquad + (a\alpha' - a'\alpha)^2 + (a\alpha'' - a''\alpha)^2 + \ldots + (a'\alpha'' - a''\alpha')^2 + \ldots \\ \quad = (a^2 + a'^2 + a''^2 + \ldots)(\alpha^2 + \alpha'^2 + \alpha''^2 + \ldots), \end{array} \right.$$

et l'on en conclura

$$(a\alpha + a'\alpha' + a''\alpha'' + \ldots)^2 < (a^2 + a'^2 + a''^2 + \ldots)(\alpha^2 + \alpha'^2 + \alpha''^2 + \ldots).$$

En extrayant les racines carrées des deux membres de cette dernière formule, on obtiendra précisément la formule (30).

Corollaire. — Si l'on divise par n les deux membres de la formule (30), on trouvera

$$(32) \quad \left\{ \begin{array}{l} \text{val. num.} \dfrac{a\alpha + a'\alpha' + a''\alpha'' + \ldots}{n} \\ \quad < \dfrac{\sqrt{a^2 + a'^2 + a''^2 + \ldots}}{\sqrt{n}} \, \dfrac{\sqrt{\alpha^2 + \alpha'^2 + \alpha''^2 + \ldots}}{\sqrt{n}}. \end{array} \right.$$

Ainsi la moyenne arithmétique entre les produits

$$a\alpha, \quad a'\alpha', \quad a''\alpha'', \quad \ldots$$

a une valeur numérique inférieure au produit de deux rapports qui représentent des moyennes entre les valeurs numériques des deux espèces de quantités comprises dans les deux suites

$$a, \quad a', \quad a'', \quad \ldots,$$
$$\alpha, \quad \alpha', \quad \alpha'', \quad \ldots.$$

Scolie I. — Lorsque les rapports

$$\frac{a}{\alpha}, \quad \frac{a'}{\alpha'}, \quad \frac{a''}{\alpha''}, \quad \ldots$$

deviennent égaux, on tire de la formule (31)

$$(a\alpha + a'\alpha' + a''\alpha'' + \ldots)^2 = (a^2 + a'^2 + a'' +^2 \ldots)(\alpha^2 + \alpha'^2 + \alpha''^2 + \ldots),$$

et, par suite,

$$\begin{aligned} &\text{val. num.}(a\alpha + a'\alpha' + a''\alpha'' + \ldots) \\ &= \sqrt{a^2 + a'^2 + a''^2 + \ldots}\,\sqrt{\alpha^2 + \alpha'^2 + \alpha''^2 + \ldots}. \end{aligned}$$

Il serait facile d'arriver directement au même résultat.

Scolie II. — Si dans la formule (31) on pose successivement

$$n = 2, \qquad n = 3, \qquad \ldots,$$

on en conclura

$$(33)\quad \left\{ \begin{aligned} &(a\alpha + a'\alpha')^2 + (a\alpha' - a'\alpha)^2 = (a^2 + a'^2)(\alpha^2 + \alpha'^2), \\ &(a\alpha + a'\alpha' + a''\alpha'')^2 + (a\alpha' - a'\alpha)^2 + (a\alpha'' - a''\alpha)^2 + (a'\alpha'' - a''\alpha')^2 \\ &\quad = (a^2 + a'^2 + a''^2)(\alpha^2 + \alpha'^2 + \alpha''^2), \\ &\ldots\ldots\ldots\ldots\ldots\ldots\ldots\ldots\ldots\ldots\ldots\ldots \end{aligned} \right.$$

La première des équations précédentes s'accorde avec l'équation (8) du Chapitre VII (§ I). La seconde peut s'écrire ainsi qu'il suit

$$(34)\quad \left\{ \begin{aligned} &(a\alpha' - a'\alpha)^2 + (a\alpha'' - a''\alpha)^2 + (a'\alpha'' - a''\alpha')^2 \\ &\quad = (a^2 + a'^2 + a''^2)(\alpha^2 + \alpha'^2 + \alpha''^2) - (a\alpha + a'\alpha' + a''\alpha'')^2, \end{aligned} \right.$$

et sous cette forme elle peut être employée avec avantage dans la théorie des rayons de courbure des courbes tracées sur des surfaces quelconques, ainsi que dans plusieurs questions de Mécanique.

Nous terminerons cette Note par la démonstration d'un théorème digne de remarque, auquel on se trouve conduit en comparant la moyenne géométrique entre plusieurs nombres avec leur moyenne arithmétique. Voici en quoi il consiste :

Théorème XVII. — *La moyenne géométrique entre plusieurs nombres* A, B, C, D, ... *est toujours inférieure à leur moyenne arithmétique.*

Démonstration. — Soit n le nombre des lettres A, B, C, D, ... Il suffira de prouver qu'on a généralement

$$(35)\qquad \sqrt[n]{\text{ABCD}\ldots} < \frac{\text{A}+\text{B}+\text{C}+\text{D}+\ldots}{n}$$

ou, ce qui revient au même,

$$(36)\qquad \text{ABCD}\ldots < \left(\frac{\text{A}+\text{B}+\text{C}+\text{D}+\ldots}{n}\right)^n.$$

Or, en premier lieu, on aura évidemment, pour $n=2$,

$$\text{AB} = \left(\frac{\text{A}+\text{B}}{2}\right)^2 - \left(\frac{\text{A}-\text{B}}{2}\right)^2 < \left(\frac{\text{A}+\text{B}}{2}\right)^2,$$

et l'on en conclura, en prenant successivement $n=4$, $n=8$, ..., enfin $n=2^m$,

$$\text{ABCD} \quad < \left(\frac{\text{A}+\text{B}}{2}\right)^2\left(\frac{\text{C}+\text{D}}{2}\right)^2 < \left(\frac{\text{A}+\text{B}+\text{C}+\text{D}}{4}\right)^4,$$

$$\text{ABCDEFGH} < \left(\frac{\text{A}+\text{B}+\text{C}+\text{D}}{4}\right)^4\left(\frac{\text{E}+\text{F}+\text{G}+\text{H}}{4}\right)^4$$

$$< \left(\frac{\text{A}+\text{B}+\text{C}+\text{D}+\text{E}+\text{F}+\text{G}+\text{H}}{8}\right)^8,$$

....,

$$(37)\qquad \text{ABCD}\ldots < \left(\frac{\text{A}+\text{B}+\text{C}+\text{D}+\ldots}{2^m}\right)^{2^m}.$$

En second lieu, si n n'est pas un terme de la progression géométrique

$$2,\quad 4,\quad 8,\quad 16,\quad \ldots,$$

on désignera par 2^m un terme de cette progression supérieure à n, et l'on fera

$$\text{K} = \frac{\text{A}+\text{B}+\text{C}+\text{D}+\ldots}{n};$$

puis, en revenant à la formule (37), et supposant dans le premier membre de cette formule les $2^m - n$ derniers facteurs égaux à K, on trouvera

$$\text{ABCD}\ldots\text{K}^{2^m-n} < \left[\frac{\text{A}+\text{B}+\text{C}+\text{D}+\ldots+(2^m-n)\text{K}}{2^m}\right]^{2^m}$$

ou, en d'autres termes,

$$\text{ABCD}\ldots\text{K}^{2^m-n} < \text{K}^{2^m}.$$

On aura donc par suite

$$\mathrm{ABCD}\ldots < \mathrm{K}^n = \left(\frac{\mathrm{A}+\mathrm{B}+\mathrm{C}+\mathrm{D}+\ldots}{n}\right)^n,$$

ce qu'il fallait démontrer.

Corollaire. — On conclut généralement de la formule (36)

$$(38) \qquad \mathrm{A}+\mathrm{B}+\mathrm{C}+\mathrm{D}+\ldots > n\sqrt[n]{\mathrm{ABCD}\ldots},$$

quel que soit le nombre des lettres A, B, C, D, ... Ainsi, par exemple,

$$(39) \qquad \left\{\begin{array}{l} \mathrm{A}+\mathrm{B} > 2\sqrt{\mathrm{AB}}, \\ \mathrm{A}+\mathrm{B}+\mathrm{C} > 3\sqrt[3]{\mathrm{ABC}}, \\ \ldots\ldots\ldots\ldots\ldots\ldots \end{array}\right.$$

NOTE III.

SUR LA RÉSOLUTION NUMÉRIQUE DES ÉQUATIONS.

Résoudre *numériquement* une ou plusieurs équations, c'est trouver les valeurs en nombres des inconnues qu'elles renferment; ce qui exige évidemment que les constantes comprises dans les équations dont il s'agit soient elles-mêmes réduites en nombres. Nous nous occuperons seulement ici des équations qui renferment une inconnue, et nous commencerons par établir, à leur égard, les théorèmes suivants.

Théorème I. — *Soit $f(x)$ une fonction réelle de la variable x, qui demeure continue par rapport à cette variable entre les limites $x = x_0$, $x = X$. Si les deux quantités $f(x_0)$, $f(X)$ sont de signes contraires, on pourra satisfaire à l'équation*

$$f(x) = 0 \tag{1}$$

par une ou plusieurs valeurs réelles de x comprises entre x_0 et X.

Démonstration. — Soit x_0 la plus petite des deux quantités x_0, X. Faisons

$$X - x_0 = h,$$

et désignons par m un nombre entier quelconque supérieur à l'unité. Comme des deux quantités $f(x_0)$, $f(X)$, l'une est positive, l'autre négative, si l'on forme la suite

$$f(x_0),\quad f\left(x_0 + \frac{h}{m}\right),\quad f\left(x_0 + 2\frac{h}{m}\right),\quad \ldots,\quad f\left(X - \frac{h}{m}\right),\quad f(X),$$

et que, dans cette suite, on compare successivement le premier terme avec le second, le second avec le troisième, le troisième avec le quatrième, etc., on finira nécessairement par trouver une ou plusieurs fois deux termes consécutifs qui seront de signes contraires. Soient

$$f(x_1),\quad f(X')$$

deux termes de cette espèce, x_1 étant la plus petite des deux valeurs correspondantes de x. On aura évidemment

$$x_0 < x_1 < X' < X$$

et

$$X' - x_1 = \frac{h}{m} = \frac{1}{m}(X - x_0).$$

Ayant déterminé x_1 et X' comme on vient de le dire, on pourra de même, entre ces deux nouvelles valeurs de x, en placer deux autres x_2, X'' qui, substituées dans $f(x)$, donnent des résultats de signes contraires, et qui soient propres à vérifier les conditions

$$x_1 < x_2 < X'' < X',$$

$$X'' - x_2 = \frac{1}{m}(X' - x_1) = \frac{1}{m^2}(X - x_0).$$

En continuant ainsi, on obtiendra : 1° une série de valeurs croissantes de x, savoir

$$(2) \qquad x_0, \quad x_1, \quad x_2, \quad \ldots;$$

2° une série de valeurs décroissantes

$$(3) \qquad X, \quad X', \quad X'', \quad \ldots,$$

qui, surpassant les premières de quantités respectivement égales aux produits

$$1 \times (X - x_0), \quad \frac{1}{m} \times (X - x_0), \quad \frac{1}{m^2} \times (X - x_0), \quad \ldots,$$

finiront par différer de ces premières valeurs aussi peu que l'on voudra. On doit en conclure que les termes généraux des séries (2) et (3) convergeront vers une limite commune. Soit a cette limite. Puisque la fonction $f(x)$ reste continue depuis $x = x_0$ jusqu'à $x = X$, les termes généraux des séries suivantes

$$f(x_0), \quad f(x_1), \quad f(x_2), \quad \ldots,$$

$$f(X), \quad f(X'), \quad f(X''), \quad \ldots$$

convergeront également vers la limite commune $f(a)$; et, comme en s'approchant de cette limite ils resteront toujours de signes contraires, il est clair que la quantité $f(a)$, nécessairement finie, ne pourra différer de zéro. Par conséquent on vérifiera l'équation

$$(1) \qquad f(x) = 0,$$

en attribuant à la variable x la valeur particulière a comprise entre x_0 et X. En d'autres termes,

$$(4) \qquad x = a$$

sera une *racine* de l'équation (1).

Scolie I. — Si, après avoir poussé les séries (2) et (3) jusqu'aux termes

$$x_n \quad \text{et} \quad X^{(n)}.$$

(n désignant un nombre entier quelconque), on prend la demi-somme de ces deux termes pour valeur approchée de la racine a, l'erreur commise sera plus petite que leur demi-différence, savoir

$$\frac{1}{2} \frac{X - x_0}{m^n}.$$

Comme cette dernière expression décroît indéfiniment à mesure que n augmente, il en résulte que, en calculant un nombre suffisant de termes des deux séries, on finira par obtenir de la racine a des valeurs aussi approchées que l'on voudra.

Scolie II. — S'il existe entre les limites x_0, X plusieurs racines réelles de l'équation (1), la méthode précédente en fera connaître une partie, et quelquefois même les fournira toutes. Alors on trouvera pour x_1 et X', ou bien pour x_2 et X'', ... plusieurs systèmes de valeurs qui jouiront des mêmes propriétés.

Scolie III. — Si la fonction $f(x)$ est constamment croissante ou constamment décroissante depuis $x = x_0$ jusqu'à $x = X$, il n'existera entre ces limites qu'une seule valeur de x propre à vérifier l'équation (1).

Corollaire I. — Si l'équation (1) n'a pas de racines réelles comprises entre les limites x_0, X, les deux quantités

$$f(x_0), \quad f(X)$$

seront de même signe.

Corollaire II. — Si, dans l'énoncé du théorème I, on remplace la fonction $f(x)$ par

$$f(x) - b$$

(b désignant une quantité constante), on obtiendra précisément le théorème IV du Chapitre II (§ II). Dans la même hypothèse, en suivant la méthode ci-dessus indiquée, on déterminera numériquement les racines de l'équation

$$(5) \qquad f(x) = b$$

comprises entre x_0 et X.

Nota. — Lorsque l'équation (1) a plusieurs racines comprises entre x_0 et X, en calculant les séries (2) et (3), on n'est pas toujours assuré d'obtenir la plus petite ou la plus grande des racines dont il s'agit. Mais on peut arriver à ce but en suivant une autre méthode dont M. Legendre a fait usage dans le *Supplément à la Théorie des nombres*. Cette seconde méthode se déduit immédiatement des deux théorèmes que je vais énoncer.

Théorème II. — *Supposons, comme dans le théorème I, que la fonction $f(x)$ reste continue depuis $x = x_0$ jusqu'à $x = X$ (X étant supérieur à x_0), et désignons par $\varphi(x)$, $\chi(x)$ deux fonctions auxiliaires, également continues dans l'intervalle dont il s'agit, mais de plus assujetties : 1° à croître constamment avec x dans cet intervalle; 2° à fournir pour la différence*

$$\varphi(x) - \chi(x)$$

une expression variable qui, d'abord négative lorsqu'on attribue à x la valeur particulière x_0, demeure toujours égale (au signe près) à $f(x)$. Si l'équation

$$(1) \qquad f(x) = 0$$

a une ou plusieurs racines réelles comprises entre x_0 et X, les valeurs de x représentées par

$$(6) \qquad x_0, \quad x_1, \quad x_2, \quad x_3, \quad \ldots,$$

et déduites les unes des autres par le moyen des formules

$$(7) \qquad \varphi(x_1) = \chi(x_0), \qquad \varphi(x_2) = \chi(x_1), \qquad \varphi(x_3) = \chi(x_2), \qquad \ldots$$

composeront une série de quantités croissantes dont le terme général convergera vers la plus petite de ces racines. Si, au contraire, l'équation (1) n'a pas de racines réelles comprises entre x_0 *et* X, *le terme général de la série* (6) *finira par surpasser* X.

Démonstration. — Admettons en premier lieu que l'équation $f(x) = 0$ ait une ou plusieurs racines réelles comprises entre les limites x_0, X; et désignons par a la plus petite de ces racines. On vérifiera l'équation dont il s'agit ou, ce qui revient au même, la suivante

$$\varphi(x) - \chi(x) = 0, \tag{1}$$

en prenant $x = a$; et l'on aura en conséquence

$$\varphi(a) = \chi(a). \tag{8}$$

De plus, la fonction $\chi(x)$ étant constamment croissante avec x depuis $x = x_0$ jusqu'à $x = \mathrm{X}$, et a surpassant x_0, l'on aura encore

$$\chi(a) > \chi(x_0).$$

En combinant les deux dernières formules avec la première des équations (7), savoir

$$\chi(x_0) = \varphi(x_1),$$

on en conclura

$$\varphi(a) > \varphi(x_1)$$

et, par suite,

$$a > x_1. \tag{9}$$

De même, en combinant les trois formules

$$\varphi(a) = \chi(a), \qquad \chi(a) > \chi(x_1), \qquad \chi(x_1) = \varphi(x_2),$$

dont la seconde se déduit immédiatement de la formule (9), on trouvera

$$\varphi(a) > \varphi(x_2)$$

et, par suite,

$$a > x_2. \tag{10}$$

En continuant ainsi, on s'assurera que tous les termes de la série (6) sont inférieurs à la racine a. J'ajoute que ces différents termes composeront une suite de quantités croissantes; et, en effet, puisque la différence

$$\varphi(x) - \chi(x)$$

est négative par hypothèse pour $x = x_0$, on aura

$$\varphi(x_0) < \chi(x_0);$$

mais $\chi(x_0) = \varphi(x_1)$; donc

$$\varphi(x_0) < \varphi(x_1),$$

$$(11) \qquad x_0 < x_1.$$

De plus, x_1 étant compris entre x_0 et a, aucune racine réelle de l'équation

$$\varphi(x) - \chi(x) = 0$$

ne se trouvera renfermée entre les limites x_0, x_1; et par conséquent (*voir* le théorème I, corollaire I)

$$\varphi(x_0) - \chi(x_0), \quad \varphi(x_1) - \chi(x_1)$$

seront des quantités de même signe, c'est-à-dire toutes deux négatives. On aura donc

$$\varphi(x_1) < \chi(x_1)$$

et, par suite, à cause de $\chi(x_1) = \varphi(x_2)$,

$$\varphi(x_1) < \varphi(x_2),$$

$$(12) \qquad x_1 < x_2;$$

etc. Donc enfin les quantités

$$x_0, \quad x_1, \quad x_2, \quad \ldots$$

formeront une série dont le terme général x_n, croissant constamment avec n sans pouvoir jamais surpasser la racine a, convergera nécessairement vers une limite égale ou inférieure à cette racine. Nommons l cette limite. Comme, en vertu des équations (7), on a, quel que soit n,

$$\varphi(x_{n+1}) = \chi(x_n),$$

on en conclura, en faisant croître n indéfiniment, et passant aux limites,

$$(13) \qquad \varphi(l) = \chi(l).$$

La quantité l sera donc elle-même une racine de l'équation (1); et, puisque cette quantité sera plus grande que x_0, sans être supérieure à la racine a, on aura évidemment

$$(14) \qquad l = a.$$

Admettons, en second lieu, que l'équation (1) n'ait pas de racines réelles comprises entre x_0 et X. On prouvera encore dans cette hypothèse que le terme général x_n de la série (6) croît constamment avec n, du moins tant que ce terme reste inférieur à X. En effet, tant que cette condition sera remplie, la différence

$$\varphi(x_n) - \chi(x_n)$$

sera (théorème I, corollaire I) de même signe que

$$\varphi(x_0) - \chi(x_0),$$

c'est-à-dire négative et, par suite, on établira comme ci-dessus les formules (11), (12), ... De plus, x_n ne pourra converger vers une limite fixe l inférieure à X, puisque l'existence de cette limite entraînerait évidemment l'équation (13), et par suite l'existence d'une racine réelle comprise entre x_0 et X. Donc il faudra nécessairement, dans l'hypothèse admise, que la valeur de x_n finisse par surpasser la limite X.

Corollaire I. — Les conditions auxquelles les fonctions auxiliaires $\varphi(x)$, $\chi(x)$ sont assujetties dans l'énoncé du théorème II peuvent être remplies d'une infinité de manières. Mais, parmi le nombre infini des valeurs que l'on peut attribuer à la fonction $\varphi(x)$, il importe d'en choisir une qui permette de résoudre facilement les équations (7), c'est-à-dire, en général, toute équation de la forme

$$\varphi(x) = \text{const.}$$

La valeur de $\varphi(x)$ étant choisie, comme on vient de le dire, on calculera sans peine les différents termes de la série (6), et il suffira de chercher la limite vers laquelle ils convergent pour obtenir la plus petite des racines de l'équation (1) comprises entre x_0 et X. Si ces mêmes termes finissent par surpasser X, l'équation (1) n'aura pas de racine réelle dans l'intervalle de x_0 à X.

Corollaire II. — Si l'on prend

$$x_0 = 0,$$

et si, de plus, l'équation (1) admet des racines positives, les quantités x_1, x_2, ... seront toutes inférieures à la plus petite racine de cette espèce, et en fourniront des valeurs de plus en plus approchées.

Théorème III. — *Supposons, comme dans le théorème I, que la fonction $f(x)$ demeure continue depuis $x = x_0$ jusqu'à $x = X$ (X étant supérieur à x_0), et* *désignons par* $\varphi(x)$, $\chi(x)$ *deux fonctions auxiliaires également continues dans l'intervalle dont il s'agit, mais de plus assujetties : 1° à croître constamment avec* x *dans cet intervalle; 2° à fournir pour la différence*

$$\varphi(x) - \chi(x)$$

une expression variable qui devienne positive lorsqu'on attribue à x *la valeur particulière* $\mathbf{X}$, *et demeure toujours égale, au signe près, à* $f(x)$. *Si l'équation*

$$f(x) = 0 \tag{1}$$

a une ou plusieurs racines réelles comprises entre x_0 *et* $\mathbf{X}$, *les valeurs de* x *représentées par*

$$\mathbf{X},\quad \mathbf{X}',\quad \mathbf{X}'',\quad \mathbf{X}''',\quad \ldots \tag{15}$$

et déduites les unes des autres par le moyen des formules

$$\varphi(\mathbf{X}') = \chi(\mathbf{X}),\qquad \varphi(\mathbf{X}'') = \chi(\mathbf{X}'),\qquad \varphi(\mathbf{X}''') = \chi(\mathbf{X}''),\qquad \ldots \tag{16}$$

composeront une série de quantités décroissantes dont le terme général convergera vers la plus grande de ces racines. Si au contraire l'équation (1) *n'a pas de racines réelles comprises entre* x_0 *et* $\mathbf{X}$, *le terme général de la série* (15) *finira par s'abaisser au-dessous de* x_0.

La démonstration de ce troisième théorème est tellement semblable à celle du second que, pour abréger, nous nous dispenserons de la rapporter ici.

Corollaire I. — Parmi le nombre infini de valeurs qu'on peut attribuer à la fonction $\varphi(x)$ de manière à remplir les conditions exigées, il importe d'en choisir une qui permette de résoudre facilement les équations (16), c'est-à-dire, en général, toute équation de la forme

$$\varphi(x) = \text{const.}$$

La valeur de $\varphi(x)$ étant choisie comme on vient de le dire, on calculera sans peine les différents termes de la série (15), et il suffira de chercher la limite vers laquelle ils convergent pour obtenir la plus grande des racines de l'équation (1) comprises entre x_0 et $\mathbf{X}$. Si ces mêmes termes finissent par s'abaisser au-dessous de x_0, l'équation (1) n'aura pas de racine réelle dans l'intervalle de x_0 à $\mathbf{X}$.

Corollaire II. — Si, l'équation (1) ayant des racines positives, X surpasse la plus grande racine de cette espèce, les quantités X', X'', ... resteront toutes supérieures à cette même racine et en fourniront des valeurs de plus en plus approchées.

Scolie I. — Si l'équation (1) n'a qu'une seule racine réelle a comprise entre x_0 et X, les termes généraux des séries (6) et (15), dont la première est croissante et la seconde décroissante, convergeront vers une limite commune égale à cette racine. Alors, si l'on prolonge ces séries jusqu'aux termes

$$x_n \quad \text{et} \quad X^{(n)},$$

puis que l'on prenne la demi-somme de ces deux termes pour valeur approchée de la racine a, l'erreur commise sera plus petite que

$$\frac{X^{(n)} - x_n}{2}.$$

Scolie II. — Pour montrer une application des principes que nous venons d'établir, considérons en particulier l'équation

$$(17) \qquad x^m - A_1 x^{m-1} - A_2 x^{m-2} - \ldots - A_{m-1} x - A_m = 0,$$

m désignant un nombre entier quelconque, et

$$A_1, \quad A_2, \quad \ldots, \quad A_{m-1}, \quad A_m$$

des quantités positives ou nulles. Comme le premier membre de cette équation est négatif pour $x = 0$ et positif pour de très grandes valeurs de x, il en résulte qu'elle a au moins une racine positive et finie. De plus, cette même équation, ne différant pas de la suivante

$$\frac{A_1}{x} + \frac{A_2}{x^2} + \ldots + \frac{A_{m-1}}{x^{m-1}} + \frac{A_m}{x^m} = 1,$$

dont le second membre reste invariable, tandis que le premier décroît constamment pour des valeurs positives et croissantes de x, n'admettra évidemment qu'une seule racine réelle et positive. Soient a cette racine et A le plus grand des nombres

$$A_1, \quad A_2, \quad \ldots, \quad A_{m-1}, \quad A_m;$$

enfin, désignons à l'ordinaire une moyenne entre ces nombres par la notation

$$M(A_1, A_2, \ldots, A_{m-1}, A_m).$$

On tirera de l'équation (17), en y faisant $x = a$, puis ayant égard à la formule (11) des *Préliminaires*,

$$\begin{aligned} a^m &= A_1 a^{m-1} + A_2 a^{m-2} + \ldots + A_{m-1} a + A_m \\ &= (a^{m-1} + a^{m-2} + \ldots + a + 1) M(A_1, A_2, \ldots, A_{m-1}, A_m) \\ &= \frac{a^m - 1}{a - 1} M(A_1, A_2, \ldots, A_{m-1}, A_m) < A \frac{a^m - 1}{a - 1} \end{aligned}$$

et, par suite,

$$a - 1 < A \frac{a^m - 1}{a^m} < A,$$

$$a < A + 1. \tag{18}$$

Par conséquent la racine positive de l'équation (17) sera comprise entre les limites 0 et $A + 1$. D'un autre côté, comme, en désignant par

$$A_r a^{m-r} \quad \text{et} \quad A_s a^{m-s}$$

le plus petit et le plus grand des termes renfermés dans le polynôme

$$A_1 a^{m-1} + A_2 a^{m-2} + \ldots + A_{m-1} a + A_m,$$

et par $n \overline{\gtrless} m$ le nombre de ceux qui diffèrent de zéro, on aura évidemment

$$a^m > n A_r a^{m-r},$$

$$a^m < n A_s a^{m-s}$$

et, par suite,

$$a > (n A_r)^{\frac{1}{r}},$$

$$a < (n A_s)^{\frac{1}{s}},$$

il est clair que la racine a sera comprise entre le plus petit et le plus grand des nombres

$$n A_1, \quad (n A_2)^{\frac{1}{2}}, \quad (n A_3)^{\frac{1}{3}}, \quad \ldots, \quad (n A_m)^{\frac{1}{m}}. \tag{19}$$

Enfin, puisque, en vertu du théorème I (corollaire I), le premier membre de l'équation (17) restera négatif depuis $x = 0$ jusqu'à $x = a$, et positif depuis $x = a$ jusqu'à $x = \infty$, il en résulte qu'on pourra choisir encore pour limite inférieure de la racine a le plus grand des nombres entiers qui rendent négative l'expression

$$x^m - A_1 x^{m-1} - A_2 x^{m-2} - \ldots - A_{m-1} x - A_m, \tag{20}$$

et pour limite supérieure le plus petit de ceux qui la rendent positive. Soient maintenant

$$x_0, \quad X$$

les deux limites inférieure et supérieure calculées d'après l'une des règles que nous venons d'indiquer. Si l'on fait, en outre,

$$(21) \qquad \varphi(x) = x^m, \qquad \chi(x) = A_1 x^{m-1} + A_2 x^{m-2} + \ldots + A_{m-1} x + A_m,$$

les théorèmes **II** et **III** seront applicables à l'équation (17); et comme, dans cette hypothèse, chacune des équations (7) ou (16) se trouvera réduite à la forme

$$x^m = \text{const.},$$

il deviendra facile de calculer les quantités comprises dans les deux séries

$$X, \quad X', \quad X'', \quad X''', \quad \ldots,$$

$$x_0, \quad x_1, \quad x_2, \quad x_3, \quad \ldots,$$

dont les termes généraux seront les valeurs approchées en plus et en moins de la racine a.

Scolie III. — Considérons encore l'équation

$$(22) \qquad x^m + A_1 x^{m-1} + A_2 x^{m-2} + \ldots + A_{m-1} x - A_m = 0,$$

m désignant toujours un nombre entier, et

$$A_1, \quad A_2, \quad \ldots, \quad A_{m-1}, \quad A_m$$

des quantités positives ou nulles, dont la plus grande soit égale à A. En prenant $\frac{1}{x}$ pour inconnue, on pourra présenter cette équation sous la forme suivante

$$(23) \qquad \left(\frac{1}{x}\right)^m - \frac{A_{m-1}}{A_m}\left(\frac{1}{x}\right)^{m-1} - \frac{A_{m-2}}{A_m}\left(\frac{1}{x}\right)^{m-2} - \ldots - \frac{A_1}{A_m}\frac{1}{x} - \frac{1}{A_m} = 0,$$

qui est pareille à celle de l'équation (17). On en conclura que l'équation (22) admet une seule racine positive inférieure au quotient

$$(24) \qquad \frac{1}{\frac{A}{A_m} + 1},$$

et que cette racine est comprise, non seulement entre la plus petite et la plus grande des quantités

$$(25)\qquad \frac{A_m}{nA_{m-1}},\quad \left(\frac{A_m}{nA_{m-2}}\right)^{\frac{1}{2}},\quad \left(\frac{A_m}{nA_{m-3}}\right)^{\frac{1}{3}},\quad \ldots,\quad \left(\frac{A_m}{nA_1}\right)^{\frac{1}{m-1}},\quad \left(\frac{A_m}{n}\right)^{\frac{1}{m}},$$

$n \lesseqgtr m$ représentant le nombre des termes variables renfermés dans le premier membre de l'équation (22), mais aussi entre le plus grand des nombres entiers qui rendent négative l'expression

$$(26)\qquad x^m + A_1 x^{m-1} + A_2 x^{m-2} + \ldots + A_{m-1} x - A_m,$$

et le plus petit de ceux qui la rendent positive. Après avoir fixé, d'après ces remarques, deux limites en plus et en moins de la racine en question, il suffira, pour en approcher davantage, d'appliquer les théorèmes II et III à l'équation (23), en y regardant $\frac{1}{x}$ comme l'inconnue qu'il s'agit de déterminer.

Scolie IV. — Si l'équation (1) avait deux racines réelles comprises entre x_0 et X, mais extrêmement rapprochées l'une de l'autre, les termes généraux des séries (6) et (15) paraîtraient au premier abord converger vers la même limite, et l'on pourrait prolonger longtemps les deux séries avant de s'apercevoir de la différence entre les limites vers lesquelles ils convergent effectivement. La même remarque est applicable aux séries (2) et (3). Par conséquent les méthodes de résolution fondées uniquement sur le théorème I ou bien sur les théorèmes II et III ne sont pas propres à faire connaître, dans tous les cas, le nombre des racines réelles d'une équation numérique; mais elles fourniront toujours des valeurs aussi approchées que l'on voudra de toute racine réelle qui se trouvera seule comprise entre deux limites données.

Dans le cas particulier où l'équation numérique que l'on considère a pour premier membre une fonction réelle et entière de la variable x, on peut tout à la fois, ainsi que M. Lagrange l'a fait voir, déterminer le nombre des racines réelles et calculer leurs valeurs approchées. Pour atteindre facilement ce but, il convient de réduire d'abord l'équation proposée à n'avoir que des racines inégales, en opérant comme il suit.

Soit

$$(27)\qquad F(x) = 0$$

l'équation donnée. Désignons par a, b, c, ... ses diverses racines réelles ou imaginaires, et par m le degré de son premier membre, dans lequel nous supposerons le coefficient de la plus haute puissance de x réduit à l'unité. Enfin, soient m' le nombre des racines égales à a, m'' le nombre des racines égales à b, m''' le nombre des racines égales à c, ... On aura

$$(28) \qquad m' + m'' + m''' + \ldots = m$$

et

$$(29) \qquad F(x) = (x-a)^{m'}(x-b)^{m''}(x-c)^{m'''}\ldots.$$

On en conclura, en désignant par z une nouvelle variable,

$$(30) \qquad \frac{F(x+z)}{F(x)} = \left(1+\frac{z}{x-a}\right)^{m'}\left(1+\frac{z}{x-b}\right)^{m''}\left(1+\frac{z}{x-c}\right)^{m'''}\ldots.$$

Si maintenant on fait

$$(31) \qquad F(x+z) = F(x) + zF_1(x) + z^2F_2(x) + \ldots,$$

et que l'on développe les expressions

$$\left(1+\frac{z}{x-a}\right)^{m'}, \quad \left(1+\frac{z}{x-b}\right)^{m''}, \quad \left(1+\frac{z}{x-c}\right)^{m'''}, \quad \ldots$$

suivant les puissances ascendantes de z, l'équation (30) deviendra

$$\begin{aligned} 1 + z\frac{F_1(x)}{F(x)} + z^2\frac{F_2(x)}{F(x)} + \ldots \\ &= \left(1+\frac{m'}{x-a}z+\ldots\right)\left(1+\frac{m''}{x-b}z+\ldots\right)\left(1+\frac{m'''}{x-c}z+\ldots\right)\ldots \\ &= 1 + \left(\frac{m'}{x-a}+\frac{m''}{x-b}+\frac{m'''}{x-c}+\ldots\right)z+\ldots; \end{aligned}$$

puis, en égalant de part et d'autre les coefficients de la première puissance de z, on trouvera

$$(32) \qquad \left\{ \begin{aligned} \frac{F_1(x)}{F(x)} &= \frac{m'}{x-a} + \frac{m''}{x-b} + \frac{m'''}{x-c} + \ldots \\ &= \frac{m'(x-b)(x-c)\ldots + m''(x-a)(x-c)\ldots + m'''(x-a)(x-b)\ldots + \ldots}{(x-a)(x-b)(x-c)\ldots}. \end{aligned} \right.$$

Comme la formule précédente a pour dernier membre une fraction algébrique évidemment irréductible, il en résulte qu'il suffit de diviser le premier membre $F(x)$ de l'équation (27) par le plus grand commun diviseur des deux polynômes $F(x)$, $F_1(x)$ pour ramener cette équation à la suivante

$$(33)\qquad (x-a)(x-b)(x-c)\ldots=0,$$

qui n'a plus que des racines inégales.

Nous ne nous arrêterons pas à faire voir comment on pourrait déduire des mêmes principes diverses équations dont les racines, toutes inégales entre elles, seraient équivalentes, tantôt aux racines simples, tantôt aux racines doubles, tantôt aux racines triples, etc. de la proposée. Nous ajouterons seulement ici quelques remarques relatives au cas où l'on suppose immédiatement toutes les racines de l'équation (27) inégales entre elles. Chacun des nombres m', m'', m''', ... se réduisant alors à l'unité, on tire la formule (32)

$$(34)\qquad F_1(x)=(x-b)(x-c)\ldots+(x-a)(x-c)\ldots+(x-a)(x-b)\ldots+\ldots,$$

et, par suite,

$$(35)\qquad \left\{\begin{array}{l} F_1(a)=(a-b)(a-c)\ldots, \\ F_1(b)=(b-a)(b-c)\ldots, \\ F_1(c)=(c-a)(c-b)\ldots, \\ \ldots\ldots\ldots\ldots\ldots\ldots, \end{array}\right.$$

$$(36)\qquad F_1(a)\,F_1(b)\,F_1(c)\ldots=(-1)^{\frac{m(m-1)}{2}}(a-b)^2(a-c)^2\ldots(b-c)^2\ldots.$$

Ainsi, dans l'hypothèse admise, le produit des carrés des différences entre les racines de l'équation (27) sera équivalent, abstraction faite du signe, au produit

$$F_1(a)\,F_1(b)\,F_1(c)\ldots,$$

et par conséquent au dernier terme de l'équation en z que fournit l'élimination de x entre les deux suivantes

$$(37)\qquad F(x)=0,\qquad z-F_1(x)=0;$$

de sorte que, en appelant H la valeur numérique de ce dernier terme, on aura

$$(38)\qquad (a-b)^2(a-c)^2\ldots(b-c)^2\ldots=\pm H.$$

Dans la même hypothèse, les valeurs de $F_1(a)$, $F_1(b)$, ... données par les formules (35) n'étant jamais nulles, si l'on désigne par a une racine réelle de l'équation (27), il suffira d'attribuer au nombre α des valeurs très petites pour que les deux quantités

$$F(a+\alpha) = \alpha F_1(a) + \alpha^2 F_2(a) + \ldots,$$
$$F(a-\alpha) = -\alpha F_1(a) + \alpha^2 F_2(a) - \ldots$$

soient de signes contraires. De plus, si l'on représente par x_0, X deux limites inférieure et supérieure entre lesquelles la seule racine réelle a se trouve comprise, en vertu du théorème I (corollaire I), F(X) sera de même signe que $F(a+\alpha)$, $F(x_0)$ de même signe que $F(a-\alpha)$, et par suite les deux quantités

$$F(x_0), \quad F(X)$$

seront de signes contraires.

Lorsque l'équation (27) n'a pas de racines égales, ou qu'elle a été débarrassée de celles qu'elle pouvait avoir, il devient facile de déterminer pour cette équation, non seulement deux limites entre lesquelles toutes les racines réelles se trouvent renfermées, mais encore une suite de quantités qui, prises deux à deux, servent de limites respectives aux différentes racines de cette espèce, et enfin les valeurs aussi approchées que l'on voudra de ces mêmes racines. C'est ce que nous allons établir, en résolvant l'un après l'autre les trois problèmes suivants.

Problème I. — *Déterminer deux limites entre lesquelles toutes les racines réelles de l'équation*

$$(27) \qquad F(x) = 0$$

se trouvent renfermées.

Solution. $F(x)$ étant par hypothèse un polynôme réel, du degré m par rapport à x, et dans lequel la plus haute puissance de x a pour coefficient l'unité, si l'on désigne les coefficients successifs des puissances inférieures par

$$a_1, \quad a_2, \quad \ldots, \quad a_{m-1}, \quad a_m,$$

et les valeurs numériques de ces mêmes coefficients par

$$A_1, \quad A_2, \quad \ldots, \quad A_{m-1}, \quad A_m,$$

on aura identiquement

$$(39) \qquad \begin{cases} F(x) = x^m + a_1 x^{m-1} + a_2 x^{m-2} + \ldots + a_{m-1} x + a_m \\ = x^m \pm A_1 x^{m-1} \pm A_2 x^{m-2} \pm \ldots \pm A_{m-1} x \pm A_m. \end{cases}$$

Soit maintenant k un nombre supérieur à la racine positive unique de l'équation (17) (théorème III, scolie II). Le polynôme (20) sera positif toutes les fois qu'on supposera $x \geqq k$. Par suite, il suffira d'attribuer à x une valeur numérique plus grande que le nombre k, pour que la somme des valeurs numériques des termes

$$A_1 x^{m-1}, \quad A_2 x^{m-2}, \quad \ldots, \quad A_{m-1} x, \quad A_m$$

devienne inférieure à la valeur numérique de x^m. Il en résulte que le premier membre de l'équation (27) ne pourra jamais s'évanouir, tant que la valeur de x sera située hors des limites

$$-k, \quad +k.$$

Donc toutes les racines positives ou négatives de l'équation (27) seront comprises entre ces mêmes limites.

Scolie I. — Le nombre k étant assujetti à la seule condition de surpasser la racine positive de l'équation (17), on peut le supposer égal soit à la plus grande des expressions (19), soit au plus petit des nombres entiers qui, substitués à la place de x dans le polynôme (20), donnent un résultat positif.

Scolie II. — On peut aisément s'assurer que le nombre k, déterminé comme on vient de le dire, est supérieur, non seulement aux valeurs numériques des racines réelles de l'équation (27), mais encore aux modules de toutes les racines imaginaires. En effet, soit

$$x = r(\cos t + \sqrt{-1} \sin t)$$

une semblable racine. On aura en même temps les deux équations réelles

$$(40) \quad \left\{ \begin{aligned} & r^m \cos mt \pm A_1 r^{m-1} \cos(m-1)t \\ & \qquad \pm A_2 r^{m-2} \cos(m-2)t \pm \ldots \pm A_{m-1} r \cos t \pm A_m = 0, \end{aligned} \right.$$

$$(41) \quad \left\{ \begin{aligned} & r^m \sin mt \pm A_1 r^{m-1} \sin(m-1)t \\ & \qquad \pm A_2 r^{m-2} \sin(m-2)t \pm \ldots \pm A_{m-1} r \sin t \qquad = 0; \end{aligned} \right.$$

et, en ajoutant la première équation multipliée par $\cos mt$ à la seconde multipliée par $\sin mt$, on en conclura

$$(42) \quad \left\{ \begin{aligned} & r^m \pm A_1 r^{m-1} \cos t \\ & \quad \pm A_2 r^{m-2} \cos 2t \pm \ldots \pm A_{m-1} r \cos(m-1)t \pm A_m \cos mt = 0. \end{aligned} \right.$$

Or il est clair qu'on ne saurait satisfaire à cette dernière équation en supposant $r > k$, puisque dans cette hypothèse la valeur numérique de r^m surpasse la somme des valeurs numériques des termes

$$A_1 r^{m-1}, \quad A_2 r^{m-2}, \quad \ldots, \quad A_{m-1} r, \quad A_m,$$

et à plus forte raison la somme des valeurs numériques que ces mêmes termes acquièrent lorsqu'on les multiplie par des cosinus.

Scolie III. — En comparant avec le polynôme (26) les premiers membres des équations (27) et (40), on prouverait facilement que, si l'on désigne par g un nombre inférieur à la racine positive unique de l'équation (22), g sera une limite inférieure, non seulement aux valeurs numériques de toutes les racines réelles de l'équation (27), mais encore aux modules de toutes les racines imaginaires. C'est ce qui arrivera, par exemple, si l'on prend pour g la plus petite des expressions (25), ou le plus grand des nombres entiers qui, substitués à la place de x dans le polynôme (26), donnent un résultat négatif. Le nombre g étant déterminé comme on vient de le dire, toutes les racines positives de l'équation (27) se trouveront comprises entre les limites

$$+g, \quad +k,$$

et les racines négatives de la même équation entre les limites

$$-k, \quad -g.$$

Scolie IV. — Lorsqu'on se propose seulement d'obtenir une limite inférieure à la plus petite des racines positives ou supérieure à la plus grande, on peut quelquefois y parvenir en s'appuyant sur le corollaire du théorème XVII (Note précédente). Supposons, en effet, que tous les termes du polynôme $F(x)$, à l'exception d'un seul, soient de même signe. L'équation (27) prendra la forme suivante :

$$(43) \quad \left\{ \begin{array}{l} x^m + A_1 x^{m-1} + \ldots + A_{s-1} x^{m-s+1} \\ \quad + A_{s+1} x^{m-s-1} + \ldots + A_{m-1} x + A_m = A_s x^{m-s}. \end{array} \right.$$

Soit maintenant n le nombre des termes qui dans le premier membre de l'équation (43) ne se réduisent pas à zéro, et

$$B x^{\mu}$$

la moyenne géométrique entre ces termes, B désignant la moyenne géométrique entre leurs coefficients. En vertu du corollaire du théorème XVII (Note II), toute valeur réelle et positive de x propre à vérifier l'équation proposée, ou, ce qui revient au même, à lui servir de racine, satisfera nécessairement à la condition

$$A_s x^{m-s} > n B x^{\mu},$$

et, par conséquent, à l'une des deux suivantes

$$(44) \qquad x > \left(\frac{nB}{A_s}\right)^{\frac{1}{m-s-\mu}},$$

$$(45) \qquad x < \left(\frac{A_s}{nB}\right)^{\frac{1}{\mu-m+s}},$$

savoir, à la première, si $m-s$ surpasse μ, et à la seconde, dans le cas contraire. Il est bon d'observer que, si le nombre s s'évanouit, A_s se réduira au coefficient de x^m, c'est-à-dire à l'unité.

Scolie V. — Il est encore facile d'obtenir deux limites, l'une inférieure, l'autre supérieure aux racines positives de l'équation (27), par la méthode que je vais indiquer. On observera d'abord que toute équation dont le premier membre n'offre qu'une variation de signe, c'est-à-dire toute équation qui se présente sous la forme

$$A_0 x^m + A_1 x^{m-1} + \ldots - A_n x^{m-n} - A_{n+1} x^{m-n-1} - \ldots = 0$$

ou sous la suivante

$$-A_0 x^m - A_1 x^{m-1} - \ldots + A_n x^{m-n} + A_{n+1} x^{m-n-1} + \ldots = 0,$$

$A_0, A_1, \ldots, A_n, A_{n+1}, \ldots$ désignant des nombres quelconques, n'admet qu'une racine positive, évidemment égale à la seule valeur positive de x pour laquelle la fraction

$$\frac{A_0 x^n + A_1 x^{n-1} + A_2 x^{n-2} + \ldots}{A_n + A_{n+1}\left(\frac{1}{x}\right) + A_{n+2}\left(\frac{1}{x}\right)^2 + \ldots},$$

qui croît sans cesse depuis $x=0$ jusqu'à $x=\infty$, puisse se réduire à l'unité. Par conséquent le premier membre d'une semblable équation aura le même signe que ses premiers ou ses derniers termes, suivant que la valeur de x sera supérieure à la racine dont il s'agit, ou comprise entre zéro et cette même racine. Cela posé, concevons que, dans le polynôme (39), $-A_s x^s$ soit le premier terme négatif après x^m, $+A_u x^u$ le premier terme positif après $-A_s x^s$, $-A_v x^v$ le premier terme négatif après $A_u x^u$, $+A_w x_w$ le premier terme positif après $-\mathrm{A}_v x^v$, ..., en sorte que l'équation (27) devienne

$$\begin{aligned} &x^m + \mathrm{A}_1 x^{m-1} + \ldots \\ &\quad - \mathrm{A}_s x^{m-s} - \mathrm{A}_{s+1} x^{m-s-1} - \ldots + \mathrm{A}_u x^{m-u} + \mathrm{A}_{u+1} x^{m-u-1} + \ldots \\ &\quad - \mathrm{A}_v x^{m-v} - \mathrm{A}_{v+1} x^{m-v-1} - \ldots + \mathrm{A}_w x^{m-w} + \mathrm{A}_{w+1} x^{m-w-1} + \ldots \pm \mathrm{A}_m = 0. \end{aligned}$$

On conclura des remarques précédentes, que toute valeur positive de x propre à vérifier l'équation (27) doit être : 1° inférieure à la plus grande des racines positives des équations

$$\begin{aligned} x^m + \mathrm{A}_1 x^{m-1} + \ldots - \mathrm{A}_s x^{m-s} - \mathrm{A}_{s+1} x^{m-s-1} - \ldots &= 0, \\ \mathrm{A}_u x^{m-u} + \mathrm{A}_{u+1} x^{m-u-1} + \ldots - \mathrm{A}_v x^{m-v} - \mathrm{A}_{v+1} x^{m-v-1} - \ldots &= 0, \\ \ldots\ldots\ldots\ldots\ldots\ldots\ldots\ldots\ldots\ldots\ldots\ldots\ldots\ldots&; \end{aligned}$$

2° supérieure à la plus petite de ces mêmes racines, lorsque A_m est précédé du signe $-$, et, dans le cas contraire, à la plus petite des racines positives des équations de la forme

$$\begin{aligned} - \mathrm{A}_s x^{m-s} - \mathrm{A}_{s+1} x^{m-s-1} - \ldots + \mathrm{A}_u x^{m-u} + \mathrm{A}_{u+1} x^{m-u-1} + \ldots &= 0, \\ - \mathrm{A}_v x^{m-v} - \mathrm{A}_{v+1} x^{m-v-1} - \ldots + \mathrm{A}_w x^{m-w} + \mathrm{A}_{w+1} x^{m-w-1} + \ldots &= 0, \\ \ldots\ldots\ldots\ldots\ldots\ldots\ldots\ldots\ldots\ldots\ldots\ldots\ldots\ldots& \end{aligned}$$

Quelquefois les deux conditions qu'on vient d'énoncer s'excluent mutuellement, et alors on peut affirmer que l'équation (27) n'a pas de racines positives.

Problème II. — *Trouver le nombre des racines réelles de l'équation* (27), *avec une suite de quantités qui, prises deux à deux, servent de limites à ces mêmes racines.*

Solution. — Nous supposerons l'équation (27) réduite à n'avoir que des racines inégales. Alors, si l'on désigne par k (*voir* le problème précédent) une limite supérieure aux valeurs numériques de toutes les racines réelles, par h un nombre moindre que la plus petite différence entre ces racines, enfin par $k_1, k_2, \ldots, k_n$ d'autres nombres tellement choisis que, dans la suite

$$(46) \qquad -k, \quad -k_1, \quad -k_2, \quad \ldots, \quad -k_n, \quad 0, \quad k_n, \quad \ldots, \quad k_2, \quad k_1, \quad k,$$

la différence entre un terme et celui qui le précède soit toujours une quantité positive égale ou inférieure à h, il est clair que deux termes consécutifs de la suite (46) ne comprendront jamais entre eux plus d'une racine réelle. D'ailleurs, lorsqu'on substitue à la place de x dans le polynôme $\mathrm{F}(x)$ deux quantités entre lesquelles une seule racine réelle au plus se trouve renfermée, les résultats obtenus sont de même signe ou de signes contraires; pour parler autrement, la comparaison de ces deux résultats offre une permanence de signe, ou une variation de signe, suivant qu'il n'existe pas de racine réelle, ou qu'il en existe une entre les deux quantités dont il s'agit. Par conséquent, si l'on prend les termes de la suite (46) pour des valeurs successives de la variable x, et que l'on forme la suite des valeurs correspondantes du polynôme $F(x)$, cette nouvelle suite offrira précisément autant de variations de signe que l'équation (27) a de racines réelles, et chacune de ces racines sera comprise entre deux valeurs consécutives de x qui, substituées dans $F(x)$, donnent des résultats de signes contraires. Ainsi toute la difficulté consiste à trouver pour le nombre h une valeur convenable. On y parvient de la manière suivante.

Désignons par H la valeur numérique du dernier terme de l'équation en z que fournit l'élimination de x entre les formules (37). Le nombre H, ainsi qu'on l'a déjà remarqué, sera équivalent (abstraction faite du signe) au produit des carrés des différences entre les racines réelles ou imaginaires de l'équation (27). Par suite $H^{\frac{1}{2}}$ sera équivalent au produit des modules de ces différences (le module de chaque différence réelle n'étant autre chose que sa valeur numérique). Cela posé, soient a, b deux racines distinctes de l'équation (27). Si ces deux racines sont réelles, chacune d'elles ayant alors une valeur numérique inférieure à k, la valeur numérique de leur différence, c'est-à-dire la différence ou la somme de leurs valeurs numériques, ne surpassera jamais $2k$. Si, au contraire, chacune de ces racines ou l'une d'elles seulement devient imaginaire, on pourra, en désignant par r_1, r_2 leurs modules, et par t_1, t_2 deux arcs réels, supposer

$$a = r_1(\cos t_1 + \sqrt{-1}\sin t_1),$$
$$b = r_2(\cos t_2 + \sqrt{-1}\sin t_2),$$

et l'on en déduira

$$a - b = r_1\cos t_1 - r_2\cos t_2 + (r_1\sin t_1 - r_2\sin t_2)\sqrt{-1},$$

$$\begin{aligned}\text{mod.}(a-b) &= [(r_1\cos t_1 - r_2\cos t_2)^2 + (r_1\sin t_1 - r_2\sin t_2)^2]^{\frac{1}{2}}\\ &= [r_1^2 - 2r_1r_2\cos(t_1 - t_2) + r_2^2]^{\frac{1}{2}} < (r_1^2 + 2r_1r_2 + r_2^2)^{\frac{1}{2}}.\end{aligned}$$

On aura donc

$$\text{mod.}(a-b) < r_1 + r_2,$$

et, par suite,

$$(47) \qquad \text{mod.}(a-b) < 2k,$$

pourvu que le nombre k ait été choisi, comme dans le premier problème, de manière à surpasser, non seulement les valeurs numériques de toutes les racines réelles, mais encore les modules de toutes les racines imaginaires. On prouvera de même que chacune des différences

$$a-c, \quad \ldots, \quad b-c, \quad \ldots$$

a pour module un nombre inférieur à $2k$, et l'on en conclura que, si, après avoir formé tous les modules de cette espèce en nombre égal à $\frac{m(m-1)}{2}$, on met de côté l'un d'entre eux, par exemple le module de la différence $a-b$, le produit de tous les autres sera un nombre inférieur à l'expression

$$(2k)^{\frac{m(m-1)}{2}-1}.$$

Donc, si l'on multiplie cette expression par le module de la différence $a-b$, on trouvera un résultat plus grand que le produit des modules de toutes les différences, c'est-à-dire un résultat plus grand que $H^{\frac{1}{2}}$. En d'autres termes, on aura

$$(2k)^{\frac{m(m-1)}{2}-1} \times \text{mod.}(a-b) > H^{\frac{1}{2}}$$

ou, ce qui revient au même,

$$\text{mod.}(a-b) > \frac{H^{\frac{1}{2}}}{(2k)^{\frac{m(m-1)}{2}-1}}. \tag{48}$$

Lorsque les racines a et b sont réelles, le module de la différence $a-b$ se réduit à sa valeur numérique. Par conséquent on obtiendra un nombre h inférieur à la plus petite différence entre les racines réelles de l'équation (27), si l'on pose

$$h = \frac{H^{\frac{1}{2}}}{(2k)^{\frac{m(m-1)}{2}-1}}. \tag{49}$$

Scolie I. — Il serait facile de prouver que, si chacun des nombres A_1, A_2, ..., A_m (problème I) est entier, le nombre H le sera également. Par suite, dans cette hypothèse, le nombre H, qui ne peut s'évanouir tant que les racines de l'équation (27) restent inégales entre elles, aura une valeur égale ou supérieure à l'unité. Cela posé, la formule (48) donnera

$$\text{mod.}(a-b) > \frac{1}{(2k)^{\frac{m(m-1)}{2}-1}}; \tag{50}$$

et l'on en conclura que, pour obtenir un nombre h inférieur à la plus petite différence entre les racines, il suffit de prendre

$$h = \frac{1}{(2k)^{\frac{m(m-1)}{2}-1}}. \tag{51}$$

Scolie II. — Soit

$$Z = 0 \tag{52}$$

l'équation en z que fournit l'élimination de x entre les formules (37). Si, par la méthode ci-dessus indiquée (problème I, scolie III), on détermine une limite G inférieure aux modules de toutes les racines réelles ou imaginaires de l'équation (52), on aura, en désignant toujours par a, b, c, ... les racines de l'équation (27),

$$\text{mod. } F_1(a) > G,$$

ou, ce qui revient au même [*voir* les équations (35)],

$$\text{mod. } (a-b)(a-c)\ldots > G.$$

On en conclura

$$\text{mod. } (a-b) > \frac{G}{\text{mod. } (a-c)\ldots}$$

et, par suite,

$$\text{mod. } (a-b) > \frac{G}{(2k)^{m-2}}, \tag{53}$$

puisque les différences

$$a-b, \quad a-c, \quad \ldots$$

qui renferment la racine a combinée successivement avec toutes les autres, sont au nombre de $m-1$, ou, si l'on met de côté la différence $a-b$, au nombre de $m-2$. Cela posé, il est clair que le nombre h satisfera encore aux conditions requises, si l'on prend

$$h = \frac{G}{(2k)^{m-2}}. \tag{54}$$

Scolie III. — Après avoir déterminé h par l'une des méthodes précédentes, on pourra choisir pour la suite des nombres

$$k_1, \quad k_2, \quad \ldots, \quad k_n$$

une progression arithmétique décroissante dont la différence soit égale ou inférieure à h, en se bornant toutefois aux termes de cette progression qui restent compris entre les limites o, k. De plus, si l'on désigne par g (*voir* le problème I, scolie III) une limite inférieure aux valeurs numériques de toutes les racines réelles de l'équation (27), on pourra évidemment dans la suite (46) supprimer tous les termes positifs ou négatifs dont les valeurs numériques sont plus petites que g, en écrivant à la place les deux seuls termes

$$-g, \quad +g.$$

La suite (46) étant modifiée comme on vient de le dire, on substituera successivement dans le polynôme $F(x)$: 1° les termes négatifs de cette suite depuis $-k$ jusqu'à $-g$; 2° les termes positifs depuis $+g$ jusqu'à $+k$; et, toutes les fois que deux termes consécutifs de la première ou de la seconde espèce fourniront des résultats de signes contraires, on sera certain qu'une racine réelle, négative dans le premier cas, positive dans le second, est renfermée entre ces deux termes.

Scolie IV. — Lorsque, par un moyen quelconque, on a déterminé, pour l'équation (27), une valeur approchée en plus ou en moins de la racine réelle a, on peut dans un grand nombre de cas obtenir de la même racine une valeur approchée en sens contraire, et fixer deux limites, l'une plus grande que les racines réelles inférieures à a, l'autre plus petite que les racines réelles supérieures, en s'appuyant sur la proposition que je vais énoncer.

Représentons à l'ordinaire par

$$F_1(x), \quad F_2(x), \quad F_3(x), \quad \ldots$$

les coefficients des première, deuxième, troisième, ... puissances de z dans le développement de $F(x+z)$; *par a, b, c, ... les diverses racines de l'équation* (27), *et par k un nombre supérieur à leurs modules. Supposons en outre que, la quantité ξ étant une valeur approchée de la racine réelle a, la différence $a-\xi$ et la quantité α déterminée par l'équation*

$$\alpha = -\frac{F(\xi)}{F_1(\xi)} \tag{55}$$

soient assez petites, abstraction faite des signes, pour que, dans le polynôme

$$F_1(\xi) + 2(2\alpha)F_2(\xi) + 3(2\alpha)^2 F_3(\xi) + 4(2\alpha)^3 F_4(\xi) + \ldots, \tag{56}$$

la valeur numérique du premier terme surpasse la somme des valeurs numériques de tous les autres. Enfin désignons par G *un nombre inférieur à l'excès de la première valeur numérique sur la somme dont il s'agit. On sera certain : 1° que la racine réelle a se trouve seule comprise entre les limites*

$$\xi, \quad \xi + 2\alpha;$$

2° *que la différence $a - b$ ou $b - a$ entre la racine a et une nouvelle racine réelle b ne peut surpasser*

$$\frac{G}{(2k)^{m-2}}. \tag{57}$$

Pour démontrer la proposition précédente, nous observerons d'abord que dans l'hypothèse admise le polynôme (56) étant de même signe que son premier terme, on pourra en dire autant *a fortiori* des deux polynômes

$$\left\{\begin{array}{l} -3F_1(\xi) + (2\alpha)F_2(\xi) - (2\alpha)^2F_3(\xi) + (2\alpha)^3F_4(\xi) - \ldots, \\ \quad F_1(\xi) + (2\alpha)F_2(\xi) + (2\alpha)^2F_3(\xi) + (2\alpha)^3F_4(\xi) + \ldots, \end{array}\right. \tag{58}$$

qu'on obtient en développant les fractions

$$\frac{F(\xi - 2\alpha)}{\alpha}, \quad \frac{F(\xi + 2\alpha)}{\alpha}$$

suivant les puissances ascendantes de α, et ayant égard à l'équation (55). Par suite, les premiers termes des deux polynômes étant de signes contraires, il en sera de même des deux fractions et de leurs numérateurs

$$F(\xi - 2\alpha), \quad F(\xi + 2\alpha).$$

Il y aura donc au moins une racine réelle de l'équation (27) entre les limites

$$\xi - 2\alpha, \quad \xi + 2\alpha.$$

J'ajoute qu'il n'y en aura qu'une; et, en effet, il est facile de voir que, si plusieurs racines réelles étaient renfermées entre ces limites, en désignant par a et b deux semblables racines prises à la suite l'une de l'autre, on trouverait pour les valeurs des expressions

$$F_1(a) = (a - b)(a - c)\ldots,$$
$$F_1(b) = (b - c)(b - a)\ldots$$

deux quantités de signes contraires. Par conséquent l'équation

$$F_1(x) = 0 \tag{59}$$

aurait une racine réelle comprise entre a et b, laquelle serait de la forme

$$\xi + z,$$

la quantité z étant renfermée entre les limites -2α, $+2\alpha$. Or c'est ce qu'on ne peut admettre; car, si l'on remplace dans la formule (31) z par $y+z$, et que l'on développe le premier membre de cette formule ainsi modifiée suivant les puissances ascendantes de y, on en tirera

$$\begin{aligned} &F(x+z) + y\,F_1(x+z) + \ldots \\ &\quad = F(x) + (y+z)\,F_1(x) + (y+z)^2\,F_2(x) + \ldots, \end{aligned}$$

puis, en égalant de part et d'autre les coefficients de la première puissance de y,

(60) $$F_1(x+z) = F_1(x) + 2z\,F_2(x) + 3z^2\,F_3(x) + 4z^3\,F_4(x) + \ldots.$$

Par suite, le développement de

(61) $$F_1(\xi+z)$$

deviendra

(62) $$F_1(\xi) + 2z\,F_2(\xi) + 3z^2\,F_3(\xi) + 4z^3\,F_4(\xi) + \ldots;$$

et, comme dans le polynôme (56) la valeur numérique du premier terme surpasse la somme des valeurs numériques de tous les autres, il en sera de même *a fortiori* du polynôme (62), tant que la valeur numérique de z sera supposée inférieure à celle de 2α. Il en résulte que, dans cette hypothèse, l'expression (61) ne saurait s'évanouir. Donc l'équation (59) n'a pas de racines réelles comprises entre les limites $\xi - 2\alpha$, $\xi + 2\alpha$; et l'équation (27) n'en a qu'une entre ces limites. La racine dont il s'agit est nécessairement celle qui s'approche le plus de la quantité ξ, et que nous avons désignée par a. D'autre part, comme la fraction

$$\frac{F(\xi+2\alpha)}{\alpha},$$

équivalente au second des deux polynômes (58), est de même signe que le premier terme de ce polynôme, savoir

$$F_1(\xi) = -\frac{F(\xi)}{\alpha},$$

on doit en conclure que

$$F(\xi) \quad \text{et} \quad F(\xi+2\alpha)$$

sont deux quantités de signes contraires, et que la racine a se trouve resserrée entre les deux limites

$$\xi, \quad \xi + 2\alpha.$$

Quant à la seconde partie de la proposition ci-dessus énoncée, elle est une conséquence immédiate du scolie II, puisque la quantité G restera évidemment inférieure, abstraction faite du signe, au polynôme (62), c'est-à-dire au développement de $F_1(\xi + z)$, tant que la valeur numérique de z ne surpassera pas celle de 2α, et par conséquent inférieure à la quantité $F_1(a)$ qu'on déduit de $F_1(\xi + z)$, en posant

$$z = a - \xi.$$

Il suit d'ailleurs de cette seconde partie que les racines réelles plus grandes que a sont toutes supérieures à la limite

$$a + \frac{G}{(2k)^{m-2}}, \tag{63}$$

et les racines réelles plus petites que a inférieures à la limite

$$a - \frac{G}{(2k)^{m-2}}. \tag{64}$$

Problème III. — *Trouver les valeurs aussi approchées que l'on voudra des racines réelles de l'équation* (27).

Solution. — On commencera par déterminer, à l'aide du problème précédent, deux limites, l'une en plus et l'autre en moins, de chaque racine réelle et positive. Supposons en particulier que la racine a soit de cette espèce, et désignons par x_0, X les deux limites inférieure et supérieure à cette racine. Si l'on forme deux sommes différentes, la première avec les termes positifs du polynôme $F(x)$, la seconde avec les termes négatifs pris en signe contraire, celle qui sera la plus petite pour $x = x_0$ deviendra la plus grande pour $x = X$. Représentez cette somme par $\varphi(x)$ et l'autre par $\chi(x)$. Les deux fonctions entières $\varphi(x)$, $\chi(x)$ jouiront des propriétés énoncées dans les théorèmes II et III; et, par suite, si la fonction $\varphi(x)$ est telle qu'on puisse facilement résoudre les équations de la forme

$$\varphi(x) = \text{const.},$$

les formules (7) et (16) fourniront immédiatement des valeurs de plus en plus approchées de la racine a. C'est ce qui arrivera, par exemple, toutes les fois que la fonction $\varphi(x)$ se présentera sous la forme

$$B(x+C)^n+D,$$

B, C, D étant trois nombres entiers quelconques, et n un nombre entier égal ou inférieur à m; puisqu'alors on obtiendra les termes successifs des séries (6) et (15) par des extractions de racines du degré n. Si la fonction $\varphi(x)$ n'est pas de la forme que nous venons d'indiquer, on pourra facilement l'y ramener, en ajoutant aux deux membres de l'équation

$$\varphi(x)=\chi(x)$$

un polynôme entier $\psi(x)$ dont tous les termes soient positifs. En effet, il est clair que les valeurs de $\varphi(x)$ et de $\chi(x)$, modifiées par l'addition d'un semblable polynôme, conserveront toujours les mêmes propriétés. On peut, au reste, attribuer au polynôme $\psi(x)$ une infinité de valeurs différentes. Supposons, par exemple,

$$\varphi(x)=x^3+3x^2+8.$$

La valeur de $\varphi(x)$, modifiée par l'addition du polynôme $\psi(x)$, deviendra

$$(x+1)^3+7,$$

si l'on suppose

$$\psi(x)=3x,$$

ou bien

$$(x+2)^3,$$

si l'on suppose

$$\psi(x)=3x^2+12x;$$

etc. Il est bon de remarquer à ce sujet : 1° qu'on peut toujours choisir la fonction entière $\psi(x)$ de manière à obtenir l'unité pour le nombre B; 2° que, dans beaucoup de cas, l'un des nombres C, D se trouvera réduit à zéro.

Après avoir déterminé par la méthode précédente les racines réelles et positives de l'équation (27), il suffira évidemment pour obtenir ses racines négatives de chercher par la même méthode les racines positives de l'équation

$$(65)\qquad F(-x)=0.$$

Scolie. — Outre la méthode d'approximation que nous venons d'indiquer, il en existe plusieurs autres, parmi lesquelles on doit remarquer celle de Newton. Elle suppose que l'on connaît déjà une valeur approchée ξ de la racine que l'on cherche, et consiste à prendre pour correction de cette valeur la quantité α déterminée par l'équation

$$\alpha = -\frac{F(\xi)}{F_1(\xi)}. \tag{55}$$

Toutefois, cette dernière méthode n'étant pas toujours applicable, il importe d'examiner dans quels cas on peut l'employer. Nous allons établir à ce sujet les propositions suivantes :

Théorème IV. — *Supposons que, a désignant l'une quelconque des racines réelles positives ou négatives de l'équation* (27), *et* ξ *une valeur approchée de cette racine, on détermine* α *par le moyen de l'équation* (55). *Si* α *est assez petit, abstraction faite du signe, pour que dans le polynôme* (56) *la valeur numérique du premier terme surpasse la somme des valeurs numériques de tous les autres, alors, des deux quantités*

$$\xi, \quad \xi + \alpha,$$

la seconde sera plus approchée de a que la première.

Démonstration. — Nous avons déjà vu (problème II, scolie IV) que, dans l'hypothèse admise, la racine a se trouve seule renfermée entre les limites

$$\xi, \quad \xi + 2\alpha.$$

Cela posé, si l'on prend

$$a = \xi + z, \tag{66}$$

z sera une quantité comprise entre les limites 0, 2α, et propre à vérifier l'équation

$$F(\xi + z) = 0$$

ou, ce qui revient au même, la suivante :

$$F(\xi) + z F_1(\xi) + z^2 F_2(\xi) + \ldots = 0. \tag{67}$$

Si maintenant on fait, pour plus de commodité,

$$q = -\frac{F_2(\xi) + z F_3(\xi) + \ldots}{F_1(\xi)} \tag{68}$$

et que l'on ait égard à la formule (55), l'équation (67) deviendra

$$z = \alpha + q z^2. \tag{69}$$

On aura, par suite,

$$a = \xi + z = \xi + \alpha + q z^2; \tag{70}$$

d'où il résulte que, en prenant $\xi + \alpha$ au lieu de ξ pour valeur approchée de a, on commettra une erreur égale, non plus à la valeur numérique de z, mais à celle de $q z^2$. D'ailleurs, le polynôme (56) étant de même signe que son premier terme $F_1(\xi)$, les deux polynômes

$$(71) \quad \begin{cases} F_1(\xi) + 2(2\alpha) F_2(\xi) + 2(2\alpha) z F_3(\xi) + \ldots = (1 - 4\alpha q) F_1(\xi), \\ F_1(\xi) - 2(2\alpha) F_2(\xi) - 2(2\alpha) z F_3(\xi) - \ldots = (1 + 4\alpha q) F_1(\xi) \end{cases}$$

jouiront évidemment de la même propriété; ce qui exige que la valeur numérique de $2\alpha q$, et *a fortiori* celle de $q z$, restent inférieures à $\frac{1}{2}$. On en conclura immédiatement que la valeur numérique de $q z^2$ est inférieure à celle de $\frac{1}{2} z$. Ainsi des deux erreurs que l'on commet en prenant

$$\xi \quad \text{et} \quad \xi + \alpha$$

pour valeurs approchées de a, la seconde est plus petite que la moitié de la première.

Scolie I. — Comme on tire de l'équation (69)

$$z = \frac{\alpha}{1 - q z},$$

et que la valeur numérique de $q z$ est inférieure à $\frac{1}{2}$, on est assuré que la valeur de z restera toujours comprise entre les limites

$$\frac{2}{3}\alpha, \quad 2\alpha.$$

Scolie II. — En résolvant l'équation (69) comme si la valeur de q était connue, on trouve

$$z = \frac{1 \pm \sqrt{1 - 4\alpha q}}{2q} = \frac{2\alpha}{1 \mp \sqrt{1 - 4\alpha q}}.$$

Le radical $\sqrt{1 - 4\alpha q}$ est ici affecté d'un double signe. Mais, puisque la valeur de z doit rester plus petite que celle de 2α, il est clair qu'on devra préférer le signe inférieur. On aura donc

$$z = \frac{2\alpha}{1 + \sqrt{1 - 4\alpha q}}. \tag{72}$$

Cela posé, si l'on nomme q_0, Q, deux limites dont l'une soit inférieure et l'autre supérieure à la quantité q déterminée par la formule (68), on conclura de l'équation (72) que la valeur exacte de z est comprise entre les deux expressions

$$\frac{2\alpha}{1+\sqrt{1-4\alpha q_0}}, \quad \frac{2\alpha}{1+\sqrt{1-4\alpha Q}}. \tag{73}$$

Par conséquent cette valeur renfermera tous les chiffres décimaux communs aux deux expressions réduites en nombres.

Scolie III. — Supposons que des deux quantités q_0, Q la seconde ait la plus grande valeur numérique, et que cette valeur numérique soit inférieure à l'unité. Alors, si la différence $a-\xi=z$ est, abstraction faite du signe, plus petite qu'une unité décimale de l'ordre n, c'est-à-dire si l'on a

$$\text{val. num. } z < \left(\frac{1}{10}\right)^n, \tag{74}$$

la différence

$$a-(\xi+\alpha)=qz^2$$

sera plus petite, abstraction faite du signe, qu'une unité décimale de l'ordre $2n$; en sorte qu'on trouvera

$$\text{val. num. } qz^2 < \left(\frac{1}{10}\right)^{2n}. \tag{75}$$

Ainsi, en prenant $\xi+\alpha$ au lieu de ξ pour valeur approchée de la racine a, on doublera le nombre des décimales exactes.

Si l'on supposait la valeur numérique de Q inférieure, non seulement à l'unité, mais encore à 0,1, on conclurait de la formule (74)

$$\text{val. num. } qz^2 < \left(\frac{1}{10}\right)^{2n+1}.$$

Plus généralement, si l'on suppose cette valeur numérique inférieure à $\left(\frac{1}{10}\right)^r$, r désignant un nombre entier quelconque, la formule (74) entraînera la suivante

$$\text{val. num. } qz^2 < \left(\frac{1}{10}\right)^{2n+r}. \tag{76}$$

Enfin, si la valeur de Q est supérieure à l'unité, mais inférieure à $(10)^r$, on trouvera

$$(77) \qquad \text{val. num. } qz^2 < \left(\frac{1}{10}\right)^{2n-r}$$

Scolie IV. — L'erreur que l'on commet en prenant $\xi + \alpha$ pour valeur approchée de a, ou la valeur numérique du produit qz^2, peut elle-même se calculer par approximation. En effet, si l'on a égard à l'équation (69), on trouvera

$$qz^2 = q(\alpha + qz^2)^2 = q\alpha^2 + (2\alpha)q^2z^2 + q^3z^4.$$

Or, supposons la valeur numérique de 2α, par conséquent celle de z, inférieure à $\left(\frac{1}{10}\right)^n$, et la valeur numérique de Q, par conséquent celle de q, inférieure à $(10)^{\mp r}$, n et r désignant deux nombres entiers. On aura évidemment

$$\text{val. num. } (2\alpha)q^2z^2 < \left(\frac{1}{10}\right)^{3n\pm 2r}$$

et

$$\text{val. num. } \quad q^3z^4 < \left(\frac{1}{10}\right)^{4n\pm 3r}.$$

De plus, si la valeur numérique de la fraction

$$(78) \qquad \frac{F_3(\xi) + z\,F_4(\xi) + \ldots}{F_1(\xi)}$$

est reconnue inférieure à $(10)^{\mp s}$, s désignant encore un nombre entier, on pourra prendre

$$-\alpha^2\frac{F_2(\xi)}{F_1(\xi)}$$

pour valeur approchée du terme $q\alpha^2$, sans craindre une erreur plus considérable que

$$\left(\frac{1}{10}\right)^{3n\pm s}.$$

Par suite, si l'on choisit $\xi + \alpha - \alpha^2\frac{F_2(\xi)}{F_1(\xi)}$, au lieu de $\xi + \alpha$, pour valeur approchée de la racine a, c'est-à-dire si l'on pose

$$(79) \qquad a = \xi + \alpha - \alpha^2\frac{F_2(\xi)}{F_1(\xi)},$$

l'erreur commise sur la racine n'affectera plus que les unités décimales de l'ordre marqué par le plus grand des trois nombres

$$3n \pm s, \quad 3n \pm 2r, \quad 4n \pm 3r.$$

Dans le cas particulier où la valeur numérique de Q est inférieure à $\left(\frac{1}{10}\right)^r$, et celle de la fraction (78) à $\left(\frac{1}{10}\right)^s$, la nouvelle erreur devient plus petite que

$$\left(\frac{1}{10}\right)^{3n}.$$

Il suffit donc alors de substituer le second membre de l'équation (79) à la quantité ξ pour tripler le nombre des chiffres décimaux exacts dans la valeur approchée de a. C'est ce qui arrive encore, à très peu près, quand le nombre n devient très considérable. Ces résultats sont conformes à ceux que M. Nicholson a obtenus dans un Ouvrage récemment publié à Londres, et qui a pour titre : *Essay on involution and evolution, etc.*

Théorème V. — *Les mêmes choses étant posées que dans le théorème précédent, concevons que le premier terme du polynôme* (56), *c'est-à-dire du polynôme qui représente le développement de* $F_1(\xi + 2\alpha)$, *ait une valeur numérique supérieure, non seulement à la somme des valeurs numériques de tous les autres termes, mais encore au double de cette somme. Alors, si l'on désigne par* ξ_1 *une quantité comprise entre les limites*

$$\xi, \quad \xi + 2\alpha,$$

la seconde des deux quantités

$$\xi_1, \quad \xi_1 - \frac{F(\xi_1)}{F_1(\xi_1)}$$

sera plus approchée de a *que la première.*

Démonstration. — Pour établir la proposition qu'on vient d'énoncer, il suffit de faire voir que la valeur numérique de la différence

$$a - \xi_1$$

est supérieure à celle de

$$a - \left[\xi_1 - \frac{F(\xi_1)}{F_1(\xi_1)}\right] = (a - \xi_1) - \frac{F(a) - F(\xi_1)}{F_1(\xi_1)},$$

ou, ce qui revient au même, que la fraction

$$\frac{F_1(\xi_1) - \frac{F(a) - F(\xi_1)}{a - \xi_1}}{F_1(\xi_1)}$$

a une valeur numérique inférieure à l'unité. Représentons par $\frac{u}{v}$ cette même fraction. Il suffira de prouver que

$$v - u \quad \text{et} \quad v + u,$$

c'est-à-dire, en d'autres termes,

$$(80) \qquad \frac{F(a) - F(\xi_1)}{a - \xi_1} \quad \text{et} \quad 2F_1(\xi_1) - \frac{F(a) - F(\xi_1)}{a - \xi_1}$$

sont deux expressions de même signe. Or, si l'on fait

$$(81) \qquad a = \xi + z \quad \text{et} \quad \xi_1 = \xi + 6,$$

z et 6 seront deux quantités de même signe comprises entre les limites o, 2α; et les expressions (80), après le développement des fonctions

$$F(\xi_1 + z), \quad F(\xi_1 + 6), \quad F_1(\xi + 6),$$

deviendront respectivement

$$F_1(\xi) + (6 + z)F_2(\xi) + (6^2 + 6z + z^2)F_3(\xi) + \ldots,$$
$$F_1(\xi) - (6 + z - 46)F_2(\xi) - (6^2 + 6z + z^2 - 66^2)F_3(\xi) - \ldots.$$

Comme, dans chacun de ces derniers polynômes, le coefficient de $F_n(\xi)$ a une valeur numérique évidemment inférieure à celle de l'une des quantités

$$nz^{n-1}, \quad 2n6^{n-1},$$

et par conséquent au double de la valeur numérique du produit

$$n(2\alpha)^{n-1},$$

il est clair qu'ils seront l'un et l'autre de même signe que $F_1(\xi)$, si la condition énoncée dans le théorème V se trouve remplie. Donc, etc.

Scolie I. — Les erreurs commises, lorsqu'on prend successivement

$$\xi_1 \quad \text{et} \quad \xi_1 - \frac{F(\xi_1)}{F_1(\xi_1)}$$

pour valeurs approchées de la racine a, sont respectivement égales aux valeurs numériques des deux quantités

$$a - \xi_1 \quad \text{et} \quad a - \xi_1 + \frac{F(\xi_1)}{F_1(\xi_1)}.$$

On trouvera d'ailleurs, en ayant égard aux formules (81),

$$(82)\qquad a-\xi_1=z-\epsilon$$

et

$$a-\xi_1+\frac{F(\xi_1)}{F_1(\xi_1)}=a-\xi_1-\frac{F(a)-F(\xi_1)}{F_1(\xi_1)}=z-\epsilon-\frac{F(\xi+z)-F(\xi+\epsilon)}{F_1(\xi+\epsilon)};$$

puis, en développant les fonctions $F(\xi+z)$, $F(\xi+\epsilon)$, $F_1(\xi+\epsilon)$,

$$(83)\quad\begin{cases} a-\xi_1+\dfrac{F(\xi_1)}{F_1(\xi_1)} \\ \quad =-(z-\epsilon)^2\dfrac{F_2(\xi)+(z+2\epsilon)F_3(\xi)+(z^2+2\epsilon z+3\epsilon^2)F_4(\xi)+\ldots}{F_1(\xi)+2\epsilon F_2(\xi)+3\epsilon^2 F_3(\xi)+\ldots}.\end{cases}$$

Cela posé, concevons que, pour toutes les valeurs de ϵ et de z comprises entre o et 2α, la valeur numérique du polynôme

$$(84)\qquad F_2(\xi)+(z+2\epsilon)F_3(\xi)+(z^2+2\epsilon z+3\epsilon^2)F_4(\xi)+\ldots$$

reste inférieure à la limite M, et celle du polynôme

$$(85)\qquad F_1(\xi)+2\epsilon F_2(\xi)+3\epsilon^2 F_3(\xi)+\ldots$$

supérieure à la limite N. Si l'on a

$$(86)\qquad \text{val. num.}\,(z-\epsilon)<\left(\frac{1}{10}\right)^n$$

et

$$(87)\qquad \frac{M}{N}<(10)^{\mp r},$$

n et r désignant deux nombres entiers quelconques, on conclura de l'équation (83)

$$(88)\qquad \text{val. num.}\left[a-\xi_1+\frac{F(\xi_1)}{F_1(\xi_1)}\right]<\left(\frac{1}{10}\right)^{2n\mp r}$$

Il est essentiel de remarquer que, pour obtenir des valeurs convenables de M et de N, il suffit : 1° de remplacer dans le polynôme (84) z et ϵ par 2α, puis de calculer la somme des valeurs numériques de tous les termes ; 2° de remplacer dans le polynôme (85) ϵ par 2α, et de chercher ensuite la différence entre la valeur numérique du premier terme et la somme des valeurs numériques de tous les autres.

Scolie II. — Les mêmes choses étant posées que dans le théorème V, si l'on fait successivement

$$(89)\qquad \xi_1 = \xi - \frac{F(\xi)}{F_1(\xi)}, \qquad \xi_2 = \xi_1 - \frac{F(\xi_1)}{F_1(\xi_1)}, \qquad \xi_3 = \xi_2 - \frac{F(\xi_2)}{F_1(\xi_2)}, \qquad \ldots,$$

les quantités $\xi_1, \xi_2, \xi_3, \ldots$ seront des valeurs de plus en plus approchées de la racine a. Si d'ailleurs on attribue aux nombres M et N les mêmes valeurs que dans le scolie I, alors, en supposant

$$\text{val. num.}(a - \xi) < \left(\frac{1}{10}\right)^n,$$

on en conclura

$$\text{val. num.}(a - \xi_1) < \left(\frac{1}{10}\right)^{2n \pm r},$$

$$\text{val. num.}(a - \xi_2) < \left(\frac{1}{10}\right)^{4n \pm 3r},$$

$$\text{val. num.}(a - \xi_3) < \left(\frac{1}{10}\right)^{8n \pm 7r},$$

$$\ldots\ldots\ldots\ldots\ldots\ldots\ldots\ldots\ldots$$

Ces dernières formules renferment la proposition énoncée par M. Fourier dans le *Bulletin de la Société philomathique* (livraison de mai 1818), relativement au nombre de décimales exactes que fournit à chaque opération nouvelle la méthode de Newton.

Toutes les fois que la fraction $\frac{M}{N}$ est inférieure à l'unité, on peut prendre $r = 0$, et par suite les différences successives entre la racine a et ses valeurs approchées

$$\xi, \quad \xi_1, \quad \xi_2, \quad \xi_3, \quad \ldots$$

sont respectivement plus petites que les nombres

$$\left(\frac{1}{10}\right)^n, \quad \left(\frac{1}{10}\right)^{2n}, \quad \left(\frac{1}{10}\right)^{4n}, \quad \left(\frac{1}{10}\right)^{8n}, \quad \ldots.$$

Donc alors le nombre des décimales exactes se trouve doublé pour le moins à chaque opération nouvelle.

Les recherches précédentes fournissent plusieurs méthodes de résolution pour les équations numériques. Afin de faire mieux sentir les avantages que présentent ces méthodes, je vais les appliquer aux deux équations

$$(90)\qquad x^3 - 2x - 5 = 0$$

et

$$(91)\qquad x^3 - 7x + 7 = 0$$

que Lagrange a choisies pour exemples (*Résolution des équations numériques,* Chap. IV), et dont la première a été plus anciennement traitée par Newton.

Si nous considérons d'abord l'équation (90), nous trouverons (théorème III, scolie II) qu'elle a une seule racine positive comprise entre les deux limites

$$\sqrt{2.2} = 2 \qquad \text{et} \qquad \sqrt[3]{2.5} = 2{,}15\ldots.$$

De plus, la valeur positive de x propre à vérifier l'équation

$$2x + 5 = x^3$$

satisfera (problème I, scolie IV) à la condition

$$2\sqrt{5.2x} < x^3,$$

ou, ce qui revient au même, à la suivante :

$$x > (40)^{\frac{1}{5}} = 2{,}09\ldots.$$

La racine dont il s'agit sera donc renfermée entre les nombres 2,09 et 2,15, ...; en sorte que sa valeur, approchée à moins d'un dixième près, sera 2,1. Pour obtenir une valeur plus exacte, nous observerons qu'on a dans le cas présent

$$F(x) = x^3 - 2x - 5, \qquad F_1(x) = 3x^2 - 2, \qquad F_2(x) = 3x, \qquad F_3(x) = 1,$$

et que, si l'on prend

$$\xi = 2{,}1,$$

la condition énoncée dans le théorème IV sera remplie. Cela posé, comme on tirera de l'équation (55)

$$\alpha = \frac{5 + \frac{4}{3}\xi}{3\xi^2 - 2} - \frac{\xi}{3} = -\,0{,}00543187 8\ldots,$$

on trouvera pour les nouvelles valeurs approchées de l'inconnue x

$$\xi + \alpha = 2{,}094568121\ldots$$

et

$$\xi + \alpha - \alpha^2 \frac{F_2(\xi)}{F_1(\xi)} = \xi + \alpha - \alpha^2 \frac{3\xi}{3\xi^2 - 2} = 2{,}0945515\ldots.$$

Enfin, comme, la valeur exacte de x étant présentée sous la forme $x = \xi + z$,

z sera une quantité comprise entre les limites o, 2α, et que par suite on aura évidemment

$$-q = \frac{F_2(\xi) + z F_3(\xi)}{F_1(\xi)} = \frac{6,3 + z}{11,23} < 0,6 < 1,$$

$$\frac{F_3(\xi)}{F_1(\xi)} = \frac{1}{11,23} \quad < 0,1,$$

$$\text{val. num. } z = \text{val. num. } (\alpha + q z^2) < \text{val. num. } \alpha + (2\alpha)^2 \text{ val. num. } q < 0,01,$$

on en conclura (théorème IV, scolies III et IV) que, en prenant

$$x = 2,0945681,$$

on commet une erreur plus petite que 0,0001, et en prenant

$$x = 2,0945515$$

une erreur plus petite que 0,000001.

Au lieu d'employer les formules générales, on pourrait effectuer le calcul de la manière suivante. Après avoir trouvé 2,1 pour la valeur approchée de x, on fera dans l'équation (90)

$$x = 2,1 + z,$$

et l'on en tirera, en divisant tous les termes par le coefficient de z,

$$(92) \qquad 0,005431878\ldots + z + 0,560997328\ldots z^2 + 0,089047195\ldots z^3 = 0$$

ou, ce qui revient au même,

$$(93) \qquad z = -0,005431878\ldots + q z^2,$$

la valeur de q étant déterminée par la formule

$$(94) \qquad q = -0,560997328\ldots - 0,089047195\ldots z.$$

Le double du premier terme de l'équation (92) est, à très peu près, 0,01; et, comme le premier membre de cette équation fournit deux résultats de signes contraires lorsqu'on y fait successivement

$$z = 0, \qquad z = -0,01,$$

on peut affirmer qu'elle a une racine réelle comprise entre les limites o et $-0,01$. Pour démontrer que cette racine est unique, il suffit d'observer que, en vertu de la formule (60), l'équation

$$F_1(2,1 + z) = 0$$

se réduit à

$$1 + 2 \times 0{,}560997328\ldots z + 3 \times 0{,}089047195\ldots z^2 = 0,$$

et que cette dernière ne saurait être vérifiée par aucune valeur de z renfermée entre les limites dont il s'agit. De plus, il est clair que, pour une semblable valeur de z, la quantité q déterminée par la formule (94) reste comprise entre $-0{,}560$ et $-0{,}561$; et, comme on tire de l'équation (93)

$$(95)\quad \left\{ \begin{aligned} z = &-0{,}005431878\ldots - 0{,}000029505\ldots(-q) \\ &- 0{,}000000320\ldots(-q)^2 - \ldots, \end{aligned} \right.$$

on en conclura : 1° en supposant $-q = 0{,}560$,

$$z = -0{,}00544850\ldots,$$

2° en supposant $-q = 0{,}561$,

$$z = -0{,}00544853\ldots.$$

Par suite, la valeur réelle et positive de x propre à vérifier l'équation (90) sera comprise entre les limites

$$2{,}1 - 0{,}00544850 = 2{,}09455150$$

et

$$2{,}1 - 0{,}00544854 = 2{,}09455146.$$

Cette équation a donc une racine positive unique à très peu près égale à

$$2{,}0945515.$$

Il est d'ailleurs facile de s'assurer qu'elle n'a point de racines négatives. Car, si elle en avait une seule, on pourrait satisfaire par une valeur positive de x à la formule

$$(96)\quad x^3 - 2x + 5 = 0;$$

et cette valeur de x (*voir* le scolie V du problème I) serait en même temps inférieure à la racine positive de l'équation

$$x^3 - 2x = 0,$$

c'est-à-dire à

$$\sqrt{2} = 1{,}414\ldots,$$

et supérieure à la racine de l'équation

$$5 - 2x = 0,$$

c'est-à-dire à

$$\frac{5}{2} = 2,5;$$

ce qui est absurde.

Passons maintenant à l'équation (91), et cherchons en premier lieu ses racines positives. Pour avoir une limite supérieure aux racines de cette espèce, il suffira d'observer que, l'équation dont il s'agit pouvant se mettre sous la forme

$$x^3 + 7 = 7x,$$

on en tire (problème I, scolie IV), en supposant x positif,

$$2\sqrt{7x^3} < 7x$$

et, par suite,

$$x < \frac{7}{4}.$$

On peut donc prendre $\frac{7}{4}$ pour une valeur approchée de la plus grande racine positive. Cela posé, si l'on fait dans l'équation (91)

$$x = \frac{7}{4} + z,$$

on trouvera

(97) $$0,05 + z + 2,40z^2 + \frac{32}{70}z^3 = 0$$

ou, ce qui revient au même,

(98) $$z = -0,05 + qz^2,$$

la valeur de q étant déterminée par la formule

(99) $$q = -2,40 - \frac{32}{70}z.$$

Le double du premier terme de l'équation (97) est 0,1; et, comme le premier membre de cette équation change de signe lorsqu'on passe de $z = 0$ à $z = -0,1$, tandis que le polynôme

$$1 + 2 \times 2,40z + 3 \times \frac{32}{70}z^2$$

reste constamment positif dans cet intervalle, il en résulte qu'elle a une racine réelle, mais une seule, comprise entre les limites 0 et $-0,1$. La valeur correspondante de q est évidemment renfermée entre les deux quantités

$$-2{,}354\ldots, \quad -2{,}40;$$

et l'on tire d'ailleurs de l'équation (98)

$$(100)\quad \begin{cases} z = -\dfrac{0{,}1}{1+\sqrt{1+0{,}2q}} \\ \quad = -0{,}05 - 0{,}0025(-q) - 0{,}00025(-q)^2 - 0{,}00003125(-q)^3 - \ldots. \end{cases}$$

Si dans cette dernière équation on fait successivement

$$q = -2{,}354, \qquad q = -2{,}40,$$

on trouvera pour les valeurs correspondantes de z

$$z = -0{,}05788\ldots, \qquad z = -0{,}05810\ldots;$$

et l'on en conclura que la plus grande racine positive de l'équation proposée est renfermée entre les limites

$$\frac{7}{4} - 0{,}05788\ldots = 1{,}69211\ldots$$

et

$$\frac{7}{4} - 0{,}05810\ldots = 1{,}69189\ldots.$$

Donc, si l'on appelle a cette plus grande racine, sa valeur approchée à onze cent-millièmes près sera donnée par la formule

$$(101)\qquad a = 1{,}6920.$$

En partant de cette première valeur approchée, on pourra par une seule opération en obtenir une seconde dans laquelle l'erreur ne portera plus que sur les décimales du douzième ordre.

Outre la racine a que nous venons de considérer, l'équation (91) admet évidemment une racine négative égale, au signe près, à la racine positive unique de l'équation

$$(102)\qquad x^3 - 7x - 7 = 0,$$

et par conséquent renfermée (théorème III, scolie II) entre les limites

$$-\sqrt{14} = -3{,}7416\ldots \quad \text{et} \quad -\sqrt[3]{14} = -2{,}41\ldots.$$

Nommons c la racine négative dont il s'agit. La troisième racine b de l'équation (91) sera évidemment réelle et positive, puisque le produit abc des trois racines doit être équivalent au dernier terme pris en signe contraire, c'est-à-dire à -7. Déterminons à présent cette troisième racine. Pour y parvenir, on cherchera d'abord un nombre G égal ou inférieur à la valeur numérique de $F_1(a)$. Or, puisqu'on a dans le cas présent

$$F(x) = x^3 - 7x + 7,$$

$$F_1(x) = 3x^2 - 7,$$

on en conclura

$$F_1(a) = 3a^2 - 7.$$

On pourra donc prendre

$$G = 3(1,69189)^2 - 7 = 1,5874\ldots.$$

D'ailleurs, en vertu de ce qui précède, on a encore

$$a < 1,6922, \qquad -c < 3,7417$$

et, par suite,

$$a - c < 5,4339.$$

Cela posé, on trouvera (problème II, scolie II)

$$a - b > \frac{G}{a-c} > \frac{1,5874}{5,4339} = 0,29212\ldots,$$

et l'on aura en conséquence

$$b < 1,69211\ldots - 0,29214\ldots < 1,40.$$

Après avoir reconnu, comme on vient de le faire, que la racine b est inférieure à la limite 1,40, on supposera

$$x = 1,40 + z.$$

L'équation (91) donnera dans cette hypothèse

$$(103) \qquad 0,05 + z - 3,75\, z^2 - \frac{25}{28} z^3 = 0$$

ou, ce qui revient au même,

$$(98) \qquad z = -0,05 + q z^2,$$

la valeur de q étant déterminée par la formule

$$(104) \qquad q = 3,75 + \frac{25}{28} z.$$

Le double du premier terme de l'équation (103) est 0,1; et, comme le premier membre de cette équation change de signe lorsqu'on passe de $z=0$ à $z=-0,1$, tandis que le polynôme

$$1-2\times 3,75\,z-3\times\frac{25}{28}z^2$$

reste constamment positif dans l'intervalle, il en résulte qu'elle a une seule racine réelle comprise entre les limites 0, $-0,1$. La valeur correspondante de q est évidemment renfermée entre les deux quantités

$$3,66 \quad \text{et} \quad 3,75.$$

En substituant successivement ces deux quantités à la place de la lettre q dans l'équation (100), on obtiendra deux nouvelles limites de l'inconnue z, savoir

$$-\frac{0,1}{1+\sqrt{1,732}}=-0,04317\ldots$$

et

$$-\frac{0,1}{1+\sqrt{1,750}}=-0,04305\ldots;$$

puis l'on en conclura que la racine positive b est comprise entre

$$1,40-0,04317\ldots=1,35682\ldots$$

et

$$1,40-0,04305\ldots=1,35694\ldots.$$

On obtiendra donc la valeur approchée de cette racine à un dix-millième près, si l'on prend

(105) $$b=1,3569.$$

Quant à la racine négative c de l'équation (91), nous savons déjà qu'elle est comprise entre les limites

$$-3,7416\ldots \quad \text{et} \quad -2,41\ldots.$$

On aura donc sa valeur approchée à une unité près, si on la suppose égale à -3. Cela posé, faisons dans l'équation (91)

$$x=-3+z.$$

On trouvera

(106) $$0,05+z-0,45z^2+0,05z^3=0$$

ou, ce qui revient au même,

$$z = -0,05 + qz^2, \tag{98}$$

la valeur de q étant déterminée par la formule

$$q = 0,45 - 0,05z. \tag{107}$$

De plus, on reconnaîtra facilement : 1° que l'équation (106) a une racine réelle, mais une seule, comprise entre les limites 0, $-0,1$; 2° que la valeur correspondante de q est renfermée entre les deux nombres

$$0,45, \quad 0,455;$$

3° que ces deux nombres substitués à la place de la lettre q dans l'équation (100) fournissent deux nouvelles valeurs approchées de z, savoir

$$-\frac{0,1}{1+\sqrt{1,09}} = -0,048922\ldots$$

et

$$-\frac{0,1}{1+\sqrt{1,091}} = -0,048911\ldots.$$

Par suite, la valeur approchée de c à un cent-millième près sera

$$c = -3,04892. \tag{108}$$

Au reste, on aurait pu déduire immédiatement la valeur approchée de c des formules (101) et (105). En effet, puisque dans l'équation (91) le coefficient de x^2 se réduit à zéro, on en conclut

$$a + b + c = 0,$$
$$c = -a - b,$$

et, par conséquent, à très peu près,

$$c = -(1,6920 + 1,3569) = -3,0489.$$

Pour terminer cette Note, nous présenterons ici deux théorèmes dont le second comprend la règle énoncée par Descartes relativement à la détermination du nombre des racines positives ou négatives qui appartiennent à une équation de degré quelconque. Dans ce dessein, nous allons d'abord examiner le nombre des variations et des permanences de signes que peut offrir une suite de quantités, lorsqu'on suppose les différents termes de cette suite comparés l'un à l'autre, dans l'ordre où ils se succèdent.

Soit

$$(109) \qquad a_0, \quad a_1, \quad a_2, \quad \ldots, \quad a_{m-1}, \quad a_m$$

la suite que l'on considère, composée de $m+1$ termes. Si aucun de ces termes ne se réduit à zéro, le nombre des variations de signe qu'on obtiendra en les comparant deux à deux, dans l'ordre où ils se succèdent, sera complètement déterminé. Mais, si quelques termes se réduisent à zéro, comme on pourra, dans cette hypothèse, fixer arbitrairement le signe de chacun d'entre eux, le nombre des variations de signe dépendra de cette fixation même, de manière cependant à ne pouvoir s'abaisser au-dessous d'un certain minimum, ni s'élever au-dessus d'un certain maximum. Une semblable remarque peut être faite sur le nombre des permanences de signe. Ajoutons que, pour obtenir le nombre maximum des variations de signe, il suffit de considérer chaque terme qui s'évanouit comme affecté d'un signe contraire à celui du terme précédent. Concevons, par exemple, que la suite (109) se compose des quatre termes

$$+1, \quad 0, \quad 0, \quad -1.$$

Le premier de ces termes étant positif, on obtiendra le nombre maximum des variations de signe, en considérant le second terme comme négatif, et le troisième comme positif, ou, ce qui revient au même, en écrivant

$$+1, \quad -0, \quad +0, \quad -1.$$

Par suite, dans ce cas particulier, le nombre maximum dont il s'agit sera égal à 3. On aurait obtenu au contraire le nombre minimum des variations de signe, égal à l'unité, en affectant chaque terme nul d'un signe semblable à celui du terme précédent, c'est-à-dire en écrivant

$$+1, \quad +0, \quad -0, \quad -1.$$

Ces principes étant admis, on établira sans difficulté les propositions suivantes :

Théorème VI. — *Supposons que, la constante h étant réelle et positive, on multiplie le polynôme*

$$(110) \qquad a_0 x^m + a_1 x^{m-1} + a_2 x^{m-2} + \ldots + a_{m-1} x + a_m$$

par le facteur linéaire $x+h$. Cette multiplication n'augmentera pas le *nombre maximum des variations de signe entre les coefficients successifs des puissances descendantes de la variable z.*

Démonstration. — En multipliant le polynôme (110) par $x+h$, on obtient un nouveau polynôme dans lequel les puissances descendantes de la variable ont pour coefficients respectifs les quantités

(111) $$a_0, \quad a_1+ha_0, \quad a_2+ha_1, \quad \ldots, \quad a_m+ha_{m-1}, \quad ha_m.$$

Il suffira donc de prouver que le nombre des variations de signe ne croît pas dans le passage de la suite (109) à la suite (111), lorsqu'on a porté ce nombre au maximum dans l'une et l'autre suite, en affectant chaque terme qui s'évanouit d'un signe contraire à celui du terme précédent. Or, je dis en premier lieu que, les signes étant fixés d'après cette règle, chaque terme de la suite (111), représenté par un binôme de la forme

$$a_n+ha_{n-1},$$

prendra le même signe que l'un des termes a_n, a_{n-1} de la suite (109). Cette assertion est également évidente dans les deux cas qui peuvent se présenter, savoir : 1° lorsque les deux termes a_{n-1}, a_n sont originairement, ou en vertu de la règle adoptée, affectés de signes contraires, par exemple lorsque a_n s'évanouit; 2° lorsque, a_n ayant une valeur différente de zéro, a_{n-1} est affecté du même signe que a_n. En conséquence, si l'on attribue aux quantités

(112) $$ha_0, \quad ha_1, \quad ha_2, \quad \ldots, \quad ha_{m-1}, \quad ha_m$$

les mêmes signes qu'aux termes correspondants de la suite (109), on pourra, sans altérer en aucune manière la succession des signes dans la suite (111), y remplacer chaque binôme de la forme

$$a_n+ha_{n-1}$$

par l'un des deux monômes a_n, ha_{n-1}. En opérant ainsi, on obtiendra une nouvelle suite dans laquelle chaque terme de la forme a_n se trouvera suivi d'un autre terme égal, soit au monôme a_{n+1}, soit au monôme ha_n, qui est la seconde partie du binôme $a_{n+1}+ha_n$, tandis que chaque terme de la forme ha_n se trouvera suivi du monôme ha_{n+1}, ou du monôme a_{n+2}, qui est la première partie du binôme $a_{n+2}+ha_{n+1}$. Cela posé, concevons que dans la nouvelle suite on distingue : 1° chaque terme de la forme a_n auquel succède un autre terme de la forme ha_n; 2° chaque terme de la forme ha_n auquel succède un autre terme de la forme a_{n+2}; et soient respectivement

$$a_s, \quad ha_u, \quad a_v, \quad ha_w, \quad \ldots$$

les différents termes de l'une et l'autre espèce rangés d'après l'ordre de grandeur des indices qui affectent la lettre a. La nouvelle suite, composée des monômes

$$(113)\quad \left\{\begin{array}{l} a_0,\ a_1,\ \ldots,\ a_s,\quad ha_s,\ ha_{s+1},\ \ldots,\ ha_u,\quad a_{u+2},\ \ldots,\ a_v, \\ \qquad ha_v,\ ha_{v+1},\ \ldots,\ ha_w,\quad a_{w+2},\ a_{w+3},\ \ldots,\ ha_m, \end{array}\right.$$

ne présentera évidemment que des variations de signe propres à la suite (109) avec celles qui peuvent naître dans le passage de ha_u à a_{u+2}, de ha_w à a_{w+2}, ... D'ailleurs il est aisé de voir que, si les deux quantités

$$ha_u \quad \text{et} \quad a_{u+2},$$

ou, ce qui revient au même,

$$a_u \quad \text{et} \quad a_{u+2}$$

sont affectés de signes contraires, la variation de signe correspondante ne fera que remplacer une autre variation de signe propre à la suite (109), savoir celle qui avait lieu entre le terme a_{u+1} et l'un des deux termes a_u, a_{u+2}. Une remarque toute semblable s'applique au cas où les monômes ha_w, a_{w+2} sont affectés de signes contraires, etc. On peut donc conclure que le nombre maximum des variations de signe n'augmente pas lorsqu'on passe de la suite (109) à la suite (113), et par conséquent à la suite (111); ce qu'il fallait démontrer.

Corollaire. — Si l'on multiplie le polynôme (110) par plusieurs facteurs linéaires de la forme

$$x+h, \quad x+h', \quad x+h'', \quad \ldots,$$

$h, h', h'', \ldots$ désignant des quantités positives, on n'augmentera pas le nombre maximum des variations de signes entre les coefficients successifs des puissances descendantes de la variable x.

Théorème VII. — *Soient, pour le polynôme*

$$(110)\qquad F(x) = a_0 x^m + a_1 x^{m-1} + \ldots + a_{m-1} x + a_m,$$

m' le nombre minimum des permanences de signes, et m'' le nombre minimum des variations de signe entre les coefficients successifs des puissances descendantes de x. Alors, dans l'équation

$$F(x) = 0, \tag{114}$$

le nombre des racines négatives sera égal ou inférieur à m', le nombre des racines positives égal ou inférieur à m'', et le nombre des racines imaginaires égal ou supérieur à la différence

$$m - (m' + m'').$$

Démonstration. — Pour établir la première partie du théorème, j'observe que, si l'on appelle $h, h', h'', \ldots$ les racines négatives de l'équation (114), le polynôme $F(x)$ sera divisible par le produit

$$(x+h)(x+h')(x+h'')\ldots.$$

Nommons Q le quotient. D'après le corollaire du théorème précédent, le nombre maximum des variations de signe dans le polynôme $F(x)$ sera égal ou inférieur au nombre maximum de ces variations dans le polynôme Q, et par conséquent au degré de ce dernier polynôme. Par suite, le nombre minimum des permanences de signe dans le polynôme $F(x)$ sera égal ou supérieur à la différence entre le nombre m et le degré du polynôme Q, c'est-à-dire au nombre des racines réelles et négatives de l'équation

$$F(x) = 0. \tag{114}$$

Pour démontrer la seconde partie du théorème VII, il suffira de remarquer que, en écrivant $-x$ au lieu de x dans l'équation (114), on change à la fois les racines positives en négatives, les variations de signe en permanences, et réciproquement.

Enfin, comme cette équation, étant du degré m, doit avoir m racines réelles ou imaginaires, il est clair que la troisième partie du théorème est une conséquence immédiate des deux autres.

Corollaire. — Pour montrer une application du théorème précédent, considérons en particulier l'équation

$$x^m + 1 = 0. \tag{115}$$

On trouvera : 1° en supposant m pair,

$$m' = 0, \qquad m'' = 0;$$

2° en supposant m impair,

$$m' = 1, \qquad m'' = 0.$$

Par suite, l'équation (115) n'a point de racines réelles dans la première hypothèse, et ne peut en avoir qu'une dans la seconde, savoir, une racine réelle négative.

NOTE IV.

SUR LE DÉVELOPPEMENT DE LA FONCTION ALTERNÉE

$$(y-x)(z-y)(z-x)\ldots(v-x)(v-y)(v-z)\ldots(v-u).$$

Désignons par φ la fonction dont il s'agit. Ainsi qu'on l'a déjà remarqué (Chap. III, § II), chaque terme de son développement sera équivalent, abstraction faite du signe, au produit des diverses variables rangées dans un certain ordre et respectivement élevées aux puissances marquées par les nombres

$$0,\quad 1,\quad 2,\quad 3,\quad \ldots,\quad n-1.$$

De plus, il est aisé de voir que tous les produits de cette espèce peuvent se déduire les uns des autres à l'aide d'un ou de plusieurs échanges opérés entre les variables prises deux à deux. Ainsi, par exemple, on déduira le produit

$$x^0 y^1 z^2 \ldots u^{n-2} v^{n-1}$$

d'un quelconque des produits de même forme, en faisant passer successivement par de semblables échanges la lettre x à la première place, puis la lettre y à la seconde, puis la lettre z à la troisième, etc. Comme d'ailleurs la fonction φ change de signe, en conservant au signe près la même valeur, toutes les fois qu'on échange deux variables entre elles, on devra conclure : 1° que le développement de cette fonction renferme tous les produits ci-dessus mentionnés, pris les uns avec le signe $+$, les autres avec le signe $-$; 2° que, dans le même développement, deux produits, choisis au hasard, sont affectés du même signe, ou de signes contraires, suivant qu'on peut les déduire l'un de l'autre par un nombre pair ou par un nombre impair d'échanges. En partant de ces remarques, on établira sans difficulté la proposition suivante :

THÉORÈME I. — *Joignez au produit*

$$x^0 y^1 z^2 \ldots u^{n-2} v^{n-1}$$

tous ceux que l'on peut en déduire à l'aide d'un ou de plusieurs échanges successivement opérés entre les variables

$$x, \quad y, \quad z, \quad \ldots, \quad u, \quad v$$

prises deux à deux. Le nombre des produits que vous obtiendrez sera

$$1.2.3\ldots(n-1)n,$$

et ils se partageront en deux classes distinctes, de telle manière qu'on ne pourra jamais déduire l'un de l'autre deux produits d'une même classe que par un nombre pair d'échanges, ni deux produits de classe différente que par un nombre impair d'échanges. Cela posé, si l'on ajoute tous les produits d'une classe pris avec le signe + aux produits de l'autre classe pris avec le signe —, on trouvera pour somme, suivant qu'on donnera le signe + aux produits d'une classe ou à ceux de l'autre, soit le développement de $+\varphi$, *soit le développement de* $-\varphi$.

Il suffit évidemment d'avoir égard à la proposition précédente pour construire le développement de la fonction alternée $+\varphi$. Toutefois on doit remarquer encore un autre théorème, à l'aide duquel on peut décider immédiatement si deux produits, pris au hasard dans le développement dont il s'agit, s'y trouvent affectés du même signe ou de signes contraires. Nous nous contenterons d'énoncer ici ce second théorème, sans en donner la démonstration qu'on déduira sans peine des principes que nous avons exposés.

Théorème II. — *Pour décider si, dans le développement de la fonction alternée* $\pm\varphi$, *deux produits de la forme*

$$x^0 y^1 z^2 \ldots u^{n-2} v^{n-1}$$

sont affectés du même signe, ou de signes contraires, on distribuera les variables

$$x, \quad y, \quad z, \quad \ldots, \quad u, \quad v$$

en plusieurs groupes, en ayant soin de faire entrer deux variables dans un même groupe toutes les fois qu'elles porteront le même exposant dans les deux produits que l'on considère, et formant un groupe isolé de chaque variable qui n'aura pas changé d'exposant dans le passage du premier produit au second. Cela posé, les deux produits seront affectés du même signe, si la différence du nombre total des variables au nombre des groupes est un nombre pair, et ils seront affectés de signes contraires, si cette différence est un nombre impair.

On facilite l'usage du théorème qui précède, en écrivant les deux produits l'un sur l'autre, et rangeant dans chacun d'eux les variables d'après l'ordre de grandeur des exposants qu'elles portent.

Pour appliquer à un exemple les deux théorèmes ci-dessus énoncés, considérons en particulier cinq variables

$$x,\quad y,\quad z,\quad u,\quad v.$$

Le produit de leurs différences, ou, si l'on veut, la fonction alternée

$$(y-x)(z-x)(z-y)(u-x)(u-y)(u-z)(v-x)(v-y)(v-z)(v-u),$$

fournira un développement composé de cent vingt termes respectivement égaux à cent vingt produits dont soixante seront précédés du signe $+$, et soixante du signe $-$. L'un des produits affectés du signe $+$ sera celui qui a pour facteurs les premières lettres des binômes

$$y-x,\quad z-x,\quad z-y,\quad \ldots,\quad v-u,$$

savoir

$$x^0\, y^1\, z^2\, u^3\, v^4.$$

Pour juger si un autre produit tel que

$$x^0\, z^1\, v^2\, u^3\, y^4$$

doit être pris avec le signe $+$ ou avec le signe $-$, il suffira d'observer que, si l'on compare les deux produits dont il est ici question sous le rapport des mutations qui ont lieu entre les variables données lorsqu'on passe de l'un à l'autre, on sera conduit à partager ces mêmes variables en trois groupes, dont l'un renfermera la seule variable x, un second les trois variables y, z, v, et un troisième la seule variable u. Si du nombre des variables égal à 5 on retranche le nombre des groupes égal à 3, on aura pour reste 2, c'est-à-dire un nombre pair. Par conséquent les deux produits devront être affectés du même signe; et, puisque le premier est précédé du signe $+$, le second devra l'être également.

NOTE V.

SUR LA FORMULE DE LAGRANGE RELATIVE A L'INTERPOLATION.

Lorsqu'on veut déterminer une fonction entière de x, du degré $n-1$, d'après un certain nombre de valeurs particulières supposées connues, il suffit d'avoir égard à la formule (1) du Chapitre IV (§ I). Cette formule, donnée pour la première fois par Lagrange, pourrait facilement se déduire des principes exposés dans le paragraphe I du Chapitre III. En effet, désignons par

$$u = a + bx + cx^2 + \ldots + hx^{n-1} \tag{1}$$

la fonction cherchée, et par

$$u_0, \quad u_1, \quad u_2, \quad \ldots, \quad u_{n-1}$$

ses valeurs particulières correspondantes aux valeurs

$$x_0, \quad x_1, \quad x_2, \quad \ldots, \quad x_{n-1},$$

de la variable x. Les inconnues du problème seront les coefficients a, b, c, ..., h des diverses puissances de x dans le polynôme u; et l'on aura, pour déterminer ces inconnues, les équations de condition

$$\left\{\begin{array}{l} u_0 = a + bx_0 + cx_0^2 + \ldots + hx_0^{n-1}, \\ u_1 = a + bx_1 + cx_1^2 + \ldots + hx_1^{n-1}, \\ u_2 = a + bx_2 + cx_2^2 + \ldots + hx_2^{n-1}, \\ \ldots\ldots\ldots\ldots\ldots\ldots\ldots\ldots\ldots\ldots, \\ u_{n-1} = a + bx_{n-1} + cx_{n-1}^2 + \ldots + hx_{n-1}^{n-1}. \end{array}\right. \tag{2}$$

Cela posé, pour obtenir la valeur explicite de la fonction u, il s'agira uniquement d'éliminer les coefficients a, b, c, ..., h entre les formules (1) et (2). On y parviendra en ajoutant l'équation (1) aux équations (2), après avoir multiplié ces dernières par des quantités choisies de manière à faire disparaître la somme des seconds membres. Soient

$$-X_0, \quad -X_1, \quad -X_2, \quad \ldots, \quad -X_{n-1}$$

les quantités dont il s'agit. On trouvera

$$\begin{aligned} u - X_0 u_0 - X_1 u_1 - X_2 u_2 - \ldots - X_{n-1} u_{n-1} \\ = (1 \quad - \quad X_0 \quad - \quad X_1 \quad - \quad X_2 \quad - \ldots - \quad X_{n-1})\, a \\ + (x \quad - x_0 X_0 \quad - x_1 X_1 \quad - x_2 X_2 \quad - \ldots - x_{n-1} X_{n-1})\, b \\ + (x^2 \quad - x_0^2 X_0 \quad - x_1^2 X_1 \quad - x_2^2 X_2 \quad - \ldots - x_{n-1}^2 X_{n-1})\, c \\ + \ldots\ldots\ldots\ldots\ldots\ldots\ldots\ldots\ldots\ldots\ldots \\ + (x^{n-1} - x_0^{n-1} X_0 - x_1^{n-1} X_1 - x_2^{n-1} X_2 - \ldots - x_{n-1}^{n-1} X_{n-1})\, h \end{aligned}$$

et, par suite,

$$u = X_0 u_0 + X_1 u_1 + X_2 u_2 + \ldots + X_{n-1} u_{n-1}, \tag{3}$$

attendu que les quantités

$$X_0, \quad X_1, \quad X_2, \quad \ldots, \quad X_{n-1}$$

devront être assujetties aux équations de condition

$$\left\{ \begin{aligned} X_0 + X_1 + X_2 + \ldots + X_{n-1} &= 1, \\ x_0 X_0 + x_1 X_1 + x_2 X_2 + \ldots + x_{n-1} X_{n-1} &= x, \\ x_0^2 X_0 + x_1^2 X_1 + x_2^2 X_2 + \ldots + x_{n-1}^2 X_{n-1} &= x^2, \\ \ldots\ldots\ldots\ldots\ldots\ldots\ldots\ldots\ldots\ldots\ldots&, \\ x_0^{n-1} X_0 + x_1^{n-1} X_1 + x_2^{n-1} X_2 + \ldots + x_{n-1}^{n-1} X_{n-1} &= x^{n-1}. \end{aligned} \right. \tag{4}$$

Si l'on résout ces nouvelles équations par la méthode exposée dans le Chapitre III (§ I), on obtiendra les formules

$$\left\{ \begin{aligned} X_0 &= \frac{(x - x_1)(x - x_2)\ldots(x - x_{n-1})}{(x_0 - x_1)(x_0 - x_2)\ldots(x_0 - x_{n-1})}, \\ X_1 &= \frac{(x - x_0)(x - x_2)\ldots(x - x_{n-1})}{(x_1 - x_0)(x_1 - x_2)\ldots(x_1 - x_{n-1})}, \\ &\ldots\ldots\ldots\ldots\ldots\ldots\ldots\ldots\ldots, \\ X_{n-1} &= \frac{(x - x_0)(x - x_1)\ldots(x - x_{n-2})}{(x_{n-1} - x_0)(x_{n-1} - x_1)\ldots(x_{n-1} - x_{n-2})}, \end{aligned} \right. \tag{5}$$

en vertu desquelles l'équation (3) se réduit à la formule de Lagrange.

Au reste, la formule de Lagrange est comprise dans une autre plus générale à laquelle on se trouve conduit, lorsqu'on cherche à déterminer, d'après un certain nombre de valeurs particulières supposées connues, non plus une fonction entière, mais une fonction rationnelle de la variable x. Concevons, pour fixer les idées, que cette fonction rationnelle doive être de la forme

$$(6) \qquad u = \frac{a + bx + cx^2 + \ldots + hx^{n-1}}{\alpha + 6x + \gamma x^2 + \ldots + \theta x^m}.$$

Alors les inconnues du problème seront les coefficients

$$a, \quad b, \quad c, \quad \ldots, \quad h, \qquad \alpha, \quad 6, \quad \gamma, \quad \ldots, \quad \theta$$

ou, pour mieux dire, les rapports

$$\frac{a}{\alpha}, \quad \frac{b}{\alpha}, \quad \frac{c}{\alpha}, \quad \ldots, \quad \frac{h}{\alpha}, \qquad \frac{\alpha}{\alpha}, \quad \frac{6}{\alpha}, \quad \frac{\gamma}{\alpha}, \quad \ldots, \quad \frac{\theta}{\alpha},$$

dont le nombre est $n + m$. Il est aisé d'en conclure que la fonction u sera complètement déterminée, si l'on en connaît $n + m$ valeurs particulières

$$(7) \qquad u_0, \quad u_1, \quad u_2, \quad \ldots, \quad u_{n+m-1},$$

correspondantes à $n + m$ valeurs

$$(8) \qquad x_0, \quad x_1, \quad x_2, \quad \ldots, \quad x_{n+m-1}$$

de la variable x. On arrive encore aux mêmes conclusions, en faisant voir qu'une seconde fonction rationnelle de la forme

$$(9) \qquad \frac{a' + b'x + c'x^2 + \ldots + h'x^{n-1}}{\alpha' + 6'x + \gamma'x^2 + \ldots + \theta'x^m}$$

ne peut satisfaire aux mêmes conditions que la première, sans lui être identiquement égale. Supposons, en effet, que les fractions (6) et (9) deviennent égales entre elles pour les valeurs particulières de x comprises dans la série (8). L'équation

$$(10) \qquad \left\{ \begin{array}{l} (a + b\,x + \ldots + h\,x^{n-1})(\alpha' + 6'x + \ldots + \theta' x^m) \\ - (a' + b'x + \ldots + h'x^{n-1})(\alpha + 6\,x + \ldots + \theta\,x^m) = 0, \end{array} \right.$$

subsistant alors pour $n+m$ valeurs de la variable, tandis que son degré reste inférieur à $n+m$, sera nécessairement une équation identique; d'où il suit qu'on aura identiquement

$$(11)\qquad \frac{a+bx+cx^2+\ldots+hx^{n-1}}{\alpha+6x+\gamma x^2+\ldots+\theta x^m}=\frac{a'+b'x+c'x^2+\ldots+h'x^{n-1}}{\alpha'+6'x+\gamma'x^2+\ldots+\theta'x^m}.$$

On ne peut donc résoudre que d'une seule manière la question proposée. On la résoudra effectivement en prenant pour valeur générale de u la fraction

$$\frac{u_0u_1\ldots u_m\dfrac{(x-x_{m+1})(x-x_{m+2})\ldots(x-x_{m+n-1})}{(x_0-x_{m+1})\ldots(x_0-x_{m+n-1})\ldots(x_m-x_{m+1})\ldots(x_m-x_{m+n-1})}+\ldots}{u_0u_1\ldots u_{m-1}\dfrac{(x_0-x)(x_1-x)\ldots(x_{m-1}-x)}{(x_0-x_m)\ldots(x_0-x_{m+n-1})\ldots(x_{m-1}-x_m)\ldots(x_{m-1}-x_{m+n-1})}+\ldots},$$

dans laquelle le dénominateur doit être remplacé par l'unité, lorsqu'on suppose $m=0$, et le numérateur par le produit $u_0u_1\ldots u_m$, lorsqu'on suppose $n=1$. Cela posé, on trouvera, pour $m=0$,

$$(12)\qquad u=u_0\frac{(x-x_1)(x-x_2)\ldots(x-x_{n-1})}{(x_0-x_1)(x_0-x_2)\ldots(x_0-x_{n-1})}+\ldots;$$

pour $m=1$,

$$(13)\qquad u=\frac{u_0u_1\dfrac{(x-x_2)(x-x_3)\ldots(x-x_n)}{(x_0-x_2)(x_0-x_3)\ldots(x_0-x_n)(x_1-x_2)(x_1-x_3)\ldots(x_1-x_n)}+\ldots}{u_0\dfrac{x_0-x}{(x_0-x_1)(x_0-x_2)\ldots(x_0-x_n)}+u_1\dfrac{x_1-x}{(x_1-x_0)(x_1-x_2)\ldots(x_1-x_n)}+\ldots},$$

....;

pour $n=1$,

$$(14)\qquad u=\frac{u_0u_1\ldots u_m}{u_0u_1\ldots u_{m-1}\dfrac{(x_0-x)(x_1-x)\ldots(x_{m-1}-x)}{(x_0-x_m)(x_1-x_m)\ldots(x_{m-1}-x_m)}+\ldots}.$$

Dans chacune des formules précédentes, on complétera sans peine le numérateur ou le dénominateur de la fraction qui représente la valeur de u, en ajoutant au premier terme de ce numérateur ou de ce dénominateur tous ceux qu'on peut en déduire à l'aide d'un ou de plusieurs échanges opérés entre les indices. Par exemple, si l'on suppose en même temps $m=1$ et

$n = 2$, on trouvera, pour la valeur de u complètement développée,

$$(15)\qquad u = \frac{u_0 u_1 \dfrac{x - x_2}{(x_0 - x_2)(x_1 - x_2)} + u_0 u_2 \dfrac{x - x_1}{(x_0 - x_1)(x_2 - x_1)} + u_1 u_2 \dfrac{x - x_0}{(x_1 - x_0)(x_2 - x_0)}}{u_0 \dfrac{x_0 - x}{(x_0 - x_1)(x_0 - x_2)} + u_1 \dfrac{x_1 - x}{(x_1 - x_0)(x_1 - x_2)} + u_2 \dfrac{x_2 - x}{(x_2 - x_0)(x_2 - x_1)}}.$$

Il est bon de remarquer que la formule (12) est celle de Lagrange, et que pour en déduire la formule (14) il suffit de remplacer $n - 1$ par m, puis de prendre pour inconnue la fonction $\frac{1}{u}$, supposée entière, au lieu de la fonction u.

NOTE VI.

DES NOMBRES FIGURÉS.

On appelle nombres *figurés* du premier, du second, du troisième ordre, etc. ceux qui servent de coefficients aux puissances successives de x dans les développements des expressions

$$(1+x)^{-2},\quad (1+x)^{-3},\quad (1+x)^{-4},\quad \ldots.$$

Cette définition fournit un moyen facile de les calculer. En effet, nous avons prouvé, dans le Chapitre VI (§ IV), qu'on a, pour des valeurs réelles quelconques de μ et pour des valeurs numériques de x inférieures à l'unité,

$$(1)\quad \left\{ \begin{aligned} (1+x)^{\mu} = 1 + \frac{\mu}{1}x + \frac{\mu(\mu-1)}{1.2}x^2 + \ldots \\ + \frac{\mu(\mu-1)\ldots(\mu-n+1)}{1.2.3\ldots n}x^n + \ldots. \end{aligned} \right.$$

Si dans l'équation précédente on pose $\mu = -(m+1)$, m désignant un nombre entier quelconque, on trouvera

$$(2)\quad \left\{ \begin{aligned} (1+x)^{-m-1} = 1 - \frac{m+1}{1}x + \frac{(m+1)(m+2)}{1.2}x^2 - \ldots \\ \pm \frac{(m+1)(m+2)\ldots(m+n)}{1.2.3\ldots n}x^n \pm \ldots. \end{aligned} \right.$$

Comme on a d'ailleurs évidemment

$$(3)\quad \left\{ \begin{aligned} \frac{(m+1)(m+2)\ldots(m+n)}{1.2.3\ldots n} &= \frac{1.2.3\ldots m(m+1)\ldots(m+n)}{(1.2.3\ldots m)(1.2.3\ldots n)} \\ &= \frac{(n+1)(n+2)\ldots(n+m)}{1.2.3\ldots m}, \end{aligned} \right.$$

il en résulte que l'équation (2) peut s'écrire ainsi qu'il suit :

$$(4)\quad\left\{\begin{aligned}(1+x)^{-m-1} &= \frac{1.2.3\ldots m}{1.2.3\ldots m} - \frac{2.3.4\ldots(m+1)}{1.2.3\ldots m}x \\ &+ \frac{3.4.5\ldots(m+2)}{1.2.3\ldots m}x^2 - \ldots \mp \frac{n(n+1)\ldots(n+m-1)}{1.2.3\ldots m}x^{n-1} \\ &\pm \frac{(n+1)(n+2)\ldots(n+m)}{1.2.3\ldots m}x^n \mp \ldots.\end{aligned}\right.$$

Les coefficients numériques des puissances successives de x dans le second membre de cette dernière formule, savoir

$$(5)\quad \frac{1.2.3\ldots m}{1.2.3\ldots m},\quad \frac{2.3.4\ldots(m+1)}{1.2.3\ldots m},\quad \ldots,\quad \frac{n(n+1)\ldots(n+m-1)}{1.2.3\ldots m},\quad \ldots,$$

sont précisément les nombres figurés de l'ordre m. La suite de ces mêmes nombres ou la série (5) s'étend à l'infini. Son $n^{\text{ième}}$ terme, c'est-à-dire la fraction

$$\frac{n(n+1)\ldots(n+m-1)}{1.2.3\ldots m},$$

est à la fois le coefficient numérique de x^{n-1} dans le développement de $(1+x)^{-m-1}$, et le coefficient de x^m dans le développement de $(1+x)^{n+m-1}$. De plus, si dans la série (5) on fait successivement

$$m=1,\qquad m=2,\qquad m=3,\qquad \ldots,$$

on obtiendra : 1° la suite des nombres *naturels* ou figurés du premier ordre

$$1,\ 2,\ 3,\ 4,\ \ldots,\ n,\ \ldots;$$

2° la suite des nombres qu'on nomme *triangulaires* ou figurés du second ordre, savoir

$$1,\ 3,\ 6,\ 10,\ \ldots,\ \frac{n(n+1)}{1.2},\ \ldots;$$

3° la suite des nombres qu'on appelle *pyramidaux* ou figurés du troisième ordre, savoir

$$1,\ 4,\ 10,\ 20,\ \ldots,\ \frac{n(n+1)(n+2)}{1.2.3},\ \ldots,$$

. . . .

Si l'on écrit ces différentes suites au-dessus les unes des autres, en les faisant précéder par une première suite composée de termes tous égaux à l'unité, et plaçant, en outre, le premier terme de chacune d'elles sous le second terme de la suite immédiatement supérieure, on obtiendra le Tableau suivant :

$$(6)\quad \left\{\begin{array}{llllll} 1, & 1, & 1, & 1, & 1, & \ldots, \\ & 1, & 2, & 3, & 4, & \ldots, \\ & & 1, & 3, & 6, & \ldots, \\ & & & 1, & 4, & \ldots, \\ & & & & 1, & \ldots, \\ & & & & & \ldots . \end{array}\right.$$

Les nombres renfermés dans la $(n+1)^{\text{ième}}$ colonne verticale de ce Tableau sont les coefficients de la $n^{\text{ième}}$ puissance d'un binôme. Pascal, dans son *Traité du triangle arithmétique,* a donné le premier la loi de formation de ces mêmes nombres. Newton a fait voir ensuite comment la formule établie d'après cette loi peut être étendue à des puissances fractionnaires ou négatives.

Plusieurs propriétés remarquables des nombres figurés se déduisent immédiatement de la formule (4) du Chapitre IV (§ III). Concevons, par exemple, que, après avoir remplacé dans cette formule n par $n-1$, on y suppose

$$x = m+1, \qquad y = m'+1,$$

m, m' étant deux nombres entiers quelconques, on trouvera

$$(7)\quad \left\{\begin{aligned} &\frac{(m+m'+2)(m+m'+3)\ldots(m+m'+n)}{1.2.3\ldots(n-1)} \\ &\quad = \frac{(m+1)(m+2)\ldots(m+n-1)}{1.2.3\ldots(n-1)} \\ &\quad + \frac{(m+1)(m+2)\ldots(m+n-2)}{1.2.3\ldots(n-2)}\,\frac{m'+1}{1} \\ &\quad + \ldots\ldots\ldots\ldots\ldots\ldots\ldots\ldots \\ &\quad + \frac{m+1}{1}\,\frac{(m'+1)(m'+2)\ldots(m'+n-2)}{1.2.3\ldots(n-2)} \\ &\quad + \frac{(m'+1)(m'+2)\ldots(m'+n-1)}{1.2.3\ldots(n-1)}; \end{aligned}\right.$$

puis, en faisant $m'=0$,

$$(8)\quad \left\{\begin{aligned} &\frac{(m+2)(m+3)\ldots(m+n)}{1.2.3\ldots(n-1)}\\ &\quad=\frac{(m+1)(m+2)\ldots(m+n-1)}{1.2.3\ldots(n-1)}\\ &\quad+\frac{(m+1)(m+2)\ldots(m+n-2)}{1.2.3\ldots(n-2)}\\ &\quad+\ldots\ldots\ldots\ldots\ldots\ldots\\ &\quad+\frac{m+1}{1}+1. \end{aligned}\right.$$

De même, si, après avoir remplacé dans la formule (4) (Chap. IV, § III) n par $n-1$, on fait en outre

$$x=m+1,\qquad y=-(m'+1),$$

on en conclura

$$(9)\quad \left\{\begin{aligned} &\frac{(m-m')(m-m'+1)\ldots(m-m'+n-2)}{1.2.3\ldots(n-1)}\\ &\quad=\frac{(m+1)(m+2)\ldots(m+n-1)}{1.2.3\ldots(n-1)}\\ &\quad-\frac{(m+1)(m+2)\ldots(m+n-2)}{1.2.3\ldots(n-2)}\,\frac{m'+1}{1}\\ &\quad+\ldots\ldots\ldots\ldots\ldots\ldots\\ &\quad\mp\frac{m+1}{1}\,\frac{(m'+1)m'\ldots(m'-n+4)}{1.2.3\ldots(n-2)}\\ &\quad\pm\frac{(m'+1)m'\ldots(m'-n+3)}{1.2.3\ldots(n-1)}. \end{aligned}\right.$$

Lorsque dans l'équation précédente on suppose $m'\overline{>}m$, et en même temps $n\overline{>}m'+2$, on trouve

$$(10)\quad \left\{\begin{aligned} 0=\frac{(m+1)\ldots(m+n-1)}{1.2.3\ldots(n-1)}&-\frac{m'+1}{1}\,\frac{(m+1)\ldots(m+n-2)}{1.2.3\ldots(n-2)}\\ &+\frac{(m'+1)m'}{1.2}\,\frac{(m+1)\ldots(m+n-3)}{1.2.3\ldots(n-3)}\\ &-\ldots\ldots\ldots\ldots\ldots\ldots\\ &\mp\frac{m'+1}{1}\,\frac{(m+1)\ldots(m+n-m'-1)}{1.2.3\ldots(n-m'-1)}\\ &\pm\frac{(m+1)\ldots(m+n-m'-2)}{1.2.3\ldots(n-m'-2)}. \end{aligned}\right.$$

Enfin, comme les équations (8) et (10) peuvent s'écrire ainsi qu'il suit

$$(11)\quad \left\{ \begin{aligned} &\frac{1.2.3\ldots m}{1.2.3\ldots m} + \frac{2.3.4\ldots(m+1)}{1.2.3\ldots m} + \ldots \\ &\qquad + \frac{n(n+1)\ldots(n+m-1)}{1.2.3\ldots m} = \frac{n(n+1)\ldots(n+m)}{1.2.3\ldots(m+1)}; \end{aligned} \right.$$

$$(12)\quad \left\{ \begin{aligned} 0 = {} & \frac{n\ldots(n+m-1)}{1.2.3\ldots m} - \frac{m'+1}{1}\,\frac{(n-1)\ldots(n+m-2)}{1.2.3\ldots m} + \ldots \\ & \mp \frac{m'+1}{1}\,\frac{(n-m')\ldots(n+m-m'-1)}{1.2.3\ldots m} \\ & \pm \frac{(n-m'-1)\ldots(n+m-m'-2)}{1.2.3\ldots m}, \end{aligned} \right.$$

il est clair qu'elles entraîneront les deux propositions que je vais énoncer :

THÉORÈME I. — *Si, après avoir formé la suite des nombres figurés de l'ordre m, on ajoute les uns aux autres les n premiers termes de cette suite, on obtiendra pour somme le* $n^{\text{ième}}$ *nombre figuré de l'ordre* $m+1$.

THÉORÈME II. — *Si l'on désigne par m, m' deux nombres entiers assujettis à la condition*

$$m' \overline{\gt} m,$$

et que dans le développement de $(1-x)^{m'+1}$ *on remplace les puissances successives de x par* $m'+2$ *termes consécutifs pris dans la suite des nombres figurés de l'ordre m, on obtiendra un résultat égal à zéro.*

Corollaire I. — Si l'on suppose que les différents termes de la suite

$$(13)\qquad a_0,\quad a_1,\quad a_2,\quad \ldots,\quad a_n,\quad \ldots$$

représentent successivement les nombres naturels, les nombres triangulaires et les nombres pyramidaux, on trouvera dans le premier cas

$$(14)\qquad a_n - 2a_{n-1} + a_{n-2} = 0,$$

dans le second

$$(15)\qquad a_n - 3a_{n-1} + 3a_{n-2} - a_{n-3} = 0,$$

et dans le troisième

$$(16)\qquad a_n - 4a_{n-1} + 6a_{n-2} - 4a_{n-3} + a_{n-4} = 0.$$

La première des équations qui précèdent se confond avec la formule (3) du Chapitre XII (§ I).

Corollaire II. — Si l'on désigne généralement par

$$(13)\qquad a_0,\quad a_1,\quad a_2,\quad \ldots,\quad a_n,\quad \ldots$$

les nombres figurés de l'ordre m,

$$(17)\qquad a_0,\quad a_1 x,\quad a_2 x^2,\quad \ldots,\quad a_n x^n,\quad \ldots$$

sera une série récurrente dont l'échelle de relation aura pour termes les quantités

$$(18)\qquad 1,\quad -\frac{m+1}{1},\quad +\frac{(m+1)m}{1.2},\quad -\frac{(m+1)m(m-1)}{1.2.3},\quad +\ldots,$$

c'est-à-dire les coefficients des puissances successives de x dans le développement de $(1-x)^{m+1}$. Ainsi, par exemple, la série

$$1,\quad 3x,\quad 6x^2,\quad 10x^3,\quad \ldots,$$

dans laquelle les puissances successives de x ont pour coefficients les nombres triangulaires, est récurrente, et son échelle de relation se compose des quantités

$$1,\quad -3,\quad +3,\quad -1.$$

Parmi les propriétés principales des nombres figurés, on doit remarquer encore celles que présentent les équations (7) et (9), lorsqu'on leur donne les formes suivantes :

$$(19)\qquad \left\{\begin{aligned} &\frac{n(n+1)\ldots(n+m+m')}{1.2.3\ldots(m+m'+1)} \\ &\quad = \frac{n(n+1)\ldots(n+m-1)}{1.2.3\ldots m}\,\frac{1.2.3\ldots m'}{1.2.3\ldots m'} \\ &\quad + \frac{(n-1)n\ldots(n+m-2)}{1.2.3\ldots m}\,\frac{2.3.4\ldots(m'+1)}{1.2.3\ldots m'} \\ &\quad + \ldots\ldots\ldots\ldots\ldots\ldots\ldots\ldots \\ &\quad + \frac{1.2.3\ldots m}{1.2.3\ldots m}\,\frac{n(n+1)\ldots(n+m'-1)}{1.2.3\ldots m'}, \end{aligned}\right.$$

$$(20)\quad \left\{\begin{aligned} &\frac{n(n+1)\ldots(n+m-m'-2)}{1.2.3\ldots(m-m'-1)}\\ &=\frac{n(n+1)\ldots(n+m-1)}{1.2.3\ldots m}-\frac{m'+1}{1}\,\frac{(n-1)n\ldots(n+m-2)}{1.2.3\ldots m}\\ &+\ldots\ldots\ldots\ldots\ldots\ldots\ldots\ldots\ldots\ldots\ldots\\ &\mp\frac{(m'+1)\ldots(m'-n+4)}{1.2.3\ldots(n-2)}\,\frac{2.3.4\ldots(m+1)}{1.2.3\ldots m}\\ &\pm\frac{(m'+1)\ldots(m'-n+3)}{1.2.3\ldots(n-1)}\,\frac{1.2.3\ldots m}{1.2.3\ldots m}. \end{aligned}\right.$$

Ajoutons que, dans la suite des nombres figurés de l'ordre n, le $(n+1)^{\text{ième}}$ terme équivaut à la somme des carrés des coefficients que renferme la $n^{\text{ième}}$ puissance d'un binôme. En effet, si dans la formule (2) (Chap. IV, § III) on suppose à la fois $x=n$, $y=n$, on trouvera

$$(21)\quad \left\{\begin{aligned} &\frac{2n(2n-1)\ldots(n+1)}{1.2.3\ldots(n-1)n}\\ &=1+\left(\frac{n}{1}\right)^2+\left[\frac{n(n-1)}{1.2}\right]^2+\ldots+\left[\frac{n(n-1)}{1.2}\right]^2+\left(\frac{n}{1}\right)^2+1. \end{aligned}\right.$$

NOTE VII.

DES SÉRIES DOUBLES.

Soient

$$(1)\quad \left\{\begin{array}{llll} u_0, & u_1, & u_2, & \ldots, \\ u'_0, & u'_1, & u'_2, & \ldots, \\ u''_0, & u''_1, & u''_2, & \ldots, \\ \ldots, & \ldots, & \ldots, & \ldots \end{array}\right.$$

des quantités quelconques rangées sur des lignes horizontales et verticales, de telle manière que chaque série horizontale ou verticale renferme une infinité de termes. Le système de toutes ces quantités sera ce qu'on peut appeler une *série double;* et ces quantités elles-mêmes seront les différents *termes* de la série, qui aura pour *terme général*

$$u_n^{(m)},$$

m, n désignant deux nombres entiers quelconques. Cela posé, concevons que l'on représente par

$$s_n^{(m)}$$

la somme des termes de la série (1) qui se trouvent compris dans le Tableau suivant

$$(2)\quad \left\{\begin{array}{llllll} u_0, & u_1, & u_2, & \ldots, & u_{n-1}, \\ u'_0, & u'_1, & u'_2, & \ldots, & u'_{n-1}, \\ u''_0, & u''_1, & u''_2, & \ldots, & u''_{n-1}, \\ \ldots, & \ldots, & \ldots, & \ldots, & \ldots, \\ u_0^{(m-1)}, & u_1^{(m-1)}, & u_2^{(m-1)}, & \ldots, & u_{n-1}^{(m-1)}, \end{array}\right.$$

c'est-à-dire des termes qui portent à la fois un indice inférieur plus petit que n et un indice supérieur plus petit que m. Si la somme des termes restants, pris en tel ordre et en tel nombre que l'on voudra, devient infiniment petite pour des valeurs infiniment grandes de m et de n, il est clair que la somme $s_n^{(m)}$, et toutes celles qu'on pourra en déduire en ajoutant à $s_n^{(m)}$ quelques-uns des termes exclus du Tableau (2), convergeront, pour des valeurs croissantes de m et de n, vers une limite fixe s. Dans ce cas, on dira que la série (1) est *convergente,* et qu'elle a pour *somme* la limite s. Dans le cas contraire, la série (1) sera *divergente,* et n'aura plus de somme.

Lorsque les termes exclus du Tableau (2), étant ajoutés les uns aux autres en nombre arbitraire, ne donnent jamais, pour des valeurs infiniment grandes de m et de n, que des sommes infiniment petites, on peut en dire autant *a fortiori* de ceux d'entre les mêmes termes qui appartiennent à une ou à plusieurs colonnes horizontales ou verticales du Tableau (1). Il suit immédiatement de cette remarque que, si la série double comprise dans le Tableau (1) est convergente, chacune des séries simples comprises dans les colonnes horizontales ou verticales du même Tableau le sera pareillement. Désignons, dans cette hypothèse, par

$$s^{(m)}$$

le résultat qu'on obtient en ajoutant les sommes des m premières séries horizontales du Tableau (1), c'est-à-dire les m premiers termes de la série simple

$$(3)\qquad \begin{array}{lll} u_0+u_1+u_2+\ldots, & u'_0+u'_1+u'_2+\ldots, & u''_0+u''_1+u''_2+\ldots, \\ \ldots\ldots\ldots\ldots, & \ldots\ldots\ldots\ldots, & \ldots\ldots\ldots\ldots, \end{array}$$

et par

$$s_n$$

le résultat qu'on obtient en ajoutant les sommes des n premières séries verticales, c'est-à-dire les n premiers termes de la série simple

$$(4)\qquad \begin{array}{lll} u_0+u'_0+u''_0+\ldots, & u_1+u'_1+u''_1+\ldots, & u_2+u'_2+u''_2+\ldots, \\ \ldots\ldots\ldots\ldots, & \ldots\ldots\ldots\ldots, & \ldots\ldots\ldots\ldots, \end{array}$$

$s^{(m)}$ sera évidemment la limite de l'expression $s_n^{(m)}$ pour des valeurs croissantes de n, et s_n la limite de la même expression pour des valeurs croissantes de m. Par suite, il suffira de faire croître indéfiniment m dans $s^{(m)}$ et n dans s_n pour faire converger $s^{(m)}$ et s_n vers la limite s. On peut donc énoncer la proposition suivante :

THÉORÈME I. — *Supposons que la série double comprise dans le Tableau* (1) *soit convergente; et désignons par s la somme de cette série. Les séries* (3) *et* (4) *seront également convergentes, et chacune d'elles aura encore pour somme la quantité s.*

Concevons maintenant que les valeurs numériques des quantités comprises dans le Tableau (1) soient respectivement désignées par

$$(5)\qquad \begin{cases} \rho_0, & \rho_1, & \rho_2, & \ldots, \\ \rho'_0, & \rho'_1, & \rho'_2, & \ldots, \\ \rho''_0, & \rho''_1, & \rho''_2, & \ldots, \\ \ldots, & \ldots, & \ldots, & \ldots\ldots \end{cases}$$

Les termes du Tableau (1) qui se trouvent exclus du Tableau (2), étant ajoutés les uns aux autres en tel nombre que l'on voudra, fourniront évidemment une somme inférieure ou tout au plus égale (abstraction faite du signe) à la somme des termes correspondants du Tableau (5). Donc, si, pour des valeurs infiniment grandes des nombres m et n, cette dernière somme devient infiniment petite, il en sera de même *a fortiori* de la première; ce qu'on peut encore exprimer en disant que, si la série double comprise dans le Tableau (5) est convergente, la série (1) le sera pareillement. J'ajoute qu'on sera complètement assuré de la convergence de la série double comprise dans le Tableau (5), toutes les fois que, les séries horizontales de ce Tableau étant convergentes, leurs sommes, savoir

$$(6)\qquad \begin{array}{lll} \rho_0+\rho_1+\rho_2+\ldots, & \rho'_0+\rho'_1+\rho'_2+\ldots, & \rho''_0+\rho''_1+\rho''_2+\ldots, \\ \ldots\ldots\ldots\ldots\ldots, & \ldots\ldots\ldots\ldots\ldots, & \ldots\ldots\ldots\ldots\ldots, \end{array}$$

formeront elles-mêmes une série simple convergente. En effet, soit, dans cette hypothèse, ε un nombre aussi petit que l'on voudra. On pourra choisir m assez considérable pour que l'addition des sommes

$$\begin{array}{ll} \rho_0^{(m)}+\rho_1^{(m)}+\rho_2^{(m)}+\ldots, & \rho_0^{(m+1)}+\rho_1^{(m+1)}+\rho_2^{(m+1)}+\ldots, \\ \ldots\ldots\ldots\ldots\ldots\ldots, & \ldots\ldots\ldots\ldots\ldots\ldots\ldots\ldots, \end{array}$$

et, par suite, celle des termes du Tableau (5) affectés d'un indice supérieur au moins égal à m, ne produise jamais un résultat plus grand que $\frac{1}{2}\varepsilon$. De plus, le nombre m étant déterminé comme on vient de le dire, on pourra encore, puisque chacune des séries horizontales du Tableau (5) est convergente, choisir n assez considérable pour que chacune des sommes

$$\begin{array}{l} \rho_n \quad +\rho_{n+1} \quad +\rho_{n+2} \quad +\ldots, \\ \rho'_n \quad +\rho'_{n+1} \quad +\rho'_{n+2} \quad +\ldots, \\ \ldots\ldots\ldots\ldots\ldots\ldots\ldots\ldots, \\ \rho_n^{(m-1)}+\rho_{n+1}^{(m-1)}+\rho_{n+2}^{(m-1)}+\ldots \end{array}$$

soit égale ou inférieure à $\frac{1}{2m}\varepsilon$; auquel cas l'addition des termes qui, dans le

Tableau (5), portent un indice supérieur plus petit que m et un indice inférieur au moins égal à n, ne produira jamais un résultat plus grand que $\frac{1}{2}\varepsilon$. Les deux conditions précédentes étant remplies, il est clair que, dans la série (5), les termes affectés d'un indice supérieur au moins égal à m et d'un indice inférieur au moins égal à n ne pourront donner par leur addition mutuelle qu'une somme tout au plus égale à ε. Donc cette somme deviendra infiniment petite, si l'on attribue aux nombres m et n des valeurs infiniment grandes, puisque alors il sera permis de faire décroître ε au delà de toute limite assignable. Donc l'hypothèse admise entraîne la convergence de la série (5), et par suite celle de la série (1). En combinant ce principe avec le premier théorème, on en déduit une nouvelle proposition que je vais énoncer.

Théorème II. — *Supposons que, toutes les séries horizontales du Tableau* (1) *étant convergentes, leurs sommes, savoir*

$$(3) \qquad \begin{array}{lll} u_0+u_1+u_2+\ldots, & u'_0+u'_1+u'_2+\ldots, & u''_0+u''_1+u''_2+\ldots, \\ \ldots\ldots\ldots\ldots\ldots, & \ldots\ldots\ldots\ldots\ldots, & \ldots\ldots\ldots\ldots\ldots, \end{array}$$

forment encore une série convergente, et que cette double propriété des séries horizontales subsiste dans le cas même où l'on remplace chaque terme du Tableau (1) *par sa valeur numérique. On pourra dès lors affirmer :* 1° *que toutes les séries verticales sont convergentes;* 2° *que leurs sommes, savoir*

$$(4) \qquad \begin{array}{lll} u_0+u'_0+u''_0+\ldots, & u_1+u'_1+u''_1+\ldots, & u_2+u'_2+u''_2+\ldots, \\ \ldots\ldots\ldots\ldots\ldots, & \ldots\ldots\ldots\ldots\ldots, & \ldots\ldots\ldots\ldots\ldots, \end{array}$$

forment encore une série convergente; 3° *enfin que la somme de la série* (4) *est précisément égale à celle de la série* (3).

Corollaire I. — Le théorème précédent subsiste lors même qu'on suppose quelques-unes des séries horizontales ou verticales composées d'un nombre fini de termes. En effet, chaque série de cette espèce peut être considérée comme une série convergente indéfiniment prolongée, mais dans laquelle tous les termes dont le rang surpasse un nombre donné s'évanouissent.

Corollaire II. — Soient

$$(7) \qquad \left\{ \begin{array}{lllll} u_0, & u_1, & u_2, & u_3, & \ldots, \\ v_0, & v_1, & v_2, & v_3, & \ldots \end{array} \right.$$

deux séries convergentes qui aient respectivement pour sommes les deux quantités s, s', et dont chacune reste convergente lors même qu'on réduit ses différents termes à leurs valeurs numériques. Si l'on forme le Tableau

$$(8)\quad \begin{cases} u_0 v_0, & u_1 v_0, & u_2 v_0, & u_3 v_0, & \ldots, \\ & u_0 v_1, & u_1 v_1, & u_2 v_1, & \ldots, \\ & & u_0 v_2, & u_1 v_2, & \ldots, \\ & & & u_0 v_3, & \ldots, \\ & & & & \ldots, \end{cases}$$

on reconnaîtra sans peine que les séries horizontales de ce Tableau jouissent des propriétés énoncées dans le théorème II, et que leurs sommes sont respectivement

$$(9)\qquad v_0 s, \quad v_1 s, \quad v_2 s, \quad v_3 s, \quad \ldots.$$

Par suite, en vertu du théorème II et de son premier corollaire, les sommes des séries verticales, savoir

$$(10)\quad \begin{cases} u_0 v_0, \quad u_0 v_1 + u_1 v_0, \quad u_0 v_2 + u_1 v_1 + u_2 v_0, \quad \ldots, \\ u_0 v_n + u_1 v_{n-1} + \ldots + u_{n-1} v_1 + u_n v_0, \quad \ldots, \end{cases}$$

formeront une nouvelle série convergente; et la somme de cette nouvelle série sera égale à celle de la série (9), c'est-à-dire évidemment au produit ss'. On se trouve ainsi ramené par la considération des séries doubles au théorème VI du Chapitre VI (§ III).

Corollaire III. — Si l'on appelle x le sinus d'un arc compris entre les limites $-\frac{\pi}{2}$, $+\frac{\pi}{2}$, et z sa tangente, on trouvera

$$z = \frac{x}{\sqrt{1 - x^2}} = x(1 - x^2)^{-\frac{1}{2}}.$$

Cela posé, puisque, en vertu de la formule (39) (Chap. IX, § II), on a, pour des valeurs numériques de z inférieures à l'unité,

$$\operatorname{arc\,tang} z = z - \frac{z^3}{3} + \frac{z^5}{5} - \frac{z^7}{7} + \ldots,$$

on en conclura, pour des valeurs numériques de x inférieures à $\frac{1}{\sqrt{2}}$,

$$\begin{aligned} \operatorname{arc\,sin} x &= \operatorname{arc\,tang} x(1 - x^2)^{-\frac{1}{2}} \\ &= x(1 - x^2)^{-\frac{1}{2}} - \frac{x^3}{3}(1 - x^2)^{-\frac{3}{2}} + \frac{x^5}{5}(1 - x^2)^{-\frac{5}{2}} - \frac{x^7}{7}(1 - x^2)^{-\frac{7}{2}} + \ldots \end{aligned}$$

ou, ce qui revient au même,

$$\begin{array}{rl}\arcsin x = x + \frac{3}{2}\frac{x^3}{3} + \frac{3.5}{2.4}\frac{x^5}{5} + \frac{3.5.7}{2.4.6}\frac{x^7}{7} & + \dots \\ - \frac{x^3}{3} - \frac{5}{2}\frac{x^5}{5} - \frac{5.7}{2.4}\frac{x^7}{7} & - \dots \\ + \frac{x^5}{5} + \frac{7}{2}\frac{x^7}{7} & + \dots \\ - \frac{x^7}{7} & - \dots \\ & + \dots\end{array}$$

Comme les séries horizontales comprises dans le second membre de l'équation précédente remplissent évidemment les conditions énoncées dans le théorème **II**, tant que la variable x conserve une valeur numérique inférieure à $\frac{1}{\sqrt{2}}$, il en résulte que cette équation peut s'écrire ainsi qu'il suit :

$$\arcsin x = x + \left(\frac{3}{2} - 1\right)\frac{x^3}{3} + \left(\frac{5.3}{2.4} - \frac{5}{2} + 1\right)\frac{x^5}{5}$$
$$+ \left(\frac{7.5.3}{2.4.6} - \frac{7.5}{2.4} + \frac{7}{2} - 1\right)\frac{x^7}{7} + \dots$$
$$\left(x = -\frac{1}{\sqrt{2}},\quad x = +\frac{1}{\sqrt{2}}\right).$$

De plus, si dans la formule (5) du Chapitre **IV** (§ **III**) on attribue à y la valeur négative -2, et à x l'une des valeurs positives 3, 5, 7, ..., on en tirera successivement

$$(11)\quad \begin{cases} \frac{3}{2} - 1 = \frac{1}{2}, \\ \frac{3.5}{2.4} - \frac{5}{2} + 1 = \frac{1.3}{2.4}, \\ \frac{7.5.3}{2.4.6} - \frac{7.5}{2.4} + \frac{7}{2} - 1 = \frac{1.3.5}{2.4.6}, \\ \dots\dots\dots\dots ; \end{cases}$$

et par suite on trouvera définitivement

$$(12)\quad \begin{cases} \arcsin x = x + \frac{1}{2}\frac{x^3}{3} + \frac{1.3}{2.4}\frac{x^5}{5} + \frac{1.3.5}{2.4.6}\frac{x^7}{7} + \dots \\ \left(x = -\frac{1}{\sqrt{2}},\quad x = +\frac{1}{\sqrt{2}}\right). \end{cases}$$

Il est facile de prouver, à l'aide du Calcul infinitésimal, que cette dernière équation subsiste non seulement, entre les limites $x = -\frac{1}{\sqrt{2}}$, $x = +\frac{1}{\sqrt{2}}$, mais aussi entre les limites $x = -1$, $x = +1$.

Corollaire IV. — En vertu de la formule (20) (Chap. VI, § IV), on a, pour toutes les valeurs de x renfermées entre les limites -1 et $+1$,

$$\frac{(1+x)^\mu - 1}{\mu} = x - \frac{x^2}{2}(1-\mu) + \frac{x^3}{3}(1-\mu)\left(1-\frac{1}{2}\mu\right) + \ldots,$$

ou, ce qui revient au même,

$$\begin{aligned}\frac{(1+x)^\mu - 1}{\mu} = {} & \frac{x}{1} \\ & - \frac{x^2}{2} + \mu\frac{x^2}{2} \\ & + \frac{x^3}{3} - \mu\left(1+\frac{1}{2}\right)\frac{x^3}{3} + \mu^2\left(\frac{1}{1.2}\right)\frac{x^3}{3} \\ & - \frac{x^4}{4} + \mu\left(1+\frac{1}{2}+\frac{1}{3}\right)\frac{x^4}{4} - \mu^2\left(\frac{1}{1.3}+\frac{1}{1.2}+\frac{1}{2.3}\right)\frac{x^4}{4} + \mu^3\left(\frac{1}{1.2.3}\right)\frac{x^4}{4} \\ & + \ldots\ldots\ldots\ldots\ldots\ldots\ldots\ldots\end{aligned}$$

Comme les séries horizontales que comprend le second membre de l'équation précédente remplissent les conditions énoncées dans le théorème II, tant que la variable x conserve une valeur numérique inférieure à l'unité, il en résulte que cette équation peut s'écrire ainsi qu'il suit :

$$(13)\quad \left\{\begin{aligned}\frac{(1+x)^\mu - 1}{\mu} = {} & \frac{x}{1} - \frac{x^2}{2} + \frac{x^3}{3} - \frac{x^4}{4} + \ldots \\ & + \mu\left[\frac{x^2}{2} - \left(1+\frac{1}{2}\right)\frac{x^3}{3} + \left(1+\frac{1}{2}+\frac{1}{3}\right)\frac{x^4}{4} - \ldots\right] \\ & + \mu^2\left[\frac{1}{1.2}\frac{x^3}{3} - \left(\frac{1}{1.2}+\frac{1}{1.3}+\frac{1}{2.3}\right)\frac{x^4}{4} + \ldots\right] \\ & + \ldots\ldots\ldots\ldots\ldots\ldots \\ & (x = -1,\quad x = +1).\end{aligned}\right.$$

Mais on a déjà trouvé (Chap. VI, § IV, problème I, corollaire II)

$$(14)\qquad \frac{(1+x)^\mu - 1}{\mu} = l(1+x) + \frac{\mu}{2}[l(1+x)]^2 + \ldots,$$

l étant la caractéristique des logarithmes népériens. Les formules (13) et

(14) devant s'accorder entre elles (*voir* le théorème VI du Chapitre VI, § IV), on en conclura, pour toutes les valeurs de x renfermées entre les limites -1 et $+1$,

$$(15)\quad \left\{\begin{aligned} &l(1+x) = x - \frac{x^2}{2} + \frac{x^3}{3} - \frac{x^4}{4} + \ldots,\\ &\frac{1}{2}[l(1+x)]^2 = \frac{x^2}{2} - \left(1+\frac{1}{2}\right)\frac{x^3}{3} + \left(1+\frac{1}{2}+\frac{1}{3}\right)\frac{x^4}{4} - \ldots\\ &\qquad\qquad \pm\left(1+\frac{1}{2}+\frac{1}{3}+\ldots+\frac{1}{n-1}\right)\frac{x^n}{n} \mp \ldots,\\ &\frac{1}{2.3}[l(1+x)]^3 = \frac{1}{1.2}\frac{x^3}{3} - \left(\frac{1}{1.2}+\frac{1}{1.3}+\frac{1}{2.3}\right)\frac{x^4}{4} + \ldots,\\ &\ldots\ldots\ldots\ldots\ldots\ldots\ldots\ldots\ldots\ldots\ldots \end{aligned}\right.$$

Dans ce qui précède, nous n'avons considéré d'autres séries doubles, convergentes ou divergentes, que celles dont les différents termes sont des quantités réelles. Mais ce qui a été dit à l'égard de ces séries peut également s'appliquer au cas où leurs termes deviennent imaginaires, pourvu qu'alors on écrive partout *expression imaginaire* au lieu de *quantité*, et *module* au lieu de *valeur numérique*. Ces modifications étant admises, les théorèmes I et II subsisteront encore. C'est ce que l'on démontrera sans peine, en s'appuyant sur le principe suivant :

Le module de la somme de plusieurs expressions imaginaires est toujours inférieur à la somme de leurs modules.

Pour établir ce même principe, il suffit d'observer que, si l'on fait

$$\begin{aligned} &\rho(\cos\theta + \sqrt{-1}\sin\theta) + \rho'(\cos\theta' + \sqrt{-1}\sin\theta') + \ldots\\ &\quad = \mathrm{R}(\cos\mathrm{T} + \sqrt{-1}\sin\mathrm{T}), \end{aligned}$$

$\rho, \rho', \ldots$, R désignant des quantités positives, on en conclura

$$\begin{aligned} \mathrm{R}^2 &= (\rho\cos\theta + \rho'\cos\theta' + \ldots)^2 + (\rho\sin\theta + \rho'\sin\theta' + \ldots)^2\\ &= \rho^2 + \rho'^2 + \ldots + 2\rho\rho'\cos(\theta - \theta') + \ldots\\ &< \rho^2 + \rho'^2 + \ldots + 2\rho\rho' + \ldots = (\rho + \rho' + \ldots)^2, \end{aligned}$$

et, par suite,

$$\mathrm{R} < \rho + \rho' + \ldots.$$

NOTE VIII.

SUR LES FORMULES QUI SERVENT A CONVERTIR LES SINUS OU COSINUS DES MULTIPLES D'UN ARC EN POLYNOMES DONT LES DIFFÉRENTS TERMES ONT POUR FACTEURS LES PUISSANCES ASCENDANTES DU SINUS OU COSINUS DE CE MÊME ARC.

Les formules dont il est ici question sont celles que nous avons construites en résolvant les deux premiers problèmes énoncés dans le paragraphe V du Chapitre VII, et qui s'y trouvent affectées des numéros (3), (4), (5), (6), (9), (10), (11) et (12). Elles donnent lieu aux remarques suivantes.

D'abord, si, dans le calcul à l'aide duquel on établit les formules (3), (4), (5) et (6), on substitue aux équations (12) du Chapitre VII (§ II) les équations (24) du Chapitre IX (§ II), on reconnaîtra immédiatement que les mêmes formules subsistent dans le cas où l'on remplace le nombre entier m par une quantité quelconque μ, tant que l'on suppose la valeur numérique de z inférieure à $\frac{\pi}{4}$. Ainsi on aura, dans cette hypothèse,

$$(1)\quad \left\{\begin{aligned} \cos\mu z = 1 &- \frac{\mu.\mu}{1.2}\sin^2 z + \frac{(\mu+2)\mu.\mu(\mu-2)}{1.2.3.4}\sin^4 z \\ &- \frac{(\mu+4)(\mu+2)\mu.\mu(\mu-2)(\mu-4)}{1.2.3.4.5.6}\sin^6 z + \ldots, \end{aligned}\right.$$

$$(2)\quad \left\{\begin{aligned} \sin\mu z = \cos z\Big[\mu\sin z &- \frac{(\mu+2)\mu(\mu-2)}{1.2.3}\sin^3 z \\ &+ \frac{(\mu+4)(\mu+2)\mu(\mu-2)(\mu-4)}{1.2.3.4.5}\sin^5 z - \ldots\Big] \end{aligned}\right.$$

et

$$(3)\quad \left\{\begin{aligned} \cos\mu z = \cos z\Big[1 &- \frac{(\mu+1)(\mu-1)}{1.2}\sin^2 z \\ &+ \frac{(\mu+3)(\mu+1)(\mu-1)(\mu-3)}{1.2.3.4}\sin^4 z - \ldots\Big], \end{aligned}\right.$$

$$(4)\quad \left\{\begin{aligned} \sin\mu z = \mu\sin z &- \frac{(\mu+1)\mu(\mu-1)}{1.2.3}\sin^3 z \\ &+ \frac{(\mu+3)(\mu+1)\mu(\mu-1)(\mu-3)}{1.2.3.4.5}\sin^5 z - \ldots. \end{aligned}\right.$$

De plus, en vertu des principes établis dans le Chapitre **IX** (§ II) et dans la Note précédente, on pourra développer, non seulement $\cos\mu z$ et $\sin\mu z$, mais aussi les seconds membres des formules (1), (2), (3), (4), suivant les puissances ascendantes de μ; et, comme les coefficients de ces puissances devront alors être les mêmes dans le premier et le second membre de chaque formule, on obtiendra, en comparant deux à deux les coefficients dont il s'agit, une suite d'équations parmi lesquelles on distinguera celles que je vais écrire :

$$(5)\qquad \frac{1}{2}z^2 = \frac{\sin^2 z}{2} + \frac{2}{3}\frac{\sin^4 z}{4} + \frac{2.4}{3.5}\frac{\sin^6 z}{6} + \ldots,$$

$$(6)\qquad z = \sin z + \frac{1}{2}\frac{\sin^3 z}{3} + \frac{1.3}{2.4}\frac{\sin^5 z}{5} + \ldots.$$

Nous supposerons toujours ici la variable z comprise entre les limites $-\frac{\pi}{4}$, $+\frac{\pi}{4}$. Mais on démontre facilement à l'aide du Calcul infinitésimal que, sans altérer les équations (1), (2), (3), (4), (5), (6), ..., on peut y faire croître la valeur numérique de z jusqu'à $\frac{\pi}{2}$. Ajoutons que, en prenant $\sin z = x$, on fait coïncider l'équation (6) avec la formule (12) de la Note VII, et l'équation (5) avec la suivante :

$$(\arcsin x)^2 = x^2 + \frac{2}{3}\frac{x^4}{2} + \frac{2.4}{3.5}\frac{x^6}{3} + \frac{2.4.6}{3.5.7}\frac{x^8}{4} + \ldots.$$

Cette dernière se trouve dans les *Mélanges d'Analyse,* publiés en 1815 par M. de Stainville, répétiteur à l'École royale Polytechnique.

Concevons à présent que, dans les formules déjà citées du Chapitre VII (§ V), on attribue à la variable z une valeur imaginaire. On conclura sans peine des principes développés dans le Chapitre **IX** (§ III), qu'elles ne cesseront pas d'être exactes. Supposons, par exemple,

$$z = \sqrt{-1}\, lx,$$

l étant la caractéristique des logarithmes népériens. Comme on aura, dans cette hypothèse,

$$\cos z = \frac{1}{2}(e^{lx} + e^{-lx}) = \frac{1}{2}\left(x + \frac{1}{x}\right),$$

$$\sin z = \frac{\sqrt{-1}}{2}(e^{lx} - e^{-lx}) = \frac{\sqrt{-1}}{2}\left(x - \frac{1}{x}\right),$$

et généralement (n désignant un nombre entier quelconque)

$$\cos nz = \frac{1}{2}\left(x^n + \frac{1}{x^n}\right), \qquad \sin nz = \frac{\sqrt{-1}}{2}\left(x^n - \frac{1}{x^n}\right),$$

on tirera des équations (3), (4), (5), (6) (Chapitre VII, § V) : 1° pour des valeurs paires de m,

$$(7)\quad \left\{ \begin{aligned} x^m + \frac{1}{x^m} = 2\Bigg[1 &+ \frac{m.m}{2.4}\left(x - \frac{1}{x}\right)^2 + \frac{(m+2)m.m(m-2)}{2.4.6.8}\left(x - \frac{1}{x}\right)^4 \\ &+ \frac{(m+4)(m+2)m.m(m-2)(m-4)}{2.4.6.8.10.12}\left(x - \frac{1}{x}\right)^6 + \ldots\Bigg], \end{aligned} \right.$$

$$(8)\quad \left\{ \begin{aligned} x^m - \frac{1}{x^m} = \left(x + \frac{1}{x}\right)\Bigg[\frac{m}{2}\left(x - \frac{1}{x}\right) &+ \frac{(m+2)m(m-2)}{2.4.6}\left(x - \frac{1}{x}\right)^3 \\ &+ \frac{(m+4)(m+2)m(m-2)(m-4)}{2.4.6.8.10}\left(x - \frac{1}{x}\right)^5 + \ldots\Bigg]; \end{aligned} \right.$$

2° pour des valeurs impaires de m,

$$(9)\quad \left\{ \begin{aligned} x^m + \frac{1}{x^m} = \left(x + \frac{1}{x}\right)\Bigg[1 &+ \frac{(m+1)(m-1)}{2.4}\left(x - \frac{1}{x}\right)^2 \\ &+ \frac{(m+3)(m+1)(m-1)(m-3)}{2.4.6.8}\left(x - \frac{1}{x}\right)^4 + \ldots\Bigg], \end{aligned} \right.$$

$$(10)\quad \left\{ \begin{aligned} x^m - \frac{1}{x^m} = 2\Bigg[\frac{m}{2}\left(x - \frac{1}{x}\right) &+ \frac{(m+1)m(m-1)}{2.4.6}\left(x - \frac{1}{x}\right)^3 \\ &+ \frac{(m+3)(m+1)m(m-1)(m-3)}{2.4.6.8.10}\left(x - \frac{1}{x}\right)^5 + \ldots\Bigg]. \end{aligned} \right.$$

Les formules (9), (10), (11), (12) du paragraphe V (Chap. VII) fourniraient des résultats analogues.

Revenons maintenant à la formule (3) du même paragraphe. En vertu de cette formule, $\cos mz$ est, pour des valeurs paires de m, une fonction entière de $\sin z$, du degré m; et, comme cette fonction doit s'évanouir, ainsi que $\cos mz$, pour toutes les valeurs de z comprises dans la suite

$$-\frac{(m-1)\pi}{2m}, \quad \ldots, \quad -\frac{3\pi}{2m}, \quad -\frac{\pi}{2m}, \quad +\frac{\pi}{2m}, \quad +\frac{3\pi}{2m}, \quad \ldots, \quad +\frac{(m-1)\pi}{2m},$$

il est clair qu'elle sera divisible par chacun des facteurs binômes

$$\sin z + \sin\frac{(m-1)\pi}{2m}, \quad \ldots, \quad \sin z + \sin\frac{3\pi}{2m}, \quad \sin z + \sin\frac{\pi}{2m},$$

$$\sin z - \sin\frac{(m-1)\pi}{2m}, \quad \ldots, \quad \sin z - \sin\frac{3\pi}{2m}, \quad \sin z - \sin\frac{\pi}{2m},$$

et, par conséquent, égale au produit de tous ces facteurs binômes par le coefficient numérique de $\sin^m z$, savoir

$$(-1)^{\frac{m}{2}}\frac{(m+m-2)\ldots(m+2)m.m(m-2)\ldots(m-m+2)}{1.2.3\ldots(m-1).m} = (-1)^{\frac{m}{2}}2^{m-1}.$$

On aura donc, pour des valeurs paires de m,

$$(11) \quad \cos mz = 2^{m-1}\left(\sin^2\frac{\pi}{2m} - \sin^2 z\right)\left(\sin^2\frac{3\pi}{2m} - \sin^2 z\right)\ldots\left(\sin^2\frac{(m-1)\pi}{2m} - \sin^2 z\right).$$

Par des raisonnements semblables, on tirera des formules (4), (5) et (6) (Chap. VII, § V) : 1° pour des valeurs paires de m,

$$(12) \quad \sin mz = 2^{m-1}\sin z\cos z\left(\sin^2\frac{2\pi}{2m} - \sin^2 z\right)\left(\sin^2\frac{4\pi}{2m} - \sin^2 z\right)\ldots\left(\sin^2\frac{(m-2)\pi}{2m} - \sin^2 z\right);$$

2° pour des valeurs impaires de m,

$$(13) \quad \cos mz = 2^{m-1}\cos z\left(\sin^2\frac{\pi}{2m} - \sin^2 z\right)\left(\sin^2\frac{3\pi}{2m} - \sin^2 z\right)\ldots\left(\sin^2\frac{(m-2)\pi}{2m} - \sin^2 z\right)$$

et

$$(14) \quad \sin mz = 2^{m-1}\sin z\left(\sin^2\frac{2\pi}{2m} - \sin^2 z\right)\left(\sin^2\frac{4\pi}{2m} - \sin^2 z\right)\ldots\left(\sin^2\frac{(m-1)\pi}{2m} - \sin^2 z\right).$$

Si dans les quatre équations qui précèdent on réduit la partie constante de chaque facteur binôme à l'unité, en écrivant, par exemple,

$$1 - \frac{\sin^2 z}{\sin^2\frac{\pi}{2m}} \quad \text{au lieu de} \quad \sin^2\frac{\pi}{2m} - \sin^2 z,$$

les facteurs numériques des seconds membres deviendront évidemment égaux à ceux des termes qui, dans les formules (3), (4), (5), (6) du Chapitre VII (§ V), sont indépendants de $\sin z$ ou renferment sa première puissance, c'est-à-dire à l'unité ou au nombre m. En conséquence, on trouvera :

1° pour des valeurs paires de m,

$$(15)\quad \cos mz = \left(1 - \frac{\sin^2 z}{\sin^2 \frac{\pi}{2m}}\right)\left(1 - \frac{\sin^2 z}{\sin^2 \frac{3\pi}{2m}}\right)\cdots\left(1 - \frac{\sin^2 z}{\sin^2 \frac{(m-1)\pi}{2m}}\right),$$

$$(16)\quad \sin mz = m \sin z \cos z\left(1 - \frac{\sin^2 z}{\sin^2 \frac{2\pi}{2m}}\right)\left(1 - \frac{\sin^2 z}{\sin^2 \frac{4\pi}{2m}}\right)\cdots\left(1 - \frac{\sin^2 z}{\sin^2 \frac{(m-2)\pi}{2m}}\right);$$

2° pour des valeurs impaires de m,

$$(17)\quad \cos mz = \cos z\left(1 - \frac{\sin^2 z}{\sin^2 \frac{\pi}{2m}}\right)\left(1 - \frac{\sin^2 z}{\sin^2 \frac{3\pi}{2m}}\right)\cdots\left(1 - \frac{\sin^2 z}{\sin^2 \frac{(m-2)\pi}{2m}}\right),$$

$$(18)\quad \sin mz = m \sin z\left(1 - \frac{\sin^2 z}{\sin^2 \frac{2\pi}{2m}}\right)\left(1 - \frac{\sin^2 z}{\sin^2 \frac{4\pi}{2m}}\right)\cdots\left(1 - \frac{\sin^2 z}{\sin^2 \frac{(m-1)\pi}{2m}}\right).$$

De plus, si l'on observe qu'on a généralement

$$\sin^2 b - \sin^2 a = \frac{\cos 2a - \cos 2b}{2},$$

on reconnaîtra sans peine que les équations (11), (12), (13) et (14) peuvent être remplacées par celles qui suivent

$$(19)\quad \begin{cases} \cos mz = 2^{\frac{m}{2}-1}\left(\cos 2z - \cos\frac{\pi}{m}\right)\left(\cos 2z - \cos\frac{3\pi}{m}\right)\cdots\left(\cos 2z - \cos\frac{(m-1)\pi}{m}\right), \\ \sin mz = 2^{\frac{m}{2}-1}\sin 2z\left(\cos 2z - \cos\frac{2\pi}{m}\right)\left(\cos 2z - \cos\frac{4\pi}{m}\right)\cdots\left(\cos 2z - \cos\frac{(m-2)\pi}{m}\right), \end{cases}$$

$$(20)\quad \begin{cases} \cos mz = 2^{\frac{m-1}{2}}\cos z\left(\cos 2z - \cos\frac{\pi}{m}\right)\left(\cos 2z - \cos\frac{3\pi}{m}\right)\cdots\left(\cos 2z - \cos\frac{(m-2)\pi}{m}\right), \\ \sin mz = 2^{\frac{m-1}{2}}\sin z\left(\cos 2z - \cos\frac{2\pi}{m}\right)\left(\cos 2z - \cos\frac{4\pi}{m}\right)\cdots\left(\cos 2z - \cos\frac{(m-1)\pi}{m}\right), \end{cases}$$

les deux premières se rapportant au cas où m est un nombre pair, et les deux dernières au cas où m est un nombre impair.

Les douze équations qui précèdent subsistent également, quelles que soient les valeurs réelles ou imaginaires attribuées à la variable z. On peut donc y remplacer cette variable par $\frac{\pi}{2} - z$, par $\sqrt{-1}\, lx$, ... Dans le premier cas, on obtient plusieurs équations nouvelles correspondantes aux formules (9), (10), (11), (12) du Chapitre VII (§ V). Dans le second cas, les équations (19) et (20) donnent respectivement, pour des valeurs paires de m,

$$(21)\quad \begin{cases} x^m + \dfrac{1}{x^m} = \left(x^2 - 2\cos\dfrac{\pi}{m} + \dfrac{1}{x^2}\right)\left(x^2 - 2\cos\dfrac{3\pi}{m} + \dfrac{1}{x^2}\right)\cdots\left(x^2 - 2\cos\dfrac{(m-1)\pi}{m} + \dfrac{1}{x^2}\right), \\ x^m - \dfrac{1}{x^m} = \left(x^2 - \dfrac{1}{x^2}\right)\left(x^2 - 2\cos\dfrac{2\pi}{m} + \dfrac{1}{x^2}\right)\cdots\left(x^2 - 2\cos\dfrac{(m-2)\pi}{m} + \dfrac{1}{x^2}\right), \end{cases}$$

et, pour des valeurs impaires de m,

$$(22)\quad \begin{cases} x^m + \dfrac{1}{x^m} = \left(x + \dfrac{1}{x}\right)\left(x^2 - 2\cos\dfrac{\pi}{m} + \dfrac{1}{x^2}\right)\cdots\left(x^2 - 2\cos\dfrac{(m-2)\pi}{m} + \dfrac{1}{x^2}\right), \\ x^m - \dfrac{1}{x^m} = \left(x - \dfrac{1}{x}\right)\left(x^2 - 2\cos\dfrac{2\pi}{m} + \dfrac{1}{x^2}\right)\cdots\left(x^2 - 2\cos\dfrac{(m-2)\pi}{m} + \dfrac{1}{x^2}\right), \end{cases}$$

ce qui s'accorde avec les résultats obtenus dans le Chapitre X (§ II).

Il nous reste encore à indiquer plusieurs conséquences assez remarquables que fournissent les équations (11) et (15), (12) et (16), (13) et (17), (14) et (18). Lorsqu'on développe leurs seconds membres suivant les puissances ascendantes de $\sin z$, les coefficients numériques de ces puissances doivent être évidemment les mêmes que dans les formules (3), (4), (5) et (6) du Chapitre VII (§ V). De cette seule observation on déduira immédiatement plusieurs équations nouvelles auxquelles satisferont les sinus des arcs

$$\frac{\pi}{2m},\quad \frac{2\pi}{2m},\quad \frac{3\pi}{2m},\quad \frac{4\pi}{2m},\quad \cdots.$$

On trouvera, par exemple, pour des valeurs paires de m,

$$(23)\quad \begin{cases} 1 = 2^{m-1}\sin^2\dfrac{\pi}{2m}\sin^2\dfrac{3\pi}{2m}\cdots\sin^2\dfrac{(m-1)\pi}{2m}, \\ m = 2^{m-1}\sin^2\dfrac{2\pi}{2m}\sin^2\dfrac{4\pi}{2m}\cdots\sin^2\dfrac{(m-2)\pi}{2m}; \end{cases}$$

$$(24)\quad \begin{cases} \dfrac{m.m}{1.2} = \dfrac{1}{\sin^2\dfrac{\pi}{2m}} + \dfrac{1}{\sin^2\dfrac{3\pi}{2m}} + \ldots + \dfrac{1}{\sin^2\dfrac{(m-1)\pi}{2m}}, \\ \dfrac{(m+2)(m-2)}{1.2.3} = \dfrac{1}{\sin^2\dfrac{2\pi}{2m}} + \dfrac{1}{\sin^2\dfrac{4\pi}{2m}} + \ldots + \dfrac{1}{\sin^2\dfrac{(m-2)\pi}{2m}}, \end{cases}$$

et, pour des valeurs impaires de m,

$$(25)\quad \begin{cases} 1 = 2^{m-1}\sin^2\dfrac{\pi}{2m}\sin^2\dfrac{3\pi}{2m}\cdots\sin^2\dfrac{(m-2)\pi}{2m}, \\ m = 2^{m-1}\sin^2\dfrac{2\pi}{2m}\sin^2\dfrac{4\pi}{2m}\cdots\sin^2\dfrac{(m-1)\pi}{2m}; \end{cases}$$

$$(26)\quad \begin{cases} \dfrac{(m+1)(m-1)}{1.2} = \dfrac{1}{\sin^2\dfrac{\pi}{2m}} + \dfrac{1}{\sin^2\dfrac{3\pi}{2m}} + \cdots + \dfrac{1}{\sin^2\dfrac{(m-2)\pi}{2m}}, \\ \dfrac{(m+1)(m-1)}{1.2.3} = \dfrac{1}{\sin^2\dfrac{2\pi}{2m}} + \dfrac{1}{\sin^2\dfrac{4\pi}{2m}} + \cdots + \dfrac{1}{\sin^2\dfrac{(m-1)\pi}{2m}}. \end{cases}$$

J'ajoute que, si l'on multiplie par $\left(\dfrac{\pi}{m}\right)^2$ les deux membres de chacune des équations (24) ou (26), on en conclura, en faisant croître m indéfiniment,

$$(27)\qquad \frac{\pi^2}{8} = 1 + \frac{1}{9} + \frac{1}{25} + \frac{1}{49} + \cdots,$$

$$(28)\qquad \frac{\pi^2}{6} = 1 + \frac{1}{4} + \frac{1}{9} + \frac{1}{16} + \frac{1}{25} + \cdots.$$

En effet, considérons, pour fixer les idées, la seconde des équations (24). En multipliant ses deux membres par $\left(\dfrac{\pi}{m}\right)^2$, on trouvera

$$(29)\quad \frac{\pi^2}{6}\left(1 - \frac{4}{m^2}\right) = \frac{\left(\dfrac{\pi}{m}\right)^2}{\sin^2\dfrac{\pi}{m}} + \frac{1}{4}\,\frac{\left(\dfrac{2\pi}{m}\right)^2}{\sin^2\dfrac{2\pi}{m}} + \frac{1}{9}\,\frac{\left(\dfrac{3\pi}{m}\right)^2}{\sin^2\dfrac{3\pi}{m}} + \cdots + \frac{1}{\left(\dfrac{m}{2} - 1\right)^2}\,\frac{\left[\dfrac{(m-2)\pi}{2m}\right]^2}{\sin^2\dfrac{(m-2)\pi}{2m}}.$$

Soit d'ailleurs n un nombre entier inférieur à $\dfrac{m}{2}$. Désignons à l'ordinaire par la notation $\mathbf{M}(a, b)$ une moyenne entre les quantités a et b. Enfin observons que le rapport $\dfrac{x}{\sin x}$ est toujours (*voir* la page 66) compris entre les limites 1, $\dfrac{1}{\cos x}$, et que l'on a par suite, pour des valeurs numériques de x inférieures à $\dfrac{\pi}{2}$,

$$\frac{x}{\sin x} = \frac{\frac{1}{2}x}{\sin\frac{1}{2}x}\,\frac{1}{\cos\frac{1}{2}x} < \frac{1}{\cos^2\frac{1}{2}x} < \frac{1}{\cos^2\dfrac{\pi}{4}} = 2.$$

Le second membre de l'équation (29) sera évidemment la somme des deux polynômes

$$\frac{\left(\frac{\pi}{m}\right)^2}{\sin^2\frac{\pi}{m}}+\frac{1}{4}\frac{\left(\frac{2\pi}{m}\right)^2}{\sin^2\frac{2\pi}{m}}+\ldots+\frac{1}{n^2}\frac{\left(\frac{n\pi}{m}\right)^2}{\sin^2\frac{n\pi}{m}},$$

$$\frac{1}{(n+1)^2}\frac{\left[\frac{(n+1)\pi}{m}\right]^2}{\sin^2\frac{(n+1)\pi}{m}}+\frac{1}{(n+2)^2}\frac{\left[\frac{(n+2)\pi}{m}\right]^2}{\sin^2\frac{(n+2)\pi}{m}}+\ldots+\frac{1}{\left(\frac{m}{2}-1\right)^2}\frac{\left[\frac{(m-2)\pi}{2m}\right]^2}{\sin^2\frac{(m-2)\pi}{2m}},$$

dont le premier, en vertu de l'équation (11) des Préliminaires, pourra être présenté sous la forme

$$\left(1+\frac{1}{4}+\frac{1}{9}+\ldots+\frac{1}{n^2}\right)M\left(1, \frac{1}{\cos^2\frac{n\pi}{m}}\right),$$

tandis que le second, composé de $\frac{m}{2}-n-1$ termes, tous inférieurs à $\frac{4}{n^2}$, restera compris entre les limites 0 et $\frac{2m}{n^2}$. Cela posé, l'équation (29) deviendra

$$\frac{\pi^2}{6}\left(1-\frac{4}{m^2}\right)=\left(1+\frac{1}{4}+\frac{1}{9}+\ldots+\frac{1}{n^2}\right)M\left(1, \frac{1}{\cos^2\frac{n\pi}{m}}\right)+\frac{2m}{n^2}M(0, 1),$$

et l'on en conclura immédiatement

$$(30)\quad 1+\frac{1}{4}+\frac{1}{9}+\ldots+\frac{1}{n^2}=\frac{\pi^2}{6}\left(1-\frac{4}{m^2}\right)M\left(1, \cos^2\frac{n\pi}{m}\right)-\frac{2m}{n^2}M(0, 1).$$

Cette dernière formule subsiste, quels que soient les nombres entiers m et n, pourvu que l'on ait $\frac{1}{2}m > n$. En outre, il est aisé de voir que, si l'on prend constamment pour $\frac{1}{2}m$ le plus petit des entiers supérieurs à n^a (a désignant un nombre compris entre 1 et 2), les rapports $\frac{n}{m}$, $\frac{m}{n^2}$ convergeront ensemble, pour des valeurs croissantes de n, vers la limite zéro, et le second membre de la formule (30) vers la limite $\frac{\pi^2}{6}$. Le premier membre devant avoir la même limite que le second, il en résulte : 1° que la série

$$1, \quad \frac{1}{4}, \quad \frac{1}{9}, \quad \frac{1}{16}, \quad \dots, \quad \frac{1}{n^2}, \quad \dots$$

sera convergente, ce que l'on savait déjà (*voir* le corollaire du théorème III, Chap. VI, § II); 2° que cette série aura pour somme $\frac{\pi^2}{6}$.

L'équation (28) étant ainsi démontrée, on en tirera, en divisant ses deux membres par 4,

$$\frac{\pi^2}{24} = \frac{1}{4} + \frac{1}{16} + \frac{1}{36} + \dots.$$

On aura par suite

$$\frac{\pi^2}{6} - \frac{\pi^2}{24} = 1 + \frac{1}{9} + \frac{1}{25} + \dots.$$

Cette nouvelle formule s'accorde avec l'équation (27), qu'on peut déduire directement de la première des équations (24) ou (26).

Avant de terminer cette Note, nous ferons remarquer que, pour établir les huit formules (3), (4), (5), (6), (9), (10), (11) et (12) du Chapitre VII (§ V), il suffit de démontrer les quatre dernières, et qu'on y parvient très promptement en développant les équations (19) du Chapitre IX (§ I), savoir

$$(31) \qquad 1 + z\cos\theta + z^2\cos2\theta + z^3\cos3\theta + \dots = \frac{1 - z\cos\theta}{1 - 2z\cos\theta + z^2} \qquad (z = -1, \quad z = +1),$$

$$(32) \qquad z\sin\theta + z^2\sin2\theta + z^3\sin3\theta + \dots = \frac{z\sin\theta}{1 - 2z\cos\theta + z^2} \qquad (z = -1, \quad z = +1).$$

Considérons, par exemple, l'équation (32). On en tirera, pour des valeurs numériques de z inférieures à l'unité,

$$\begin{aligned}
& z\sin\theta + z^2\sin2\theta + z^3\sin3\theta + \dots + z^{2n}\sin2n\theta + z^{2n+1}\sin(2n+1)\theta + \dots \\
&= \frac{1}{1+z^2}\,\frac{z\sin\theta}{1 - \frac{2z\cos\theta}{1+z^2}} \\
&= \sin\theta\left[z(1+z^2)^{-1} + 2z^2\cos\theta(1+z^2)^{-2} + 4z^3\cos\theta(1+z^2)^{-3} + \dots\right] \\
&= \sin\theta\left\{\begin{aligned}
& z - z^3 + z^5 + \dots \pm z^{2n+1} \mp \dots \\
& + \cos\theta(2z^2 - 4z^4 + \dots \mp 2nz^{2n} \pm \dots) \\
& + \cos^2\theta\left[\frac{2.4}{1.2}z^3 - \frac{4.6}{1.2}z^5 + \dots \mp \frac{2n(2n+2)}{1.2}z^{2n+1} \pm \dots\right] \\
& + \cos^3\theta\left[\frac{2.4.6}{1.2.3}z^4 - \dots \pm \frac{(2n-2)2n(2n+2)}{1.2.3}z^{2n} \mp \dots\right] \\
& + \dots\dots\dots\dots\dots\dots\dots\dots\dots\dots\dots\dots\dots\dots\dots\dots
\end{aligned}\right\},
\end{aligned}$$

et l'on trouvera par suite, en égalant entre eux les coefficients des puissances semblables de z,

$$(33)\qquad \sin 2n\theta = (-1)^{n+1}\sin\theta\left[2n\cos\theta - \frac{(2n-2)\,2n(2n+2)}{1.2.3}\cos^3\theta + \ldots\right],$$

$$(34)\qquad \sin(2n+1)\theta = (-1)^n\ \sin\theta\left[1 - \frac{2n(2n+2)}{1.2}\cos^2\theta + \ldots\right].$$

Si dans ces dernières formules on remplace θ par z, et $2n$ ou $2n+1$ par m, on obtiendra précisément les équations (10) et (11) du Chapitre VII (§ V). Les équations (9) et (12) du même paragraphe se déduiraient, par un calcul semblable, de la formule (31).

NOTE IX.

SUR LES PRODUITS COMPOSÉS D'UN NOMBRE INFINI DE FACTEURS.

Désignons par

$$(1) \qquad u_0, \quad u_1, \quad u_2, \quad \ldots, \quad u_n, \quad \ldots$$

une suite infinie de termes positifs ou négatifs, dont chacun soit supérieur à -1. Si les quantités

$$(2) \qquad l(1+u_0), \quad l(1+u_1), \quad l(1+u_2), \quad \ldots, \quad l(1+u_n), \quad \ldots$$

(l étant la caractéristique des logarithmes népériens), forment une série convergente dont la somme soit égale à s, le produit

$$(3) \qquad (1+u_0)(1+u_1)(1+u_2)\ldots(1+u_{n-1})$$

convergera évidemment, pour des valeurs croissantes du nombre entier n, vers une limite finie et différente de zéro, équivalente à e^s. Si, au contraire, la série (2) est divergente, le produit (3) cessera de converger vers une limite finie différente de zéro. Dans le premier cas, on est convenu d'indiquer la limite du produit que l'on considère, en écrivant le produit de ses premiers facteurs suivi de ..., comme on le voit ici,

$$(4) \qquad (1+u_0)(1+u_1)(1+u_2)\ldots.$$

La même notation peut être conservée dans le cas où cette limite s'évanouit.

Pour que la série (2) soit convergente, il est d'abord nécessaire que, le nombre n venant à croître indéfiniment, chacune des expressions

$$l(1+u_n), \quad l(1+u_{n+1}), \quad l(1+u_{n+2}), \quad \ldots$$

et, par suite, chacune des quantités

$$u_n, \quad u_{n+1}, \quad u_{n+2}, \quad \ldots$$

devienne infiniment petite. Cette condition étant remplie, comme on a généralement

$$(5)\qquad l(1+x)=x-\frac{x^2}{2}+\frac{x^3}{3}-\frac{x^4}{4}+\ldots$$

$$(x=-1,\quad x=+1),$$

on trouvera, pour des valeurs de n très considérables,

$$(6)\quad\begin{cases} l(1+u_n) = u_n - \frac{1}{2}u_n^2 + \frac{1}{3}u_n^3 - \ldots = u_n - \frac{1}{2}u_n^2\ (1\pm\varepsilon_n),\\ l(1+u_{n+1}) = u_{n+1} - \frac{1}{2}u_{n+1}^2 + \frac{1}{3}u_{n+1}^3 - \ldots = u_{n+1} - \frac{1}{2}u_{n+1}^2(1\pm\varepsilon_{n+1}),\\ \ldots\ldots\ldots\ldots\ldots\ldots\ldots\ldots\ldots\ldots, \end{cases}$$

$\pm\varepsilon_n$, $\pm\varepsilon_{n+1}$, ... désignant encore des quantités infiniment petites; puis l'on en conclura, en représentant par m un nombre entier quelconque, et par $1\pm\varepsilon$ une moyenne entre les facteurs $1\pm\varepsilon_n$, $1\pm\varepsilon_{n+1}$, ...,

$$(7)\quad\begin{cases} l(1+u_n)+l(1+u_{n+1})+\ldots+l(1+u_{n+m-1})\\ \quad = u_n+u_{n+1}+\ldots+u_{n+m-1}-\frac{1}{2}(u_n^2+u_{n+1}^2+\ldots+u_{n+m-1}^2)(1\pm\varepsilon). \end{cases}$$

Concevons maintenant que, dans la formule précédente, on fasse croître le nombre m au delà de toute limite. Selon que chaque membre de la formule convergera ou non vers une limite fixe, la série (2) sera convergente ou divergente. Cela posé, l'inspection seule du second membre suffira pour établir la proposition que je vais énoncer.

Théorème I. — *Si la série* (1) *et la suivante*

$$(8)\qquad u_0^2,\quad u_1^2,\quad u_2^2,\quad \ldots,\quad u_n^2,\quad \ldots$$

sont l'une et l'autre convergentes, la série (2) *le sera pareillement, et par suite le produit* (3) *convergera, pour des valeurs croissantes de n, vers une limite finie différente de zéro. Mais, si, la série* (1) *étant convergente, la série* (8) *est divergente, le second membre de la formule* (7) *ayant alors pour limite l'infini négatif, le produit* (3) *convergera nécessairement vers la limite zéro.*

Corollaire I. — Si la série (2) étant convergente a tous ses termes positifs, ou si elle demeure convergente lors même qu'on réduit ses différents termes à leurs valeurs numériques, on sera évidemment assuré de la convergence de la série (8); et, en conséquence, le produit (3) aura pour limite une quantité finie différente de zéro. C'est ce qui arrivera, par exemple, si le produit en question se réduit à l'un des suivants :

$$(1+1)\left(1+\frac{1}{2^2}\right)\left(1+\frac{1}{3^2}\right)\cdots\left(1+\frac{1}{n^2}\right),$$

$$(1+1)\left(1-\frac{1}{2^2}\right)\left(1+\frac{1}{3^2}\right)\cdots\left(1\pm\frac{1}{n^2}\right),$$

$$(1+x^2)\left(1+\frac{x^2}{2^2}\right)\left(1+\frac{x^2}{3^2}\right)\cdots\left(1+\frac{x^2}{n^2}\right).$$

Corollaire II. — Comme la série

$$1, \quad -\frac{1}{\sqrt{2}}, \quad +\frac{1}{\sqrt{3}}, \quad -\frac{1}{\sqrt{4}}, \quad \cdots$$

est convergente, tandis que les carrés de ses différents termes, savoir

$$1, \quad \frac{1}{2}, \quad \frac{1}{3}, \quad \frac{1}{4}, \quad \cdots,$$

forment une série divergente, il résulte du théorème I que le produit

$$(1+1)\left(1-\frac{1}{\sqrt{2}}\right)\left(1+\frac{1}{\sqrt{3}}\right)\left(1-\frac{1}{\sqrt{4}}\right)\cdots$$

a zéro pour limite.

Corollaire III. — Le théorème I subsiste évidemment dans le cas même où parmi les premiers termes de la série (1) quelques-uns deviendraient inférieurs à -1. Seulement, lorsqu'on admet cette nouvelle hypothèse, on doit remplacer dans la série (2) les logarithmes des quantités négatives par les logarithmes de leurs valeurs numériques. Cela posé, il est clair que, pour des valeurs croissantes de n, le produit

$$(1-x^2)\left(1-\frac{x^2}{2^2}\right)\left(1-\frac{x^2}{3^2}\right)\cdots\left(1-\frac{x^2}{n^2}\right)$$

convergera, quel que soit x, vers une limite finie différente de zéro.

Corollaire IV. — Toutes les fois que la série (1) est convergente, le produit (3) converge, pour des valeurs croissantes de n, vers une limite finie qui peut se réduire à zéro.

Lorsque la limite du produit (3) est finie, sans être nulle, on ne peut pas toujours assigner sa valeur exacte. Dans le petit nombre de produits de cette espèce auxquels correspond une limite connue, on doit distinguer le suivant

$$(9)\qquad (1-x^2)\left(1-\frac{x^2}{2^2}\right)\left(1-\frac{x^2}{3^2}\right)\cdots\left(1-\frac{x^2}{n^2}\right),$$

dont nous allons à présent nous occuper.

Quand, après avoir posé $x=\frac{z}{\pi}$, on fait croître n indéfiniment, le produit (9) converge vers une limite finie représentée par la notation

$$(10)\qquad \left(1-\frac{z^2}{\pi^2}\right)\left(1-\frac{z^2}{2^2\pi^2}\right)\left(1-\frac{z^2}{3^2\pi^2}\right)\cdots.$$

Pour déterminer cette limite, il suffira de recourir à l'équation (16) ou (18) de la Note précédente. Considérons, pour fixer les idées, l'équation (16). Si l'on y écrit partout $\frac{z}{m}$ au lieu de z, on trouvera, pour des valeurs paires de m,

$$(11)\qquad \sin z = m\sin\frac{z}{m}\cos\frac{z}{m}\left(1-\frac{\sin^2\frac{z}{m}}{\sin^2\frac{\pi}{m}}\right)\left(1-\frac{\sin^2\frac{z}{m}}{\sin^2\frac{2\pi}{m}}\right)\cdots\left(1-\frac{\sin^2\frac{z}{m}}{\sin^2\frac{(m-2)\pi}{2m}}\right)$$

et, par suite (en supposant la valeur numérique de z inférieure à π, et le nombre m égal ou supérieur à 2),

$$(12)\qquad l\frac{\sin z}{m\sin\frac{z}{m}\cos\frac{z}{m}} = l\left(1-\frac{\sin^2\frac{z}{m}}{\sin^2\frac{\pi}{m}}\right)+l\left(1-\frac{\sin^2\frac{z}{m}}{\sin^2\frac{2\pi}{m}}\right)+\ldots+l\left(1-\frac{\sin^2\frac{z}{m}}{\sin^2\frac{(m-2)\pi}{2m}}\right).$$

Soient d'ailleurs n un nombre entier inférieur à $\frac{1}{2}m$, $1+\alpha$ une quantité moyenne entre les rapports

$$\frac{l\left(1-\frac{\sin^2\frac{z}{m}}{\sin^2\frac{\pi}{m}}\right)}{l\left(1-\frac{z^2}{\pi^2}\right)},\quad \frac{l\left(1-\frac{\sin^2\frac{z}{m}}{\sin^2\frac{2\pi}{m}}\right)}{l\left(1-\frac{z^2}{2^2\pi^2}\right)},\quad\ldots,\quad \frac{l\left(1-\frac{\sin^2\frac{z}{m}}{\sin^2\frac{n\pi}{m}}\right)}{l\left(1-\frac{z^2}{n^2\pi^2}\right)},$$

et $1+6$ une autre quantité moyenne entre les expressions

$$-\frac{l\left(1-\dfrac{\sin^2\dfrac{z}{m}}{\sin^2\dfrac{(n+1)\pi}{m}}\right)}{\left(\dfrac{\sin^2\dfrac{z}{m}}{\sin^2\dfrac{(n+1)\pi}{m}}\right)},\quad -\frac{l\left(1-\dfrac{\sin^2\dfrac{z}{m}}{\sin^2\dfrac{(n+2)\pi}{m}}\right)}{\left(\dfrac{\sin^2\dfrac{z}{m}}{\sin^2\dfrac{(n+2)\pi}{m}}\right)},\quad \ldots,\quad -\frac{l\left(1-\dfrac{\sin^2\dfrac{z}{m}}{\sin^2\dfrac{(m-2)\pi}{2m}}\right)}{\left(\dfrac{\sin^2\dfrac{z}{m}}{\sin^2\dfrac{(m-2)\pi}{2m}}\right)}$$

Le second membre de l'équation (12) sera évidemment la somme des deux polynômes

$$l\left(1-\frac{\sin^2\dfrac{z}{m}}{\sin^2\dfrac{\pi}{m}}\right)+l\left(1-\frac{\sin^2\dfrac{z}{m}}{\sin^2\dfrac{2\pi}{m}}\right)+\ldots+l\left(1-\frac{\sin^2\dfrac{z}{m}}{\sin^2\dfrac{n\pi}{m}}\right),$$

$$l\left(1-\frac{\sin^2\dfrac{z}{m}}{\sin^2\dfrac{(n+1)\pi}{m}}\right)+l\left(1-\frac{\sin^2\dfrac{z}{m}}{\sin^2\dfrac{(n+2)\pi}{m}}\right)+\ldots+l\left(1-\frac{\sin^2\dfrac{z}{m}}{\sin^2\dfrac{(m-2)\pi}{2m}}\right),$$

dont le premier pourra être présenté sous la forme

$$\left[l\left(1-\frac{z^2}{\pi^2}\right)+l\left(1-\frac{z^2}{2^2\pi^2}\right)+\ldots+l\left(1-\frac{z^2}{n^2\pi^2}\right)\right](1+\alpha),$$

tandis que le second prendra celle du produit

$$-\frac{\sin^2\dfrac{z}{m}}{\left(\dfrac{\pi}{m}\right)^2}\left\{\frac{1}{(n+1)^2}\frac{\left(\dfrac{(n+1)\pi}{m}\right)^2}{\sin^2\dfrac{(n+1)\pi}{m}}+\frac{1}{(n+2)^2}\frac{\left(\dfrac{(n+2)\pi}{m}\right)^2}{\sin^2\dfrac{(n+2)\pi}{m}}+\ldots+\frac{1}{\left(\dfrac{m}{2}-1\right)^2}\frac{\left(\dfrac{(n-2)\pi}{2m}\right)^2}{\sin^2\dfrac{(m-2)\pi}{2m}}\right\}(1+6)$$

que l'on peut réduire (en vertu des principes établis dans la Note précédente) à

$$-\frac{2m}{n^2}\frac{\sin^2\dfrac{z}{m}}{\left(\dfrac{\pi}{m}\right)^2}(1+6)\,\mathrm{M}(0,1).$$

Cela posé, l'équation (12) deviendra

$$(13)\quad \begin{cases} l\dfrac{\sin z}{m\sin\dfrac{z}{m}\cos\dfrac{z}{m}} = \left[l\left(1-\dfrac{z^2}{\pi^2}\right)+l\left(1-\dfrac{z^2}{2^2\pi^2}\right)+\ldots+l\left(1-\dfrac{z^2}{n^2\pi^2}\right)\right](1+\alpha) \\ \qquad -\dfrac{2m}{n^2}\dfrac{\sin^2\dfrac{z}{m}}{\left(\dfrac{\pi}{m}\right)^2}(1+\beta)\,\mathrm{M}(0,1); \end{cases}$$

et l'on en conclura, en faisant, pour abréger,

$$(14)\qquad \frac{1}{1+\alpha}=1+\gamma, \qquad \frac{\sin^2\dfrac{z}{m}}{\left(\dfrac{\pi}{m}\right)^2}\frac{1+\beta}{1+\alpha}=\frac{z^2}{\pi^2}(1+\delta),$$

puis, revenant des logarithmes aux nombres,

$$(15)\quad \left(1-\frac{z^2}{\pi^2}\right)\left(1-\frac{z^2}{2^2\pi^2}\right)\cdots\left(1-\frac{z^2}{n^2\pi^2}\right)=\left(\frac{\sin z}{m\sin\dfrac{z}{m}\cos\dfrac{z}{m}}\right)^{1+\gamma} e^{\frac{2mz^2}{n^2\pi^2}(1+\delta)\,\mathrm{M}(0,1)}$$

Supposons maintenant que, la valeur de n étant choisie arbitrairement, on prenne pour $\frac{1}{2}m$ le nombre entier immédiatement supérieur à n^a (a désignant un nombre fractionnaire ou irrationnel compris entre 1 et 2). Lorsque la valeur de n deviendra très considérable, les quantités $\frac{n}{m}$, $\frac{m}{n^2}$, α, β, γ, δ seront infiniment petites, le produit

$$m\sin\frac{z}{m}\cos\frac{z}{m}=\frac{\sin\dfrac{z}{m}}{\dfrac{z}{m}}z\cos\frac{z}{m}$$

différera très peu de z, et par suite le second membre de l'équation (15) s'approchera indéfiniment de la limite

$$\frac{\sin z}{z}.$$

Le premier membre devant converger vers la même limite, on aura nécessairement

$$(16)\qquad \left(1-\frac{z^2}{\pi^2}\right)\left(1-\frac{z^2}{2^2\pi^2}\right)\left(1-\frac{z^2}{3^2\pi^2}\right)\cdots=\frac{\sin z}{z}.$$

Cette dernière formule se trouve ainsi démontrée dans le cas où la valeur numérique de z reste inférieure à π. Alors les quantités dont nous avons pris les logarithmes sont toutes positives. Mais la démonstration donnée subsiste également pour des valeurs numériques de z supérieures à π, lorsque l'on convient de remplacer le logarithme de chaque quantité négative par le logarithme de sa valeur numérique. En conséquence, l'équation (16) demeure vraie, quelle que soit la valeur réelle attribuée à la variable z. On ne doit pas même excepter le cas où l'on supposerait

$$z = \pm k\pi,$$

k désignant un nombre entier quelconque, puisque, dans cette hypothèse, les deux membres de l'équation s'évanouiraient en même temps.

L'équation (16), une fois établie, en fournira immédiatement plusieurs autres. Ainsi, par exemple, on en tirera, pour des valeurs réelles quelconques des variables x, y, z,

$$(17)\quad \begin{cases} \sin z = z\left(1-\dfrac{z^2}{\pi^2}\right)\left(1-\dfrac{z^2}{2^2\pi^2}\right)\left(1-\dfrac{z^2}{3^2\pi^2}\right)\cdots \\ \quad = z\left(1-\dfrac{z}{\pi}\right)\left(1+\dfrac{z}{\pi}\right)\left(1-\dfrac{z}{2\pi}\right)\left(1+\dfrac{z}{2\pi}\right)\left(1-\dfrac{z}{3\pi}\right)\left(1+\dfrac{z}{3\pi}\right)\cdots \end{cases}$$

et

$$(18)\quad \frac{\sin x}{\sin y} = \frac{x}{y}\,\frac{\pi-x}{\pi-y}\,\frac{\pi+x}{\pi+y}\,\frac{2\pi-x}{2\pi-y}\,\frac{2\pi+x}{2\pi+y}\,\frac{3\pi-x}{3\pi-y}\,\frac{3\pi+x}{3\pi+y}\cdots.$$

Si dans l'équation (17) on fait $z = \frac{\pi}{2}$, on trouvera

$$1 = \frac{\pi}{2}\,\frac{1}{2}\,\frac{3}{2}\,\frac{3}{4}\,\frac{5}{4}\,\frac{5}{6}\,\frac{7}{6}\cdots,$$

et par suite on obtiendra le développement de $\frac{\pi}{2}$ en facteurs, découvert par le géomètre Wallis, savoir,

$$(19)\quad \frac{\pi}{2} = \frac{2}{1}\,\frac{2}{3}\,\frac{4}{3}\,\frac{4}{5}\,\frac{6}{5}\,\frac{6}{7}\,\frac{8}{7}\,\frac{8}{9}\cdots.$$

On trouverait de même, en faisant $z = \frac{\pi}{4}$,

$$(20)\quad \frac{\pi}{4} = \frac{1}{\sqrt{2}}\,\frac{4}{3}\,\frac{4}{5}\,\frac{8}{7}\,\frac{8}{9}\,\frac{12}{11}\,\frac{12}{13}\,\frac{16}{15}\,\frac{16}{17}\cdots.$$

Si dans l'équation (18) on pose à la fois

$$x = \frac{\pi}{2} - z \qquad \text{et} \qquad y = \frac{\pi}{2},$$

on en conclura

$$(21)\quad \begin{cases} \cos z = \left(1 - \frac{2z}{\pi}\right)\left(1 + \frac{2z}{\pi}\right)\left(1 - \frac{2z}{3\pi}\right)\left(1 + \frac{2z}{3\pi}\right)\left(1 - \frac{2z}{5\pi}\right)\left(1 + \frac{2z}{5\pi}\right)\cdots \\ \quad = \left(1 - \frac{4z^2}{\pi^2}\right)\left(1 - \frac{4z^2}{3^2\pi^2}\right)\left(1 - \frac{4z^2}{5^2\pi^2}\right)\cdots. \end{cases}$$

On pourrait déduire directement la même formule de l'équation (15) ou (17) (Note précédente), en y remplaçant z par $\frac{z}{m}$, puis faisant converger le nombre m vers la limite ∞. Observons enfin qu'on tirera de l'équation (16), en y supposant la valeur numérique de z inférieure à π,

$$(22)\quad \begin{cases} l\frac{\sin z}{z} = l\left(1 - \frac{z^2}{\pi^2}\right) + l\left(1 - \frac{z^2}{2^2\pi^2}\right) + l\left(1 - \frac{z^2}{3^2\pi^2}\right) + \ldots \\ \quad = -\frac{z^2}{\pi^2}\left(1 + \frac{1}{2^2} + \frac{1}{3^2} + \ldots\right) \\ \quad - \frac{1}{2}\frac{z^4}{\pi^4}\left(1 + \frac{1}{2^4} + \frac{1}{3^4} + \ldots\right) \\ \quad - \frac{1}{3}\frac{z^6}{\pi^6}\left(1 + \frac{1}{2^6} + \frac{1}{3^6} + \ldots\right) \\ \quad - \ldots\ldots\ldots\ldots\ldots\ldots \end{cases}$$

Comme on a d'ailleurs, dans cette hypothèse,

$$\frac{\sin z}{z} < 1,$$

$$(23)\quad \begin{cases} l\frac{\sin z}{z} = l\left(1 - \frac{z^2}{1.2.3} + \frac{z^4}{1.2.3.4.5} - \frac{z^6}{1.2.3.4.5.6.7} + \ldots\right) \\ \quad = -\frac{z^2}{1.2.3}\left(1 - \frac{z^2}{4.5} + \frac{z^4}{4.5.6.7} - \ldots\right) \\ \quad - \frac{1}{2}\left(\frac{z^2}{1.2.3}\right)^2\left(1 - \frac{z^2}{4.5} + \ldots\right)^2 \\ \quad - \frac{1}{3}\left(\frac{z^2}{1.2.3}\right)^3\left(1 - \ldots\right)^3 \\ \quad - \ldots\ldots\ldots\ldots\ldots\ldots, \end{cases}$$

et, par suite (en vertu des principes établis dans le Chapitre VI et dans la Note VII)

$$(24)\qquad l\frac{\sin z}{z} = -\frac{1}{6}\frac{2z^2}{1.2} - \frac{1}{2}\frac{1}{30}\frac{2^3 z^4}{1.2.3.4} - \frac{1}{3}\frac{1}{42}\frac{2^5 z^6}{1.2.3.4.5.6} - \ldots,$$

la comparaison des coefficients des puissances semblables de z dans les formules (22) et (24) donnera les équations

$$(25)\qquad \left\{\begin{array}{l} 1+\frac{1}{2^2}+\frac{1}{3^2}+\frac{1}{4^2}+\ldots = \frac{1}{6}\frac{2\pi^2}{1.2} = \frac{\pi^2}{6}, \\ 1+\frac{1}{2^4}+\frac{1}{3^4}+\frac{1}{4^4}+\ldots = \frac{1}{30}\frac{2^3\pi^4}{1.2.3.4} = \frac{\pi^4}{90}, \\ 1+\frac{1}{2^6}+\frac{1}{3^6}+\frac{1}{4^6}+\ldots = \frac{1}{42}\frac{2^5\pi^6}{1.2.3.4.5.6} = \frac{\pi^6}{945}, \\ \ldots\ldots\ldots\ldots\ldots\ldots\ldots\ldots, \end{array}\right.$$

dont la première s'accorde avec la formule (28) de la Note VIII. Les facteurs numériques $\frac{1}{6}, \frac{1}{30}, \frac{1}{42}, \ldots$ qui entrent dans les seconds membres de ces équations sont ce qu'on appelle *les nombres de Bernoulli*. Ajoutons que, si l'on désigne par $2m$ un nombre pair quelconque, on aura généralement

$$(26)\qquad \left\{\begin{array}{l} 1+\frac{1}{3^{2m}}+\frac{1}{5^{2m}}+\frac{1}{7^{2m}}+\ldots \\ = 1+\frac{1}{2^{2m}}+\frac{1}{3^{2m}}+\frac{1}{4^{2m}}+\ldots - \frac{1}{2^{2m}}\left(1+\frac{1}{2^{2m}}+\frac{1}{3^{2m}}+\ldots\right) \\ = \left(1-\frac{1}{2^{2m}}\right)\left(1+\frac{1}{2^{2m}}+\frac{1}{3^{2m}}+\frac{1}{4^{2m}}+\ldots\right). \end{array}\right.$$

Dans ce qui précède, nous avons seulement considéré des produits dont tous les facteurs étaient des quantités réelles, et des séries dont tous les termes étaient réels. Mais on doit remarquer : 1° que, en vertu des principes établis dans le Chapitre IX [*voir* l'équation (37) du § II, et l'équation (26) du § III], la formule (5) subsiste dans le cas même où la variable x devient imaginaire, pourvu que son module reste inférieur à l'unité; 2° que le rapport

$$\frac{\sin z}{z} = 1 - \frac{z^2}{1.2.3} + \frac{z^4}{1.2.3.4.5} - \ldots$$

converge vers l'unité toutes les fois que la valeur réelle ou imaginaire attribuée à la variable z s'approche indéfiniment de zéro; 3° enfin que les équations (15), (16), (17) et (18) de la Note VIII subsistent également pour des valeurs réelles et pour des valeurs imaginaires de z. En partant de ces remarques, on parviendra bientôt à reconnaître comment on doit modifier les propositions et les formules ci-dessus démontrées dans le cas où les expressions

$$u_0, \quad u_1, \quad u_2, \quad \ldots, \quad x, \quad y, \quad z$$

deviennent imaginaires. Ainsi, par exemple, on établira sans peine, à l'aide des formules (6), la proposition suivante, analogue au corollaire I du théorème I :

Théorème II. — *Supposons que la série* (1), *étant imaginaire, demeure convergente quand on réduit ses différents termes à leurs modules respectifs. Le produit* (3) *convergera nécessairement, pour des valeurs croissantes de n, vers une limite finie réelle ou imaginaire.*

De plus, on prouvera facilement que les équations (17) et (21) subsistent, lorsqu'on attribue à z une valeur imaginaire quelconque $u+v\sqrt{-1}$; d'où il résulte : 1° qu'on peut exprimer par des produits composés d'un nombre infini de facteurs les expressions imaginaires

$$(27)\qquad \left\{\begin{aligned} &\frac{e^v+e^{-v}}{2}\sin u+\sqrt{-1}\,\frac{e^v-e^{-v}}{2}\cos u,\\ &\frac{e^v+e^{-v}}{2}\cos u-\sqrt{-1}\,\frac{e^v-e^{-v}}{2}\sin u,\end{aligned}\right.$$

et les carrés de leurs modules, savoir

$$(28)\qquad \left\{\begin{aligned} &\left(\frac{e^v+e^{-v}}{2}\right)^2\sin^2 u+\left(\frac{e^v-e^{-v}}{2}\right)^2\cos^2 u=\frac{e^{2v}+e^{-2v}}{2}-\cos 2u,\\ &\left(\frac{e^v+e^{-v}}{2}\right)^2\cos^2 u+\left(\frac{e^v-e^{-v}}{2}\right)^2\sin^2 u=\frac{e^{2v}+e^{-2v}}{2}+\cos 2u;\end{aligned}\right.$$

2° que les expressions

$$(29)\qquad \left\{\begin{aligned} &\operatorname{arc\,tang}\left(\frac{e^v-e^{-v}}{e^v+e^{-v}}\cot u\right),\\ &\operatorname{arc\,tang}\left(\frac{e^v-e^{-v}}{e^v+e^{-v}}\operatorname{tang} u\right)\end{aligned}\right.$$

sont respectivement égales aux deux sommes

$$(30)\quad \begin{cases} \operatorname{arc\,tang}\dfrac{v}{u} - \operatorname{arc\,tang}\dfrac{v}{\pi - u} + \operatorname{arc\,tang}\dfrac{v}{\pi + u} \\ \qquad - \operatorname{arc\,tang}\dfrac{v}{2\pi - u} + \operatorname{arc\,tang}\dfrac{v}{2\pi + u} - \ldots, \\ \operatorname{arc\,tang}\dfrac{2v}{\pi - 2u} - \operatorname{arc\,tang}\dfrac{2v}{\pi + 2u} + \operatorname{arc\,tang}\dfrac{2v}{3\pi - 2u} \\ \qquad - \operatorname{arc\,tang}\dfrac{2v}{3\pi + 2u} + \operatorname{arc\,tang}\dfrac{2v}{5\pi + 2u} + \ldots, \end{cases}$$

augmentées ou diminuées d'un multiple de la circonférence 2π. D'autre part, comme les expressions (29) et les sommes (30) sont des fonctions continues de v qui s'évanouissent toujours avec cette variable, on peut assurer que le multiple dont nous venons de parler se réduit à zéro.

Si l'on suppose en particulier $u = 0$, on trouvera

$$(31)\quad \begin{cases} \dfrac{e^v - e^{-v}}{2} = v\left(1 + \dfrac{v^2}{\pi^2}\right)\left(1 + \dfrac{v^2}{2^2\pi^2}\right)\left(1 + \dfrac{v^2}{3^2\pi^2}\right)\cdots, \\ \dfrac{e^v + e^{-v}}{2} = \left(1 + \dfrac{2^2v^2}{\pi^2}\right)\left(1 + \dfrac{2^2v^2}{3^2\pi^2}\right)\left(1 + \dfrac{2^2v^2}{5^2\pi^2}\right)\cdots. \end{cases}$$

On trouvera encore, en prenant $u = \dfrac{\pi}{4}$,

$$(32)\quad \begin{cases} \operatorname{arc\,tang}\dfrac{e^v - e^{-v}}{e^v + e^{-v}} = \operatorname{arc\,tang}\dfrac{4v}{\pi} - \operatorname{arc\,tang}\dfrac{4v}{3\pi} \\ \qquad + \operatorname{arc\,tang}\dfrac{4v}{5\pi} - \operatorname{arc\,tang}\dfrac{4v}{7\pi} + \ldots \end{cases}$$

et, en prenant $u = v$,

$$(33)\quad \begin{cases} \dfrac{e^{2v} + e^{-2v}}{2} - \cos 2v = 2v^2\left(1 + \dfrac{2^2v^4}{\pi^4}\right)\left(1 + \dfrac{2^2v^4}{2^4\pi^4}\right)\left(1 + \dfrac{2^2v^4}{3^4\pi^4}\right)\cdots, \\ \dfrac{e^{2v} + e^{-2v}}{2} + \cos 2v = \left(1 + \dfrac{2^4v^4}{\pi^4}\right)\left(1 + \dfrac{2^4v^4}{3^4\pi^4}\right)\left(1 + \dfrac{2^4v^4}{5^4\pi^4}\right)\cdots. \end{cases}$$

Enfin, si dans la formule (32) on suppose la valeur numérique de $\dfrac{4v}{\pi}$ inférieure à l'unité, les deux membres de cette formule pourront être développés suivant les puissances ascendantes de v, et la comparaison des coefficients des puissances semblables dans les développements dont il s'agit fournira les équations

$$
(34)\quad \left\{
\begin{aligned}
&1-\frac{1}{3}+\frac{1}{5}-\frac{1}{7}+\ldots=\frac{\pi}{4},\\
&1-\frac{1}{3^3}+\frac{1}{5^3}-\frac{1}{7^3}+\ldots=\frac{\pi^3}{32},\\
&1-\frac{1}{3^5}+\frac{1}{5^5}-\frac{1}{7^5}+\ldots=\frac{5\pi^5}{1536},\\
&\ldots\ldots\ldots\ldots\ldots\ldots\ldots\ldots,
\end{aligned}
\right.
$$

dont la première coïncide avec l'équation (40) du Chapitre **IX** (§ **II**).

Concevons maintenant que, après avoir divisé par v les expressions (29) et les sommes (30), on fasse converger la variable v vers la limite zéro; on trouvera, en passant aux limites,

$$
(35)\quad \left\{
\begin{aligned}
\cot u &= \frac{1}{u}-\frac{1}{\pi-u}+\frac{1}{\pi+u}-\frac{1}{2\pi-u}+\frac{1}{2\pi+u}-\ldots\\
&= \frac{1}{u}-2u\left(\frac{1}{\pi^2-u^2}+\frac{1}{2^2\pi^2-u^2}+\frac{1}{3^2\pi^2-u^2}+\ldots\right),
\end{aligned}
\right.
$$

$$
(36)\quad \left\{
\begin{aligned}
\operatorname{tang} u &= \frac{1}{\frac{\pi}{2}-u}-\frac{1}{\frac{\pi}{2}+u}+\frac{1}{\frac{3\pi}{2}-u}-\frac{1}{\frac{3\pi}{2}+u}+\frac{1}{\frac{5\pi}{2}-u}-\ldots\\
&= 2u\left[\frac{1}{\left(\frac{\pi}{2}\right)^2-u^2}+\frac{1}{\left(\frac{3\pi}{2}\right)^2-u^2}+\frac{1}{\left(\frac{5\pi}{2}\right)^2-u^2}+\ldots\right].
\end{aligned}
\right.
$$

Comme on a d'ailleurs généralement, pour des valeurs numériques de u inférieures à celles de a,

$$
\frac{1}{a^2-u^2}=\frac{1}{a^2}\left(1-\frac{u^2}{a^2}\right)^{-1}=\frac{1}{a^2}+\frac{u^2}{a^4}+\frac{u^4}{a^6}+\ldots,
$$

on tirera des formules (35) et (36), en supposant la valeur numérique de u plus petite que $\frac{\pi}{2}$,

$$
(37)\quad \left\{
\begin{aligned}
\cot u = \frac{1}{u} &- \frac{2u}{\pi^2}\left(1+\frac{1}{2^2}+\frac{1}{3^2}+\frac{1}{4^2}+\ldots\right)\\
&- \frac{2u^3}{\pi^4}\left(1+\frac{1}{2^4}+\frac{1}{3^4}+\frac{1}{4^4}+\ldots\right)\\
&- \frac{2u^5}{\pi^6}\left(1+\frac{1}{2^6}+\frac{1}{3^6}+\frac{1}{4^6}+\ldots\right)\\
&- \ldots\ldots\ldots\ldots\ldots\ldots\ldots\ldots,
\end{aligned}
\right.
$$

$$(38)\quad \left\{\begin{aligned} \tan u = {} & \frac{2^3 u}{\pi^2}\left(1+\frac{1}{3^2}+\frac{1}{5^2}+\frac{1}{7^2}+\dots\right)\\ & + \frac{2^5 u^3}{\pi^4}\left(1+\frac{1}{3^4}+\frac{1}{5^4}+\frac{1}{7^4}+\dots\right)\\ & + \frac{2^7 u^5}{\pi^6}\left(1+\frac{1}{3^6}+\frac{1}{5^6}+\frac{1}{7^6}+\dots\right)\\ & + \dots\dots\dots\dots\dots\dots \end{aligned}\right.$$

Par suite on aura, en vertu des équations (25) et (26),

$$(39)\quad \cot u = \frac{1}{u} - \frac{1}{6}\,\frac{2^2 u}{1.2} - \frac{1}{30}\,\frac{2^4 u^3}{1.2.3.4} - \frac{1}{42}\,\frac{2^6 u^5}{1.2.3.4.5.6} - \dots,$$

$$(40)\quad \left\{\begin{aligned} \tan u = {} & \frac{1}{6}(2^2-1)\frac{2^2 u}{1.2} + \frac{1}{30}(2^4-1)\frac{2^4 u^3}{1.2.3.4}\\ & + \frac{1}{42}(2^6-1)\frac{2^6 u^5}{1.2.3.4.5.6} + \dots. \end{aligned}\right.$$

Si l'on ajoute ces dernières, après y avoir remplacé u par $\frac{1}{2}u$, on obtiendra le développement en série de

$$\cot\tfrac{1}{2}u + \tan\tfrac{1}{2}u = \frac{\cos\frac{1}{2}u}{\sin\frac{1}{2}u} + \frac{\sin\frac{1}{2}u}{\cos\frac{1}{2}u} = \frac{1}{\sin\frac{1}{2}u\cos\frac{1}{2}u} = 2\,\mathrm{cos\acute{e}c}\,u,$$

et l'on en conclura

$$(41)\quad \left\{\begin{aligned} \mathrm{cos\acute{e}c}\,u = {} & \frac{1}{u} + \frac{1}{6}(2-1)\frac{2u}{1.2} + \frac{1}{30}(2^3-1)\frac{2u^3}{1.2.3.4}\\ & + \frac{1}{42}(2^5-1)\frac{2u^5}{1.2.3.4.5.6} + \dots. \end{aligned}\right.$$

Nous ne nous arrêterons pas davantage sur les conséquences qui dérivent de la formule (17). On peut consulter sur cet objet l'excellent Ouvrage d'Euler, qui a pour titre *Introductio in Analysin infinitorum*.

FIN DU TOME III DE LA SECONDE SÉRIE.

TABLE DES MATIÈRES

DU TOME TROISIÈME.

SECONDE SÉRIE.

MÉMOIRES DIVERS ET OUVRAGES.

II. — OUVRAGES CLASSIQUES.

COURS D'ANALYSE DE L'ÉCOLE ROYALE POLYTECHNIQUE.

ANALYSE ALGÉBRIQUE.

NOTES SUR L'ANALYSE ALGÉBRIQUE.

FIN DE LA TABLE DES MATIÈRES DU TOME III DE LA SECONDE SÉRIE.

21921 Paris. — Imprimerie GAUTHIER-VILLARS ET FILS, quai des Grands-Augustins, 55.

Printed in the United States
By Bookmasters